2級土木施工管理技士
マンガテキスト

日建学院

第1章 土木一般

土工

土質調査・・・・・・・・・・・・・・014
土質試験・・・・・・・・・・・・・・021
土の締固め規定・・・・・・・・・・・027
土量の変化と変化率・・・・・・・・・035
土工の施工・・・・・・・・・・・・・040

コンクリート工

コンクリートの材料・・・・・・・・・049
コンクリートの配合・・・・・・・・・057
コンクリートの施工・・・・・・・・・065
レディーミクストコンクリート・・・・072
特別な配慮を必要とするコンクリート・・・・077
コンクリートの品質管理・・・・・・・081

基礎工

基礎工の特徴と直接基礎・・・・・・・085
くい基礎・既製ぐいの施工法・・・・・092
場所打ちぐいの施工法・・・・・・・・099
ケーソン基礎・・・・・・・・・・・・105
土止め工・・・・・・・・・・・・・・113
軟弱地盤対策工法・・・・・・・・・・121

第2章 専門土木

コンクリート・鋼構造物

鉄筋の加工及び組立・・・・・・・・・128
RC構造物型わく・支保工・・・・・・137
鋼材の種類・接合・塗装・・・・・・・142
PC工法・橋梁の架設工法・・・・・・149

河川工事

河川工事・築堤・・・・・・・・・・・157
河川の護岸・水制・・・・・・・・・・165
砂防工事・・・・・・・・・・・・・・172

ダム工事

ダムの構造・形式・・・・・・・・・・182
コンクリートダムの施工・・・・・・・188
フィルダムの施工・・・・・・・・・・193

道路・舗装工事

路床・路盤・・・・・・・・・・・・・198
舗装の施工・・・・・・・・・・・・・206

トンネル工事

トンネルの掘削方式・・・・・・・・・217
トンネルの支保工・覆工・・・・・・・227

港湾工事

海岸堤防・・・・・・・・・・・・・・234
防波堤と係留施設・・・・・・・・・・240
しゅんせつ作業・・・・・・・・・・・247

鉄道工事

線路の構造・・・・・・・・・・・・・252
営業線工事・線路閉鎖工事・・・・・・260

上下水道工事

上水道施設・・・・・・・・・・・・・267
下水処理と下水管の施工・・・・・・・274

第3章 法規

労働基準法
労働契約と賃金……288
労働時間と就業制限……298

労働安全衛生法
労働安全衛生法……307

建設業法
建設業法……314

道路法・道路交通法
道路法・道路交通法……319

河川法
河川法……325

建築基準法
建築基準法……331

火薬類取締法
火薬類取締法……340

騒音・振動規制法
騒音規制法……349
振動規制法……355

港則法
港則法……360

第4章 共通工学

測量
測量……370

設計図書・契約
設計図書・契約……383

電気・機械関係
電気・機械関係……390

第5章 施工管理

施工計画
施工計画……398
土工計画……404
施工管理……410

工程管理
工程管理……415
ネットワーク手法……421
フォローアップと配員計画……430

安全管理
掘削作業・土止め支保工……435
建設機械の安全……441
足場・型枠支保工……447
トンネル・圧気作業及び酸欠防止……453

品質管理
品質管理……460
規格値と管理図……467
品質特性……473

建設機械
土工作業と建設機械……478
建設機械の規格……487

まえがき

土木の専門書としては、すでに多くの本が出版されていますが、土木の内容をあまり理解していない人や、はじめて土木の勉強をしようとしている人には、難しく、理解しにくい内容が多くあります。

本書は、２級土木施工管理技術検定を受験される方を対象に、誰にでも理解できる受験対策用教材として、日建学院が独自に研究し制作したものです。

男は
力だ!

一に力、二に力。
こまかいことは気にしない。押して、押して…。
押しまくれエ！

ププァー
プブブ
コラ〜〜〜どこまで押していくつもりだ!
アラ…。
何事も力《ちから》ばかりではだめ!正しい知識を知り、頭を働かせることも大切なんだ。
現場代理人
日野建三
(通称日建サン)
は、はあ。
この物語の主人公
宮《みや》 力《ちから》
(通称リキ)

例えば、きみがただ押しまくっていた土だが、これは水と空気と土粒子※1とから構成されている。

土の構成

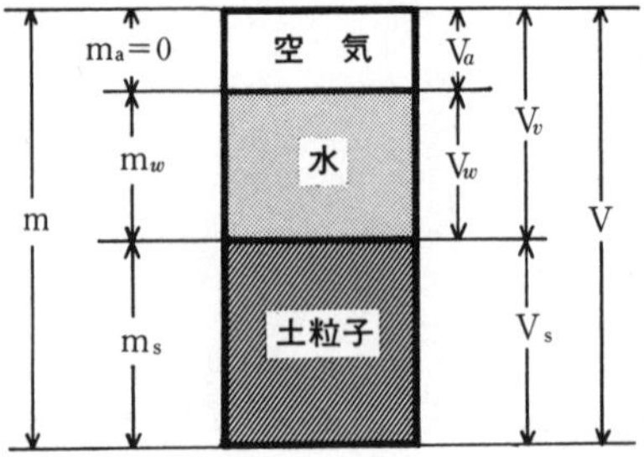
$m_a=0$
空 気
V_a
m_w
水
V_w
V_v
m
V
m_s
土粒子
V_s

質 量		体 積	
全質量	m	全体積	V
土粒子	m_s	土粒子	V_s
水	m_w	水	V_w
空 気	$m_a=0$	空 気	V_a
間げき	m_w	間げき	V_v

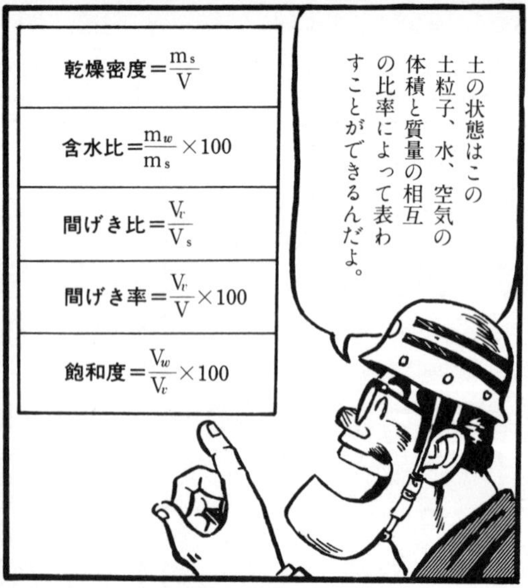
乾燥密度$=\frac{m_s}{V}$
含水比$=\frac{m_w}{m_s}\times 100$
間げき比$=\frac{V_v}{V_s}$
間げき率$=\frac{V_v}{V}\times 100$
飽和度$=\frac{V_w}{V_v}\times 100$
土の状態はこの土粒子、水、空気の体積と質量の相互の比率によって表わすことができるんだよ。

宮君は、一級か二級の土木施工管理技術検定を受けていないのかい?
はあ、まだです。

※1 土粒子とは，粗細粒の鉱物粒子のこと。

おれ、頭が悪くて、勉強とか試験は苦手で、体力には自信があったから、高校卒業してすぐこの仕事を選んだんです。
頭がわるいなんて、きめつけないで、こつこつやっていけばだんだんわかってくるものよ。
どんな仕事でも勉強をすることは必要だよ。試験も資格をとるには通らなけりゃならん関門だな。

土木施工管理検定制度は、土木工事における施工技術の向上を図ることを目的として、昭和44年度より建設業法に基づいて実施される国家試験で、一級と二級に分かれているんだ。受験資格は次のとおりだ。

技術検定における基本的な受検資格要件

	第１次検定	第２次検定
1 級	年度末時点での年齢 19 歳以上	1 級の第 1 次検定合格後、実務経験 5 年以上
		2 級の第 2 次検定合格後、実務経験 5 年以上（1 級の第 1 次検定合格者に限る）
		1 級の第 1 次検定合格後、特定実務経験（※ 1）1 年以上を含む実務経験 3 年以上
		2 級の第 2 次検定合格後、特定実務経験（※ 1）1 年以上を含む実務経験 3 年以上（1 級の第 1 次検定合格者に限る）
		1 級の第 1 次検定合格後、監理技術者補佐としての実務経験 1 年以上
2 級	年度末時点での年齢 17 歳以上	2 級の第 1 次検定合格後、実務経験 3 年以上（建設機械種目は 2 年以上）
		1 級の第 1 次検定合格後、実務経験 1 年以上

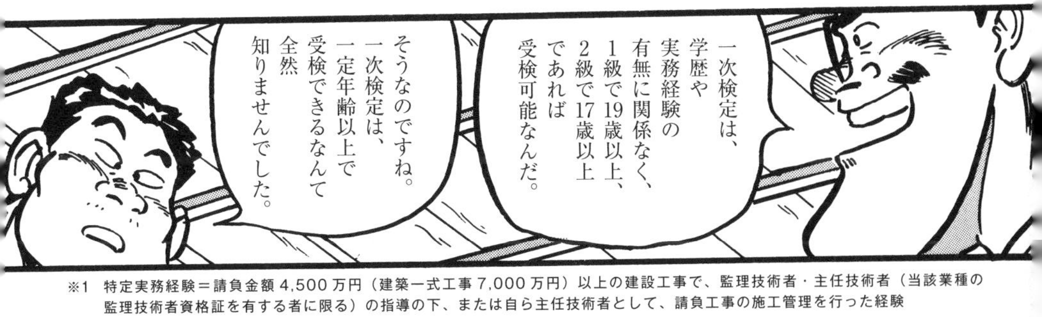
一次検定は、学歴や実務経験の有無に関係なく、1級で19歳以上、2級で17歳以上であれば受検可能なんだ。
そうなのですね。一次検定は、一定年齢以上で受検できるなんて全然知りませんでした。

※1　特定実務経験＝請負金額 4,500 万円（建築一式工事 7,000 万円）以上の建設工事で、監理技術者・主任技術者（当該業種の監理技術者資格証を有する者に限る）の指導の下、または自ら主任技術者として、請負工事の施工管理を行った経験

力さん試験受けるの？僕といっしょだね！
ガタガタ
良夫、またテレビばっかり見て勉強しなきゃだめでしょ！
そうかぁ良夫君も来年高校受験だったね。
力君は確か22歳だったね。そうすると、一次検定は、1級、2級どちらも受検できるけど、まずは、二級土木技術検定に挑戦するのがいいだろう。
今からみっちりやれば今年の試験に間にあうよ。

２級土木施工管理技術検定は，「土木」「鋼構造物塗装」「薬液注入」の３種に分けて実施される。

それぞれの試験は第一次検定及び第二次検定からなり，一般財団法人全国建設研修センターが国土交通省に代り実施している。

この試験は，中小規模の土木工事の主任技術者級の技術水準が考えられており，第一次検定合格者は「２級土木施工管理技士補」，第二次検定合格者は「２級土木施工管理技士」となることができる。

二級土木施工管理技術検定（種別：土木）

科目		検定基準	本書での区分
第一次検定	土木工学等	1．土木一式工事の施工の管理を適確に行うために必要な土木工学、電気工学、電気通信工学、機械工学及び建築学に関する概略の知識を有すること。 2．土木一式工事の施工の管理を適確に行うために必要な設計図書を正確に読みとるための知識を有すること。	土木一般 専門土木 共通工学
	施工管理法	1．土木一式工事の施工の管理を適確に行うために必要な施工計画の作成方法及び工程管理、品質管理、安全管理等工事の施工の管理方法に関する基礎的な知識を有すること。 2．土木一式工事の施工の管理を適確に行うために必要な基礎的な能力を有すること。	施工管理
	法規	建設工事の施工の管理を適確に行うために必要な法令に関する概略の知識を有すること。	法規
第二次検定	施工管理法	1．土質試験及び土木材料の強度等の試験を正確に行うことができ、かつ、その試験の結果に基づいて工事の目的物に所要の強度を得る等のために必要な措置を行うことができる一応の応用能力を有すること。 2．設計図書に基づいて工事現場における施工計画を適切に作成すること又は施工計画を実施することができる一応の応用能力を有すること。	

※ 試験内容は年度により異なる場合がありますので，受験の手引きを参照して下さい。

第1章

土木一般

土工

土質調査

学習の要点

①土の状態は、どのように表わされるか
②土の粒度について理解を深めよう
③土のコンシステンシーとは何か

さあ、はじめるぞ！
最初は土質からだ。準備はいいかね？
はい！

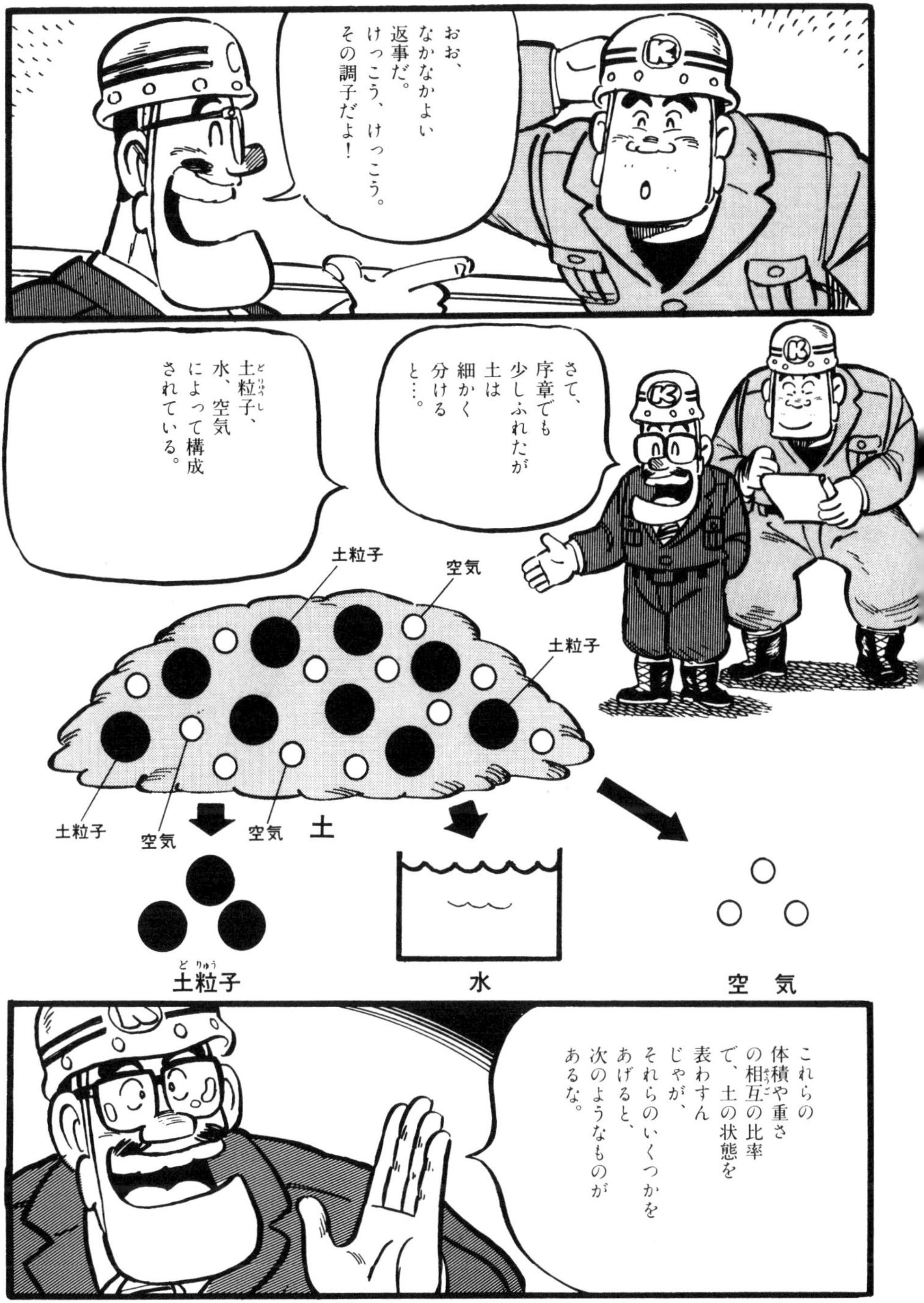
おお、なかなかよい返事だ。けっこう、けっこう。その調子だよ！
さて、序章でも少しふれたが土は細かく分けると…。
土粒子《どりゅうし》、水、空気によって構成されている。
土粒子
空気
土粒子
土粒子
空気
空気
土
土《ど》粒《りゅう》子
水
空　気
これらの体積や重さの相互《そうご》の比率で、土の状態を表わすんじゃが、それらのいくつかをあげると、次のようなものがあるな。

●間《かん》げき比《ひ》

土の間げき部分の体積と土粒子《どりゅうし》部分の体積との比

$$\underset{(e)}{\text{間げき比}}=\frac{\text{間げき部分の体積}}{\text{土粒子の体積}}$$

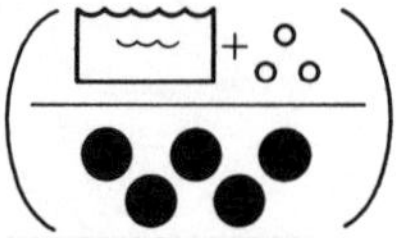

●含水比《がんすいひ》

土中に含まれる水の質量と土粒子の質量との比を百分率であらわした値

$$\underset{(w)}{\text{含水比}}=\frac{\text{水の質量}}{\text{土粒子の質量}}\times 100(\%)$$

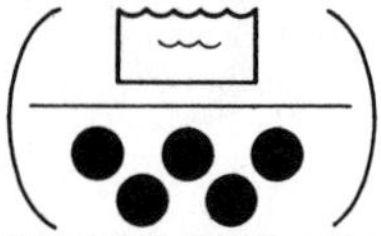

●間《かん》げき率《りつ》

土の間げき部分の体積と土の全体積との比を百分率であらわした値

$$\underset{(n)}{\text{間げき率}}=\frac{\text{間げき部分の体積}}{\text{土の全体積}}\times 100(\%)$$

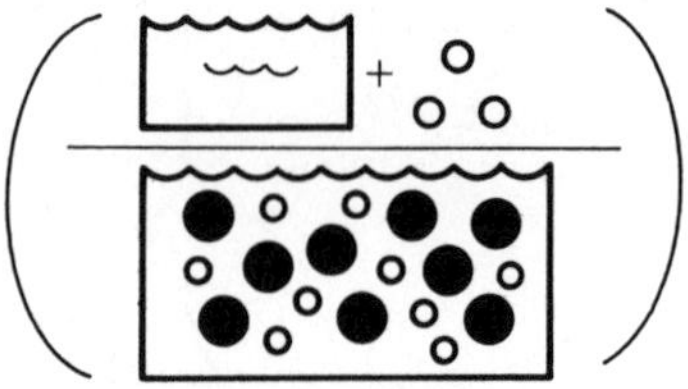

●乾燥密度《かんそうみつど》

土粒子部分だけの質量と土の全体積との比

$$\underset{(\gamma_d)}{\text{乾燥密度}}=\frac{\text{土粒子の質量}}{\text{土の全体積}}\ (\mathrm{gf/cm^3})$$

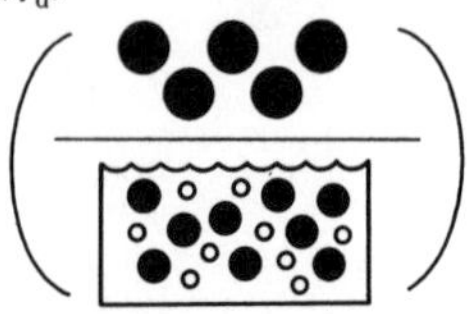

○土の突固めの程度を表わす量

●湿潤密度《しつじゅんみつど》

水分を含む土の単位質量

$$\underset{(\gamma_t)}{\text{湿潤密度}}=\frac{\text{土の全質量}}{\text{土の全体積}}\ (\mathrm{gf/cm^3})$$

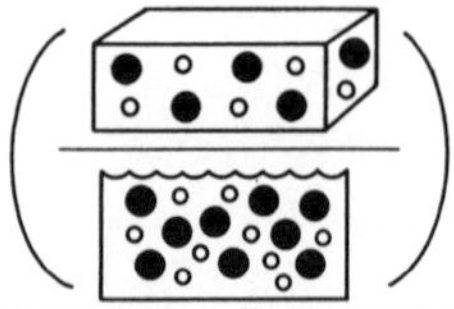

●飽和度《ほうわど》

土の水の部分の体積と間げき部分の体積との比を百分率であらわしたもの

$$\underset{(S_r)}{\text{飽和度}}=\frac{\text{水の部分の体積}}{\text{間げき部分の体積}}\times 100(\%)$$

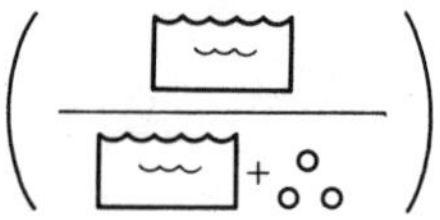

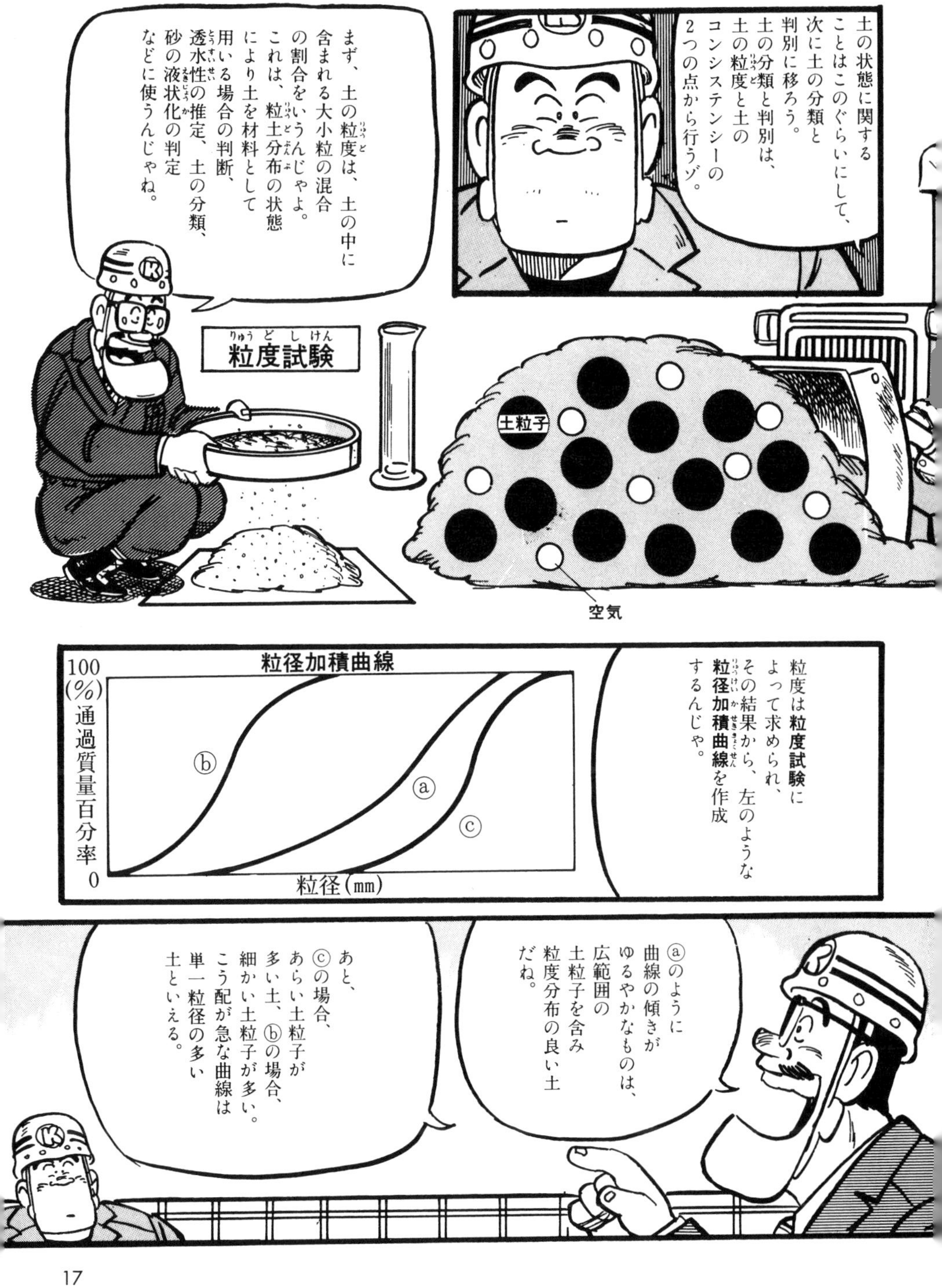
土の状態に関することはこのぐらいにして、次に土の分類と判別に移ろう。土の分類と判別は、土の粒度《りゅうど》と土のコンシステンシーの2つの点から行うゾ。
まず、土の粒度《りゅうど》は、土の中に含まれる大小粒の混合の割合をいうんじゃよ。これは、粒土分布《りゅうどぶんぷ》の状態により土を材料として用いる場合の判断、透水性《とうすいせい》の推定、土の分類、砂の液状化《えきじょうか》の判定などに使うんじゃね。
粒度試験《りゅうどしけん》
土粒子
空気
粒度は**粒度試験**によって求められ、その結果から、左のような**粒径加積曲線**《りゅうけいかせききょくせん》を作成するんじゃや。
粒径加積曲線
100
(%)
通過質量百分率
0
粒径(mm)
ⓑ
ⓐ
ⓒ
ⓐのように曲線の傾きがゆるやかなものは、広範囲の土粒子を含み粒度分布の良い土だね。
あと、ⓒの場合、あらい土粒子が多い土、ⓑの場合、細かい土粒子が多い。こう配が急な曲線は単一粒径の多い土といえる。

あの、有効径《ゆうこうけい》と均等係数《きんとうけいすう》、ちゅうのはなんですか？
加積通過率《かせきつうかりつ》
60
10
粒径《りゅうけい》
均等係数 $(U_C) = \frac{D_{60}}{D_{10}}$
有効径というのは粒径《りゅうけい》加《か》積曲線《せききょくせん》上で、加積通過率※1 10%にあたる粒径のことで D_{10} と示し、均等係数 (U_C) は通過率60%にあたる粒径 D_{60} を有効径 D_{10} で割ったもんじゃな。※2
粘性土《ねんせいど》
砂質土
粘土
コロイド
シルト
砂
レキ
0.001
0.005
0.074
2.0
mm
あ、それから土粒子を粒径によって分類すると、上のようになるから、おぼえとくようにな。

※1．その粒径以下の粒子の質量の全質量に対する百分率を示したもの。

※2．均等係数が大きい場合，粒度分布が良い土とみてよく，1に近い場合は，同じ粒径の土粒子からなるとみてよい。

さて、次は土のコンシステンシー※1についてじゃ。細粒土《さいりゅうど》は含水比によって、その性質を大きく変えるんじゃよ。
含水比が大きい時は液状となり流動性を帯びるが、含水比の減少につれて塑性状《そせいじょう》になり、※2次に半固体、そして固体状になるんじゃ。
固　体
半固体
塑　性
液　状

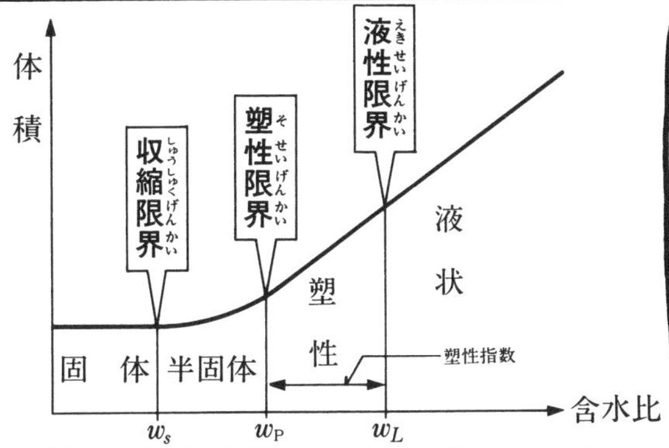
体積
収縮限界《しゅうしゅくげんかい》
塑性限界《そせいげんかい》
液性限界《えきせいげんかい》
固　体
半固体
塑性
液状
塑性指数
含水比
w_s
w_P
w_L

その変化をグラフに表わすとこのようになるね。性質が大きく変わる境目を限界と呼び、下の表のような判断の目やすに用いられるんじゃよ。あと、液性限界と塑性《そせい》限界《げんかい》の差を**塑性指数**《そせいしすう》というね。

液性限界 w_L	土がその自重で流動する時の最小の含水比。含水比による安定性の判断に用いる。
塑性限界 w_P	土が塑性を示す最小の含水比。材料土としての適否の判断に用いる。
収縮限界 w_s	体積収縮の完了した時の含水比。凍土性の判断に用いる。
塑性指数 I_P	塑性指数 I_P とは液性限界と塑性限界の差をいう。塑性指数の大きい土は取扱いの容易な土である。

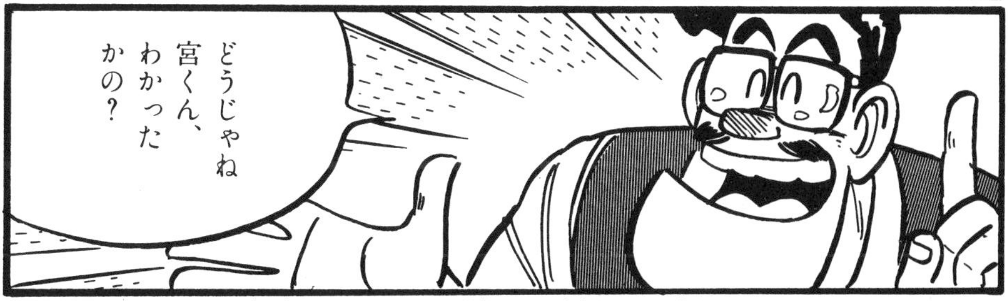
どうじゃね宮くん、わかったかの？

※1. 土のコンシステンシーとは，水の多少によるやわらかさの程度をいい，含水比によって表す。

※2. 塑性…外から加えた荷重によって変形し，荷重を取り去っても，もとにもどらないで，変形が残る性質。

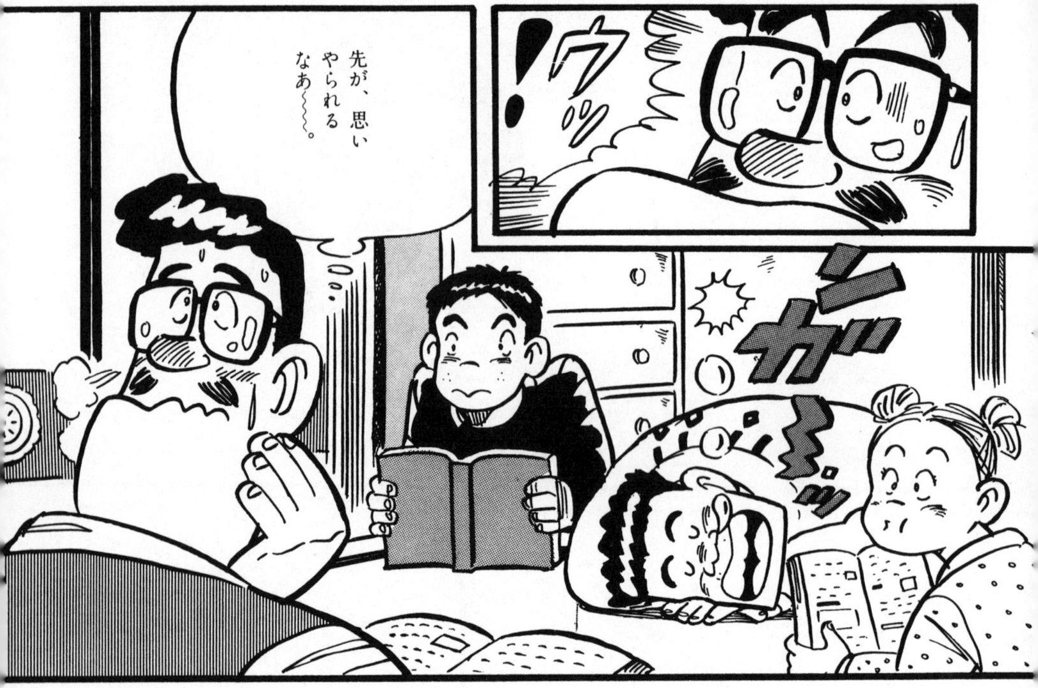
ウッ!
先が、思いやられるなあ〜〜〜。
ンガーッ

memo

※気になった箇所などを書き留めておきましょう

土工

土質試験

学習の要点

①原位置試験の種類と結果の利用について理解しよう

②土質室内試験の種類と結果の利用について理解しよう

③土の締固めとは何か

タベ く〜〜〜ん!
あ、所長。
タベくんは、去年二級土木施工管理技士 試験を受けて合格した先輩だ。いろいろアドバイスを聞くといい。
よろしくお願いします。
こちらこそ。

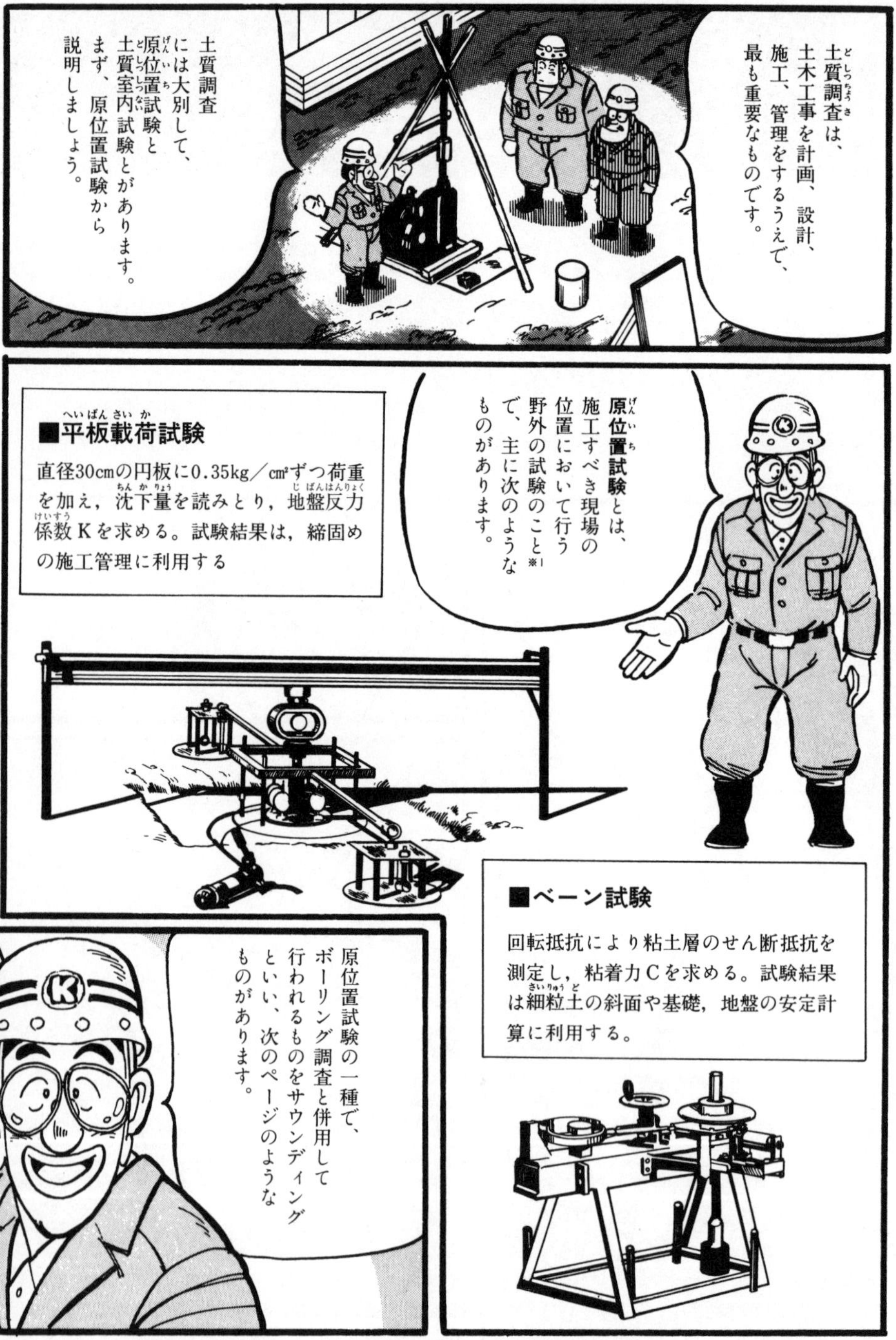

土質調査《どしつちょうさ》は、土木工事を計画、設計、施工、管理をするうえで、最も重要なものです。
土質調査には大別して、原位置《げんいち》試験と土質室内《どしつしつない》試験とがあります。まず、原位置試験から説明しましょう。
原位置《げんいち》試験とは、施工すべき現場の位置において行う野外の試験のこと※1で、主に次のようなものがあります。
■平板載荷《へいばんさいか》試験
直径30cmの円板に0.35kg／㎠ずつ荷重を加え，沈下量《ちんかりょう》を読みとり，地盤反力《じばんはんりょく》係数《けいすう》Kを求める。試験結果は，締固めの施工管理に利用する
■ベーン試験
回転抵抗により粘土層のせん断抵抗を測定し，粘着力Cを求める。試験結果は細粒土《さいりゅうど》の斜面や基礎，地盤の安定計算に利用する。
原位置試験の一種で、ボーリング調査と併用して行われるものをサウンディングといい、次のページのようなものがあります。

※1.土がもともとの位置にある自然状態のままで実施する試験で，現場で比較的簡単に土質を判定したい場合や，土質試験を行うための乱さない試料の採取が困難なときに実施するものである。

標準貫入試験《ひょうじゅんかんにゅうしけん》

●63.5±0.5kgのハンマーを75±1cm自由落下させて標準貫入試験用サンプラーを打込み，30cm貫入させるのに要する打撃回数N値を求め，土の硬軟《こうなん》や締まりぐあいなどの地層の状態を判定する。また，サンプラーにより土試料《どしりょう》の採取《さいしゅ》を行う。

スクリューウエイト貫入試験※1

●スクリューポイントに100kg の荷重を載せて回転圧入《かいてんあつにゅう》する時の抵抗により地層の締《しま》りぐあいを推定する。

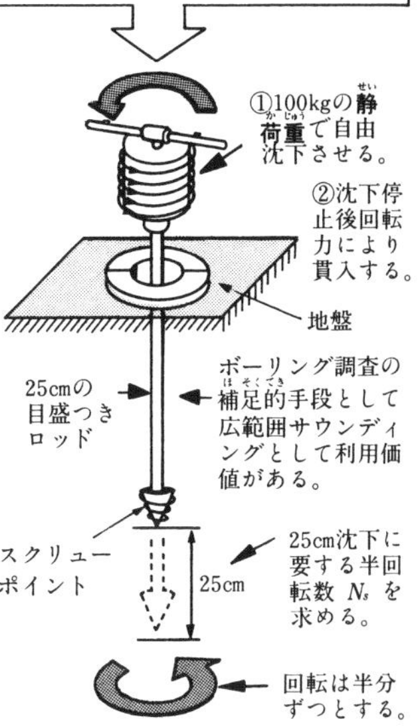

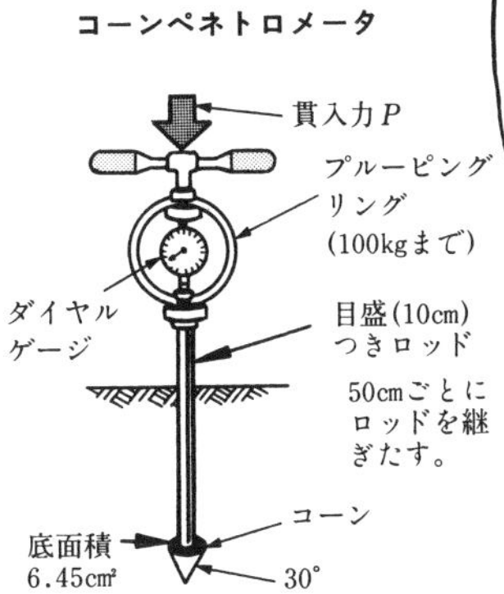

コーン貫入試験

●コーン先端を地中に回転圧入する時の抵抗(コーン指数)で地層の種類，成層状況《せいそうじょうきょう》を推定する。

現場ＣＢＲ試験	たわみ性舗装《ほそう》の設計に用いられる。
現場密度試験	土の単位体積あたりの質量をはかる。
現場透水《とうすい》試験	施工現場の透水係数を求めるために行う。

※1.ロッド先端を地中に挿入し，これに貫入，回転，引抜き等の力を加えた際の土の抵抗から土層の分布とその強さを推定する。

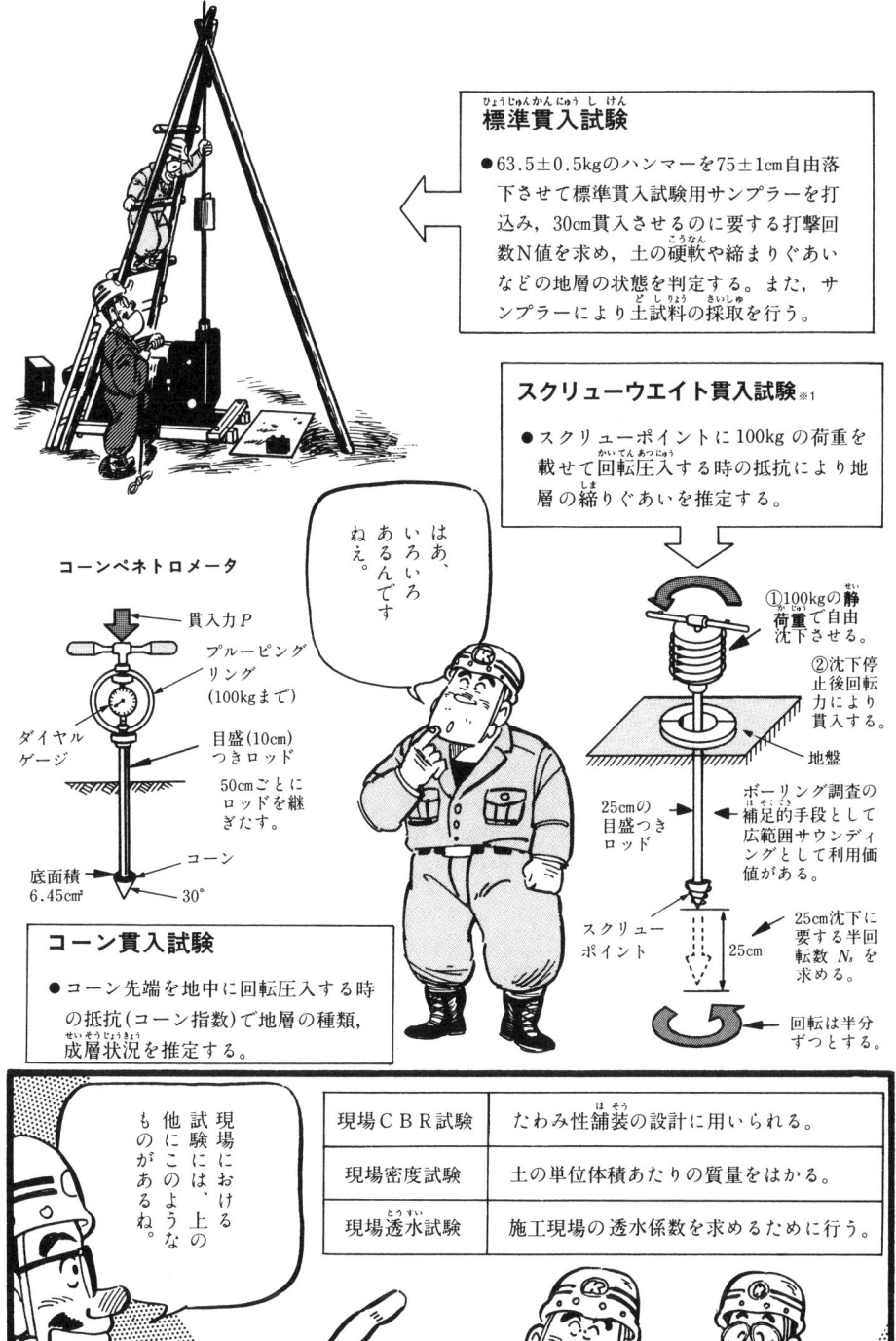

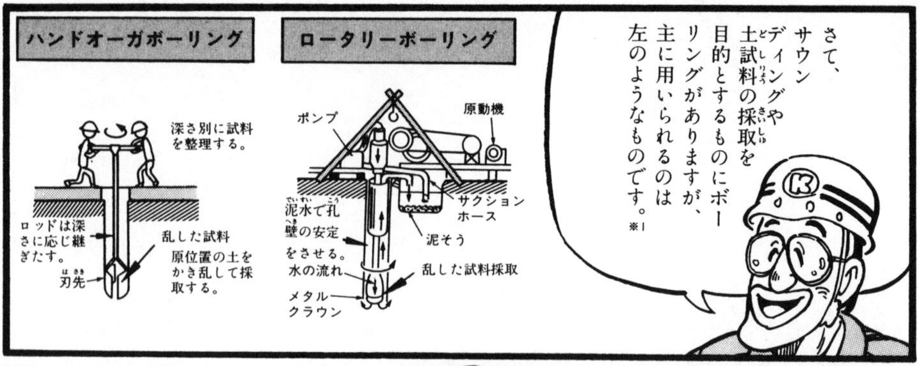
さて、サウンディングや土《ど》試《し》料《りょう》の採取《さいしゅ》を目的とするものにボーリングがありますが、主に用いられるのは左のようなものです。※1
ハンドオーガボーリング
深さ別に試料を整理する。
ロッドは深さに応じ継ぎたす。
乱した試料
原位置の土をかき乱して採取する。
刃先《はさき》
ロータリーボーリング
ポンプ
原動機
泥水《でいすい》で孔《こう》壁《へき》の安定をさせる。
サクションホース
泥そう
水の流れ
乱した試料採取
メタルクラウン

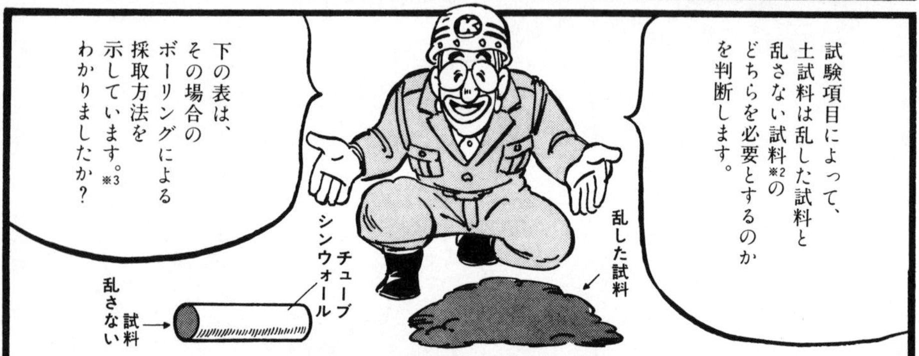
試験項目によって、土試料は乱した試料と乱さない試料※2のどちらを必要とするのかを判断します。
下の表は、その場合のボーリングによる採取方法を示しています。※3わかりましたか?
乱した試料
シンウォールチューブ
乱さない試料

土試料と試験項目及び採取方法

土試料	試験項目	採取方法
乱した試料	土の判別，分類・締固め	標準貫入試験用サンプラー，コアボーリング，ハンドオーガ
乱さない試料	土の密度，せん断強さ，圧縮性《あっしゅくせい》	ピストンサンプラー シンウォールサンプラー } (粘性土) デニソンサンプラー(砂質土)

はい、ところで相対密度《そうたいみつど》って、何ですか?

相対密度というのは、砂質土《さしつど》の締固《しめかた》めの程度をあらわすもので、標準貫入試験で得たN値と比較すると下の表のようになります。

N値	0～4	4～10	10～30	30～50	50以上
相対密度	非常にゆるい	ゆるい	中位の	密な	非常に密な

※1.深いボーリング法として岩盤専用のパーカッションボーリングがある。その他，やわらかい地層用としてウォッシュボーリングがある。

※2.乱さない，というのは，原位置の状態に近いものをいい，乱したというのはその逆をいう。

※3.乱さない試料の採取方法として最も信頼度の高い方法で広く用いられているものに，シンウォールサンプラーがある。これは比較的やわらかい粘性土をシンウォールチューブによって試料を採取する。

土質試験一覧表

試験の名称		試験結果から求められるもの	試験結果の利用
力学的試験	せん断試験 直接せん断試験 (一面せん断試験)	内部摩擦角《ないぶまさつかく》 ϕ (せん断抵抗角《だんていこうかく》) 粘着力《ねんちゃくりょく》 c	基礎《きそ》，斜面《しゃめん》，よう壁などの安定の計算
	一軸圧縮試験《いちじくあっしゅく》	一軸圧縮強《いちじくあっしゅくつよ》さ q_u 粘着力 c 鋭敏比《えいびんひ》 s_t	細粒土《さいりゅうど》の地盤の安定計算 細粒土の構造の判定
	三軸圧縮《さんじくあっしゅく》試験	内部摩擦角 ϕ (せん断抵抗角) 粘着力 c	
	圧密《あつみつ》試験	圧縮指数 C_c 透水係数《とうすいけいすう》 k 圧密係数《あつみつけいすう》 C_r	粘土層《ねんどそう》の沈下量《ちんかりょう》の計算 粘土の透水係数《とうすいけいすう》の実測 粘土層の沈下速度《ちんかそくど》の計算
	透水《とうすい》試験	透水係数 k	透水関係の設計計算
施工管理のための試験	締固《しめかた》め試験	含水比《がんすいひ》—乾燥密度《かんそうみつど》曲線 最大乾燥密度 $\gamma_{d\,max}$ 最適含水比 w_{opt}	路盤および盛土の施工方方の決定・施工の管理・相対密度の算定
	CBR試験	CBR値	たわみ性舗装厚《ほそうあつ》の設計

さて、次にもう一方の土質調査である土質室内試験です。
原位置から採取してきた土の試料を、実験室で試験する土質室内試験には表のようなものがあります。

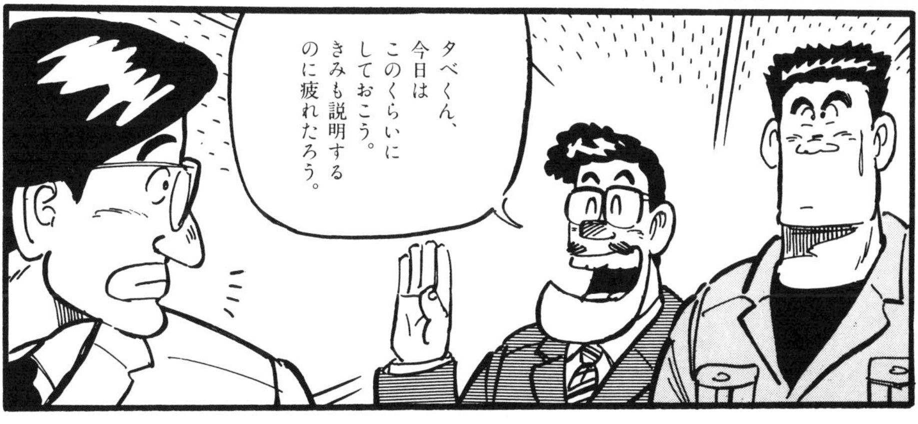
タベくん、今日はこのくらいにしておこう。きみも説明するのに疲れたろう。

いえ、ぼくは、なんとも。宮さん、簡単でしょ。
お、お、
おとこは根性ダア！

memo

※気になった箇所などを書き留めておきましょう

土工

土の締固め規定

学習の要点

①土の締固めとは何か
②土の締固めの目的は何か
③土の締固めの確認方法を覚えよう

さあ、必殺サソリ固めにいったたあ！
決まったか？決まったたあ、長州力、強い！
ピッ
あ〜あ、同じ力《リキ》でもちがうなあ。
ゴロッ

所長の手前試験受けるっていったけど、
困ったなあ。おれなんか勉強したって無理に決まってるし……。
こんばんわあ！
だれもいませんよォ――。
エッ
こんばんわぁ、夕べですけど宮さんいらっしゃいますかあ！
あ、こんばんわ。ど、どうも失礼しました。
こんばんは。突然じゃまして悪かったかな？

ええ、夕べさんが、
おれの家庭教師をォ！
ああ、所長が宮のことだから、中途でなげだすかもしれんからってね。
図星！
それで、僕に君のことを頼まれたんですよ。僕も喜んでひきうけました。
土木一般
そ、それはそれは、どうもご親切に……。
イ、イランコトヲ……。
じゃあ、土の締固めからはじめましょうか。
びえっ、も、もうはじめるんですか！

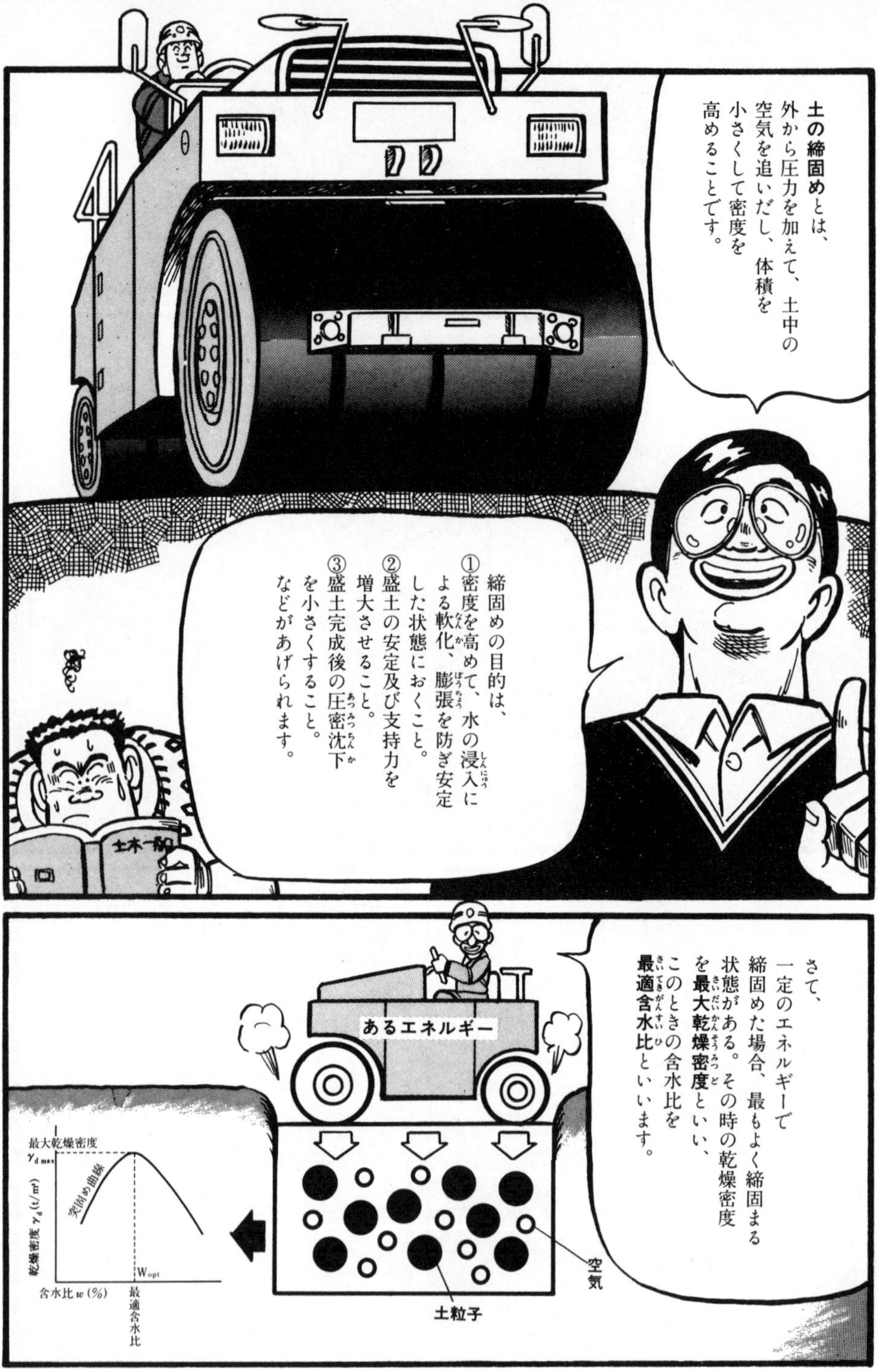
土の締固めとは、外から圧力を加えて、土中の空気を追いだし、体積を小さくして密度を高めることです。
締固めの目的は、
①密度を高めて、水の浸入《しんにゅう》による軟化《なんか》、膨張《ぼうちょう》を防ぎ安定した状態におくこと。
②盛土の安定及び支持力を増大させること。
③盛土完成後の圧密沈下《あつみっちんか》を小さくすること。
などがあげられます。
さて、
一定のエネルギーで締固めた場合、最もよく締固まる状態がある。その時の乾燥密度を**最大乾燥密度**《さいだいかんそうみつど》といい、
このときの含水比を**最適含水比**《さいてきがんすいひ》といいます。
あるエネルギー
空気
土粒子
最大乾燥密度
$\gamma_{d\,max}$
突固め曲線
乾燥密度 γ_d (t/m³)
W_{opt}
含水比 w (%)
最適含水比

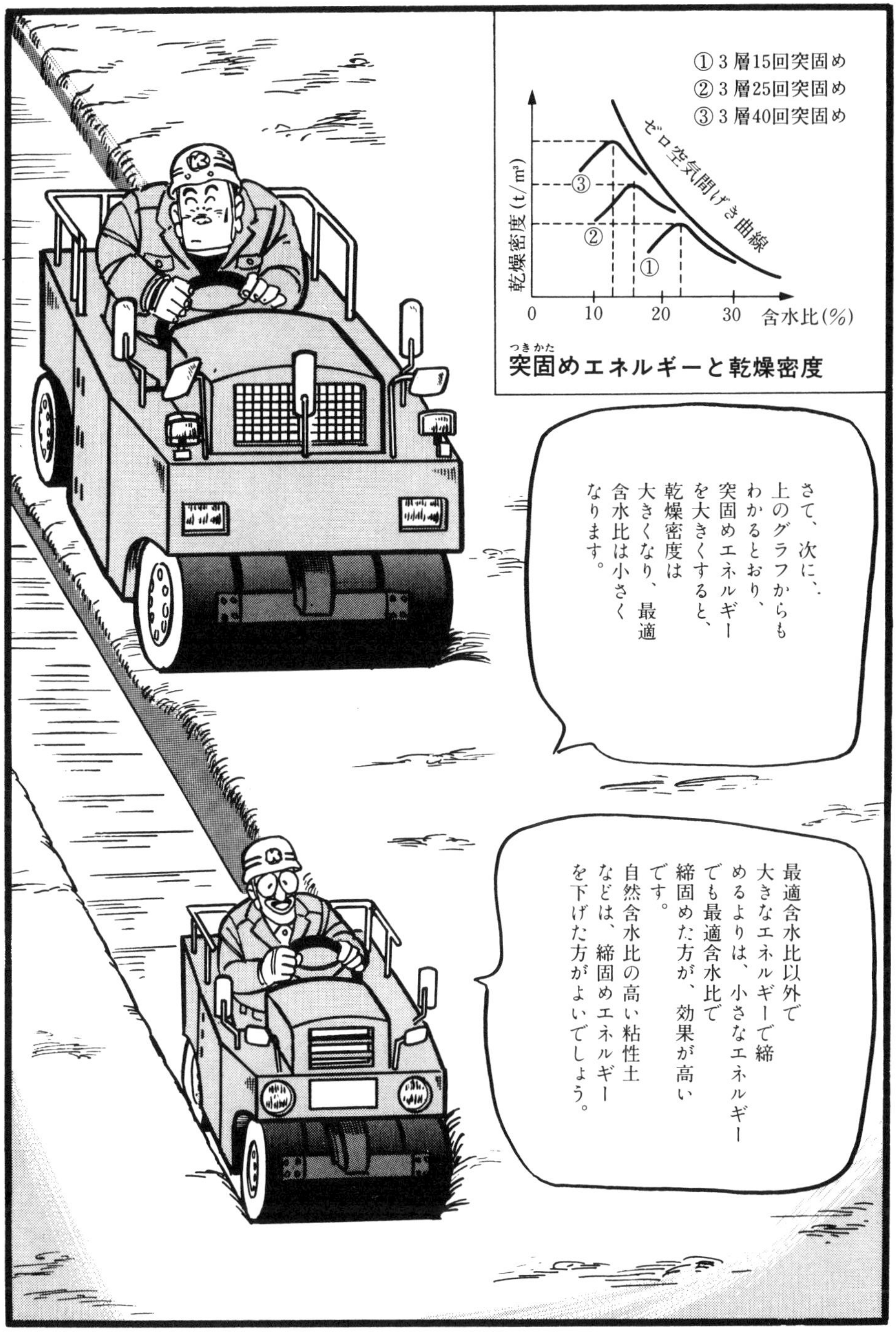
①3層15回突固め
②3層25回突固め
③3層40回突固め
ゼロ空気間げき曲線
乾燥密度(t/m³)
0
10
20
30
含水比(%)
①
②
③
突固《つきかた》めエネルギーと乾燥密度
さて、次に、上のグラフからもわかるとおり、突固めエネルギーを大きくすると、乾燥密度は大きくなり、最適含水比は小さくなります。
最適含水比以外で大きなエネルギーで締めるよりは、小さなエネルギーでも最適含水比で締固めた方が、効果が高いです。自然含水比の高い粘性土などは、締固めエネルギーを下げた方がよいでしょう。

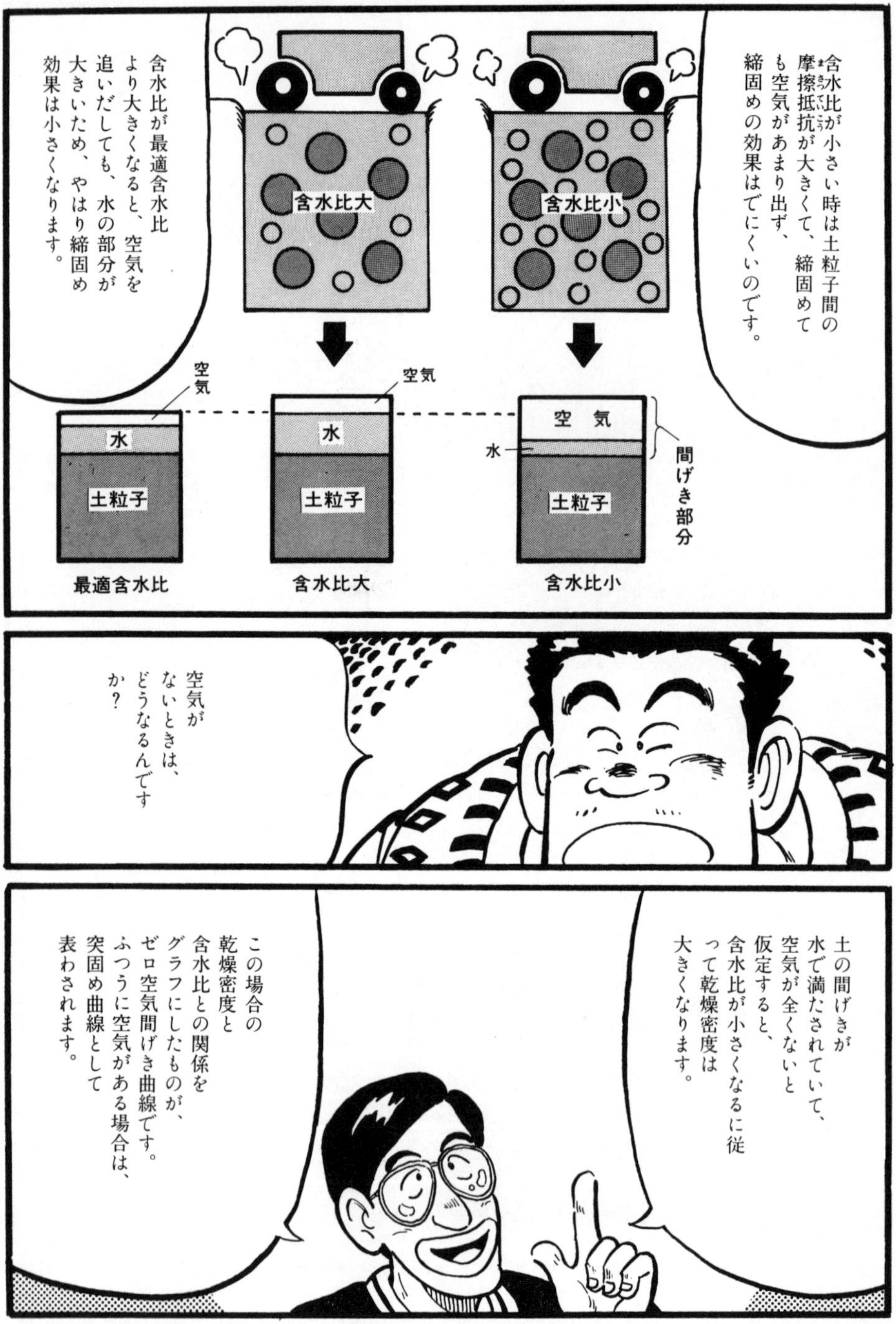

含水比が小さい時は土粒子間の摩《ま》擦《さつ》抵《てい》抗《こう》が大きくて、締固めても空気があまり出ず、締固めの効果はでにくいのです。
含水比小
含水比大
含水比が最適含水比より大きくなると、空気を追いだしても、水の部分が大きいため、やはり締固め効果は小さくなります。
空気
水
土粒子
最適含水比
空気
水
土粒子
含水比大
空気
水
土粒子
間げき部分
含水比小
空気がないときは、どうなるんですか？
土の間げきが水で満たされていて、空気が全くないと仮定すると、含水比が小さくなるに従って乾燥密度は大きくなります。
この場合の乾燥密度と含水比との関係をグラフにしたものが、ゼロ空気間げき曲線です。ふつうに空気がある場合は、突固め曲線として表わされます。

最後は、締固め規定に関するものです。
マダアルノ……映画見たいなあ～。

締固め規定は、どのように土を締固めるかを規定し盛土の品質を確実にするためのもので、次のようなものがあります。

土の締固め規定

① **工法規定方式**

締固め機械の機種、締固め回数などの**工法**を規定する。

② **品質規定方式**

1) **乾燥密度規定【基準試験の最大乾燥密度、最適含水比を利用する方法】**

室内締固め試験の最大乾燥密度と現場における締固め後の乾燥密度との比（締固め度）で規定する。

2) **強度特性規定【締固めた土の強度、変形特性を規定する方法】**

貫入抵抗（コーン指数）、現場CBR、地盤反力係数（支持力）等で規定する。

3) **飽和度または空気間隙率規定【飽和度または空気間隙率を施工含水比で規定する方法】**

締固めた土の飽和度または空気間隙率が、一定の範囲内にあるように規定する。

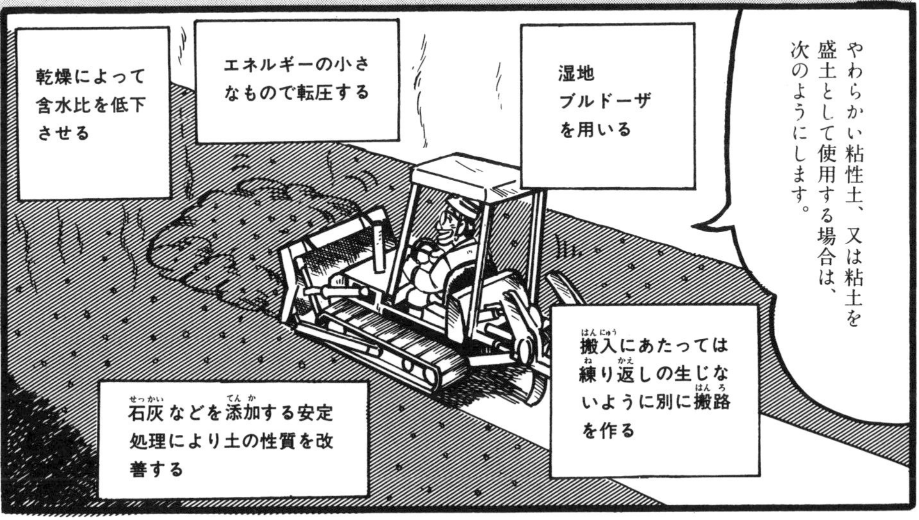

やわらかい粘性土、又は粘土を盛土として使用する場合は、次のようにします。
湿地ブルドーザを用いる
エネルギーの小さなもので転圧する
乾燥によって含水比を低下させる
搬入《はんにゅう》にあたっては練《ね》り返《かえ》しの生じないように別に搬路《はんろ》を作る
石灰《せっかい》などを添加《てんか》する安定処理により土の性質を改善する

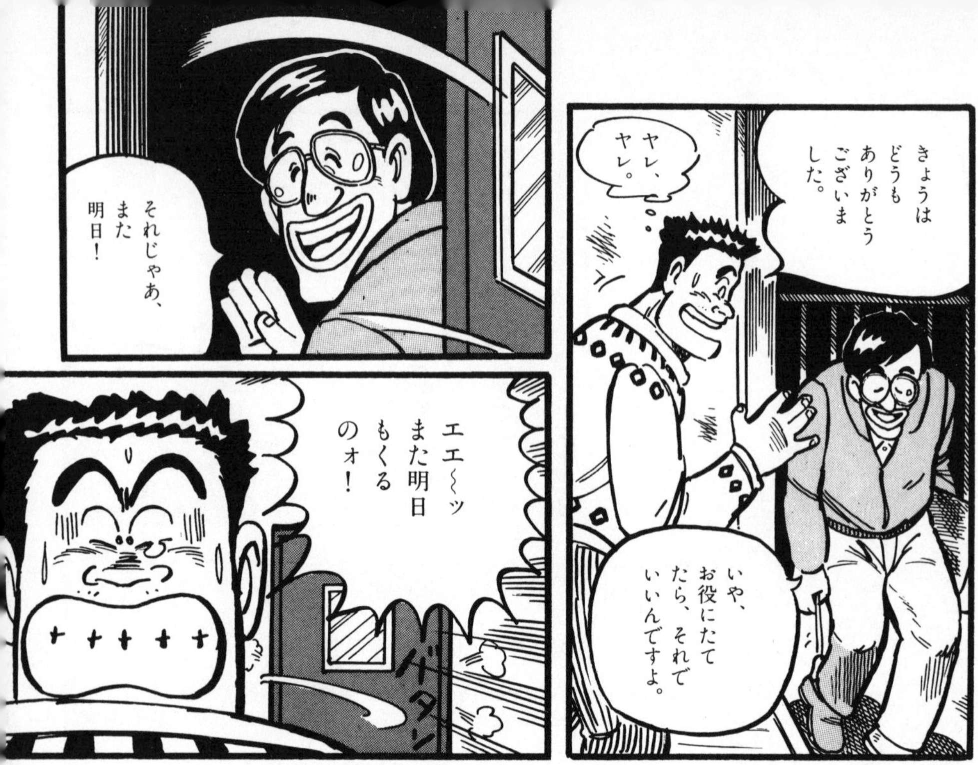

memo

※気になった箇所などを書き留めておきましょう

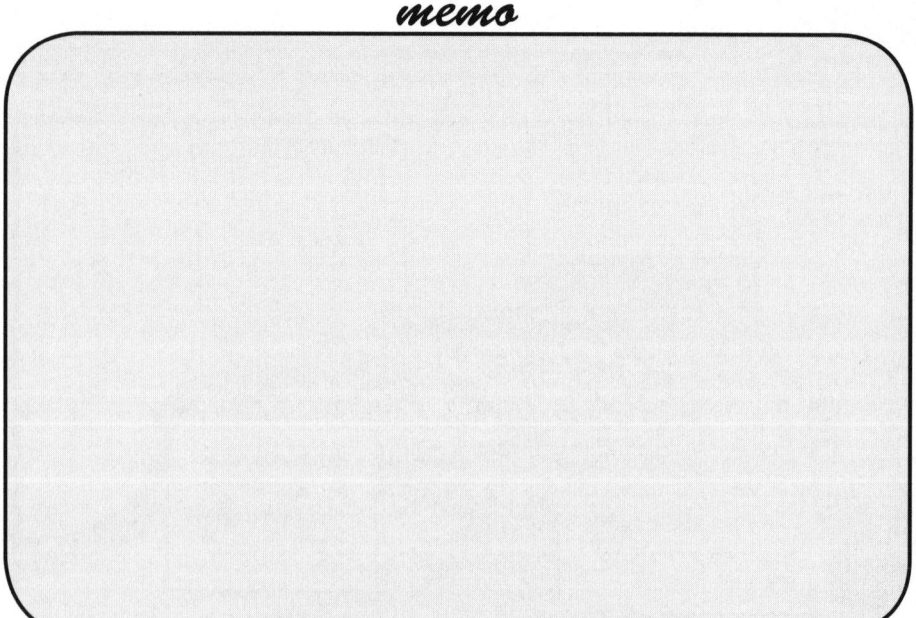

土工

土量の変化と変化率

学習の要点

①土量変化率ＬとＣの違いを理解しよう
②Ｌ、Ｃのおよその値を覚えよう
③土量換算係数とは何か
④土量変化率を用いた計算問題に慣れよう

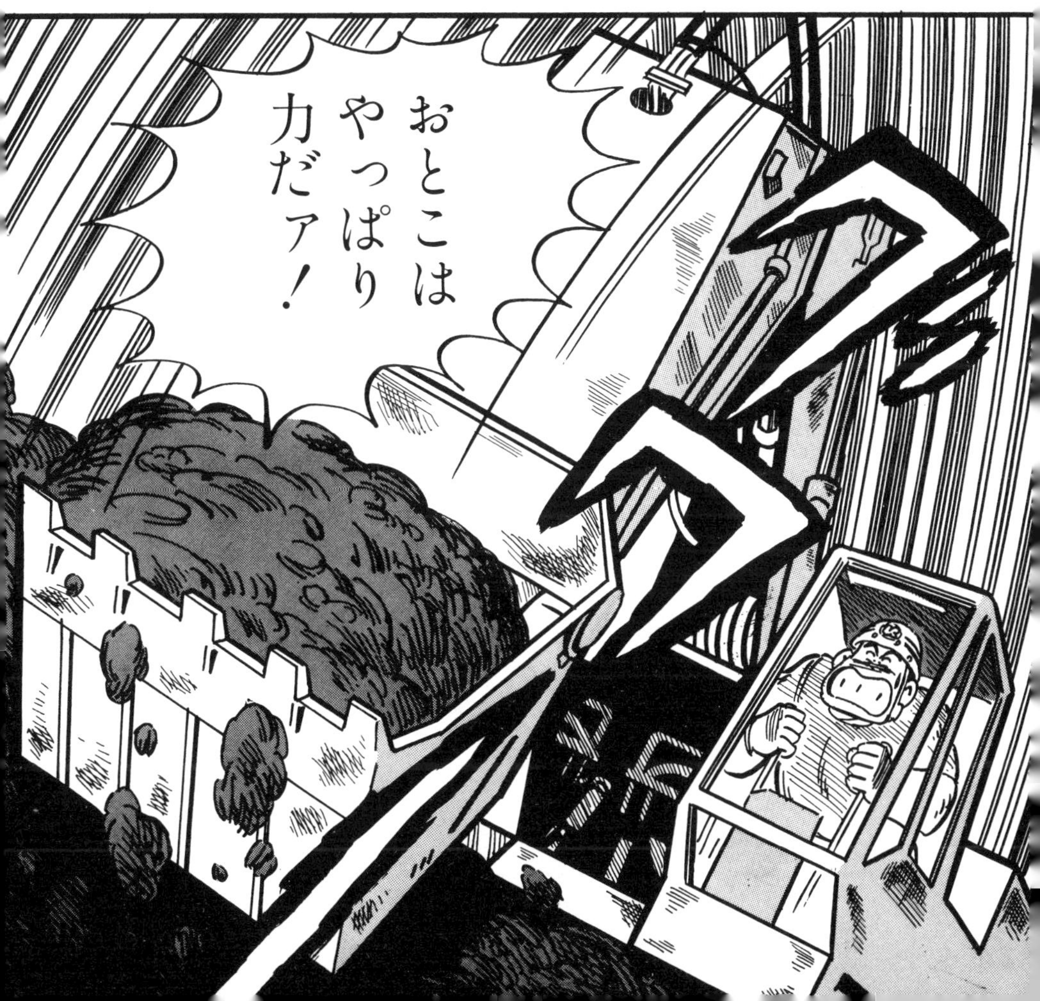

おとこはやっぱり力だア！

ホイ
ホイ
ググ
クク
バッ
いやあ、ソウ快、ソウ快！
地山の土量は、地山を切りくずした場合と、再びこれを締固めた場合には土量に変化が生じること、知ってましたか？※1
これらの変化を表すのに使われるのが、土量変化率《どりょうへんかりつ》で、地山を基準にしてほぐし率(L)と締固め率(C)で表わします。
地山の土量
ほぐした土量
ほぐし率L＝ほぐした土量／地山の土量
締固め率C＝締固め後の土量／地山の土量
締固めた後の土量

※1.土をほぐすと土の中に空気が混ざり，体積が増す。

たとえば、ほぐし率(L)が1.25で、締固め率(C)が0.9の土のとき、200 m³の地山をほぐすと、ほぐした土量は?
ほぐし率×地山の土量＝ほぐした土量だから，1.25×200＝250(m³)かな？
正解！さすがあ。では、上と同じ変化率の土で、200 m³の盛土をするのに必要なほぐした土量は?
え? ええ~、盛土というのは締固めた後の土だからァ。
まず、締固め後の土量をCで割り、地山の土量を求めます。次に求めた地山の土量とLとをかければ、ほぐした土量がもとめられますよ。
200÷0.9×1.25＝278(m³)

基準となる土量qから、求めたい土量Qを求めるのに、**土量換算係数**fを用いると便利ですよ。

$$Q = f \times q$$

下の表は、それぞれのqとQにおけるfを示したものです。

土《ど》量《りょう》換《かん》算《さん》係《けい》数《すう》(f)表

求める土量(Q) / 基準の土量(q)	地山の土量	ほぐした土量	締固めた土量
地山の土量	1	*L*	*C*
ほぐした土量	1／*L*	1	*C*／*L*
締固め後の土量	1／*C*	*L*／*C*	1

次に、土量変化率の異なる二種類の土AとBのそれぞれの土量を比較してみましょう。
下の表は、その比較を図で表したものです。
ほぐし率L_1
締固め率C_1
A
ほぐし率L_2
締固め率C_2
B

L_2はL_1より大きくC_2はC_1より大きいとする

ほぐした土量＝地山の土量×ほぐし率		
土の種類	A	B
ほぐし率	L_1	L_2
地山の土量	同	同
ほぐした土量		
ほぐした土量	同	同
地山の土量		

締固めた後の土量＝地山の土量×締固め率		
土の種類	A	B
締固め率	C_1	C_2
地山の土量	同	同
締固めた土量		
締固めた土量	同	同
地山の土量		

土の種類による土量変化率一覧

名称		L	C
岩　　石	硬　　岩	1.70～2.00	1.30～1.50
	中　硬　岩	1.55～1.70	1.20～1.40
	軟　　岩	1.30～1.70	1.00～1.30
岩塊，玉石	岩塊，玉石	1.10～1.15	0.95～1.05
れ　　き れき質土	れ　　き	1.10～1.20	1.10～1.05
	れき質土	1.15～1.20	0.90～1.00
	固結したれき質土	1.25～1.45	1.10～1.30
砂	砂	1.10～1.20	0.85～0.95
	岩塊，玉石混じり砂	1.15～1.20	0.90～1.00
砂　質　土	砂　質　土	1.20～1.30	0.85～0.90
	岩塊，玉石混じり砂質土	1.40～1.45	0.90～0.95
粘　質　土	粘　質　土	1.25～1.35	0.85～0.95
	れき混じり粘質土	1.35～1.40	0.90～1.00
	岩塊，玉石混じり粘質土	1.40～1.45	0.90～0.95
粘　　土	粘　　土	1.20～1.45	0.85～0.95
	れき混じり粘土	1.30～1.40	0.90～0.95
	岩塊，玉石混じり粘土	1.40～1.45	0.90～0.95

最後に、これは土の種類による土量変化率の一覧表です。前の項で示した土の種類でいうと、硬岩をB、砂質土をAにあてはめることができますね。

memo

※気になった箇所などを書き留めておきましょう

土工

土工の施工

学習の要点

①基礎地盤の処理の目的は何か
②好ましい盛土材料の条件とは何か
③土工の施工に関する知識を理解する
④のり面保護工の目的と工法を覚えよう
⑤表面水、湧水の処理法について理解する

盛土は河川堤防、フィルダム、道路、鉄道、造成地などいろいろな工事に行われるものです。
ブォー
盛土をするまえに、旧地盤《きゅうじばん》とのなじみを良くするため、旧地盤の表土《ひょうど》処理《しょり》を行う。切株《きりかぶ》、腐植物《ふしょくぶつ》、有機質土《ゆうきしつど》は腐食《ふしょく》による圧縮性《あっしゅくせい》が大きいので、必ず伐開除根《ばっかいじょこん》を行います。※1

※1. 盛土にゆるみや有害な沈下を生じる恐れがあるのでこれを除去し，盛土材料に置き換える。

旧地盤が傾斜している場合は、地すべり対策として段切りを行います。
盛土
段切り
旧地盤
また、雨水対策として溝を掘り、排水を良くしておきます。
盛土材料の良否は、完成後の盛土の安定性をも左右します。
盛土材料として好ましい土は下のようなものです。※1
盛土材料として好ましい土
●施工が容易な土
●締固めたあとのせん断強度が大きい土
●圧縮性が少ない土
●雨水などの浸食《しんしょく》に対して強く，吸水《きゅうすい》による膨潤《ぼうじゅん》性《せい》の低い土
●施工機械のトラフィカビリティ※2が確保できる土
●自然含水比が最適含水比付近の土※3
盛土の締固めは全体を均等《きんとう》に締固め、盛土端《たん》部《ぶ》や隅《すみ》部《ぶ》などは、締固めが不十分になりがちですから気をつけましょう。
降雨が予想されるときは、ローラで盛土表面を平滑《へいかつ》にして、雨水の滞水《たいすい》や浸透《しんとう》などが生じないようにします。

※1．自然含水比が液性限界《えきせいげんかい》より高い土は，流動性《りゅうどうせい》を帯びるので盛土材料として好ましくない。また，ベントナイト，酸性白土《さんせいはくど》，多量の腐植物を含んだ土(シラス土，温泉余土《おんせんよど》，凍土《とうど》)など吸水性・圧縮性が特に大きい土は施工性が悪く利用できない。

※2．トラフィカビリティ　…自動車や土工機械などの車両の通行に耐え得る土路面の能力。

※3．締固めが一定の場合，せん断強さが最大となり，しゃ水性も良好，間げき水圧の発生，飽和時の安定性，施工の難易等，工学上の要素を考慮しても，ほぼ最適のものとなる。盛土における含水比の調整が容易。加水や乾燥の必要がほとんどない。

盛土施工中は、横断こう配をつけ、
雨水などを排水しやすいようにしておきます。
横断こう配
小段1～2ｍ
横断こう配をつける
のり高5～10ｍごと
のり面
小段
長大のり面では、のり肩から垂直距離5～10ｍ下がるごとに1～2ｍ幅の小段を設けます。小段を設ける目的は、のり面の保護、管理排水設備の設置などがあります。
盛土のり面の締固めは、可能な限り機械を使用し、十分に締固めます。
ブオー
切土のり面の施工では、仕上げ面から20～30㎝の余裕をもたせて機械掘削をし、その後を人力で仕上げます。

地山(土砂)の掘削方法には、右図のようなベンチカット工法※1と、ダウンヒルカット工法※2の二種類があります。
ベンチカット工法
ダウンヒルカット工法
地中から地表面にしみ出した水を表面水といいます。この表面水によるのり面の洗掘《せんくつ》を防止するため、下のような溝を作ります。
のり肩排水溝《かたはいすいこう》
縦排水溝
小段排水溝《こだんはいすいこう》
盛土は、一層の仕上り厚が20～30cmになるように締固めます。
20～30cm
さて、裏込め材は小型ブルドーザ、人力などによって敷均し、
締固めは、できるだけ大型の締固め機械を使用します。

※1.ベンチカット工法…階段式に掘削を行う工法で，バックホウやトラクタショベルによって掘削積込みを行う。
※2.ダウンヒル工法…ブルドーザ，スクレーパ，スクレープドーザを用いて，傾斜面の下り勾配を利用して掘削し運搬する工法。

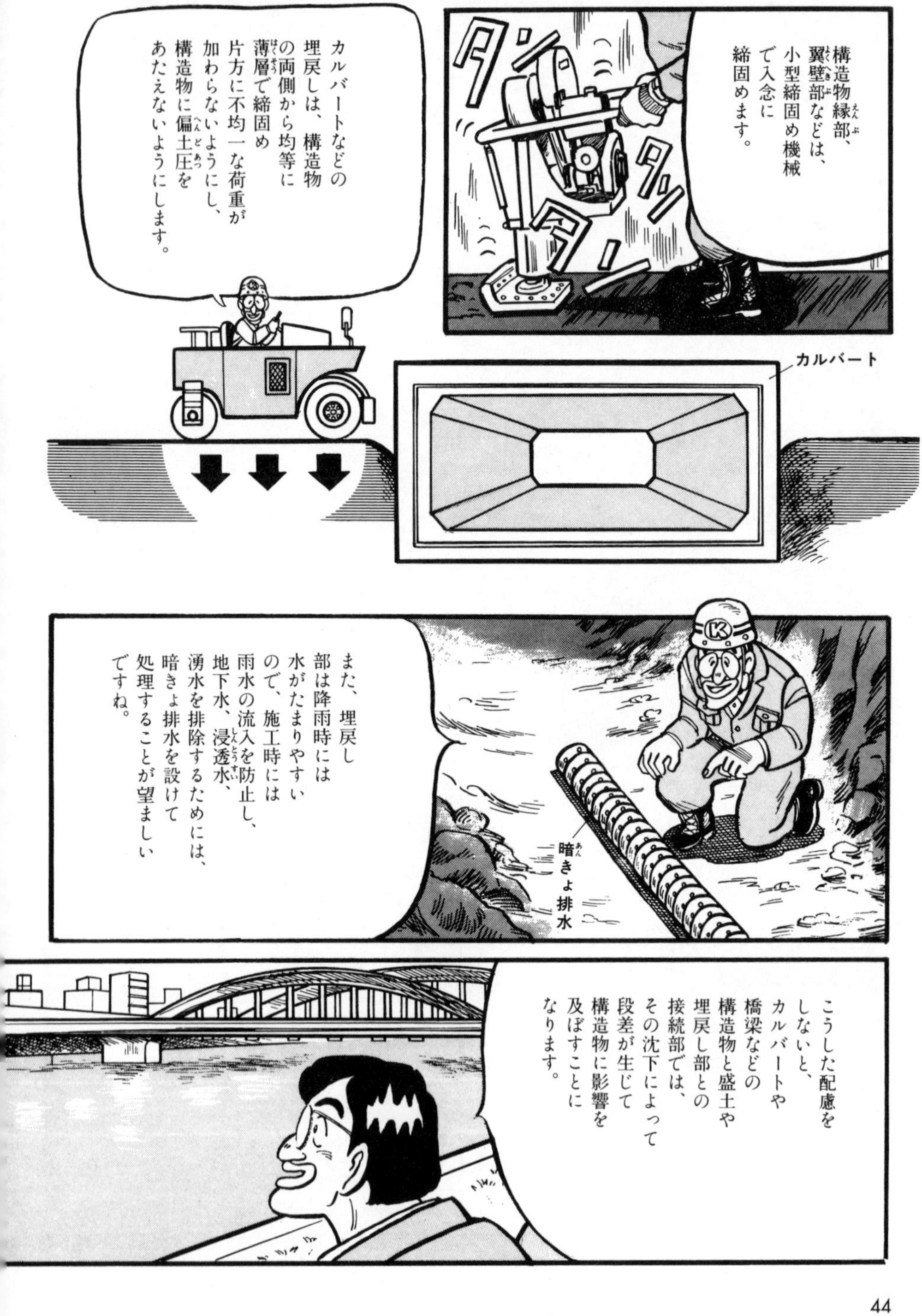
構造物縁部《えんぶ》、翼壁部《よくへきぶ》などは、小型締固め機械で入念に締固めます。
カルバートなどの埋戻しは、構造物の両側から均等に薄層《はくそう》で締固め片方に不均一な荷重が加わらないようにし、構造物に偏土圧《へんどあつ》をあたえないようにします。
カルバート
また、埋戻し部は降雨時には水がたまりやすいので、施工時には雨水の流入を防止し、地下水、浸透水《しんとうすい》、湧水を排除するためには、暗きょ排水を設けて処理することが望ましいですね。
暗《あん》きょ排水
こうした配慮をしないと、カルバートや橋梁などの構造物と盛土や埋戻し部との接続部では、その沈下によって段差が生じて構造物に影響を及ぼすことになります。

植《しょく》生《せい》工《こう》

雨《う》水《すい》浸《しん》食《しょく》防《ぼう》止《し》のための植生工

張《はり》芝《しば》工《こう》 野芝《のしば》，高麗芝《こうらいしば》をのり面に張り付ける総芝《そうしば》は風化しやすい砂質土に，筋芝工《すじしばこう》は風化の遅い粘性土ののり面に用いる。※2

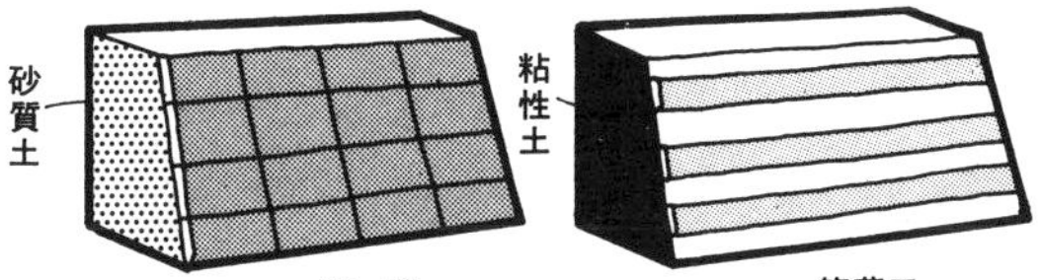
砂質土
粘性土

総　芝　　筋芝工

植生マット 植物を育成したマットを，盛土表面に張り付ける。

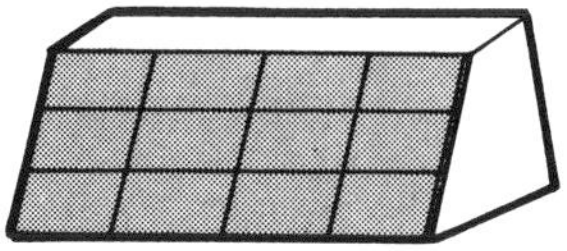

植生マット

凍《とう》土《ど》崩《ほう》落《らく》抑《よく》制《せい》のための植生工

種《しゅ》子《し》吹《ふき》付《つけ》工《こう》 播種ガンかポンプを使用して，種子をのり面に吹きつける。

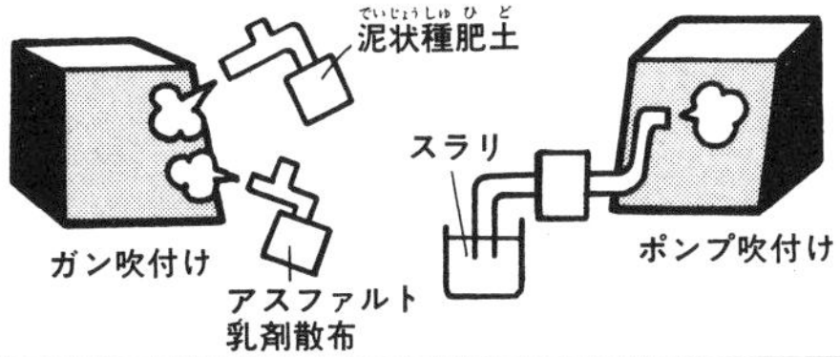
泥状種肥土《でいじょうしゅひど》
スラリ
ガン吹付け
アスファルト
乳剤散布
ポンプ吹付け

不良土，硬質土のり面の浸食防止

植生盤《しょくせいばん》，植生袋工《しょくせいたいこう》 工場で生産される植生盤，植生袋をのり面に張りつける。

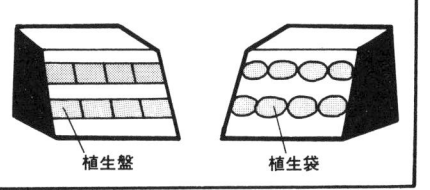

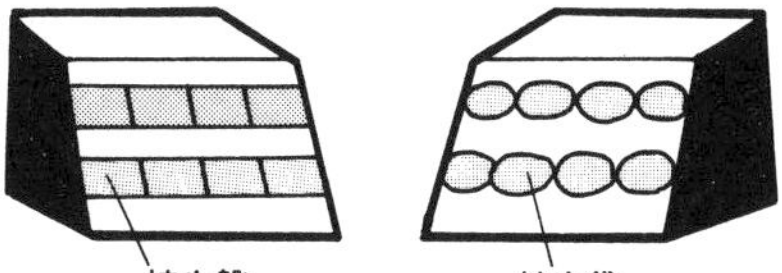

植生盤　　植生袋

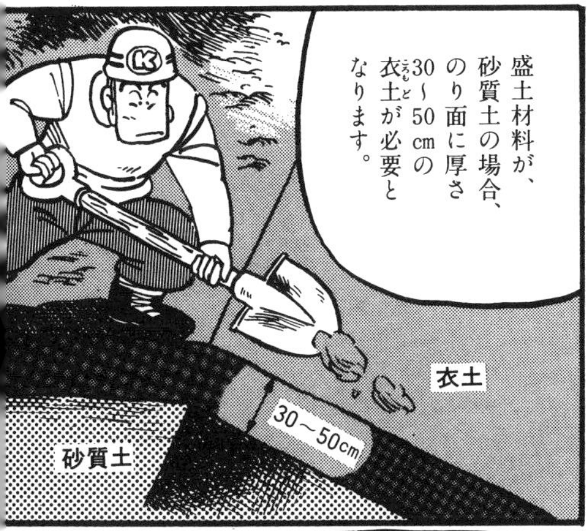
盛土材料が、砂質土の場合、のり面に厚さ30～50cmの衣土《ころもど》が必要となります。
衣土
30～50cm
砂質土

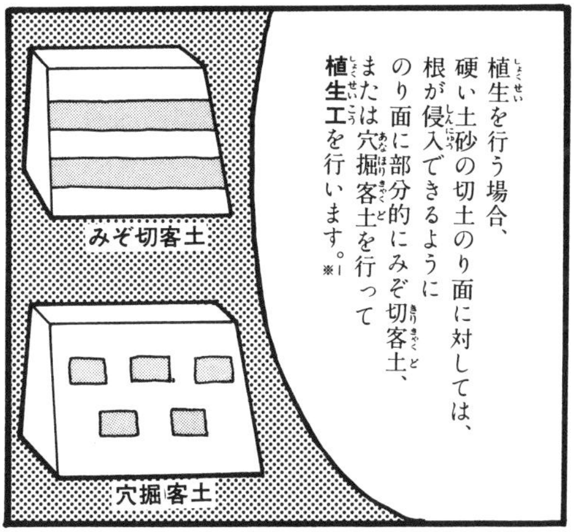
植生《しょくせい》を行う場合、硬い土砂の切土のり面に対しては、根が侵入《しんにゅう》できるようにのり面に部分的にみぞ切客土《きりきゃくど》、または穴掘客土《あなほりきゃくど》を行って**植生工**《しょくせいこう》を行います。※1
みぞ切客土
穴掘客土

植生工には上のような種類のものがあります。

※1．軟らかい土砂の切土のり面の場合は，雨水によるのり面崩壊を防止するため，コンクリートブロック枠組工で，わく内に植生工を行なうのがよい。

※2．芝付工法には，このほか飛びとびに張る市松芝がある。

植生工が無理な場合、構造物による保護工があります。
切土ののり面が岩質のときや、橋の下の日陰部分なんかの植物が成育しないところにするんですね。

構造物による保護工

●吹付け工(コンクリート・モルタル)

金網

目的●切土のり面の風化・はく離・崩落を防止するために設ける。

●張り工

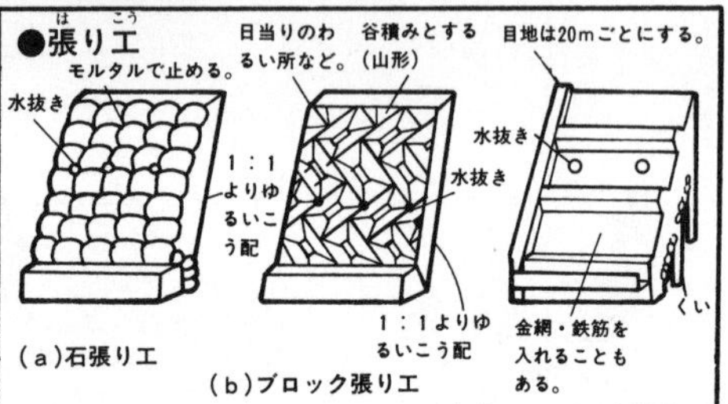
モルタルで止める。
水抜き
1：1よりゆるいこう配
日当りのわるい所など。
谷積みとする（山形）
水抜き
1：1よりゆるいこう配
目地は20mごとにする。
水抜き
くい
金網・鉄筋を入れることもある。
(a)石張り工
(b)ブロック張り工
(c)コンクリート張り工

目的●浸食防止，風化防止，崩落防止

●のりわく工

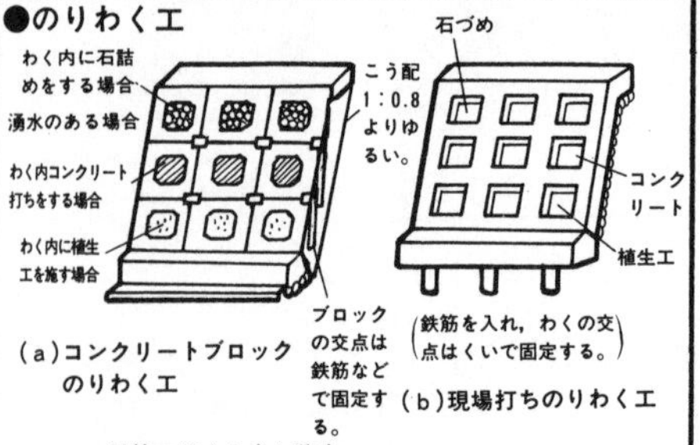
わく内に石詰めをする場合
湧水のある場合
わく内コンクリート打ちをする場合
わく内に植生工を施す場合
こう配1：0.8よりゆるい。
ブロックの交点は鉄筋などで固定する。
石づめ
コンクリート
植生工
（鉄筋を入れ，わくの交点はくいで固定する。）
(a)コンクリートブロックのりわく工
(b)現場打ちのりわく工

目的●はらみ出し防止

●編柵工，蛇籠工

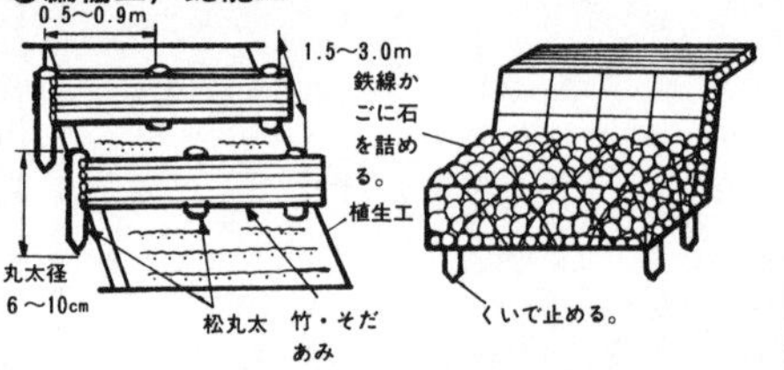
0.5～0.9m
1.5～3.0m
鉄線かごに石を詰める。
植生工
丸太径6～10cm
松丸太
竹・そだあみ
くいで止める。
(a)編 柵 工
(b)のり面蛇籠工

目的●湧水処理とのり面保護

●落石防止網工・柵工

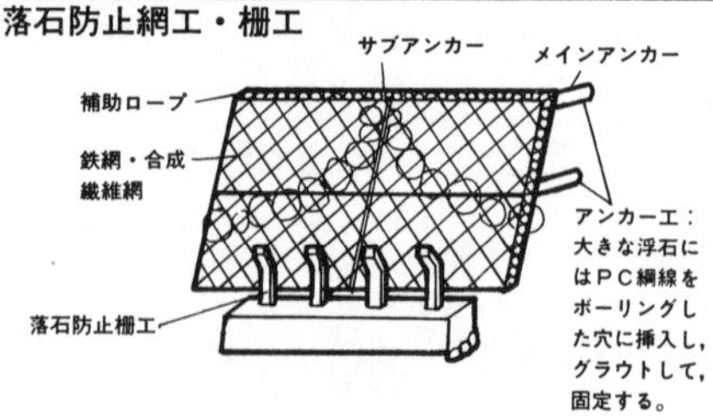
サブアンカー
メインアンカー
補助ロープ
鉄網・合成繊維網
アンカー工：大きな浮石にはPC鋼線をボーリングした穴に挿入し，グラウトして，固定する。
落石防止柵工

目的●落石，表面のはく落防止

構造物の保護工には、上のような種類があるんですね。

これらの保護工は、のり面及び、これに続く斜面の浸食、風化を防止し、安定を図るために行なうものです。
その中で最も広く行われてるのが、のり面に植物を植えて保護する植生工ですよね。
アハハハ!!
ウフフ
ハハ
そいでさあ・・
ヤダ
ええなぁ。それにひきかえ……。
……。なにか?
別に…。

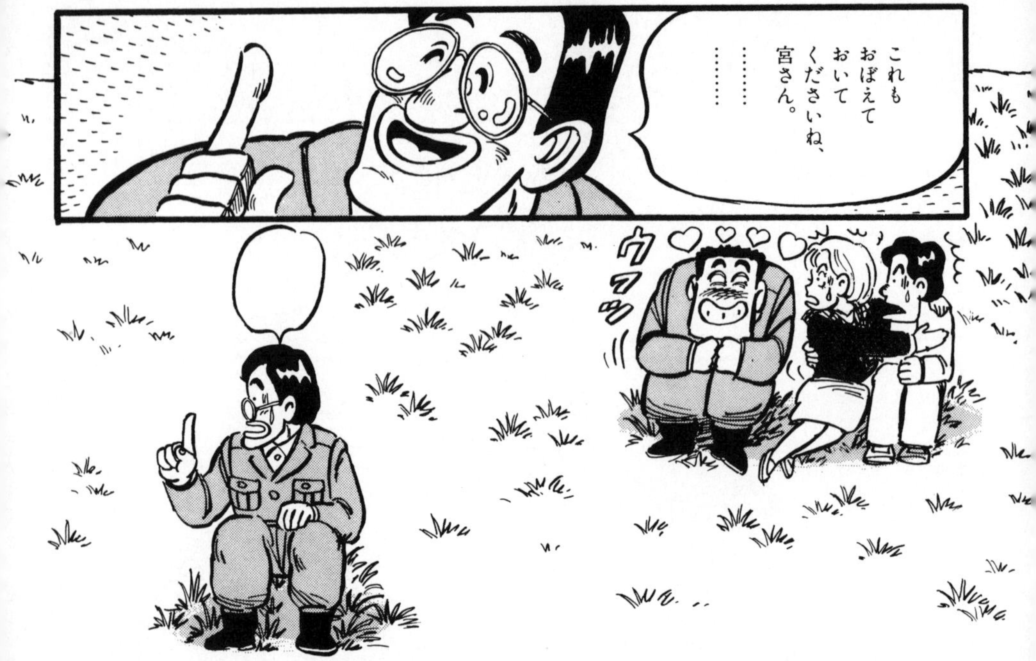
これもおぼえておいてくださいね、宮さん。…………
ウフフッ

memo

※気になった箇所などを書き留めておきましょう

コンクリート工

コンクリートの材料

学習の要点

①細骨材と粗骨材の違いを理解しよう
②骨材に関する特性値について理解を深める
③混和材料について知識を深める
④コンクリート材料についての知識を深める
⑤フレッシュコンクリートの性質を覚えよう
⑥その他、コンクリートに関する知識を深める

おお、やってるな。どうだね、勉強ははかどってるかね？
あ、所長！

じゃあ、復習してみましょうか？
はい、え…。

コンクリートの材料には、左のようなものが使われています。
砂利・砂
セメント
水
混《こん》和《わ》材《ざい》料《りょう》
空　気

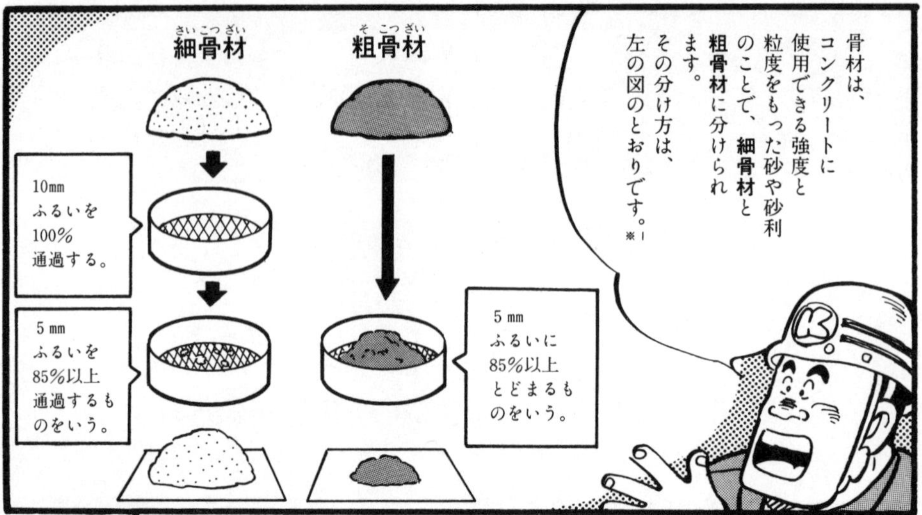
骨材は、コンクリートに使用できる強度と粒度をもった砂や砂利のことで、**細骨材**と**粗骨材**に分けられます。その分け方は、左の図のとおりです。※1
細骨材《さいこつざい》
10mm ふるいを100%通過する。
5mm ふるいを85%以上通過するものをいう。
粗骨材《そこつざい》
5mm ふるいに85%以上とどまるものをいう。

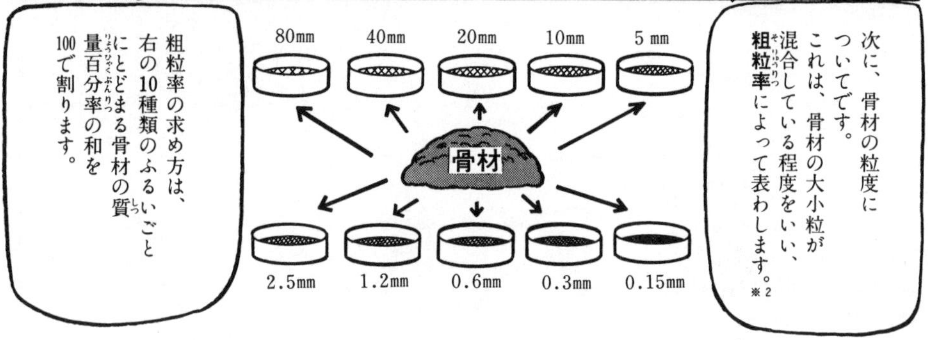
次に、骨材の粒度についてです。これは、骨材の大小粒が混合している程度をいい、**粗粒率《そりゅうりつ》**によって表わします。※2
80mm
40mm
20mm
10mm
5mm
骨材
2.5mm
1.2mm
0.6mm
0.3mm
0.15mm
粗粒率の求め方は、右の10種類のふるいごとにとどまる骨材の質《しつ》量百分率《りょうひゃくぶんりつ》の和を100で割ります。

ふるいの呼び寸法(mm)	80	40	20	10	5	2.5	1.2	0.6	0.3	0.15
各ふるいごとにとどまる質量百分率(%)	a	b	c	d	e	f	g	h	i	j

粗粒率《そりゅうりつ》 $= \dfrac{a+b+c+d+e+f+g+h+i+j}{100}$

粗骨材《そこつざい》の最大寸法《さいだいすんぽう》
粗骨材の最大寸法は、質量で少なくとも90%が通過するふるいのうちで、最小のふるいの呼び寸法で示します。

※1.砕石は，一般に粗骨材に属する。また，砂利を使用したものよりも同一のスランプのコンクリートを作るのに必要な単位水量は大きくなる。

※2.粗粒率は，細骨材で2.3～3.1，粗骨材で6～8位である。また，粗粒率は，粒径が大きいほど大きくなる。　粒度……骨材の大小粒の混合している程度。

骨材の含水状態（▨ 吸水量 ▥ 表面水量）

絶対《ぜったい》乾燥状態《かんそうじょうたい》	空気中《くうきちゅう》乾燥状態《かんそうじょうたい》	表面乾燥《ひょうめんかんそう》飽水状態《ほうすいじょうたい》	湿潤状態《しつじゅんじょうたい》

吸水率《きゅうすいりつ》(%) $= \dfrac{\text{表面乾燥飽水状態の吸水質量}}{\text{絶対乾燥状態の試料の質量}} \times 100$

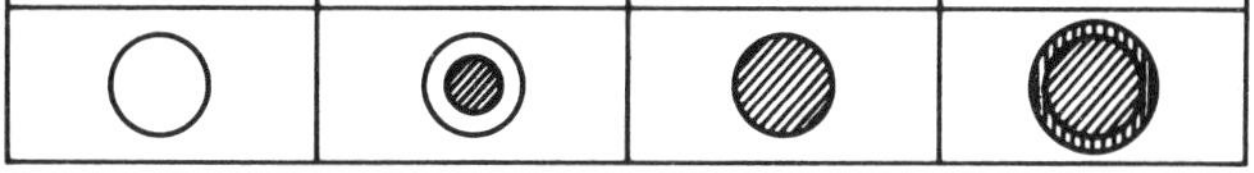

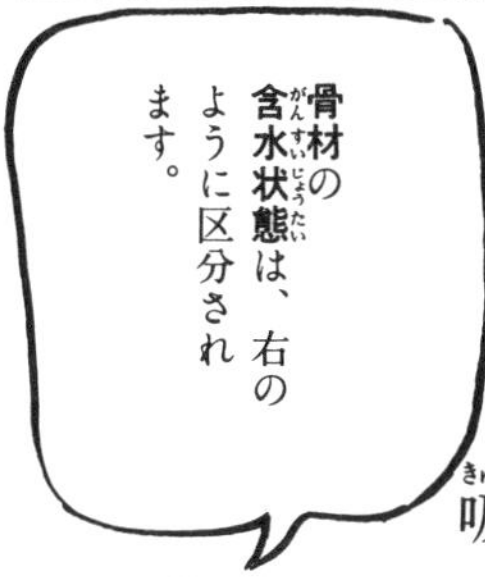

ほう、なかなかしっかり憶えとるじゃないか。
い、いいえ、それほどでも。

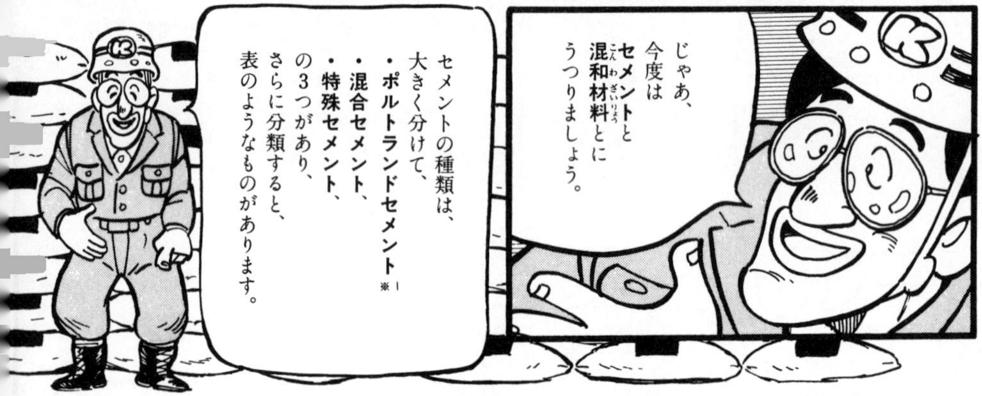
じゃあ、今度は**セメント**と**混和材料**《こんわざいりょう》とにうつりましょう。
セメントの種類は、大きく分けて、
・**ポルトランドセメント**※1
・**混合セメント**、
・**特殊セメント**、
の3つがあり、さらに分類すると、表のようなものがあります。

ポルトランドセメント (標準的なセメント) →	**普通ポルトランドセメント**	一般的構造物に使用
	中庸熱《ちゅうようねつ》 **ポルトランドセメント**	発熱量小，マスコンクリートに適し，海水に対する耐久性あり※2
	早強ポルトランドセメント	短期強度大，寒中，道路コンクリート用
混合セメント (ポルトランドセメントの化学的弱点をカバーしたセメント) →	**高炉セメント**	短期強度小，化学的抵抗性大
	シリカセメント	水密性大，海中コンクリート
	フライアッシュセメント	発熱量小，水密性大，海水に強い
特殊セメント (緊急用セメントで速硬性がある) →	**超速硬**《ちょうそくこう》**セメント**	発熱量大，強度安定
	アルミナセメント	発熱量大きく，使用上注意

※1.ポルトランドセメントの主な原料は，石灰石と粘土である。
※2.マスコンクリートとは，断面の大きな構造物（ダムなど）に打設するコンクリートのことで，発熱量の少ないこのセメントが適している。(中庸熱ポルトランドセメント）短期強度は普通セメントよりやや低いが，長期材令にわたって強度増進が大きい。

混和材《こんわざい》
• 使用量が多くてそれ自体の容積がコンクリートの配合の計算に関係するもの
混和剤《こんわざい》
• 使用量が少なく配合の計算で無視されるもの
混和材料はセメント、水、骨材以外の材料で、コンクリートの性質を改善するため、コンクリートの成分として加える材料をいい、その使用量により**混和材**と**混和剤**に分類されます。

混和材

- **●ポゾラン(けい酸白土・フライアッシュ・高炉スラグ)**
  ポルトランドセメントから水酸化カルシウムを吸収して，化学作用に対して強いコンクリートにして，コンクリートの流動性をよくするとともに耐久性を高める。
- **●けい酸質微粉末《さんしつびふんまつ》**
  オートクレーブ養生※1により高強度を得る。
- **●膨張材《ぼうちょうざい》**
  硬化の際膨張させ，ひび割れを防ぐ。

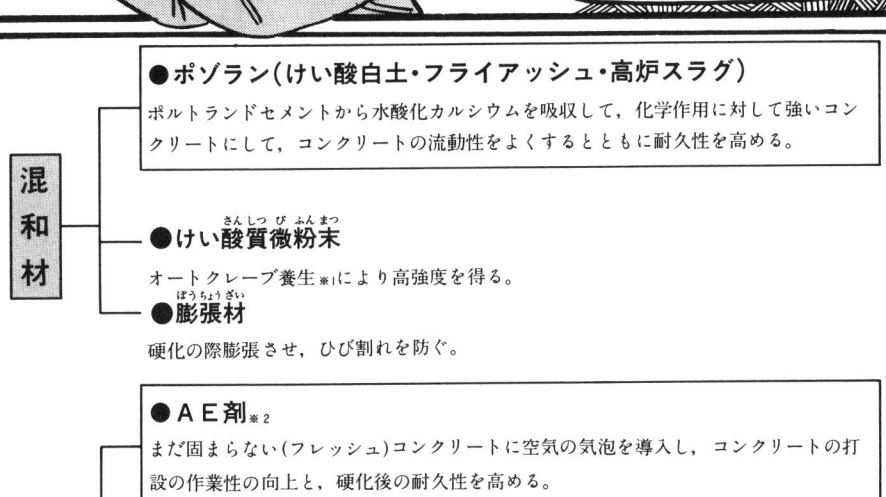

混和剤

- **●ＡＥ剤**※2
  まだ固まらない(フレッシュ)コンクリートに空気の気泡を導入し，コンクリートの打設の作業性の向上と，硬化後の耐久性を高める。
- **●減水剤《げんすいざい》**
  セメント粒子の分散が，よくなることによってまだ固まらない（フレッシュ）コンクリートの流動性をよくし，コンクリート打設の作業性の向上を図れる。また必要な単位水量※3を減らすことができ，硬化後の耐久性を高める。
- **●促進剤《そくしんざい》・遅延剤《ちえんざい》・急結剤《きゅうけつざい》**
  凝結《ぎょうけつ》，硬化時間の調節。
- **●防水剤《ぼうすいざい》**
  ひび割れを少なくする。
- **●着色剤**
  モルタルなどの着色剤。
- **●起ほう剤・発ぽう剤**
  充てん性の改善，重量の調節

それぞれをさらに分類すると表のとおりで、中でも重要な混和材料はわくで囲んだものです。

※1．コンクリートの硬化を促進するために，高温，高圧蒸気がまの中で行う養生。
※2．ＡＥ剤を用いるとコンクリートの耐久性は向上するが，水セメント比一定の場合には空気量が増すにつれ強度は小さくなる。
※3．単位水量とは，コンクリート $1m^3$ を造るのに要する水量のことである。

次にコンクリートの中の空気についてです。これには、左の2種類があります。
●エントラップドエア（自然に含まれる空気）
コンクリート
AE剤
AE剤
●エントレインドエア（AE剤，減水剤などによって強制的に混入される空気。）
コンクリートに適正な量の空気が含まれると、ブリーディングの減少に役立ちます。
ブリーディングってなんですか？
ブリーディングは、まだ固まらない（フレッシュ）コンクリートにおいて、水が上昇する現象のことで、※1 ブリーディングに伴い表面に浮び出て沈殿したものをレイタンスといいます。※2
レイタンス
水の上昇
骨材
ブリーディング現象
空気の気泡
AE剤を使用した時
空気の気泡は、水の上昇を防止する働きをするんです。
また、ワーカビリティーを得るのに役立つんだね。
あ、あのワーカビリティーって？

※1.ブリーディングは水の通り道を残して硬化するため，この道に雨水が浸透して氷結し，耐久性に著しい害をあたえる。
※2.レイタンスは，ほとんど強度がなく，コンクリートの打継ぎなどでは，除去して打設する必要がある。

ワーカビリティーとは
まだ固まらない（フレッシュ）
コンクリートの性質を表わすも
ので、**コンシステンシー**による
打込みやすさの程度や
材料の分離に抵抗
する程度を示す性質である。
運搬、打込み、締固め、仕上げ
などの作業の容易さ
を表わすんだ。

コンシス
テンシーって
なんですか…？

コンシステンシーとは、水分の多少によるコンクリートのやわらかさの程度をいい、スランプ試験によるスランプ値の大きさを示します。

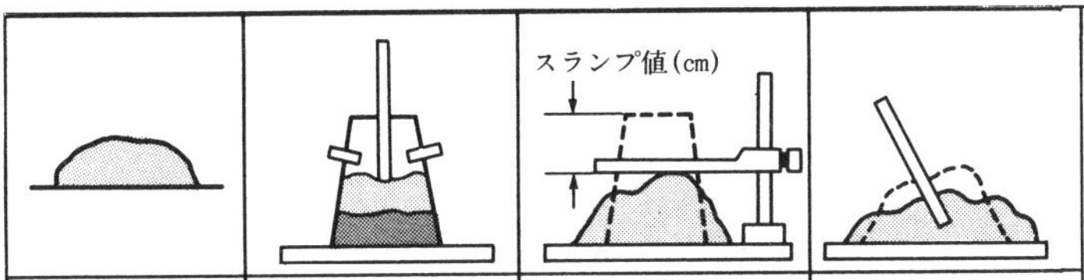
スランプ値(cm)

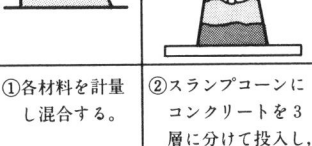

①各材料を計量し混合する。	②スランプコーンにコンクリートを3層に分けて投入し，各層ごとに突き棒で25回突き固める。	③スランプコーンを抜き取り，自由に変形させ，コンクリートの沈下量を読みスランプ値を求める。	④突き棒でコンクリートを軽くたたいて，コンクリートのねばりを調べる。

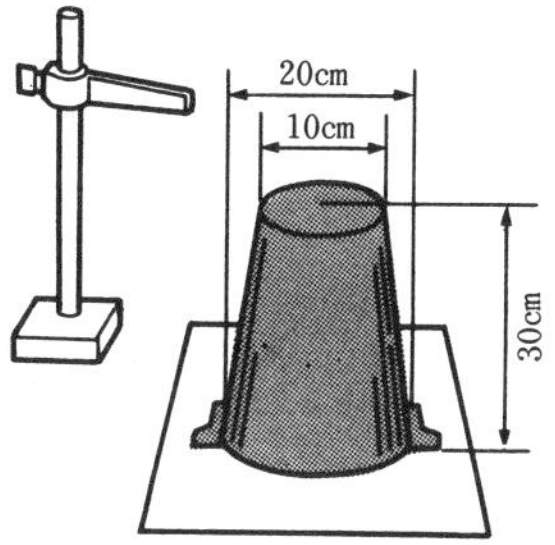
20cm
10cm
30cm

ハー。

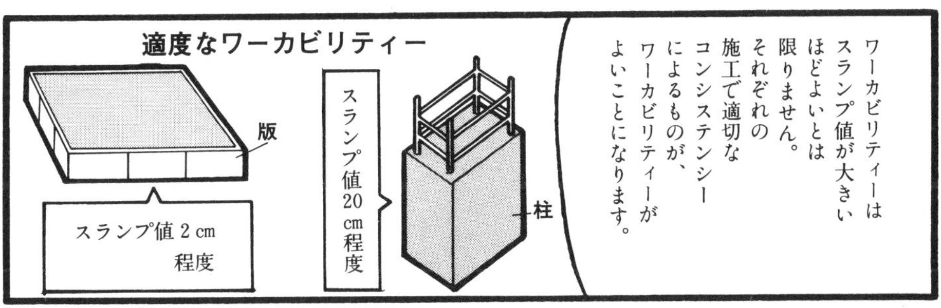
ワーカビリティーは
スランプ値が大きい
ほどよいとは
限りません。
それぞれの
施工で適切な
コンシステンシー
によるものが、
ワーカビリティーが
よいことになります。
適度なワーカビリティー
版
スランプ値 2 cm
程度
スランプ値
20
cm程度
柱

じゃあ、最後に
モルタルについてですが、
宮さん、モルタルと
いうのは？
粗骨材＋砂（細骨材）
＋水＋セメント
コンクリート
砂＋水＋セメント
モルタル
え－、モルタルというのは
コンクリートのうち粗骨材
だけを欠いたもので、
主にコンクリートの
継目や、コンクリートの表面
に使用するもので、建築
物だけでなく、土木一般に
使われます。
そ、
そうか
しら…
よろしい！
その調子だ、
だんだん
分ってきた
じゃないか。

memo

※気になった箇所などを書き留めておきましょう

コンクリート工

コンクリートの配合

学習の要点

①水セメント比に関する知識を深める
②コンクリートの配合は、どのように決定されるか
③コンクリートの配合と強度の関係を理解しよう
④コンクリートの配合における留意点とは何か

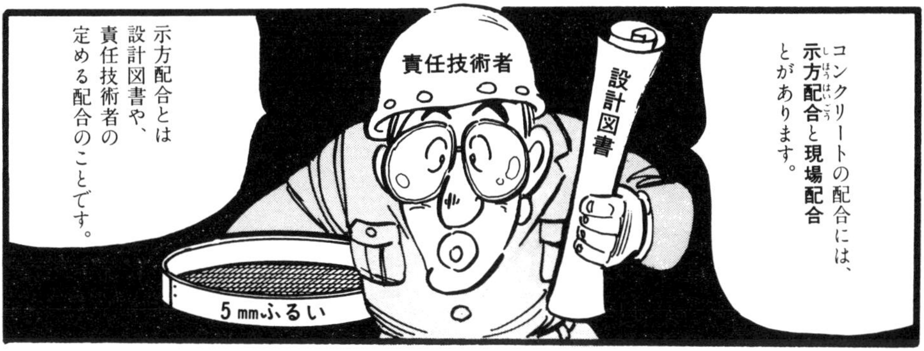
コンクリートの配合には、**示《し》方《ほう》配《はい》合《ごう》**と**現場配合**とがあります。
責任技術者
設計図書
5㎜ふるい
示方配合とは設計図書や、責任技術者の定める配合のことです。

現場配合は、現場の条件に応じて水量や骨材を調節して、示方配合と同じ状態をつくるんですね。

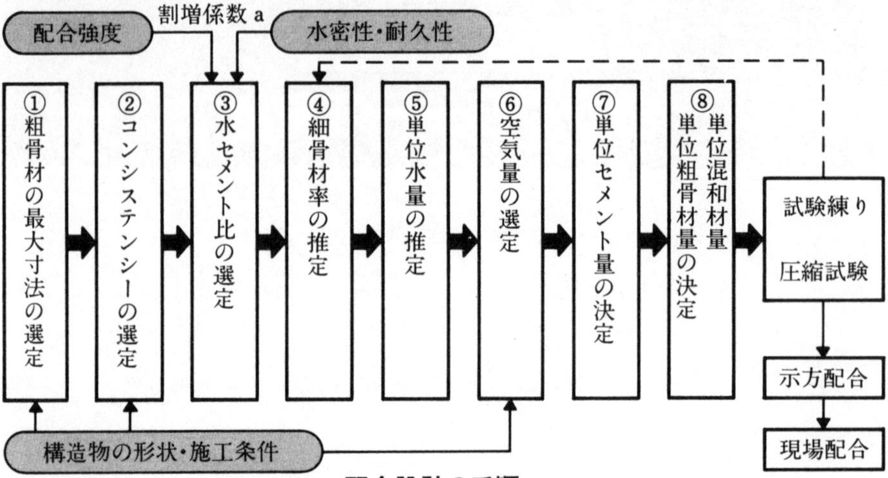

配合強度
割増係数 a
水密性・耐久性
①粗骨材の最大寸法の選定
②コンシステンシーの選定
③水セメント比の選定
④細骨材率の推定
⑤単位水量の推定
⑥空気量の選定
⑦単位セメント量の決定
⑧単位混和材量 単位粗骨材量の決定
試験練り
圧縮試験
示方配合
現場配合
構造物の形状・施工条件

配合設計の手順

配合設計の手順は上のとおりです。
単位水量とか、単位セメント量などの単位何々というのは、どういう意味ですか？
コンクリートを1m³つくるのに必要な量を単位量といい、単位水量は、コンクリート1m³を造るのに用いる水量をいいます。※1
単位セメント量は単位水量と、水セメント比から必要な強度、耐久性、水密性をもつコンクリートが得られるように試験によって定めます。※2
コンクリート 1㎥
水セメント比
単位セメント量
単位水量

※1.単位水量は作業ができる範囲で，できるだけ少なくなるように試験を行なって定めなければならない。

※2.単に強度が最大となるように定めるものではない。

水セメント比※1
というのは？
水セメント比
というのは、
セメントペースト中の
水とセメントの
質量比のことです。
その逆がセメント水比です。
セメントペースト
セメント
水

$$\text{水セメント比}=\frac{\text{水の質量(W)}}{\text{セメントの質量(C)}}\qquad\text{セメント水比}=\frac{\text{セメントの質量(C)}}{\text{水の質量(W)}}$$

水セメント比、
またはセメント水比は、
コンクリートの
強度に最も大きな
関係があるんん
ですよ。

なにを
しているんだい？
さきに、
いって
しまうよ。
あ、
はい！

でも、所長、
何を
ご馳走して
くれるんですか？
それは、
きみらの手料理さ！
えっ！
ぼくら
の？

※1.水セメント比は，強度，耐久性，水密性を考えて定める。

さあ、今日はどんどん食べてくれ！
試験勉強を乗り切るためには、スタミナが必要だからな。
ここのお好み焼は安くてうまいから、はらが減ったらたらふく食いにきたらいいぞ！
どおぞ、ごひいきに。

どう、勉強すすんでる？
勉強？
ああそうだ、夕べさん水セメント比の説明が途中でしたよ。
そうでしたね。水セメント比と、圧縮強度の関係を今、かりにメリケン粉をセメントにおきかえて説明しましょう。
水セメント比が小さいほど、言いかえると水の質量Wが小さく、セメントの質量Cが大きいほど、圧縮強度は大きくなります。
水セメント比 小
水セメント比 大
水セメント比＝W/C
圧縮強度 大
圧縮強度 小
反対に、水セメント比が大きいほど、言いかえるとWが大きくCが小さいほど、圧縮強度は小さくなります。

さて次に、水セメント比の求め方ですが、これには、強度、耐久性《たいきゅうせい》、水密性《すいみっせい》から求める方法があります。※1
小規模な工事や、やむをえず試験を行なわない場合は、ある式がもちいられ、この計算からセメント水比、水セメント比をもとめます。
このとき、配合強度は、コンクリートの品質のばらつきを考慮して、設計基準強度よりも大きく定めなければなりません。
タベさん.
ちょっとちょうだい!
ハイハイ

※1.耐久性……水セメント比の上限として，所定の構造物別に一覧表としてあたえられている。水密性……一般の場合，水セメント比55%以下，ダムの場合は，60%以下。

次に、細骨材率《さいこつざいりつ》※1は、所要のワーカビリティーが得られる範囲で、単位水量が最小限となるように、これを定めなきゃならんのだな。※2
また、空気量だが、コンクリートに微少な空気を3～6%連行させると、凍結融解《とうけつゆうかい》に対する耐久性が大きくなる。
空気
細骨材
このような、適量のエントレインドエアをもつコンクリートは、激しい気象作用を受ける場合、用いられるのが原則だな。

※1. 細骨材率とはコンクリートの骨材のうち，5㎜ふるいを通る部分を細骨材，5㎜ふるいにとどまる部分を粗骨材として算出した，細骨材と骨材全量との絶対容積比を百分率で表わしたものをいう。

※2. 一般に，細骨材率を小さくすると，所要のコンシステンシーのコンクリートを得るために必要な単位水量が減り，したがって，単位セメント量が小さくなり，経済的になる。細骨材率をある程度より小さくするとコンクリートがあらあらしくなり，材料の分離する傾向が大きくなり，コンクリートはワーカブルでなくなる。

所長さん、
コンクリート、
コンクリートって、
うちのお好み焼き、
そんなに
かたい？
あ…
ああ、
悪い、
ワルイ。
ゴメーン
ゴメン
ハハハ
すみません。
つい、
力がはいっちゃって…。

memo

※気になった箇所などを書き留めておきましょう

コンクリート工

コンクリートの施工

学習の要点

①コンクリートの運搬における注意事項とは
②コンクリートの打込みにおける注意事項とは
③コンクリートの養生における注意事項とは

シャオーー!
一気にやるぞォ!

まず、コンクリートを練りまぜてから、打ちおわるまでの時間は、25℃を超える時で1.5時間、25℃以下のときは2時間をこえないこと、か……。
・練りまぜから打ち終るまでの時間
まぜ ←1.5時間→ オワリ (25℃超)
温暖で乾燥
まぜ ←2時間をこえない→ オワリ
低温で湿潤 (25℃以下)
練りまぜ
打ちおわり

このように、練りまぜたコンクリートは、できる限り材料分離を起さない方法で、すみやかに運搬すること。
ただし、少しでも固まったコンクリートは用いてはならないんだな。
少しでも固まったコンクリート
練りまぜてからある程度時間のたったコンクリートは、水分が浮き上るなどの材料分離を起こしているので、水を加えずに練り直すこと。※1
練り直し
打込みは、一層40～50㎝以下とし、水平に打つこと。
40～50㎝
打ち込み中、表面に浮かびでた水(ブリーディング)やレイタンスは、スポンジのようなものでていねいに取除くなどの処置をすること。
スポンジ
二層以上に打込む場合は、下層のコンクリートが固まりはじめる前に打つこと。※2
一区画内のコンクリートは、完了するまで連続してうちこむこと。
1区画

※1.コンクリートの強度，耐久性，水密性はセメント水比，水セメント比，単位水量に大きな関係があり，水をコンクリートの練直しに加えるのは水・セメント比を変えることとなるので，加えてはならない。まだ固まり始めないコンクリートを再び練りまぜる作業のことを練り直しといい，固まり始めたコンクリートを再び練りまぜる作業のことを練り返しという。

※2.下層のコンクリートが固まり始めてから上層のコンクリートを打込むと，完全に一体化しない継目ができやすく好ましくない。

次は、コンクリートの運搬方法だ。ミキサーから吐き出されるコンクリートを適当なバケットに受け、クレーンなどで打込み場所まで運搬する方法が、材料分離のほとんどない、最も好ましい運搬方法なんだな。
運搬方法
●バケット
●ベルトコンベア
●コンクリートプレーサ
●コンクリートポンプ
●運搬車
●シュート
ベルトコンベヤは、連続して運搬するのに便利でも、水分の蒸発《じょうはつ》や、材料分離の防止のための処置をしなければならん、と。
コンクリートポンプは簡便で狭い所でも運搬できるため、最近はきわめて盛んに用いられているが、
コンクリートポンプを使用するコンクリートの条件
・セメント量300kg/m^3以上
・粗骨材最大寸法40mm以下
・スランプ8～15cm
ごくプラスティシティーでワーカブルなコンクリートでないと、目詰りを起したりするので、要求されるコンクリートの品質に合せ、ポンプを使用し、無理な場合は他の運搬方法を考える。※1
打込みにシュートを用いる場合、縦シュートを用いるのが原則で、1.5m以上の高さからは、打込まない。※2
縦シュート
1.5m以下

※1.単に圧送性の改善のために不用意に軟かいコンクリートを用いることは，材料の分離等によりコンクリートの品質を著しく損うおそれがある。現在のコンクリートポンプでは，スランプは一般に8～15cmが適当で，8cm以下では圧送が非常に困難になり，5cm以下では圧送が不可能である。

※斜めシュートは材料分離を起しやすいので，できるだけ用いない。やむを得ず用いるときは責任技術者の承認を得た上で，分離をおこさないように傾きなどを工夫する。

また粗骨材が分離した場合は、分離した粗骨材をすくいあげて、モルタルの十分あるコンクリート中に埋め込まなければならない。
型わく内で打設後再びコンクリートを移動させないこと。※1また、型わくを取り外す時期は、コンクリートがその自重、および施工中に加わる荷重を受けるのに、必要な強度に達するまで取り外してはならない。
取り外しの順序としては、比較的荷重を受けない部分から始め、だんだん荷重を受ける部分へと、進むのが一般的なんだな。
コンクリートの締固めは、棒状バイブレータ等※2を用いるが、使用するときはできるだけ鉛直に、さしこんでゆくこと。
浮き出た水は取り除く
ソゥ～
40～50cm以下
50cm以下
下層コンクリート10cm程度
振動機の引き抜きは少しずつ行い、あとに穴が残らないようにすること。※3

※1. 1カ所で多量にコンクリートを荷おろしして，振動機で横流しをしてはならない。
※2. 薄い壁などの場合は，型枠バイブレータを併用する。
※3. コンクリートの打込み後，表面の仕上げを行い，コンクリートが凝結《ぎょうけつ》し始める頃には，表面の乾燥による収縮や外力などの影響で，表面にひびわれがでやすく，このようなひびわれを発見したら再仕上げを行い，除去する。

あと、旧コンクリートに新しいコンクリートを打ち継ぐためにできる継目を打継目《うちつぎめ》といい、下の2種類がある。※1
1.5cm程度のモルタルを敷く
新コンクリート
旧コンクリート
水平打継目
再振動させる
モルタル
旧コンクリート
新コンクリート
鉄筋
鉛直打継目
よおし、
完ペキだ！
こんばんはあ、タベです。
すみませんおくれちゃって……。
いえ、別に。
ムフフフタベさん、オドロクゾ！
じゃあ、今日は運搬、打込み、締固めはそう問題ないからとばして、
コンクリートの養生からやりましょうか。
あ、あの…。
養生の予習はしていますか？

※1. 水平打継目の表面処理はレイタンスを除去し，水洗をして水を十分に吸わせ，モルタルを敷く。鉛直打継目の表面処理は，打継目を粗にし，水洗をして水を十分に吸わせモルタルを打ち，鉄筋で補強する。また，新コンクリートの打継目部分を再振動させ，分離水を除去する。

いえ、でも、その……。
まあ、いいでしょう。養生は、打込み後一定期間、コンクリートを適当な温度のもとで、十分な湿潤《しつじゅん》状態に保つための作業のことです。
これは、打終ったコンクリートが、その硬化《こうか》作用を十分に発揮し、できるだけ乾燥などによるひびわれを生じないようにするために行うもので、
露出面《ろしゅつめん》をむしろ、布、砂等で保護し、湿潤状態を保ちます。※1
普通ポルトランドセメントを用いる場合で5日間、早強ポルトランドセメントを用いる場合で3日間、湿潤状態を保ちます。
また、せき板が乾燥するおそれのある時は、散水します。

※1. 打込み後ごく早い時期に表面が乾燥して内部の水分が失われると，セメントの水和反応が十分に行なわれず，また，特に直射日光や風などによって表面だけが急激に乾燥すると，ひびわれを発生するので打終ったコンクリートの表面はシートなどでおおい，養生マットなどをおいても表面が傷つかない程度に硬化するまで日光の直射，風，にわか雨等を防がなければならない。

そして、まだ充分に硬化していないコンクリートが衝撃や過大な荷重によって、ひびわれなどの損傷を受けないように保護しなければなりません。
過大な荷重
衝撃
保護
まだ硬化していないコンクリート
わかりましたか？コンクリートの養生とは？
ええ～、コ、コンクリートの養生は
ええ～、その、つまり、なんです、あ～……。
トホホ、なんでこうなるのォ？

memo

※気になった箇所などを書き留めておきましょう

コンクリート工

レディーミクストコンクリート

学習の要点

①購入時における指定事項を覚える
②レディーミクストコンクリートの品質基準を覚えよう

押して、押して、押しまくるんですよね、先輩！
いやいや、人間、時にはひくことも知らないとね、いけないと思うんですね、ぼくは。
土木一般
…どっか身体の具合でも悪いんですか、先輩？
なにごとも力ばっかりじゃだめってことです。豊富な知識、じっくり考える思考力、これが大切ですね。
たとえば、あなたはレディーミクストコンクリートについて知ってますか？知らないでしょう。
いえ、だいたいなら知ってますけど…。

レディーミクストコンクリートは整備された工場において、十分に管理されて生産されるまだ固まらない（フレッシュ）コンクリートのことですよね。
うん、そうだね。

レディーミクストコンクリートには、普通コンクリート、軽量コンクリート、舗装コンクリート、高強度コンクリートがあり、
㋑コンクリートの種類
㋺粗骨材の最大寸法
㋩呼び強度
㋥スランプ及びスランプフロー
上の項目の組合せによる規格品（表の○印）の中から指定して購入するんだ。

レディーミクストコンクリートの種類

コンクリートの種類	粗骨材の最大寸法 mm	スランプ又はスランプフロー cm	呼び強度													
			18	21	24	27	30	33	36	40	42	45	50	55	60	曲げ4.5
普通コンクリート	20,25	8,10,12,15,18	○	○	○	○	○	○	○	○	○	○	−	−	−	−
		21	−	○	○	○	○	○	○	○	○	○	−	−	−	−
	40	5,8,10,12,15	○	○	○	○	○	−	−	−	−	−	−	−	−	−
軽量コンクリート	15	8,10,12,15,18,21	○	○	○	○	○	○	○	○	−	−	−	−	−	−
舗装コンクリート	20,25,40	2.5,6.5	−	−	−	−	−	−	−	−	−	−	−	−	−	○
高強度コンクリート	20,25	10,15,18	−	−	−	−	−	−	−	−	−	−	○	−	−	−
		50,60	−	−	−	−	−	−	−	−	−	−	○	○	○	−

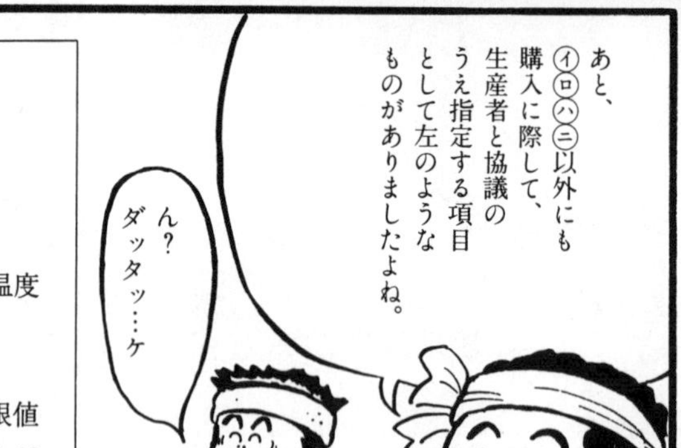
あと、㋑㋺㋩㋥以外にも購入に際して、生産者と協議のうえ指定する項目として左のようなものがありましたよね。
ん？ダッタッ…ケ

- セメントの種類
- 骨材の種類
- 粗骨材の最大寸法
- 混和材料の種類及び使用量
- 呼び強度を保証する材齢
- コンクリートの最高又は最低の温度
- 水セメント比の上限値
- 単位水量の上限値
- 単位セメント量の下限値又は上限値

など

㋑㋺㋩㋥以外の指定事項

受注者が定める
水セメント比や単位セメント量は直接指定できないので、これらの条件を満足する強度を調べ、呼び強度で指定します。
単位セメント量
水セメント比
呼び強度 ＝ 割増係数《わりましけいすう》※1 × 配合強度
レディーミクストコンクリートの強度、スランプ、空気量などの品質は、荷おろし地点における値を規定しています。
ウッ
結局、購入する場合、スランプと強度は規定に示されているものから指定しなければならないってことですよね。
ん、…だな。
●圧縮強度※3
1回の試験結果は購入者が指定した呼び強度の85%以上
3回の試験結果の平均値は購入者が指定した呼び強度以上
●スランプ…8cm～18cmの許容誤差は指定値に対して±2.5cm
●空気量…普通コンクリートの場合は，指定した値の±1.5%
コンクリートの品質は、荷おろしの地点で、上の規定を満足していなくちゃいけないんですよね。
おれは、まだ品質までいってないぞ！

※1.呼び強度を求めるための割増係数は，受注者が構造物の種類により定める。
※2.JIS A5308に指定されている強度とスランプの組合せのものしか指定できない。
※3.圧縮強度については，2つの条件をどちらも満足しなければならない。

いやあ、今年、二級土木を受けようと思ってるんですが、つい今までのくせがぬけなくって。
ほんとうに力ばっかりじゃないですね、せんぱい…。
男は、
男はパワーよォ！

memo

※気になった箇所などを書き留めておきましょう

コンクリート工

特別な配慮を必要とするコンクリート

学習の要点

①寒中コンクリートについて理解しよう
②暑中コンクリートについて理解しよう
③水中コンクリートについて理解しよう
④プレパックドコンクリートについての知識を深める

日平均気温が4℃以下になるような気象条件のもとでは、コンクリートが凍結するおそれがあるので、※1
日平均気温4℃以下
そんなときには、凍《とう》結《けつ》融《ゆう》解《かい》抵《てい》抗《こう》を高めた**寒中コンクリート**を使用します。

● 4～0℃の場合，簡単な注意と保温。
● 0～－3℃の場合，水又は骨材を熱しある程度の保温。セメントは直接熱しないこと。
● －3℃以下の場合，本格的な寒中施工。
AEコンクリート
寒中コンクリートは、ポルトランドセメントを用い、単位水量の少ない**AEコンクリート**※2を用います。
ポルトランドセメント

※1.硬化前に凍害を受けると，その後養生を行なっても，強度を回復できない。
※2.混和剤として，ＡＥ剤を用いたコンクリートで耐凍害性が改善される。

コンクリート打込み温度は5～20℃。
コンクリートの温度を5℃以上に保たなければなりません。
日平均気温が25℃以上の場合は、セメント、骨材水はできるだけ低温のものを用い、
日平均気温25℃以上
暑中コンクリート※1として取りあつかいます。
適当な減水剤を使ってできるだけ単位水量を少なくし、かつ発熱をおさえ、打ち込みは35℃以下でおこない、地盤等が吸水するおそれのある部分は十分にぬらしておきます。
打ち込み35℃以下
練りまぜ後
1.5時間以内
練りまぜ後、1.5時間以内に打ち込み、スランプが減った場合はセメントペーストを増やします。

※1.早強セメントは避ける。(発熱量が多い)

養生は、打設後、少なくとも24時間は絶えず湿潤状態を保つようにする。
（その後もできるだけ湿潤状態を続ける。）
水中で施工するコンクリートのことを、
ゴボッ
ゴボ
水中コンクリートといいます。
（水セメント比は50％以下。単位セメント量は370kg／m³以上。）
ウァ
水中コンクリートは、やむを得ない場合に限って実施するのが原則で、この施工法としては**プレパックドコンクリート**※1がありま す。
さて、最後に断面の大きな構造物（橋台《きょうだい》・橋脚《きょうきゃく》・ダム等）に打設するコンクリートを**マスコンクリート**※2といい、
コンクリートが硬化するときの、水和熱《すいわねつ》による温度上昇の対策が問題となるんじゃよ。※3

※1. 型わく内にあらかじめ粗骨材をてん充し，その間隙に特殊なグラウト（セメントと混和材料，アスファルト，水ガラス系，その他の樹脂などを主成分とした液）を適当な圧力で注入して造るコンクリートである。

※2. マスコンクリートには，中庸熱ポルトランドセメントが適する。

※3. 水和熱によるひびわれが発生しやすくなる。水和熱対策には パイプクーリング（輸送管内部を清掃することで，水，圧縮空気をつばつき円筒で押し出す方式をとる），単位セメント量を減少，良質の混和剤を使用，**粗骨材の最大寸法を大きくすることなどがある。**

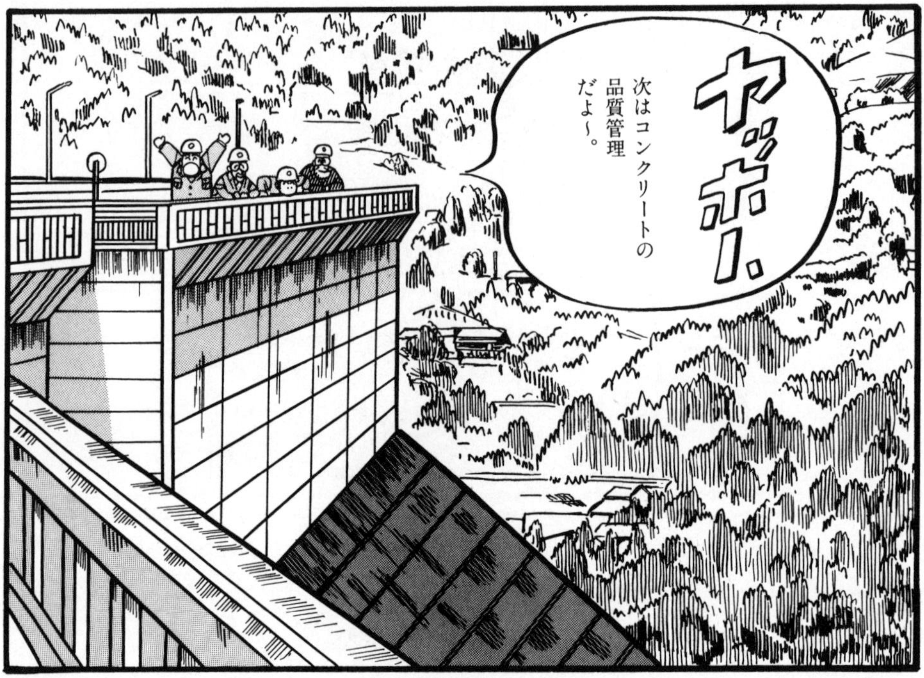
ヤッホー。
次はコンクリートの品質管理だよ〜。

memo

※気になった箇所などを書き留めておきましょう

コンクリート工

コンクリートの品質管理

学習の要点

①品質管理の目的とは何か
②各材料に関する試験を覚えよう
③圧縮強度試験について理解を深めよう
④コンクリートの性質についての知識を深める

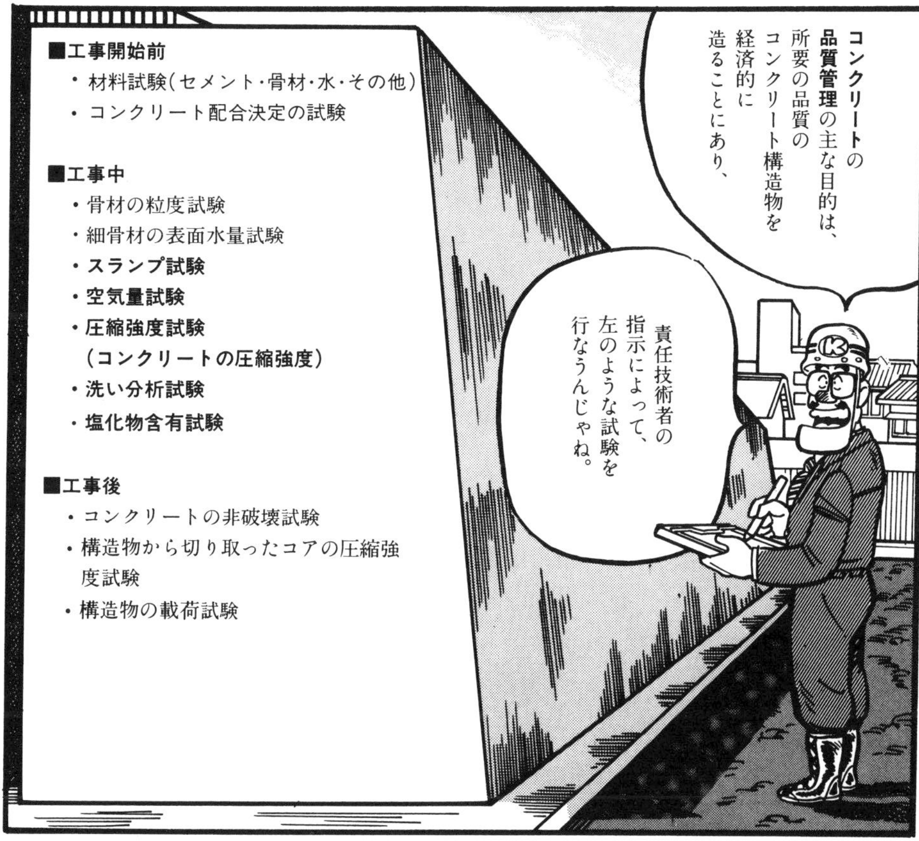

コンクリートの品質管理の主な目的は、所要の品質のコンクリート構造物を経済的に造ることにあり、
責任技術者の指示によって、左のような試験を行なうんじゃね。
■工事開始前
・材料試験(セメント・骨材・水・その他)
・コンクリート配合決定の試験
■工事中
・骨材の粒度試験
・細骨材の表面水量試験
・**スランプ試験**
・**空気量試験**
・**圧縮強度試験**
(コンクリートの圧縮強度)
・**洗い分析試験**
・**塩化物含有試験**
■工事後
・コンクリートの非破壊試験
・構造物から切り取ったコアの圧縮強度試験
・構造物の載荷試験

■コンクリートに関する試験
・スランプ試験
・空気量測定試験
・圧縮強度試験
・曲《ま》げ試験
・引張《ひっぱり》試験
・塩化物《えんかぶつ》含有量《がんゆうりょう》試験《しけん》
■骨材に関する試験
・ふるい分け試験
・比重《ひじゅう》試験
・吸水量《きゅうすいりょう》試験
・細骨材の表面水量試験
・有機不純物《ゆうきふじゅんぶつ》試験
・単位容積質量試験
・すりへり試験
・洗《あら》い試験
■セメントに関する試験
・比重試験
・粉末度《ふんまつど》試験
・凝結《ぎょうけつ》試験
・安定性試験
・強度試験
セメント、骨材、コンクリートについては、それぞれこのような試験があるね。
さて、工事中におこなうスランプ試験は、現場におけるコンクリートのコンシステンシーを判断するために必要ですね。
コンクリートの圧縮強度は材齢《ざいれい》28日を基準とするが、すみやかに試験結果を反映《はんえい》するため早期材齢の圧縮強度《あっしゅくきょうど》、温水養生《おんすいようじょう》の供試体の圧縮強度を用いて管理することがのぞましいです。

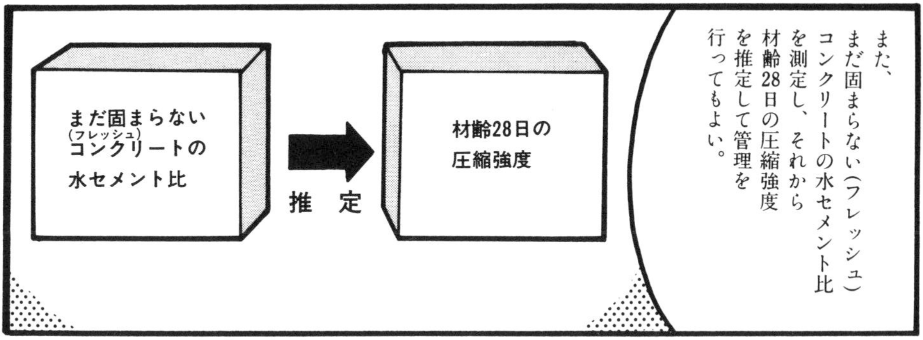
また、まだ固まらない(フレッシュ)コンクリートの水セメント比を測定し、それから材齢28日の圧縮強度を推定して管理を行ってもよい。
まだ固まらない
コンクリート《(フレッシュ)》の
水セメント比
推　定
材齢28日の
圧縮強度

コンクリート中の塩《えん》化《か》物《ぶつ》含《がん》有《ゆう》量《りょう》

①塩化物含有量は，荷おろし地点で，塩化物イオン(Cl⁻)量として0.30kg／m³以下でなければならない。ただし，購入者の承認を受けた場合は0.60kg／m³以下とすることができる。

②塩化物含有量については出荷時において工場で検査を行ってもよい。

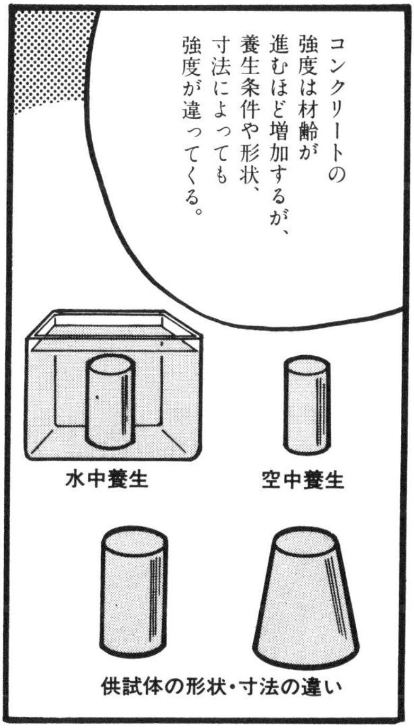
コンクリートの強度は材齢が進むほど増加するが、養生条件や形状、寸法によっても強度が違ってくる。
水中養生
空中養生
供試体の形状・寸法の違い

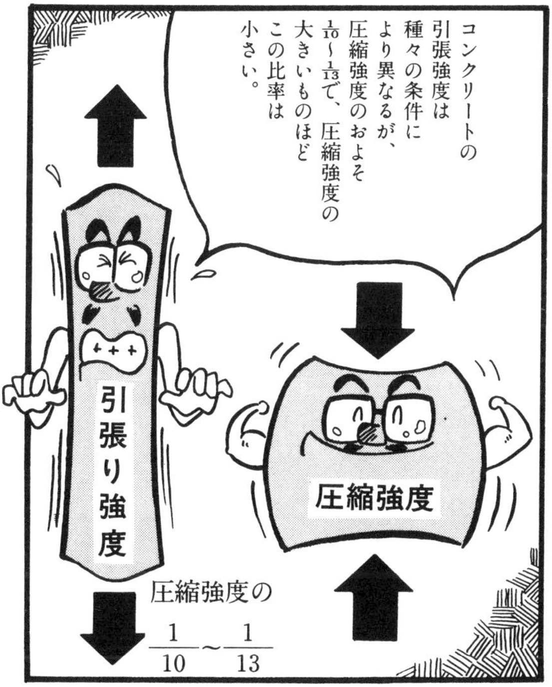
コンクリートの引張強度は種々の条件により異なるが、圧縮強度のおよそ$\frac{1}{10}$～$\frac{1}{13}$で、圧縮強度の大きいものほどこの比率は小さい。
引張り強度
圧縮強度
圧縮強度の
$\frac{1}{10}$～$\frac{1}{13}$

温　度	コンクリート	湿　度
高いとき	膨張	湿ったとき
低いとき	収縮	乾いたとき

最後にコンクリートの性質について一言。コンクリートは温度変化や乾湿によって、右のように体積変化をするので注意するように。わかったの！

わわ、わかりましたあ、これで、コンクリートはおわりィ！
次は、き、基礎工で〜ス！

memo

※気になった箇所などを書き留めておきましょう

基礎工

基礎工の特徴と直接基礎

学習の要点

①基礎工の種類と特徴を覚えよう
②直接基礎の施工上の留意点とは

へえ、試験嫌いの力《リキ》ちゃんが試験をねえ。

それをいうなって。おれ自身信じられないんだから。
あらすてきじゃない？あたし、なんでも一所懸命やろうとしてる人好きだわ。
おれもさ。で、頼みというのは基礎工についてだったたね。
ああ、茂は下水道の試験の方で、そっちの勉強もかなりしたんだろう？
まあ、一とおりはね。基礎というのは、上部構造物の荷重を地盤に伝達するもので、
上部構造物や支持地盤の状況に応じて、いろいろな基礎があるんだ。

それらをおおまかに分けるとこうなるよ。
●直接基礎——ベタ基礎※1
フーチング基礎※2
●くい基礎——既製《きせい》ぐい
場所打ちぐい
●ケーソン基礎
●その他の基礎
まず、直接基礎からはじめよう。直接基礎は地表近くに良質な地盤が存在し、上部構造物に対して十分な支持力が期待できるとき、直接これを利用する浅い基礎だね。
基礎の形式の違いでベタ基礎とフーチング基礎の2種類があるが、
下の3つが安定していることが必要なんだ。※3
地盤の支持力に対する安定
滑動《かつどう》(すべり出し)に対する安定
転倒に対する安定
ザッ
ザッ
掘削が所定の深さに近づいたときは、機械掘削をさけ、人力による掘削が望ましいね。

※1. ベタ基礎　上部構造物の底面積全体を基礎としたもの。

※2. フーチング基礎　柱や壁の支えている荷重を，広い面積に分布させて直接地盤，またはくい基礎に伝えるためにその底部を広げたもの。

※3. 基礎の安定計算はこれら3つについて行うが，これらの安定のことを安定の3要素という。

砂質地盤などの普通の土砂地盤では、掘削がおわると割ぐり石や砕石などを敷いて、入念に基礎地盤の処理をおこなうんだったな。※1
割ぐり石・砕石
埋めもどし
フーチングコンクリート
割ぐり石・砕石
ならしコンクリート
砂地盤
そう。そのあと、ならしコンクリートを打設した後に、基礎を設けて埋戻すんだ。
基礎の底面は地盤に密着させ、十分な滑動抵抗《かつどうていこう》を持たせること。
埋戻し
割ぐり石，砕石
突起
底面に突起を設けて滑動を防ぐときは、割ぐり石を貫《つらぬ》いて十分に原地盤に貫入させ、フーチングコンクリートと一体となるように施工するんだな。※2
また、支持力を増すためには、
基礎幅を大きくするんだ。

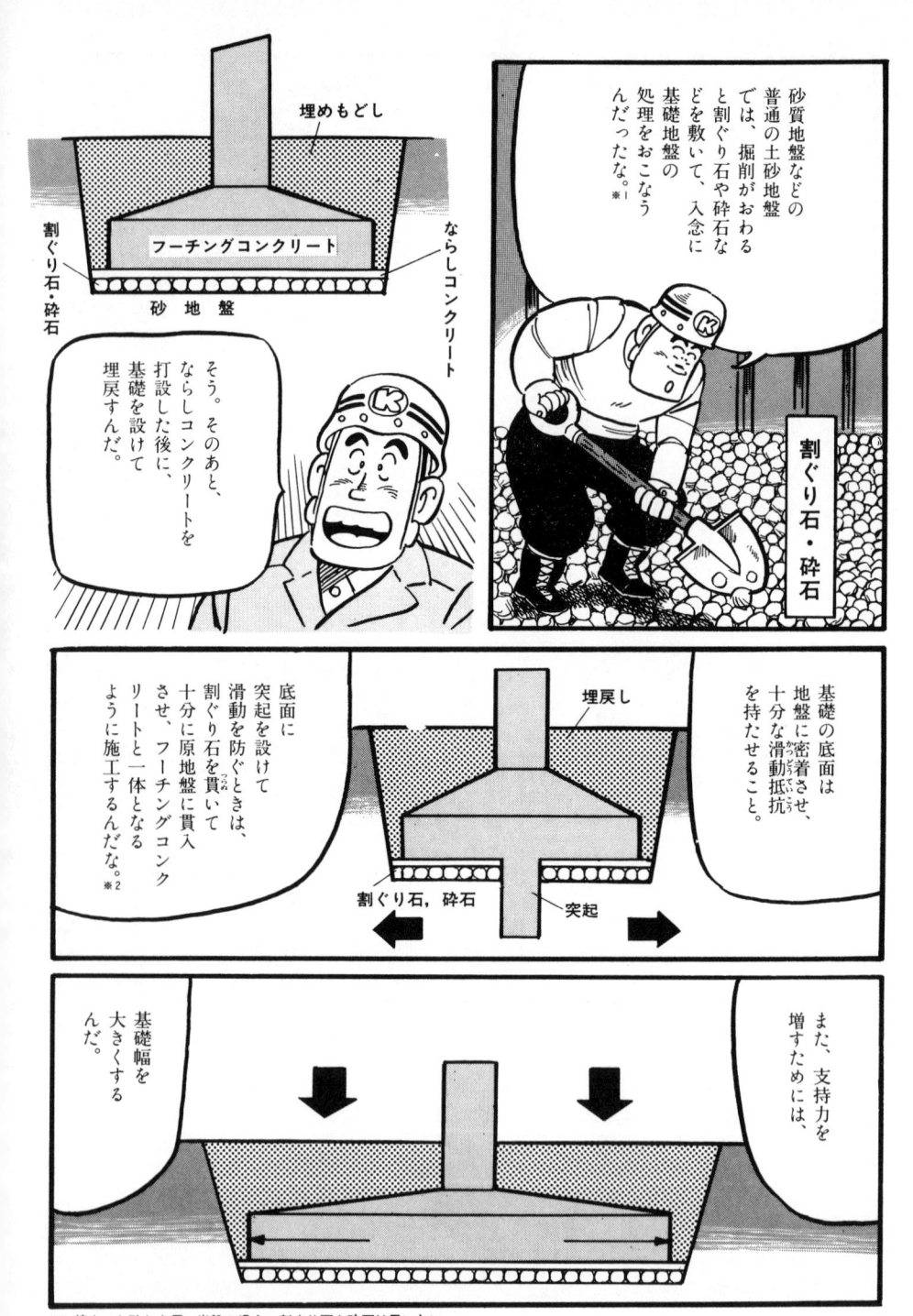

※1.締まった砂れき層，岩盤の場合，割ぐり石や砕石は用いない。

※2.埋戻し材料，加工法などを適切に選択することにより，基礎の根入れ部分に横抵抗をとらせる場合もある。

支持地盤が岩盤の場合、部分的に過掘《かぼ》りしてしまうことがあるね。
こんなときは岩盤面を十分洗浄し、
過掘部分にはならしコンクリートを打ち込み、さらにモルタルを打設して、できるだけ平坦《へいたん》に仕上げることが必要だね。
また、切り込んだ部分の岩盤の横抵抗を期待するために、岩盤と同程度の貧配合のコンクリートなどで埋戻すこともあるな。
貧配合のコンクリート
モルタル
ならしコンクリート
岩盤の基礎工

斜面に、基礎工を施工する場合は、階段状に掘削し、水平な面で荷重を支持するようにするんだ。
基礎地盤の一部が支持力、沈下などに対して、安全でない場合、その部分を良質土や、ときにはコンクリートで置きかえなければならない。
良質土
安全でない地盤
コンクリート
安全でない地盤
さあ、勉強はそれくらいにして……。
どうぞ、宮さん。

え、いや、奥さん、おかまいなく、おかまい……
キリがな～～
なんじゃらほい～
……なくね。

memo

※気になった箇所などを書き留めておきましょう

基礎工

くい基礎・既製ぐいの施工法

学習の要点

①くい基礎の支持力機構による分類を理解しよう
②既製ぐいの種類と特徴を覚えよう
③既製ぐいの打込み方法と特徴を覚えよう
④既製ぐいのくい打ち用ハンマの特徴を覚えよう
⑤既製ぐいの施工上の留意点とは何か
⑥鋼ぐいの現場継手の溶接における注意事項を覚えよう
⑦試験ぐいについての知識を深めよう

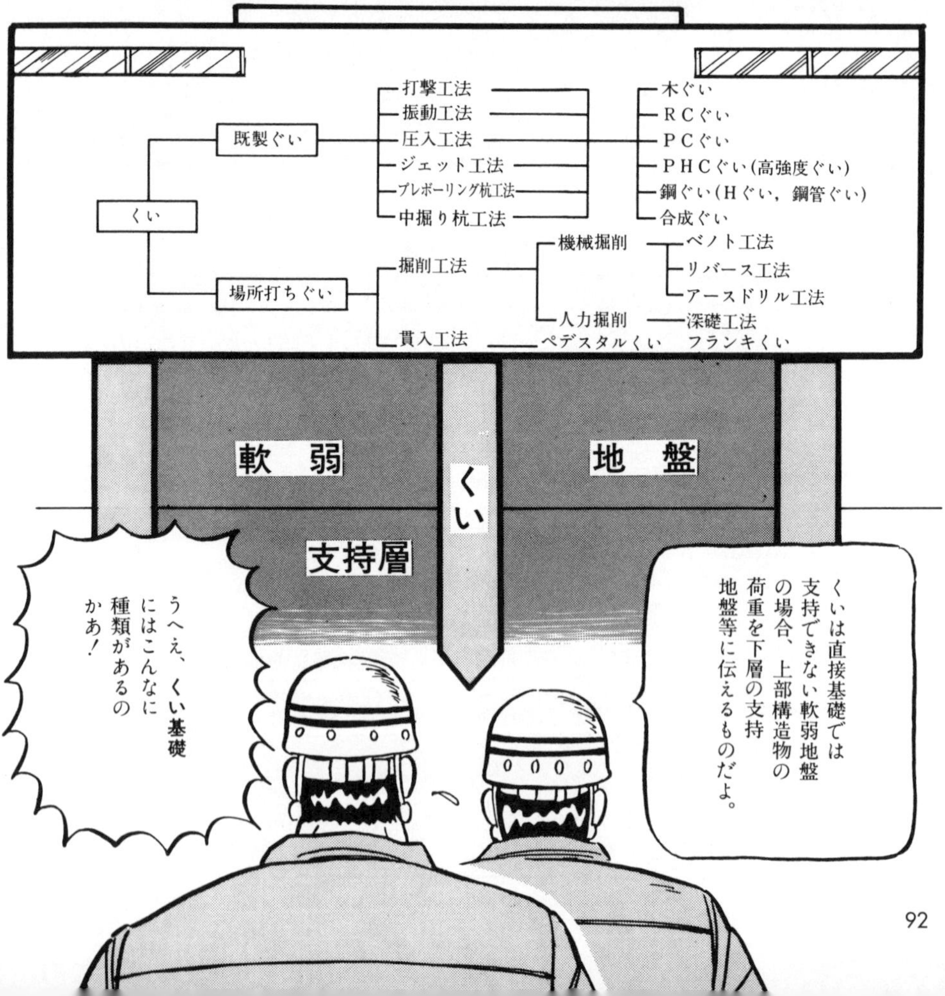

くい
既製ぐい
打撃工法
振動工法
圧入工法
ジェット工法
プレボーリング杭工法
中掘り杭工法
木ぐい
ＲＣぐい
ＰＣぐい
ＰＨＣぐい(高強度ぐい)
鋼ぐい(Ｈぐい，鋼管ぐい)
合成ぐい
場所打ちぐい
掘削工法
機械掘削
ベノト工法
リバース工法
アースドリル工法
人力掘削
深礎工法
貫入工法
ペデスタルくい
フランキくい
軟　弱
地　盤
くい
支持層
くいは直接基礎では支持できない軟弱地盤の場合、上部構造物の荷重を下層の支持地盤等に伝えるものだよ。
うへぇ、くい基礎にはこんなに種類があるのかあ！

支持方法による分類

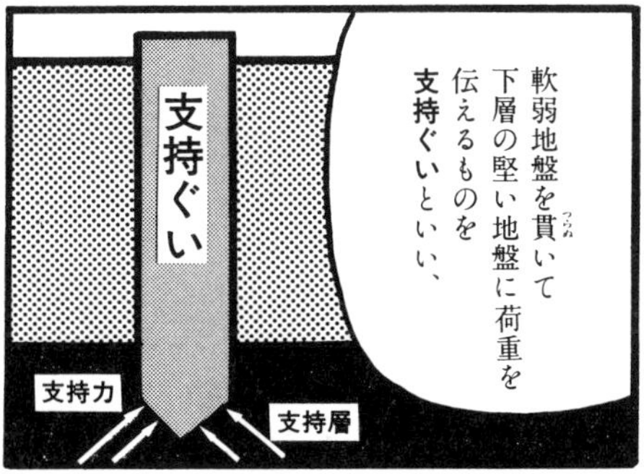
支持ぐい
軟弱地盤を貫《つらぬ》いて下層の堅い地盤に荷重を伝えるものを支持ぐいといい、
支持力
支持層

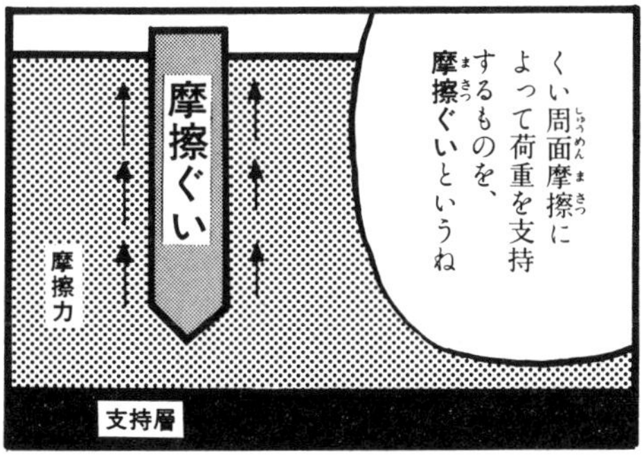
摩擦ぐい
摩擦力
支持層
くい周面《しゅうめん》摩擦《まさつ》によって荷重を支持するものを、摩擦《まさつ》ぐいというね

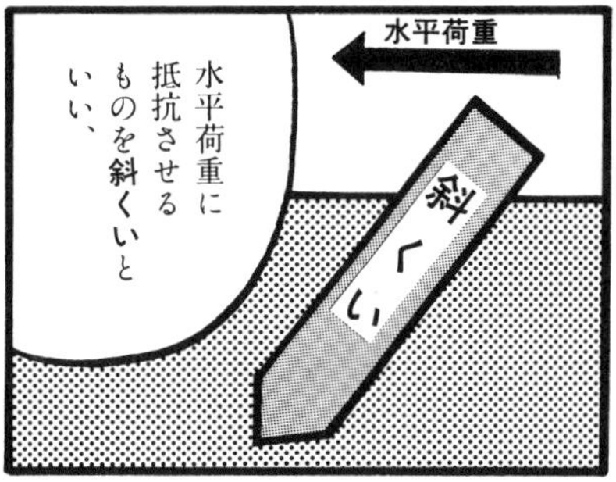
水平荷重
水平荷重に抵抗させるものを斜くいといい、
斜くい

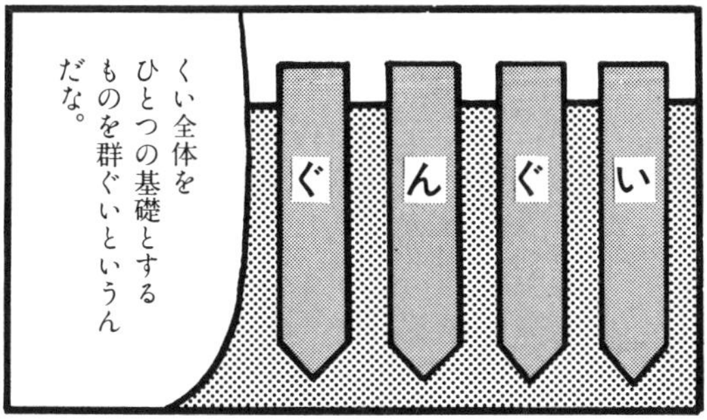
くい全体をひとつの基礎とするものを群ぐいというんだな。
ぐ
ん
ぐ
い

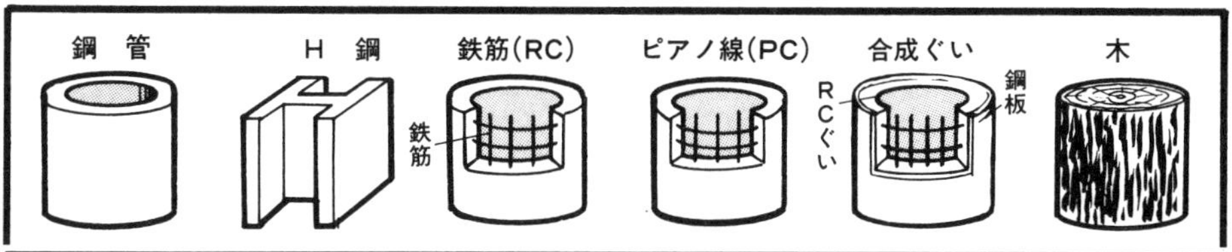
鋼　管
H　鋼
鉄筋(RC)
鉄筋
ピアノ線(PC)
合成ぐい
RCぐい
鋼板
木

鋼　ぐ　い	鋼ぐいにはH鋼ぐいと鋼管ぐいとがあり，材質についての信頼性は高いが腐食《ふしょく》することが問題である。
RCぐい (コンクリートぐい)	既製ぐいと場所打ちぐいがあり，小径のものは木ぐいに代わって使用されている。
PCぐい (プレストレストぐい)	既製ぐいで大径(1m前後)のものも生産されている。RCぐいよりねばりがあり，曲げ抵抗力が期待できる。
合成ぐい	RCぐいの外周を鋼板で巻いたもの。
木　ぐ　い	木ぐいは地下水位より上にくい頭を出すと腐食による損傷を受けやすい。

くいを材料によって分類するとこのようなものがあるよ。

工法によって分類すると、既製ぐいと場所打ちぐいがあります。場所打ちぐいはあとで述べるとして、ここでは既製ぐいを説明しましょう。
既製ぐいは工場で生産されたくいで、その工法としては次のとおりだね。

打撃工法と使用される機械※1

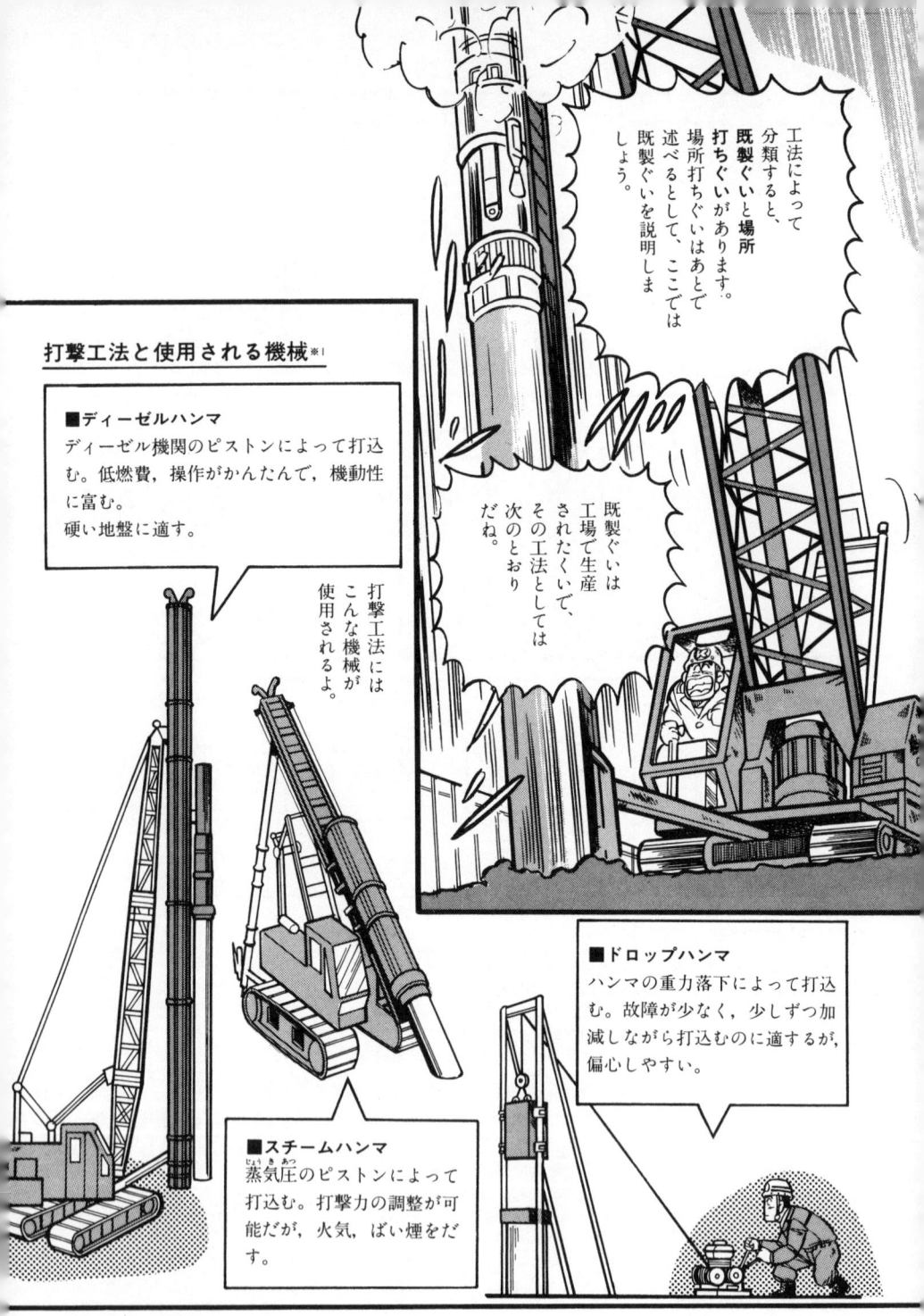

■ディーゼルハンマ
ディーゼル機関のピストンによって打込む。低燃費，操作がかんたんで，機動性に富む。
硬い地盤に適す。

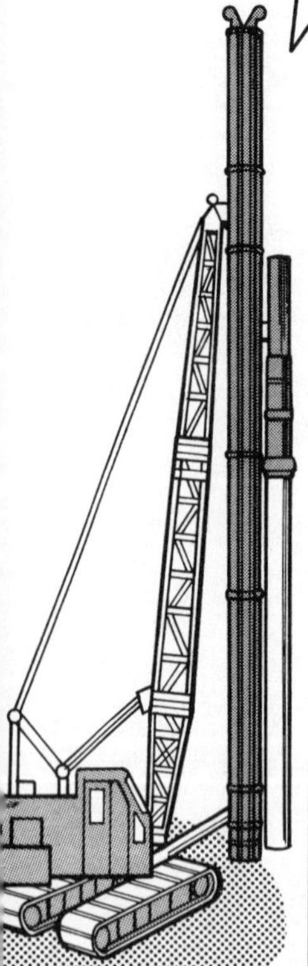

打撃工法にはこんな機械が使用されるよ。

■スチームハンマ
蒸気圧《じょうきあつ》のピストンによって打込む。打撃力の調整が可能だが，火気，ばい煙をだす。

■ドロップハンマ
ハンマの重力落下によって打込む。故障が少なく，少しずつ加減しながら打込むのに適するが，偏心しやすい。

※1.杭の材質，杭径，地盤条件，打込み深さによって適当なハンマを選ぶ。

振動工法に使用される機械
■バイブロハンマ
振動体の上下振動によって打込む。打込み、引抜きが兼用でき、軟弱地盤に適する。しかし、土質変化への順応性が悪い。※1
打撃工法、振動工法は都市内(指定地域内)においての工事では、騒音、振動などの建設公害規制によって使用できない場合があります。
病院
低公害化工法として、開発されているのが、次の工法です。※2
■プレボーリング杭工法
●あらかじめ，アースオーガなどで既製ぐいの穴をつくり，その中にくいを落し込み，1～3ｍ打込むか，底にコンクリートを打設する。
アースオーガ
1m～3m
打込み
■ジェット工法
地盤をゆるめ，くいの自重を利用して所定の位置に貫入させる。
圧力水
砂質地盤
ジェット水
■中掘り杭工法
くいの中空部を利用して、アースオーガやバケットで掘削圧入する。※3

※1.バイブロハンマーは，矢板打込みなどに良く用られるが，電気設備が必要である。

※2.この他油圧ジャッキによる圧入工法や，アースオーガの先端からベントナイトとセメントを配合したものを出し，地中にくいをつくるセメントミルク注入工法がある。

※3.最終的には打止めを行う。

次にくいの建込みですが、打込みを正確に行うために、くいが、所定の位置に正しく設置され、その軸方向が鉛直、または設計で規定された斜角に建てこまれるように、2方向よりトランシットで視準し、調整を行ってから打込みます。※1
くいの打込み順序はくいの諸元《しょげん》、くいの配置周辺部への影響、くい打ち機の種類等を勘案《かんあん》して決定するのかあ。
長時間中断はだめ
またくい打込み途中における、長時間の作業中断は避けるんだよ！
既製ぐいは所定の支持層又は、打込みが困難となった場合打ち止めし切断部にバンドを巻き、タガネ、カッタで頭部を切断します。※2
カーン
カーン
原則として、1回の打撃貫入量が、2㎜以下になったとき打止めします。

※1. くいの軸線とくい打ち機のリーダーの軸線の方向に狂いが生じたときは直ちに修正する。

※2. ＲＣぐいは頭部を破壊して，頭部の鉄筋を露出させ，フーチングの鉄筋と一体化する。鋼管ぐいでは切り放しのままフーチングと一体化するのが多い。

くい長が長くなる場合、くいを継ぎたし、必要な長さのくいとします。継手部分は外力に対して安全な構造とし、
継手はアーク溶接か、ボルト継手を原則とします。
鋼ぐいの現場継手の溶接で、注意しなければならんことは左のとおりです。
●溶接棒は十分除湿されたものを使用しなければならない。
●くいの継手溶接は上下のくい軸が一致するように行う。
●母材がぬれている時や風が激しい時に溶接は中止する。
くいの打込みの記録として、貫入量、リバウンド量、を記録し、支持力を計算します。
●貫入量
●リバウンド量
支持力

試験用のくいは支持力や支持地盤高の確認や、施工方法の決定などの必要な予備知識を得るために打つもので、
各基礎ごとに適切な位置を選定して、本くいより1～2m長いものを用います。※1
試験ぐい
本くいより1～2m長い

まだ言っておかなきゃならないことがあるけど、昼飯にしよう！
愛妻弁当かあ、いいなあ。
ポカポカ弁当

※1. 試験ぐいは、通常基礎ぐいの一部として使用される。

memo

※気になった箇所などを書き留めておきましょう

基礎工

場所打ちぐいの施工法

学習の要点

①場所打ちぐいの特徴を覚えよう
②場所打ちぐいの各工法を理解しよう
③場所打ちぐいの施工上の注意事項を覚えよう

場所打ちぐい工法※1は、騒音、振動などの公害を防止するために開発されたものです。継手がなく、くい長を任意の長さにすることができます。※2
（ベノトぐい）

※1.場所打ちぐいの施工順序……掘削→孔底のスライム処理→鉄筋カゴの建込み→コンクリートの打設→養生→くい頭の処理
※2.また，800㎜以上の大径が可能で，1本当たりの支持力を大きくとれる。

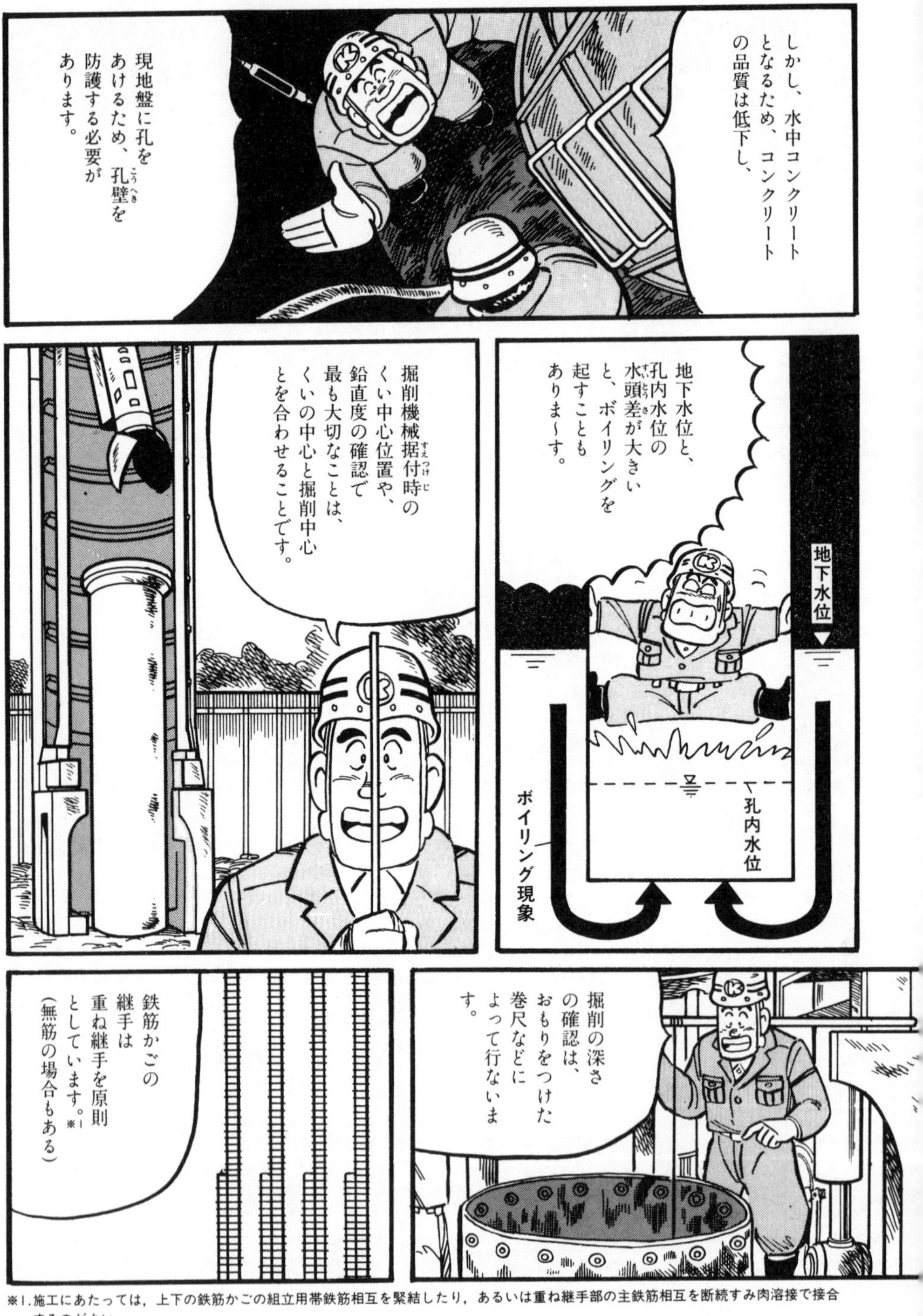
しかし、水中コンクリートとなるため、コンクリートの品質は低下し、
現地盤に孔をあけるため、孔壁《こうへき》を防護する必要があります。
地下水位と、孔内水位の水頭差《すいとうき》が大きいと、ボイリングを起すこともありま〜す。
地下水位
孔内水位
ボイリング現象
掘削機械据付時《すえつけじ》のくい中心位置や、鉛直度の確認で最も大切なことは、くいの中心と掘削中心とを合わせることです。
掘削の深さの確認は、おもりをつけた巻尺などによって行ないます。
鉄筋かごの継手は重ね継手を原則としています。※1
(無筋の場合もある)

※1.施工にあたっては，上下の鉄筋かごの組立用帯鉄筋相互を緊結したり，あるいは重ね継手部の主鉄筋相互を断続すみ肉溶接で接合するのがよい。

場所打ちぐい工法には次のようなものがあります。

■ベノト工法(オールケーシング工法)
掘削に先立って，ケーシングを振動貫入し，孔壁《こうへき》を防護《ぼうご》しながらハンマグラブバケットにより掘削及び排土を行い，コンクリートを打設する方法。

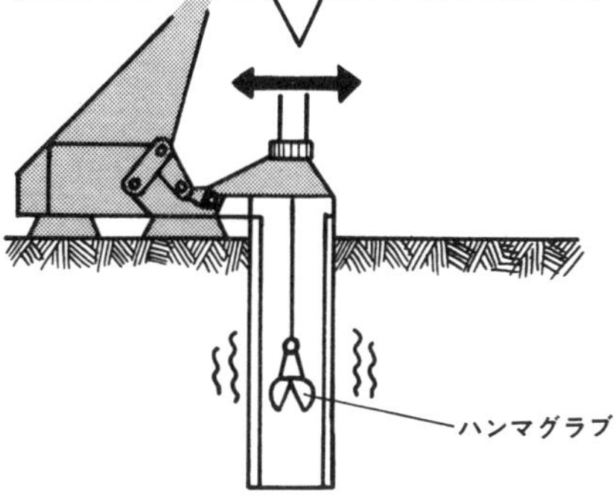
ハンマグラブ

■アースドリル工法(カルウエルド工法)
孔壁防護は原則として行わず，素掘で回転式バケットにより掘削や排土を行い，コンクリートを打設する。孔壁防護を必要とするときは，安定液（ベントナイト）などを使用する。

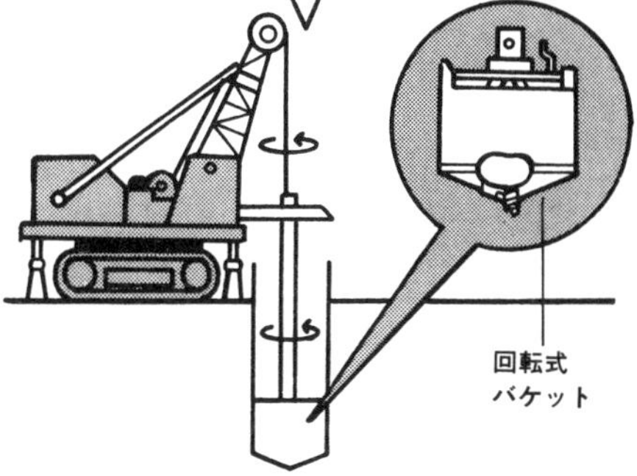
回転式
バケット

■リバース工法
(リバースサーキュレーション工法)
回転ビットにより掘削し，水を満たし静水圧により孔壁防護を行いながら，ポンプによって泥水を循環させ，連続的に掘削，土砂の排水を行い，コンクリートを打設する工法。

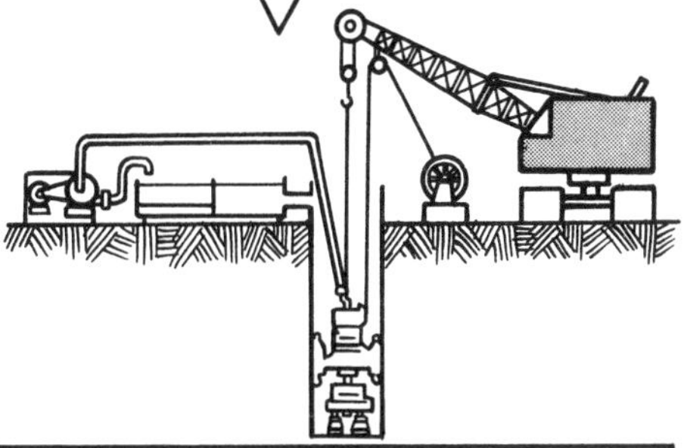

■深礎《しんそ》工法
人力又は機械で掘削し，順次掘り下げて行く工法で，掘削孔壁を山止め材で防護し，掘削完了後鉄筋を組立て，原則として山止め材を撤去しながらコンクリートを打設する。土質によっては埋殺しにすることがある。

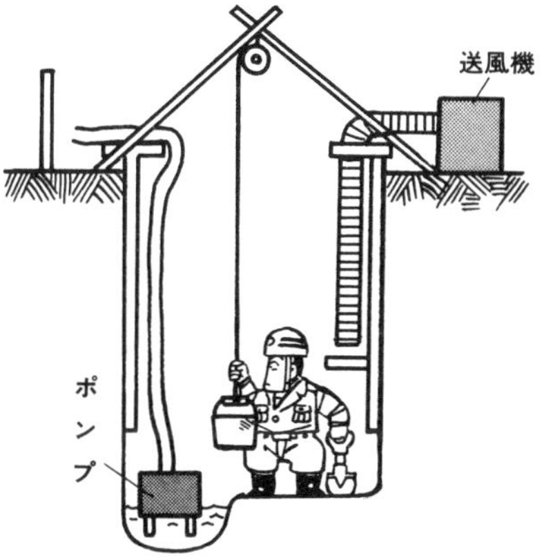
送風機
ポンプ

※1.深礎工法は，地盤をくい状に人力又は機械で掘削しながらリング状のわく組を入れ，波系鋼板を建て込んで山止めを行う。

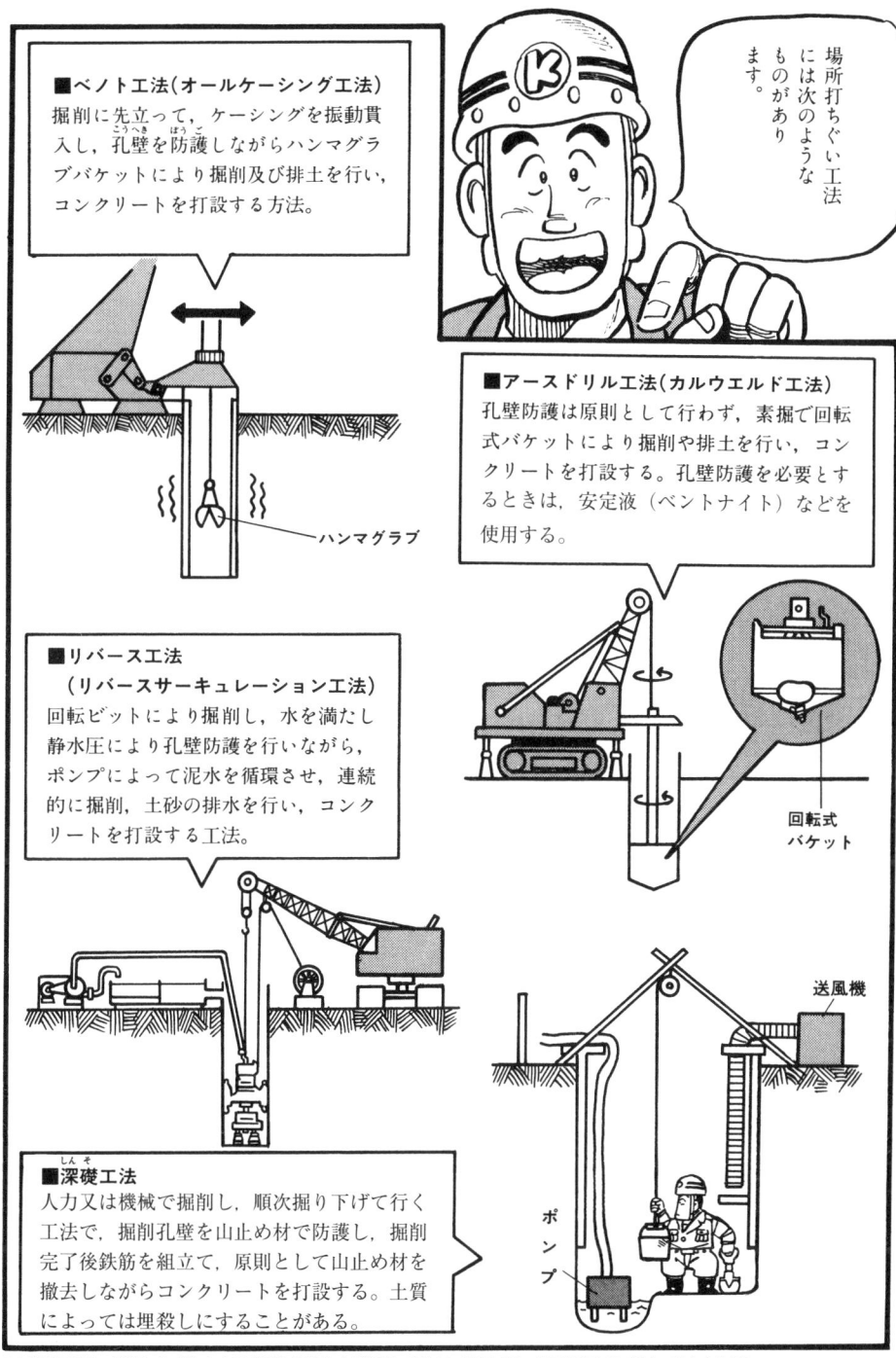

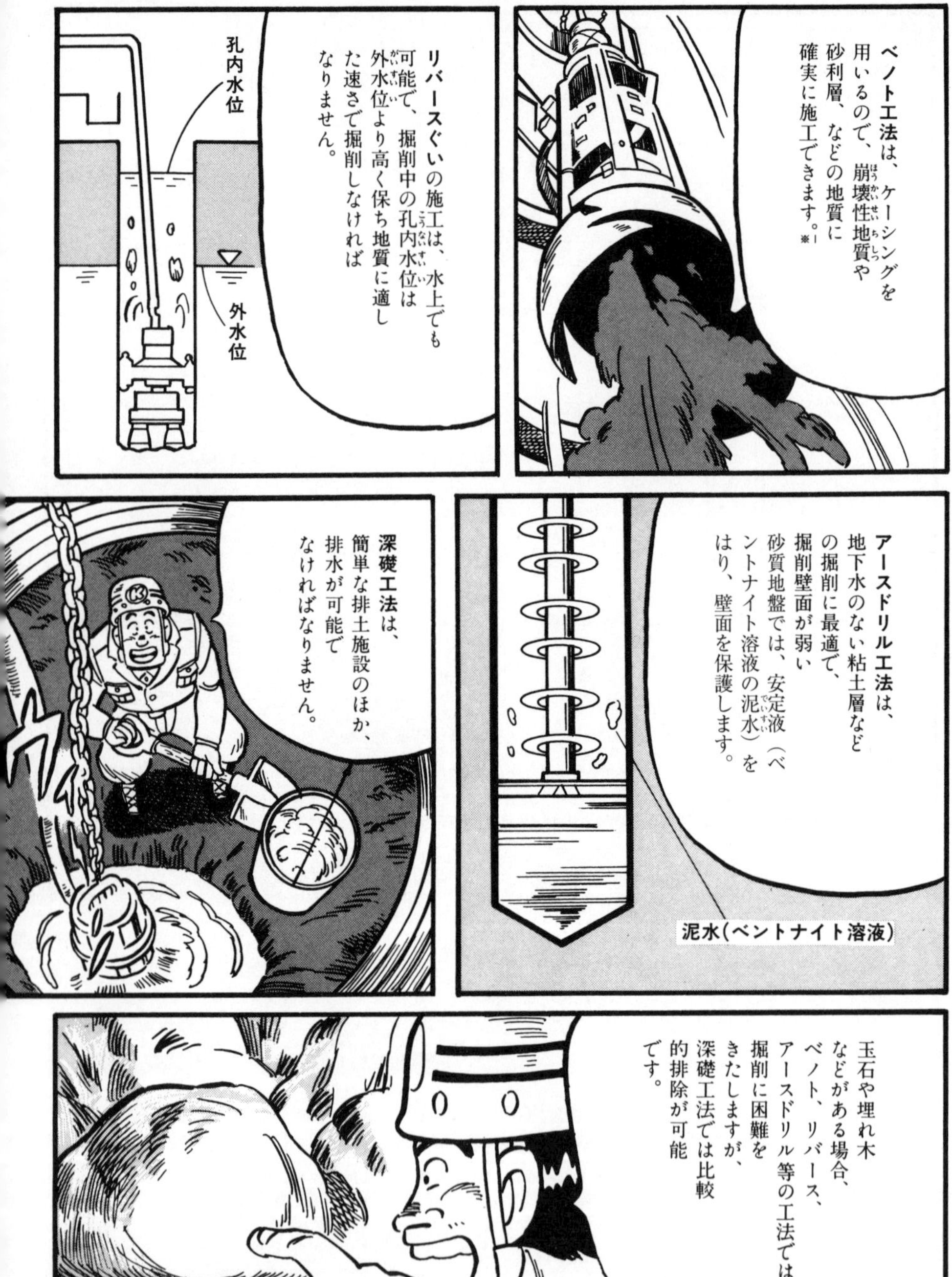
ベノト工法は、ケーシングを用いるので、崩《ほう》壊《かい》性《せい》地《ち》質《しつ》や砂利層、などの地質に確実に施工できます。※1
リバースぐいの施工は、水上でも可能で、掘削中の孔《こう》内《ない》水《すい》位《い》は外《がい》水《すい》位《い》より高く保ち地質に適した速さで掘削しなければなりません。
孔内水位
外水位
アースドリル工法は、地下水のない粘土層などの掘削に最適で、掘削壁面が弱い砂質地盤では、安定液（ベントナイト溶液の泥《でい》水《すい》）をはり、壁面を保護します。
泥水(ベントナイト溶液)
深礎工法は、簡単な排土施設のほか、排水が可能でなければなりません。
玉石や埋れ木などがある場合、ベノト、リバース、アースドリル等の工法では掘削に困難をきたしますが、深礎工法では比較的排除が可能です。

※1.ケーシングチューブやスタンドパイプは掘削機種や地盤状況及び施工内容に適したものを使用し，孔内の掘削は常に鉛直を保持しなければならない。

※2.水頭差が大きい場合，ボイリングが起すこともある。

各工法によって掘削したあとは、鉄筋かごを挿入《そうにゅう》し、トレミー管を配置して水中コンクリートを打込みます。※1
ベノト工法でケーシングチューブを抜くとき、鉄筋かごが共上がりするので、有効なセパレータを入れたり、十分に余裕をとるようにします。
ケーシングチューブ
アララ
さらにケーシングチューブの下端、トレミー管の下端、をコンクリート内に2m程度入れておくのを原則とします。
トレミー管
ケーシング
2m
コンクリート
くい頭については スライム※2を見込んで、50cm程度余分に打込んで※3硬化後取壊します。
50cm
スライム

※1.トレミー工法が一般的だが，コンクリートポンプによるものがある。
※2.スライムとは掘削残土のことで，これが残ると場所打ちされたコンクリートが十分な強度をもたず，不同沈下《ふどうちんか》の原因となる。
※3.泥水のあるときは，1m程度。

場所打ちぐい各工法の特性比較（○適合，×不適合）

特性＼工法		機械掘削による工法			人力掘削による工法
		オールケーシング工法	リバース工法	アースドリル工法	深礎工法
主たる掘削方法		ハンマーグラブバケッド	回転ビット	回転バケット	人力
孔壁保持方法		ケーシングチューブ	静水圧	素掘りまたは泥水圧	特殊山止め鋼板
土質条件	粘土・シルト層	○	○	○	○
	砂層	△	○	△	○
	砂利・れき層	△	△	△	○
	転石層	×	×	×	△
	軟岩	×	×	×	△

最後に、それぞれの場所打ちぐい工法の特性の比較表をあげておきましょう。
ポカポカ弁当

memo

※気になった箇所などを書き留めておきましょう

基礎工

ケーソン基礎

学習の要点

①オープンケーソンの特徴を覚えよう
②ニューマチックケーソンの特徴を覚えよう
③ニューマチックケーソンの安全対策を覚えよう

お〜い、山口ちゃあん!
パチンコ
あ、せんぱい!
なにしけた顔してんだい?
はあ、どうも土木の勉強の進みがわるくて、気晴しにパチンコやったらやったで…
スッテンテンってわけか?

はははあせるこたあないさ、元気だせ。よし、ラーメンおごるぜ！
で、どこらへんまでやったの？
ケーソン※1のあたりまでやっと。
…ケ、ケー、ソン………
ケーソン基礎には、**オープンケーソン**と**ニューマチックケーソン**があるんですよね。
まだ、おらあやってねえぞ
五目そば 四五〇
ズズー
ラッシェイ
オープンケーソンはケーソン下端に防護用の刃口金物をとりつけ、
止水壁
刃口
オープンケーソン
鋼製型わく
ロット
1ロット※2ずつケーソンを構築し、掘削、沈下させるんですね。

※1.ケーソンは，潜函基礎とも呼ばれ，箱状構造物を支持層まで沈下させて基礎とし，作用荷重を地盤へ伝達させるもの。
※2.1ロット3～4m。

掘削はケーソンの沈下に必要な量とし、刃口の下を余掘して周囲の地盤をゆるめないようにすること。
刃口
地下水
ハンマグラブ
掘削は地下水位が高い場合は、グラブバケット、クラムシェルによる水中掘削となるんでしたね。
あ〜と、そうだ、ね……。
荷重
沈下が困難な時は載荷により少しずつ沈下させる。
沈下完了後、底コンクリートを打設して中詰に砂を入れる、そうでしたね。
砂
コンクリート
んー、そうだったような気がするな……。
ズルズ…
オープンケーソンは、埋木や転石などの障害物を取りのぞくのがむずかしいんです。

それは、オープンケーソンにおける掘削は、一般に機械による水中掘削なので、手探り作業となるため施工の確実性に乏しいんですね。
あ〜……あ〜。
次に、ニューマチックケーソンは、ケーソンの底部に作業場を設けて、圧縮空気を送って地下水を排除し、人力掘削して沈下させるものです。

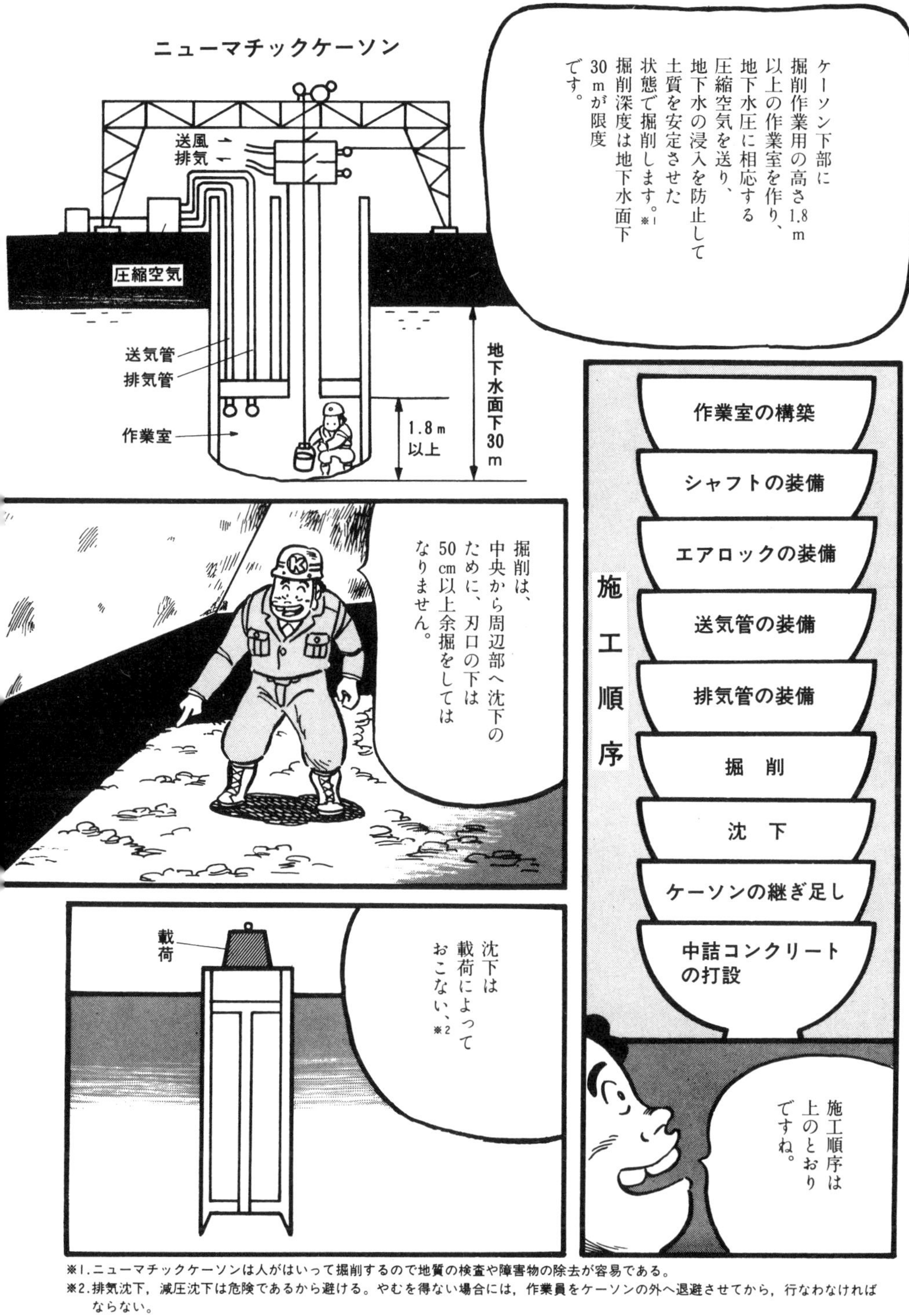
ケーソン下部に掘削作業用の高さ1.8m以上の作業室を作り、地下水圧に相応する圧縮空気を送り、地下水の浸入を防止して土質を安定させた状態で掘削します。※1
掘削深度は地下水面下30mが限度です。
ニューマチックケーソン
送風
排気
圧縮空気
送気管
排気管
作業室
1.8m以上
地下水面下30m
施工順序
作業室の構築
シャフトの装備
エアロックの装備
送気管の装備
排気管の装備
掘削
沈下
ケーソンの継ぎ足し
中詰コンクリートの打設
施工順序は上のとおりですね。
掘削は、中央から周辺部へ沈下のために、刃口の下は50cm以上余掘をしてはなりません。
載荷
沈下は載荷によっておこない、※2

※1. ニューマチックケーソンは人がはいって掘削するので地質の検査や障害物の除去が容易である。

※2. 排気沈下，減圧沈下は危険であるから避ける。やむを得ない場合には，作業員をケーソンの外へ退避させてから，行なわなければならない。

ケーソン沈下完了後は、載荷試験を行い支持力を確認します。
次に、中埋めコンクリートの打設です。
施工前にケーソン底面の地盤の不陸を整え清掃を行い、
中詰コンクリートのスランプ値は15～20㎝程度とし、打込みは刃口周辺へ十分いきわたるようにします。
スランプ値 15～20cm
打込みに伴い、気圧が増大するので排気により気圧を調整します。
く、くるじい…
また、高気圧障害対策として、必要な諸設備を設置しなければなりません。※1

※1.救護設備及び予備動力源，照明，通信設備などが必要である。

次に作業者が、守らなければいけないことは、函内でタバコを吸わないこと。
ヒック
また睡眠は十分にとり、酒気を帯びて入函しないこと。
バケット昇降中は、シャフト孔の
直下に立ち入らないことなどです。
退函後、ガス圧減少時間中は身体を冷やさないようにします。
ニューマチックケーソンは、オープンケーソンに比べて機械設備が大きくなり、規模の小さい場合は不経済なんですよね。
料理
広東

よし、なんとかおぼえられたな。
じゃあ、せんぱい、また。どおもごちそうさま。
いえ、……。
どういたしまして………。

memo

※気になった箇所などを書き留めておきましょう

基礎工

土止め工

学習の要点

①土止め工とは何か
②各種土止め工法の特徴を理解しよう
③土止め支保工の部材の名称を覚えよう
④施工上の注意事項を覚えよう
⑤ヒービング、ボイリングとは何か

シゲル、鋼《こう》矢《や》板《いた》ってなんだ?
地《ち》中《ちゅう》連《れん》続《ぞく》壁《へき》工《こう》法《ほう》にはどんなのがある?
支《し》保《ほ》工《こう》を分類すると!!
なんだい、力《リキ》ちゃん。なにそんなにあせってんだい?
いいからおせーて!

土止め工
土止め工は、根掘り※1を行う場合、周囲の土砂の崩壊を防ぐため施すものなんだ。

根掘りの方法には次のようなものがあるよ。

つぼ掘り

●柱基礎等の孔状に掘るもので，地中に垂直方向の小規模な素掘りの穴を掘る。

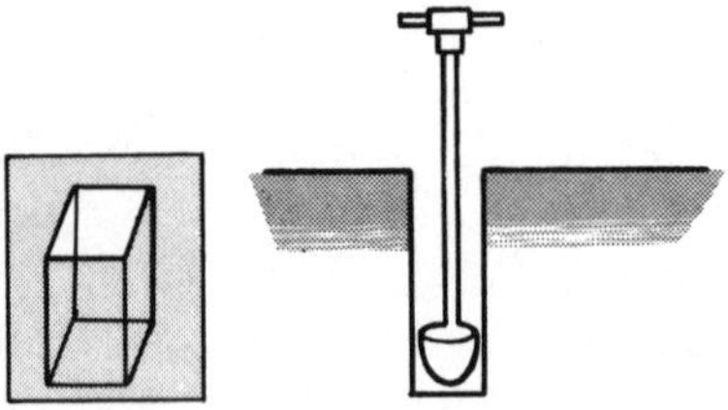

総掘り

●構造物の下部全部を掘るもので，最も一般的な掘削方法。大別して，下のような工法がある。※2

のり切りオープンカット

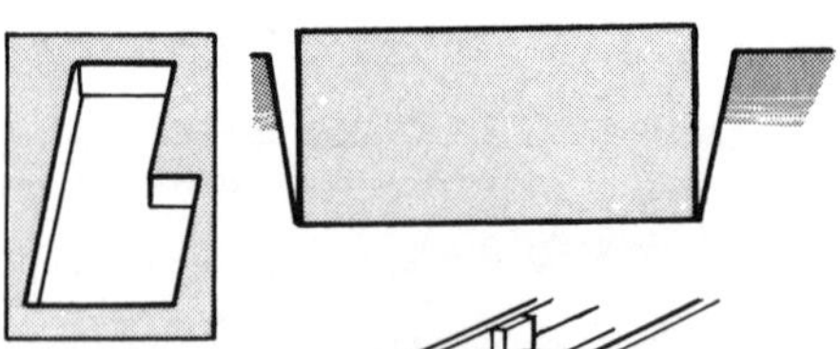

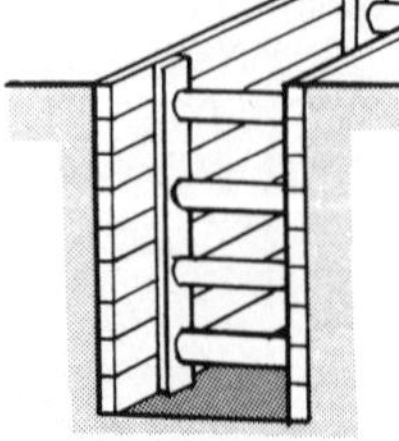

山止め
オープンカット

布掘り

●みぞ状に掘るもので，幅狭く延長方向に長く掘る。大きさは一般的に幅1～2 m，深さ1～2 m程度。

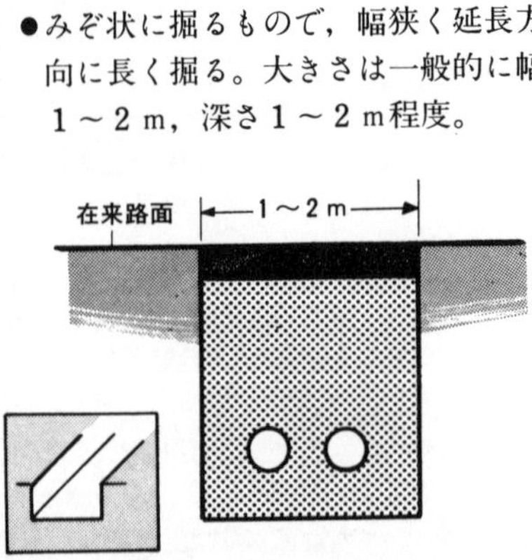
在来路面
1～2 m

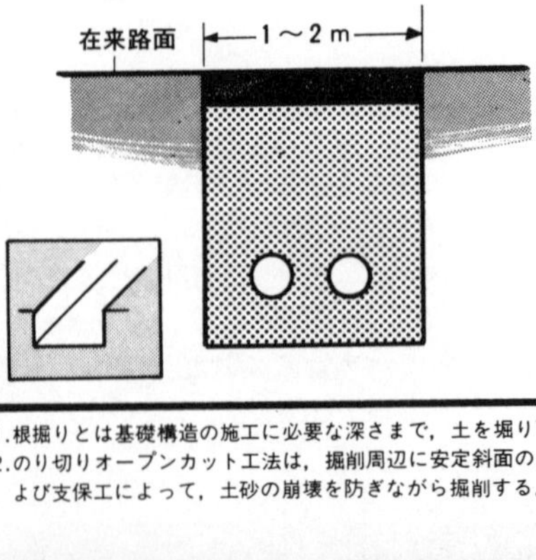

※1.根掘りとは基礎構造の施工に必要な深さまで，土を掘り下げること。
※2.のり切りオープンカット工法は，掘削周辺に安定斜面ののり部を残しながら掘削する。山止めオープンカット工法は，山止め壁および支保工によって，土砂の崩壊を防ぎながら掘削する。

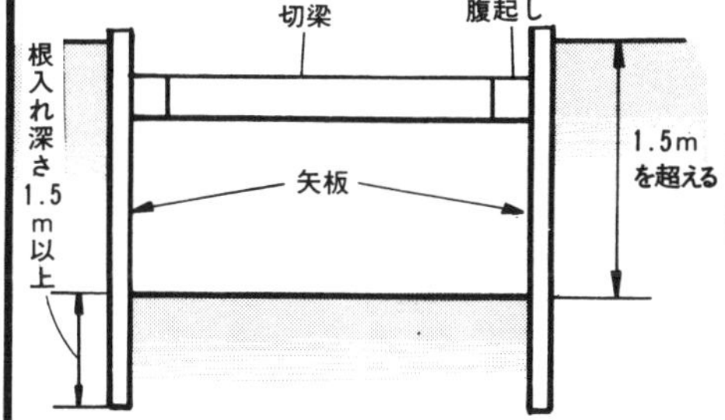

1.5mを超える根掘りを行うときは原則として山止めを行い、土止め工は土止め壁と支保工から成り※1まず土止め壁を分類すると次のようになるよ。

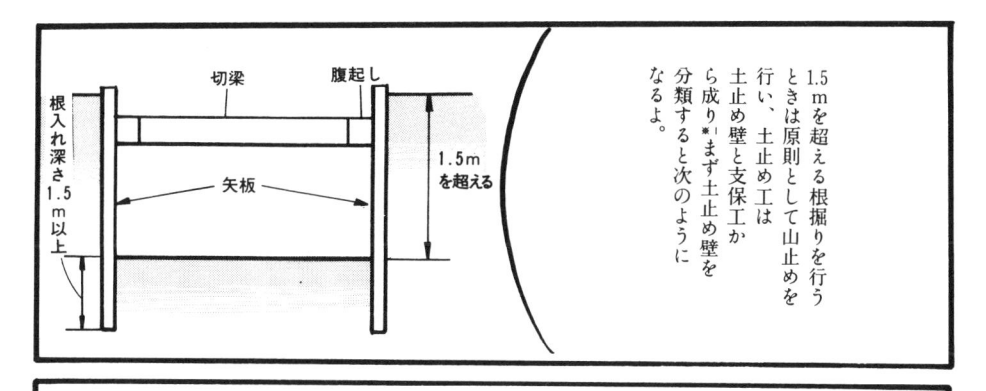

矢板工法

●**木製矢板**

簡単な土止めで浅い掘削に適する。

■**軽量鋼矢板**

比較的浅い掘削に適し，水密性を必要としない場合。ヒービング，ボイリングのおそれのない場合に使用する。

■**コンクリート矢板**

簡単な土止めで，比較的浅い掘削に適し，埋殺しする場合に使用する。

■**鋼製矢板**
（シートパイル）

水密性を必要とする場合，ヒービングまたボイリングのおそれのある場合，軟弱地盤で横矢板が挿入できない場合に使用する。※2

※1.土止めは背面からの土圧と水圧に抵抗する構造をとる。
※2.掘削深さが15mを超えた場合施工不可能。

親杭横矢板工法

●ヒービングのおそれのない場合，湧水のない場所や横断埋設物のある場所で使用され，深浅両方の掘削に適する。くいにはH鋼かＩ鋼を使い，横矢板には木製矢板(松材)を使用する。

コンクリート地中連続壁工法

●深い根掘りで，無騒音を要求され周辺の地盤沈下を防ぎたいときや，とくに遮水性《しゃすいせい》，水密性が要求される場合使用される。
柱列式と壁式とがある。

壁式

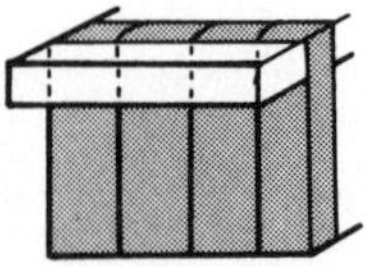

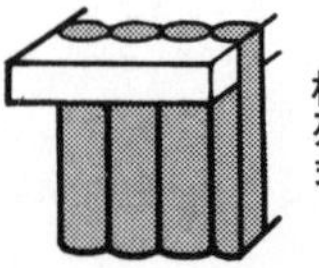

柱列式

名　称	長　所	短　所
木製矢板	・軽量であり，取扱い，加工性が良い ・任意の断面寸法の矢板が製作可能	・反復使用材としての耐久力がない ・強度が小さい ・腐食，折損がある
コンクリート矢板	・腐食しない	・重量が重くて取扱いがやっかい ・合羽，矢板の頭がかけやすい
軽量鋼矢板	・転用が利く ・木製矢板に比べ，材料の信頼性が高い	・たわみが大きい
鋼製矢板	・耐久性がある ・反復使用が可能 ・修理が利く	・たわみが大きい ・硬い地盤での施工は困難 ・埋設物などがあれば連続して打込めない
親ぐい横矢板	・材料の剛度が大きい ・埋設物のある場合でも打込み可	・横矢板の裏に空げきができると周辺の地盤沈下のおそれがある
コンクリート地中連続壁	・十分な剛性があり本体構造として利用できる ・長さ，厚さが比較的自由に選択できる ・支持ぐいとして利用できる	・仮土止めとした場合には工費が高い ・横断埋設物のある場合連続して施工できない

次に
支保工を分類すると、
このようなものがあるよ。
土止め壁
自立式
腹起こし
切りばり
土止め壁
切りばり式
アンカー式
アンカ
土止め壁
アイランド式
腹起こし
斜め切りばり
土止め壁

名称	自立式	切りばり式	アンカー式	アイランド式
特徴・用途	掘削の深さが比較的浅い場合に用いられる。	掘削が深く，敷地に余裕のない場合で掘削量をなるべく減らしたい場合などで最も一般的な方法である。	掘削内部のスペースを広く用いる場合や，掘削幅が広い場合に用いるが，敷地外にアンカーが打ち込めるか，控え版が施工できる場合に用いられる。	掘削面積が広く切りばり・支保工が不利な場合や，軟弱地盤でヒービング防止のためなどの場合に用いられる。

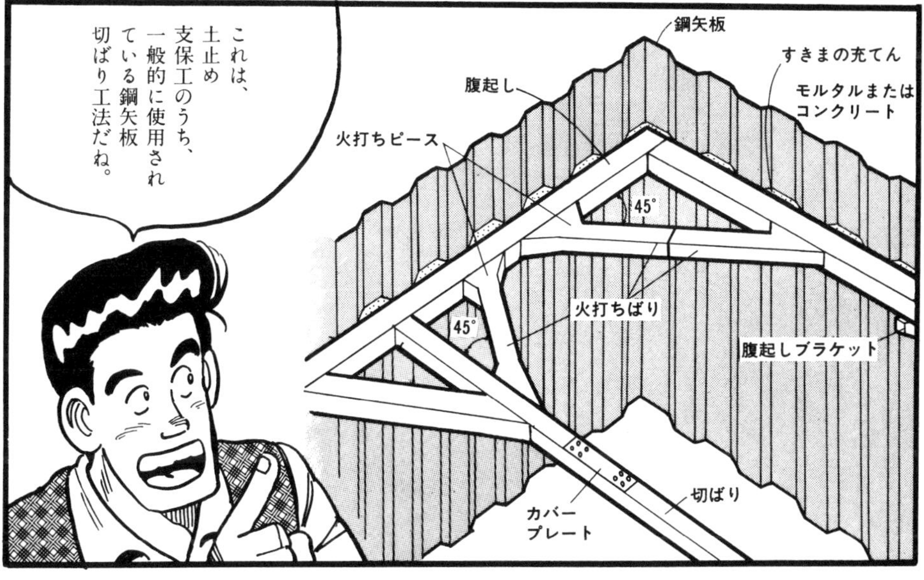
これは、
土止め
支保工のうち、
一般的に使用され
ている鋼矢板
切ばり工法だね。
鋼矢板
すきまの充てん
モルタルまたは
コンクリート
腹起し
火打ちピース
45°
45°
火打ちばり
腹起しブラケット
切ばり
カバー
プレート

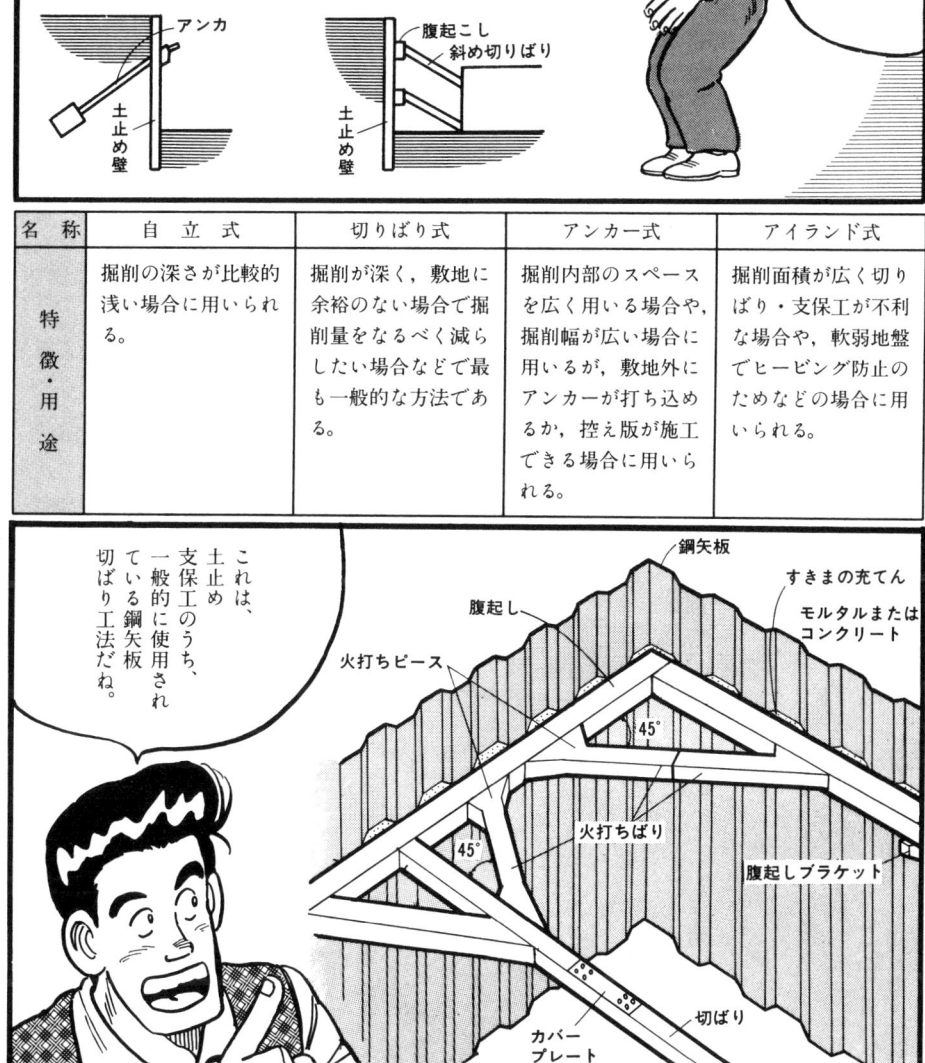

土止め壁と腹起しとのすき間は、コンクリート、またはモルタル、くさびなどで確実に充てんし、
土止め壁
モルタルかコンクリート
腹起こし
くさび
土止め面から湧水がある場合は、水とともに土砂が流出しないように適切な処置を施すこと。
支保工は、著しい変形や移動をして周辺の地盤に被害を及ぼさないように、十分な強度を有し、
土止め支保工の肩の部分には、掘り出した土砂又は、器材等を高く積み上げてはならず、
支保工組立後は、指名された点検者が点検を行い、異常を認めたときは、ただちに補修を行わなければならないんだよ。

おわり！
ちょ、ちょっと待って…。
ヒービンクとボイリングだけど、どっちがどうだっけ？
ヒービングは、軟弱な粘土層で掘削背面の土の、自重によるすべり破壊にともなう掘削底面の盛上りのことで、
ボイリングとは、砂質層を上向きの浸透水が流れるとき、砂に働く上向きの水圧が、砂の自重以上になると、砂粒子が激しく乱され噴き上がる現象のことだ。※1
ボイリング
砂質層
ヒービング
粘土層
あと、切りばりは継手のないものを用いるのが望ましく、座屈《ざくつ》※2のおそれのない断面と剛性《ごうせい》を有するものを使うが、
安全性高い
切りばりの長さが長くなると、座屈に対する安全性が低下し、短くなると安全性は高くなる。※3
安全性低い

※1.クイックサンドともいう。

※2.細長い柱に荷重を作用させると，許容圧縮応用力度の範囲内で曲がりはじめ，そのため破壊する現象。

※3.切りばりをつける直前が最も危険な状態になるので，出来るだけ短時間で押入れることが大事である。

memo

※気になった箇所などを書き留めておきましょう

基礎工

軟弱地盤対策工法

学習の要点

①砂地盤に適する改良工法について理解しよう
②粘土地盤の改良工法について理解しよう
③軟弱地盤に盛土をする場合の処理工法には、どのような工法があるか
④表層処理工法を覚えよう

来た、来た……
やっ山口くん、偶然だね！勉強進んでるゥ？
あっせんぱい！
ところで、土止め工で鋼……。
ちょうどよかった、**軟弱地盤**についてききたかったんですよ！

軟弱地盤は、粒度分布や含水比が適当でないN値5以下の支持力のない地盤ですね。※1
これらの地盤に支持力を持たせ、安定化を図る必要があるんです。
ヤバンが
ネ…
ソ…
軟弱地盤
N値5以下

密度を高める工法		適用地盤
土の中の水分を排除する方法	■載荷による圧密促進 ●プレローディング工法　●サンドドレーン工法 ●バーチカルドレーン工法　●ペーパードレーン工法	粘土層 シルト層
	■揚水による地下水低下 ●ウェルポイント工法	砂・シルト層
締固めによる方法	■振動による締固め ●バイブロフローテーション工法	シルト・砂質土
	●バイブロコンポーザ工法	粘土・シルト 砂質土
	■衝撃による締固め　●サンドコンパクション工法	砂質土

固結化する方法(結合物質を注入する)		適用地盤
■薬液を注入する	●薬液注入工法	レキ・砂・シルト
■混合による方法	●石灰混合工法	粘土層

軟弱地盤を撤去する方法	適用地盤
■良質土と入れかえる ●置換工法	粘土層

地盤の改良工法には、このようなものがありますね。
ああ、…うん…

※1.含水比の高い粘土層は圧密沈下が生じ，飽和度の高い締りのない砂質層は液状化現象を起こす。

砂地盤改良工法	粘土地盤改良工法	
・ウェルポイント工法	・プレローディング工法	・石灰パイル工法
・バイブロフローテーション工法	・バーチカルドレーン工法	・置換工法
・サンドコンパクション工法	・サンドドレーン工法	
・薬液注入工法	・ペーパードレーン工法	

適用地盤で、おおまかに分けると上のようになりますね。それぞれの工法について説明すると次のとおりです。
ウ〜。

砂地盤改良工法

●ウエルポイント工法

真空ポンプにより強制的に地下水を吸上げる工法で，透水係数10^{-2}〜10^{-5}cm/s位の範囲に適する。

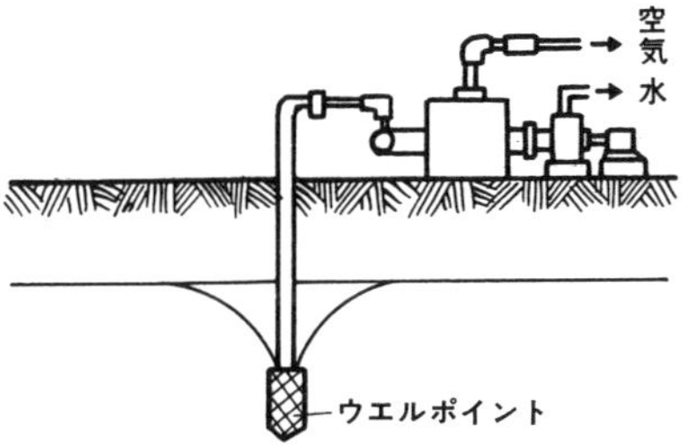
空気
水
ウエルポイント

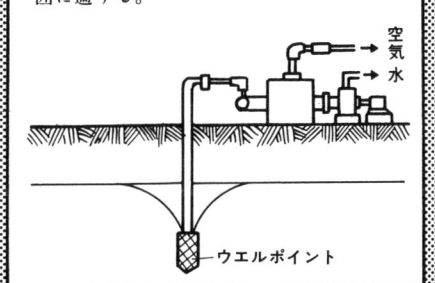

●バイブロフローテーション工法

棒状振動機を振動と注水の効果により挿入し，地盤を締固める。砂利等を補給し，締め効果を高める工法。

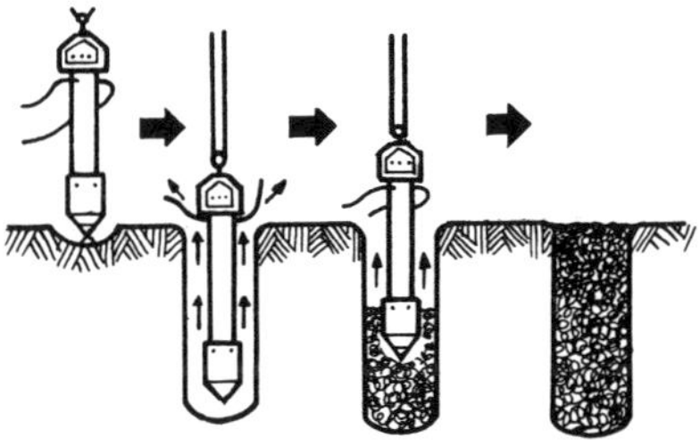

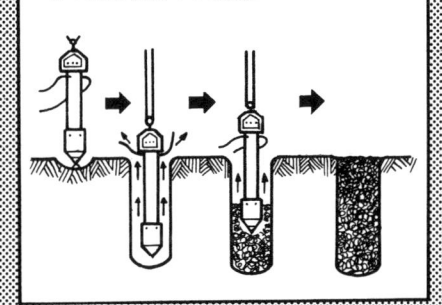

●薬液注入工法

軟弱地盤中に薬液を圧入して地盤に物理的，化学的反応をもたらし，地盤の強度を増大させる工法。

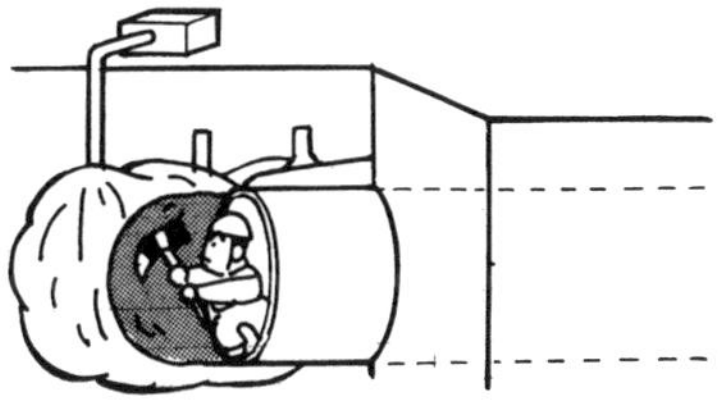

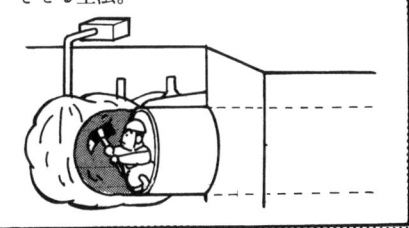

●サンドコンパクション工法

振動または，衝撃荷重により中空管を地中に打込み，管を引き抜きながら砂ぐいをつくる工法。※1

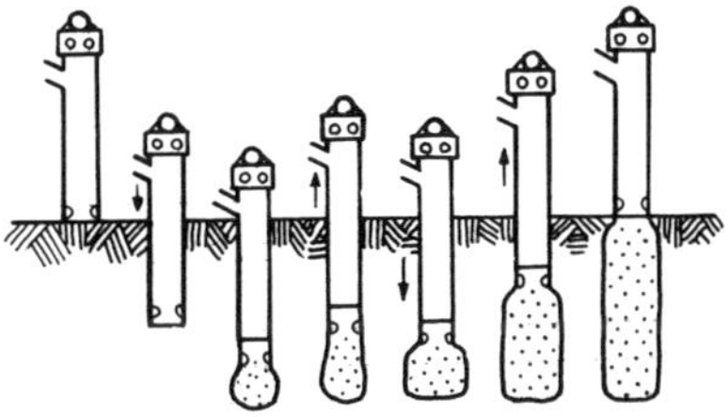

※1.振動荷重により砂を締固めながら砂ぐいをつくるものをバイブロコンポーザ工法といい，この工法は，砂地盤だけでなく粘性土地盤に対しても有効である。

粘土地盤改良工法

●プレローディング工法

上部構造物に見合う荷重の盛土をあらかじめかけておき，圧密沈下完了後盛土を取り去る工法。※1

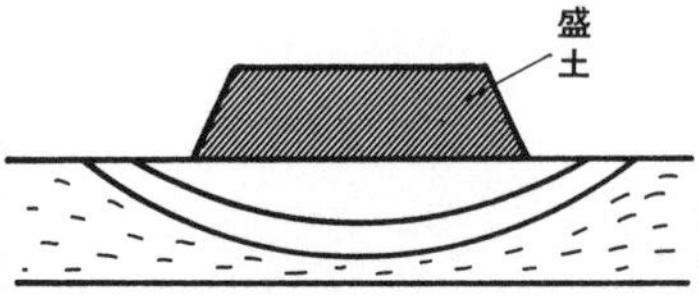

●石灰パイル工法

サンドコンパクションパイルの施工機械を用い，砂の代わりに生石灰，または生石灰と砂の混合物を杭状に打込み，生石灰柱をつくる工法。※2

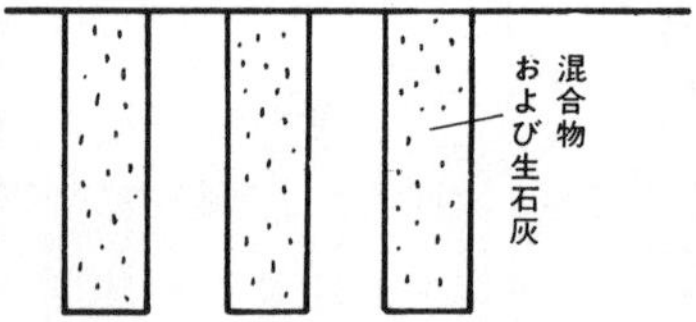

●置換工法

軟弱地盤の不良土を除去し，良質土と置きかえる。すべり抵抗を付与し安定を図ると，最も効果が大きい。

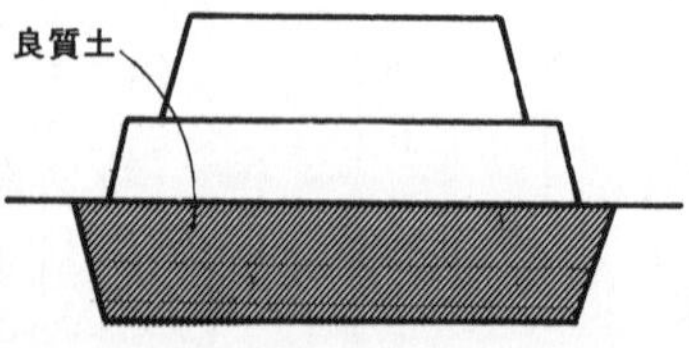

●バーチカルドレーン工法

粘土層に排水孔(ドレーン)を設け，排水距離を短縮したあと，荷重をかけ粘土層中の脱水，沈下を促進する工法で2種類ある。

★サンドドレーン工法

粘土地盤中に垂直に砂の排水柱を設け，載荷《さいか》盛土《もりど》による圧密排水を促進《そくしん》し，地盤のせん断力の増加をはかる。

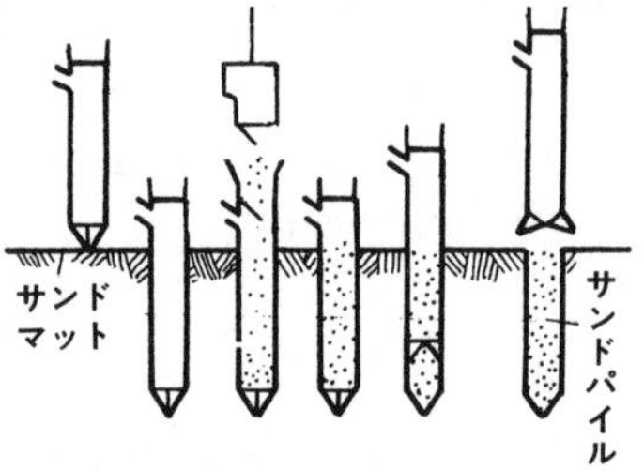

★ペーパードレーン工法

砂のかわりにカードボードファイバーなどを打込む。※3

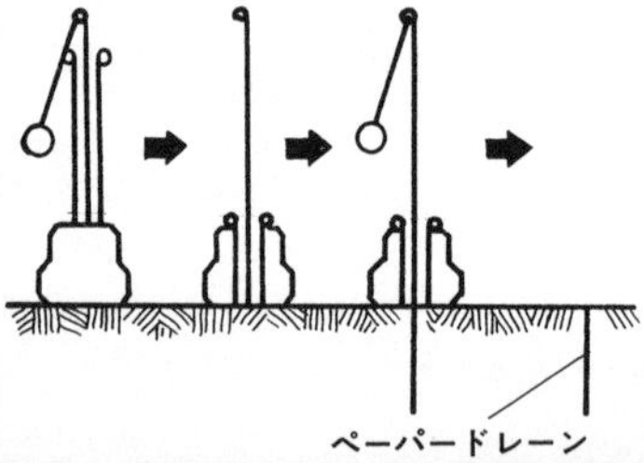

※1.盛土重量より，余分の重量(プレロード)で沈下させる工法をサーチャージ工法という。
※2.この工法は，バーチカルドレーン工法に比べ，載荷盛土を必要とせず，効果が早い。生石灰が軟弱地盤中の水分を多量に吸収し，消石灰になることを利用したものである。
※3.サンドドレーン工法に比べて施工速度が早く，工事費も安く，打設による地盤の乱れも少ない。

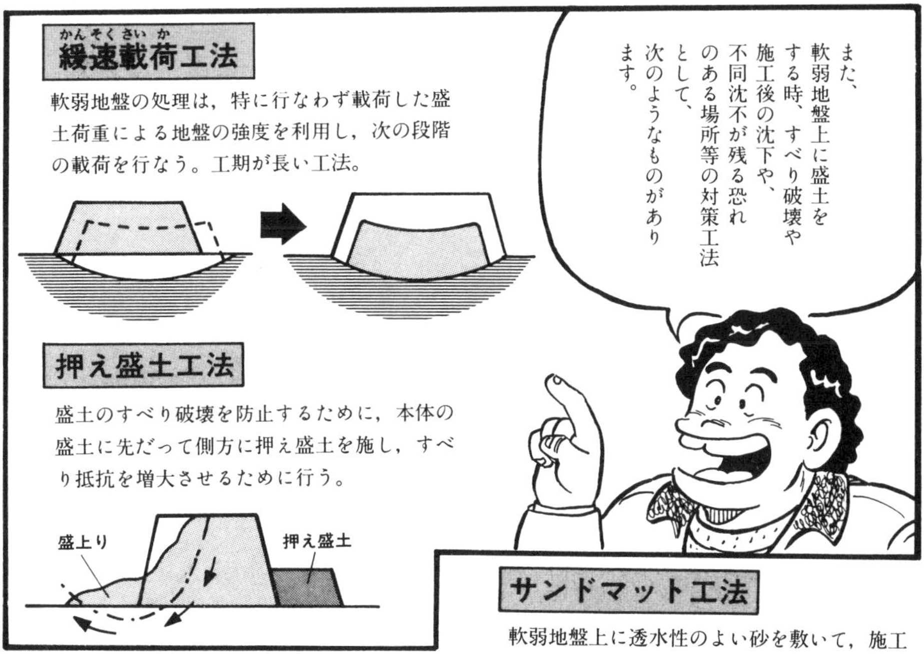
また、軟弱地盤上に盛土をする時、すべり破壊や施工後の沈下や、不同沈不が残る恐れのある場所等の対策工法として、次のようなものがあります。
緩速載荷《かんそくさいか》工法
軟弱地盤の処理は，特に行なわず載荷した盛土荷重による地盤の強度を利用し，次の段階の載荷を行なう。工期が長い工法。
押え盛土工法
盛土のすべり破壊を防止するために，本体の盛土に先だって側方に押え盛土を施し，すべり抵抗を増大させるために行う。
盛上り
押え盛土

サンドマット工法

軟弱地盤上に透水性のよい砂を敷いて，施工機械の走行性の改善と，較弱地盤からの排水経路として使用する。

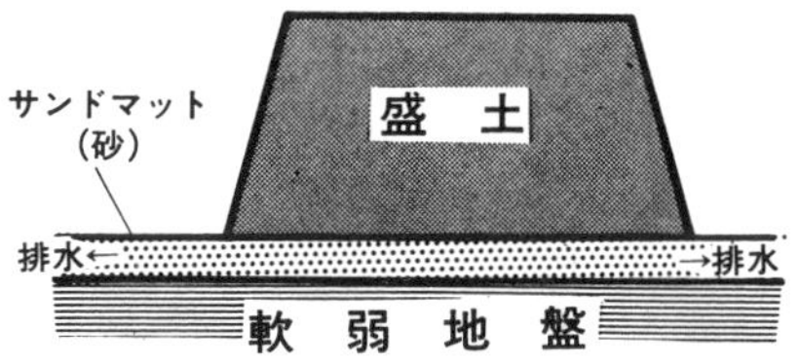
サンドマット
（砂）
盛　土
排水
排水
軟　弱　地　盤

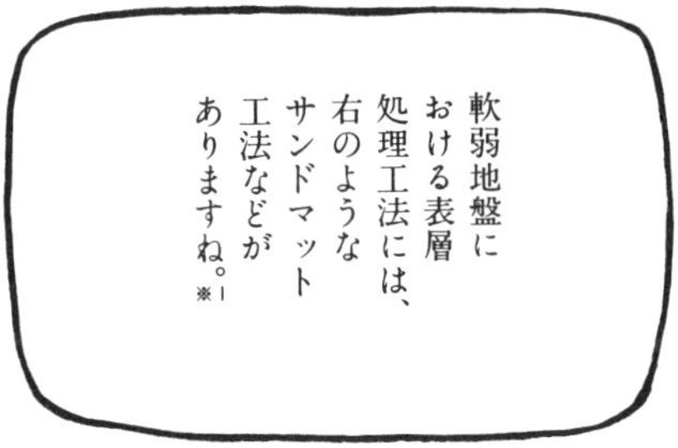
軟弱地盤における表層処理工法には、右のようなサンドマット工法などがありますね。※1

あ〜、ん〜……。
よし、これで専門土木に移れるぞ！

恩にきますせんぱい、じゃあ、またぁ〜！

※1.その他に添加材《てんかざい》工法（生石灰，消石灰，セメント等の安定材を混入し改良する。）
敷設《ふせつ》材工法（そだ，竹枠，樹脂ネットを敷き支持力の向上を図る。）がある。

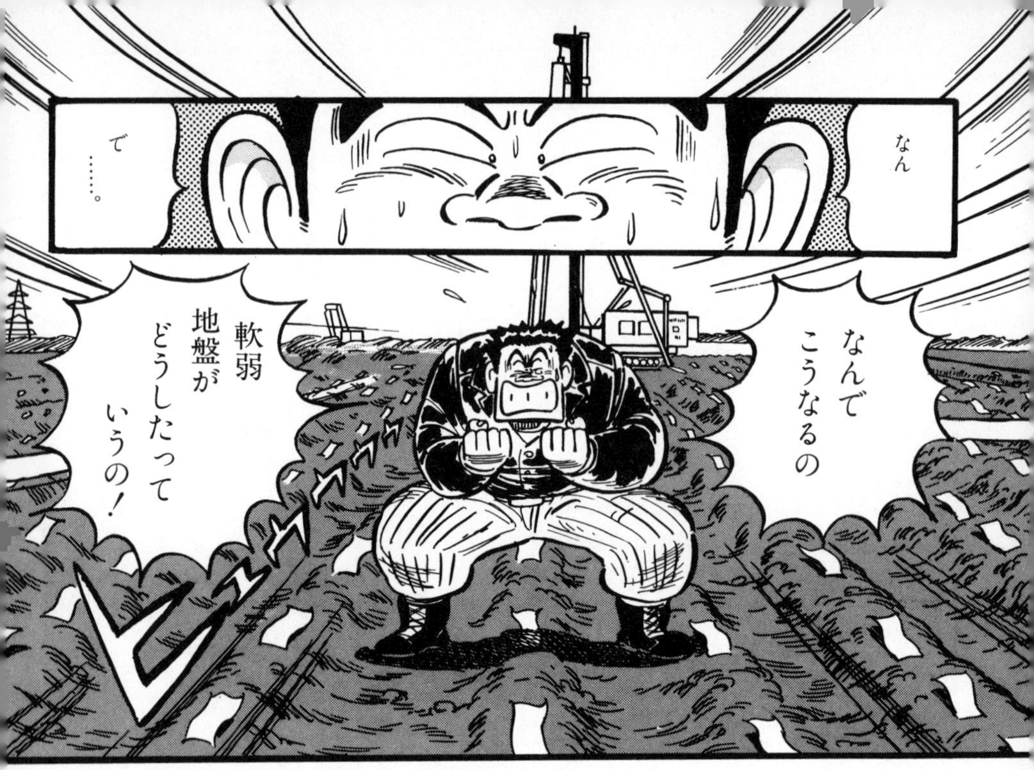
なん
で……。
なんでこうなるの
軟弱地盤がどうしたっていうの！

memo

※気になった箇所などを書き留めておきましょう

第2章

専門土木

コンクリート・鋼構造物

鉄筋の加工及び組立

学習の要点

①鉄筋の役割による分類を知ろう
②鉄筋の継手に関する注意事項を覚えよう
③鉄筋の加工と組立における留意点は何か

ヨッ、勉強すすんどるかい?
ぜんぜ～ん。タベさんはカゼひいちゃって…。
石本は社内旅行にいっちゃったし…。

なんだ、なんだ！他人ばっかり頼っていちゃあだめだぞ！ひとりでもやらなくっちゃ。
ほんとに、なにもしてないのか？
鉄筋を少しだけ……。
よし、ひとつ復習をしよう。鉄筋とは？
鉄筋とは、コンクリートに埋め込み、コンクリートを補強するために用いる棒鋼《ぼうこう》のことです。
鉄筋の種類は大きく分けて、異形鉄筋《いけいてっきん》※1と普通丸鋼《ふつうまるこう》※2があります。
異形鉄筋
普通丸鋼
フム。じゃあ、役割による種類ではどんなのがある？
ええ～と、それには次のようなものがあります。

※1.異形鉄筋…リブまたは，フシなどの表面突起を有する棒鋼。
※2.普通丸鋼…丸棒の鉄筋で付着が弱い。

役割からみた鉄筋の種類

主《しゅ》鉄《てっ》筋《きん》	各種限界状態を満足させるために計算し，配置される鉄筋。
配《はい》力《りょく》鉄《てっ》筋《きん》	応力を分布させる目的で，正鉄筋《せいてっきん》または負鉄筋《ふてっきん》と，普通の場合，直角に配置した鉄筋
せん断《だん》補《ほ》強《きょう》鉄筋	せん断力に抵抗するように配置される鉄筋。
用《よう》心《じん》鉄筋	荷重《かじゅう》による応力集中，温度や乾燥収縮《かんそうしゅうしゅく》によるひびわれに対して用心のために用いる補助の鉄筋。
スターラップ	正鉄筋または負鉄筋を取囲み，これに直角または直角に近い角度をなす鉄筋
折《おり》曲《まげ》鉄筋	正鉄筋または負鉄筋を曲げ，または曲下げた鉄筋。
帯《おび》鉄筋	軸方向鉄筋《じくほうこうてっきん》を所定の間隔ごとに取囲んで配置される横方向鉄筋。
らせん鉄筋	軸方向鉄筋をらせん状に囲んで配置される鉄節。

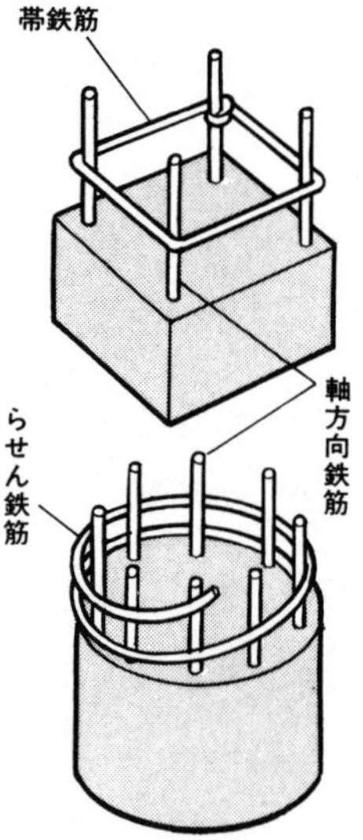
帯鉄筋
軸方向鉄筋
らせん鉄筋

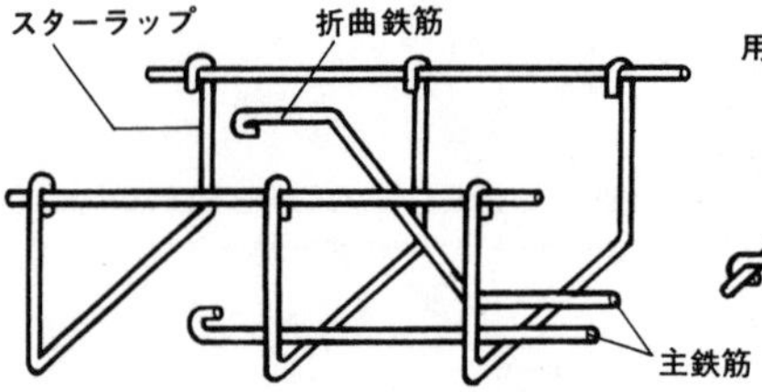
スターラップ
折曲鉄筋
主鉄筋

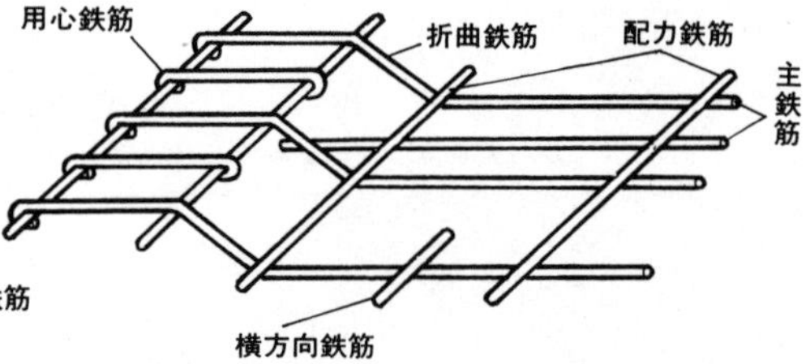
用心鉄筋
折曲鉄筋
配力鉄筋
主鉄筋
横方向鉄筋

正鉄筋	正の曲げモーメントによる引張応力を受けるように配置した主鉄筋。
負鉄筋	負の曲げモーメントによる引張応力を受けるように配置した主鉄筋。

また、主鉄筋は受ける**モーメント**※1によって左のように呼ばれています。

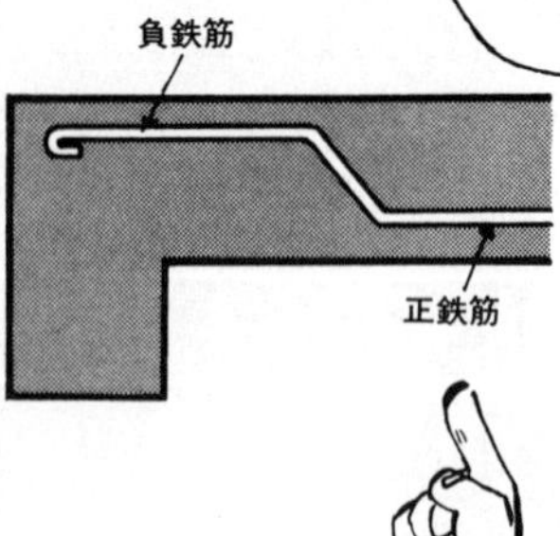
負鉄筋
正鉄筋

よろしい。では、鉄筋の曲げ形成について述べたまえ。

※1. モーメント……物体を回転させる力の大きさ。

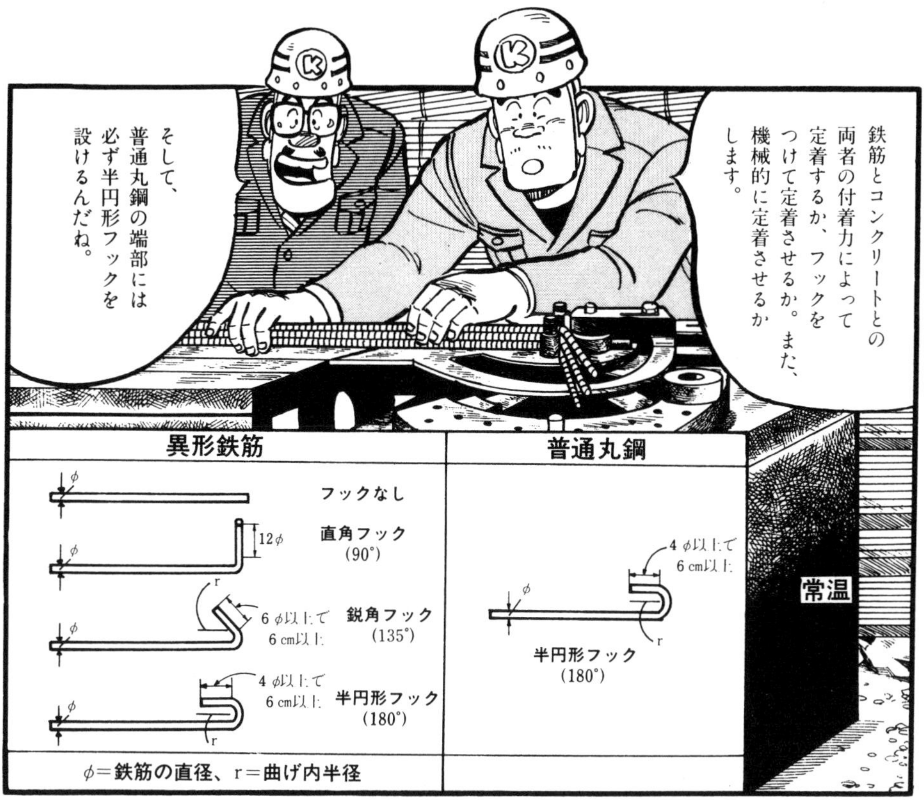
鉄筋とコンクリートとの両者の付着力によって定着するか、フックをつけて定着させるか。また、機械的に定着させるかします。
そして、普通丸鋼の端部には必ず半円形フックを設けるんだね。
異形鉄筋
φ
フックなし
12φ
直角フック (90°)
r
6φ以上で 6cm以上
鋭角フック (135°)
4φ以上で 6cm以上
半円形フック (180°)
φ=鉄筋の直径、r=曲げ内半径
普通丸鋼
4φ以上で 6cm以上
半円形フック (180°)
常温

はい、次に鉄筋の継手《つぎて》ですが、継手位置はできるだけ応力※1の大きい断面をさけ、継手は同一断面に集めないことを原則とする。

継手の種類

重ね継手	重ね継手は，所定の長さを重ね合わせて，直径0.8mm以上の焼なまし鉄線で数箇所緊結する。
溶接継手	ガス圧接のものとアーク溶接のものとがあるが，ガス圧接のものが一般的である。
機械的継手	加工が必要となり，現場での取扱上，不便なことがある。
スリーブ継手	スリーブ内に金属または，モルタルを流し込む。

※1.応力…力あるいは荷重が作用したとき，　変形した構造部材に生ずる力。

応力の大きい位置では、鉄筋の継手を設けないこと。
応力の大きい位置
重要な箇所に用いる引張《ひっぱり》鉄筋の重ね継手は、横方向鉄筋で補強すること。
将来の継ぎ足しのため構造物から露出させておく鉄筋は、損傷、腐食などを受けないように保護しておかなければならないんです。
次に、鉄筋の加工は、常温で行うのを原則とし、
組立てる前に清掃し、浮きさびなどを取りのぞいておきます。

鉄筋は設計図どおりに、正しい位置に配置し、堅固《けんこ》に組立て※1。
鉄筋とせき板※2との間隔は、スペーサーを用いて正しく保ちます。

スペーサーとは？

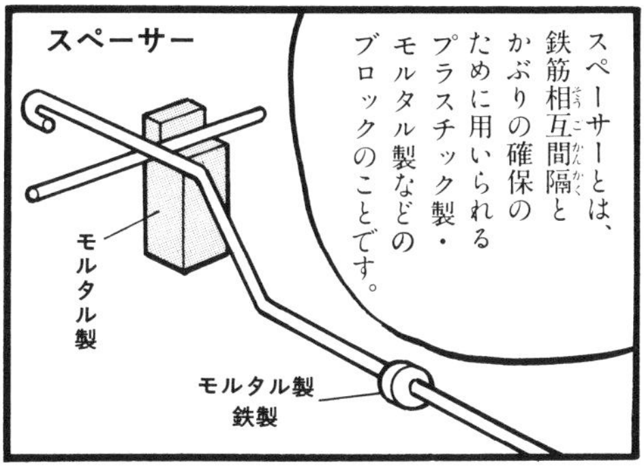
スペーサー
スペーサーとは、鉄筋相互《そうこ》間隔《かんかく》とかぶりの確保のために用いられるプラスチック製・モルタル製などのブロックのことです。
モルタル製
モルタル製
鉄製

かぶりというのは？

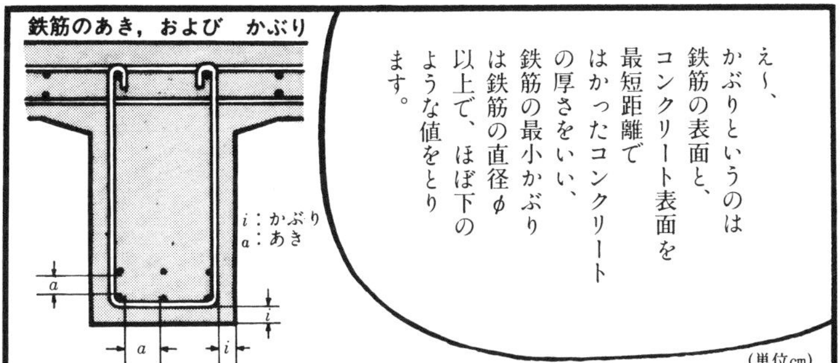
鉄筋のあき，および　かぶり
え～、かぶりというのは鉄筋の表面と、コンクリート表面を最短距離ではかったコンクリートの厚さをいい、鉄筋の最小かぶりは鉄筋の直径φ以上で、ほぼ下のような値をとります。
i：かぶり
a：あき
a
i
a
i

(単位cm)

部材 / 環境条件	スラブ	はり	柱
一般の環境	2.5	3.0	3.5
腐食性環境	4.0	5.0	6.0
特に厳しい腐食性環境	5.0	6.0	7.0

※1.組立てる前にこれを清掃し，浮きさび，その他鉄筋とコンクリートの付着を害するおそれのあるものは除かなければならない。
※2.型わくの一部でコンクリートに直接接する木または金属などの板類をいう。

一般に、太い鉄筋を用いる場合には、細い鉄筋を用いる場合よりもかぶりを厚くするのが望ましいんです。
圧縮部
圧縮鉄筋
引張部
引張部
負鉄筋
圧縮部
圧縮部
正鉄筋
引張部
はりにおけるスターラップは、その端部を圧縮側コンクリートに定着します。定着は右のように行います。※1
コンクリート構造物の施工では、設計で定められた継目の位置および構造を守らなければなりません。
設計図書
コンクリートを水平に打ち継ぐ場合には、旧コンクリートの表面のレイタンスや緩《ゆる》んだ骨材粒《こつざいりゅう》などを完全に除かねばなりません。
また、床組みにおける打継目は、スラブまたは、はりのスパンの中央付近に設けなければなりません。
×
○

※1.スターラップの定着は鋭角フックとし，正鉄筋または負鉄筋を取り囲む。そして，その端を圧縮部のコンクリートに定着するとともに，圧縮鉄筋がある場合は，スターラップは引張り鉄筋および圧縮鉄筋を取り囲まなければならない。

伸《しん》縮《しゅく》継《つぎ》目《め》では、構造物の接する両部を絶《ぜつ》縁《えん》しなければならないんです。
よろしい。では、コンクリートの締固めで棒状バイブレータ※1を鉄筋に接触させるのはいいことかね？
目地材
スリップバー
鉄筋
振動機
モルタル
だめです。鉄筋のまわりにモルタルだけがあつまって、鉄筋とコンクリートの一体性が減少します。
耐久性のある鉄筋コンクリート構造物を造るのに、鉄筋の太さは関係あるかね？
ありません。関係があるのはこれらです。
●水セメント比
●養生
●鉄筋のかぶり
じゃあ、鉄筋コンクリート部材にひびわれを生じさせる原因は？
ピシッ
ピシッ…
左のようなことがあげられますね。
乾《かん》燥《そう》収《しゅう》縮《しゅく》
温度変化
荷重の作用
バラ
バラ

※1.振動機は，鉛直に一様に差し込む。また，山積みしたコンクリートを振動機を用いて横方向に移動させてはならない。

これらのひびわれの発生を減少させる働きとして、**クリープ現象**※1があります。
コンクリート
自重
クリープ現象
これは型わくをとりはずすと、コンクリートに持続荷重《じぞくかじゅう》(自重《じじゅう》)などがかかり、徐々に変形する現象で、部材に生じる応力を緩和《かんわ》します。
なんだ、しっかりおぼえてるじゃないか。タベ君のいない方がいいんじゃないの！
ドッ
ソ、ソウカナ……。

※1. 応力を増加させずに一定に保った状態で、ひずみが時間とともに徐々に増える現象。

memo

※気になった箇所などを書き留めておきましょう

コンクリート・鋼構造物

RC構造物型わく・支保工

学習の要点

①型枠、支保工組立の際の注意事項を覚えよう

②型枠、支保工の取りはずしの際の注意事項を覚えよう

ひぇ、ヒエ、
ダ、ダうもシみません。どこまでいかれました?
型わくと支保工《しほこう》まで……。

じゃあ、復習してみましょう。
せき板内面には、何を塗布《とふ》しますか？
はく離剤《りざい》を塗布します。
型わくや支保工には、打込まれたコンクリートの重量によって生じる沈《ちん》下量《かりょう》と、たわみを推定して何をします？
上越《あげこ》しをします。これは、構造物を設計図に示されたとおりに造るため必要です。※1
型わくを組立てるには？
ボルトか、または棒鋼《ぼうこう》を用います！※2

※1.型わくおよび支保工の設計にあたっては，施工中に作用する鉛直方向および横方向の荷重，コンクリートの側圧その他施工中に予想される特殊な荷重を考える必要がある。

※2.特に指定のない場合でもコンクリートの角に面取りができる構造としなければならない。

型わくや支保工を取りはずす時期は？
コンクリートがその自重および、施工中に加わる荷重を受けるのに必要な強度に達した時です。
コンクリート

型わくを取りはずしてよい時期のコンクリートの圧縮強度

部材面の種類	例	圧縮強度 (N/mm²)
厚い部材の鉛直または鉛直に近い面。傾いた上面。小さいアーチの外面	フーチングの側面	3.5
薄い部材の鉛直または鉛直に近い面。45°より急な傾きの下面。小さなアーチの内部	柱・壁・はりの側面	5.0
橋・建物等のスラブ及びはり。45°よりゆるい傾きの下面	スラブ・はりの底面，アーチの内面	14.0

取りはずす時期の決定には、左のようなことに気をつけます。
●コンクリートの配合
●セメントの種類
●構造物の種類と重要度
●部材の大きさと種類
●部材の受ける荷重
●気象条件
せき板をとりはずす場合は、コンクリートの角《かど》を欠いたり、構造物に振動《しんどう》や衝撃《しょうげき》を与えてはなりません。※1
ホー、力さん、完璧《かんぺき》ですねェ！
ムホホホ
こりゃやっぱし夕べさんなしでも大丈夫かな。

※1.その後，所定の期間絶えず湿潤状態を保つ。（普通ポルトランドセメントを用いた場合は，少なくとも5日間，早強ポルトランドセメントを用いた場合は少なくとも3日間。）

では、鉛直《えんちょく》部材《ぶざい》の型わくと、水平《すいへい》部材《ぶざい》の型わくと、どちらを先に取りはずしますか？
……。
じゃあ、はりの型わくで、両側面と底板とではどちらを早く撤去《てっきょ》しますか？
……。
型わくを取りはずす順序は、比較的荷重を受けない部分からはじめます。
①
②
はり
鉛直部分を水平部分より先に撤去し、はりの場合は両側面の型わくを底板より先に取除きます。※1
型わく支保工はコンクリートを打込む前に、検査をしなければなりませんね。

※1.柱または壁のような鉛直部材では除去したために起こるコンクリートの応力は小さいのが普通である。スラブまたは，はりのような水平部材では型わくを取りはずせば，スラブまたははりの自重およびそれらが支える荷重によって，コンクリートにかなり大きな曲げ応力が起こる。

また、コンクリートの打込み中にもその状態を検査しなければなりません。
ダダダダ
はい、でもまあしっかり独習《どくしゅう》していてくれたんですね。よかったよかった。
ま、まだひとりじゃ無理だな…。

memo

※気になった箇所などを書き留めておきましょう

コンクリート・鋼構造物

鋼材の種類・接合・塗装

学習の要点

①鋼材の種類を覚えよう
②溶接接合における注意事項を覚えよう
③高力ボルト接合における注意事項を覚えよう
④塗装について理解を深めよう

鋼は土木構造物に広く用いられています。
コンクリートの中では、鋼はさびない性質があるため、近年では特に利用されていますね。

鋼材には、左のようなものがあります。
はい、あります。
構造用鋼板
鋼　管
接合用《せつごうよう》鋼材
棒　鋼

鋼材は記号によって分類しますが、JIS規格で示される鋼材の基本的な記号の意味は左のとおりです。
…です。

Ⓢ Ⓢ ㊵

（左の場合一般《いっぱん》構造《こうぞう》用《よう》圧延《あつえん》鋼材《こうざい》
引張強さ400N/㎟を表わす）

▶第三番目…降伏点《こうふくてん》の強さ
または最低《さいてい》引張《ひっぱり》強《きょう》度《ど》

▶第二番目…製品の形状，用途，鋼種《こうしゅ》

▶第一番目…材質を示す（Sは鋼材，Fは鉄筋）

標準とする鋼材

鋼材の種類	規格	鋼材記号
構造用鋼材	一般《いっはん》構造《こうぞう》用《よう》圧延《あつえん》鋼材《こうざい》	SS400，SS490
	溶接《ようせつ》構造《こうぞう》用《よう》圧延《あつえん》鋼材《こうざい》	SM400，SM490
	溶接《ようせつ》構造《こうぞう》用《よう》耐候性《たいこうせい》熱間《ねっかん》圧延《あつえん》鋼材《こうざい》	SMA400, SMA490, SMA570
鋼管	一般《いっはん》構造《こうぞう》用《よう》炭素《たんそ》鋼鋼管《こうこうかん》	STK400，STK490
接合用鋼材	摩擦《まさつ》接合《せつごう》用《よう》高力《こうりょく》六角《ろっかく》ボルト・六角ナット・平座金のセット	F８T，F10T

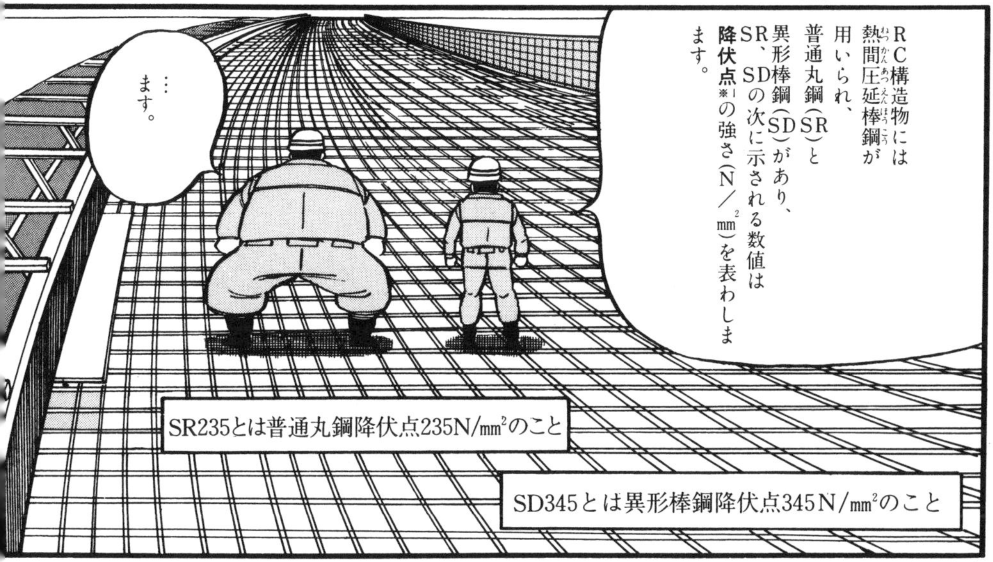
RC構造物には熱間《ねっかん》圧延《あつえん》棒鋼《ほうこう》が用いられ、普通丸鋼（SR）と異形棒鋼（SD）があり、SR、SDの次に示される数値は降伏点※1の強さ（N／㎟）を表わします。
…ます。
SR235とは普通丸鋼降伏点235N/㎟のこと
SD345とは異形棒鋼降伏点345N/㎟のこと

※1.鋼材に引張りの力を加えると，応力とひずみは直線的に変化するが，ある点でいったん折れる。この点を降伏点という。（次頁参照）

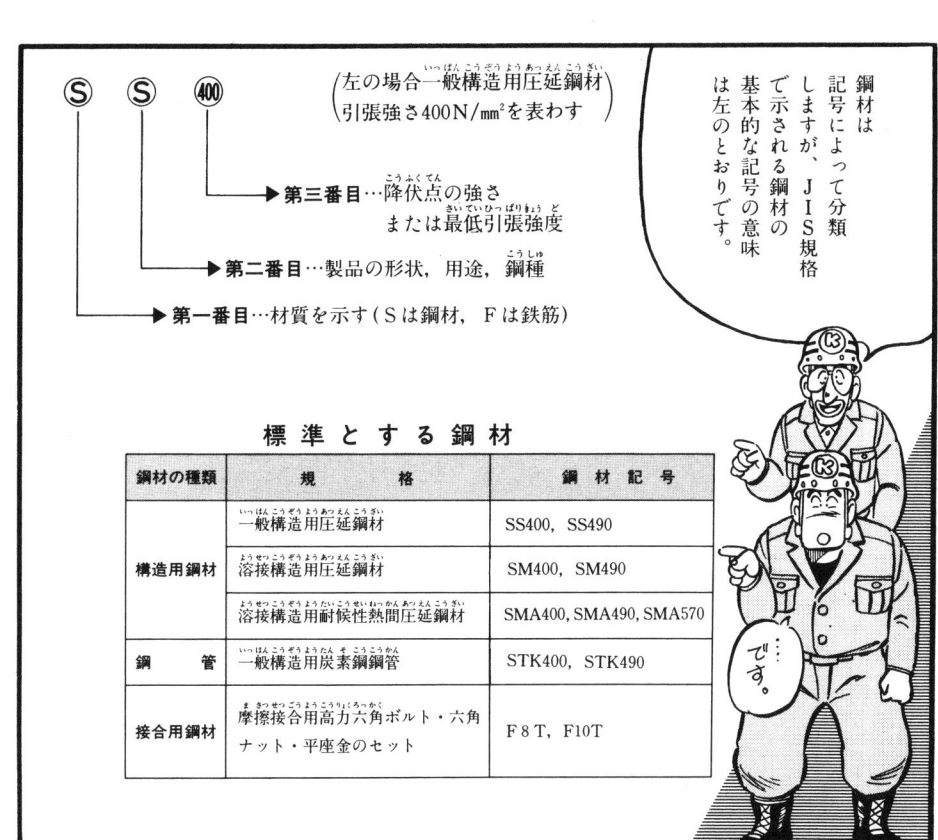

鋼構造物に使用される鋼材は、一般構造用圧延《あつえん》鋼材《こうざい》(SS)が用いられ。
SS
溶接《ようせつ》構造物《こうぞうぶつ》には、溶接《ようせつ》構造《こうぞう》用《よう》圧延《あつえん》鋼材《こうざい》(SM)が用いられます。
SM
SS、SMの次に示される数値は、引張強さです。※1
引張強さ
SS400
…です。
41
降伏点応力をこえてさらに荷重を加えると、応力は増大し最大値に達し破断《はだん》します。この場合の最大値を引張強さといいます。
引張強さ
降伏点
応力
0
伸び（ひずみ）
応力ひずみ図
あと耐候性《たいこうせい》溶接《ようせつ》構造《こうぞう》用《よう》圧延材《あつえんざい》(SMA)は気候作用に対して防食性《ぼうしょくせい》にすぐれています。

※1. SS330とは，一般構造用圧延鋼材で引張強さ330N/mm^2を表し，SM490とは，溶接構造用圧延鋼材で，引張強さ490N/mm^2を表わす。

さて、次は、金属の接合方法ですが、工場継手は大部分が溶接※1による継手ですが、
ボルト
リベット
現場の継手はリベットまたは高力ボルトによるのが一般的です。特に高力《こうりょく》ボルトがよく用いられます。
高力ボルト接合は、高力ボルトで継手《つぎて》材片《ざいへん》を締付け、材片《ざいへん》間の摩擦力《まさつりょく》によって応力を伝達するものです。
ボルト
摩擦力
ナット
ボルトの軸力《じくりょく》の導入《どうにゅう》はナットをまわして行い、
ボルト群の締付けは、中央のボルトから順次《じゅんじ》端部《たんぶ》のボルトに向かって行い、原則として2度締《どし》めを行います。
ボルトの締付けをトルク法で行う場合は、ボルト軸力が各ボルトに均一に導入されるように締付けトルクを調整します。

※1. 溶接にはガス溶接とアーク溶接があり、部材の接合部を溶融《ようゆう》して結合する。

締付けを回転法で行う場合は、トルクレンチ、スパナで力いっぱい締めた状態から、下の回転力を与えます。
リベット
次にリベット接合は、リベット軸のせん断抵抗力と鋼板の支圧抵抗力《しあつていこうりょく》によって、機械的に応力を伝達するものです。

ボルト長20cm以下	$\frac{1}{2}$回転
ボルト長20cm以上	$\frac{2}{3}$回転

①雨天または作業中雨天となるおそれのある場合。
②雨上り直後。
③強風時※1。
④気温が５℃以下の場合。
鋼構造物の現場溶接を行なうときは、上のような場合を避けて行ないます。
溶接箇所は構造物の欠陥《けっかん》を生じやすいので外観検査《がいかんけんさ》、及び内部検査《ないぶけんさ》※2を行ないます。
外観検査
すみ肉溶接
のど厚不足
補強盛り過大
アンダーカット
オーバーラップ
脚長《きゃくちょう》不足
グルーブ溶接
のど厚不足
補強盛り過大
アンダーカット
オーバーラップ

※1.被覆《ひふく》アーク溶接の場合は風速５ｍ／sec以上の風がアークに直接あたる場合は、避けるようにする。
※2.溶接われ、スラグの巻込み、溶込み、気孔《きこう》などを放射線透過試験《ほうしゃせんとうかしけん》、超音波探傷試験《ちょうおんぱたんしょうしけん》などで検査する。

①素地調整《そじちょうせい》　さび、油等の除去（ケレン）。
②金属前処理塗装　一時的にさび止めを行う。
③下　塗　り　さび止め塗装。
次に塗装です。鋼材の塗装は、まず工場でブラスト法※1、ケレン法※2によって、下地処理《したちしょり》を行い、下塗りをします。
シュー

そして、現場架設《かせつ》後、中塗り、上塗りを行いますが、そのさい注意すべきことは下のとおりです。
④中　塗　り　下塗りと上塗りの密着性を増す。
⑤上　塗　り　耐候性《たいこうせい》の良い塗料
現場架設後

- **上塗り塗装は下塗り塗装の塗料が乾燥してから行う。**
- **現場塗装に先だち、工場塗装を行った部材表面は，特に継手部付近を念入りに清掃するようにする。**
- **現場継手部は組立て完了後サンドペーパーや動力ブラシを念入りにかけ，素地調整後すぐに下塗り塗料を塗付する。**
- **運搬組立中に工場塗膜《こうじょうとまく》のはげた部分は，あらかじめ工場塗装と同じ塗装をする。**

※1.ブラスト法…塗装の下地調整法。砂粒子等を鋼の表面に吹きつけ，旧塗膜を除去し，鋼面を表わし清浄する方法。

※2.ケ レ ン 法…鋼構造物の塗装を行うとき，塗装がうまくいくように素地を調整する方法。1種の錆や旧塗膜を除去する方法から，変色した状態や，汚れを落す4種まである。

あと、鋼材《こうざい》の塗装を行ってはならない気象条件は、上のとおりです。
とおりです。
●気温が5℃以下のとき。
●塗膜乾燥《とまくかんそう》前に降雨のおそれがあるとき。
●湿度が85%以上のとき。
●炎天で鋼材の温度が高いとき。

memo

※気になった箇所などを書き留めておきましょう

コンクリート・鋼構造物

PC工法・橋梁の架設工法

学習の要点

①プレストレストコンクリートとは何か
②プレテンション方式とポストテンション方式の違いを理解しよう
③橋梁の各種架設工法を覚えよう
④橋梁架設に使用される資機材についての知識を深めよう

ねえ先輩 プレストレスト コンクリートって 知ってます？
中川、いけ、いけェ！

ヴァアアアア
ァアアアア
チエ、チクショオ、また負けかァ。
今、なんか言ったか?
ムス
えっ、いえ、あの…
プレストレストコンクリートと、その工法について、あの、お聞きしようと思って……。
橋梁

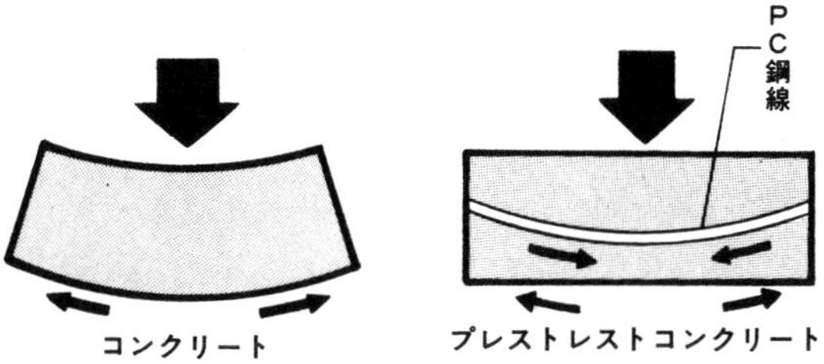

P
C
鋼
線
コンクリート
プレストレストコンクリート

プレストレスト?
ああ、プレストレストコンクリートは、あらかじめ計画的に、部材断面《ぶざいだんめん》に圧縮応力《あっしゅくおうりょく》が与えられたコンクリートのことで、その特徴としてはこんなのがある。※1

プレストレストコンクリートの特徴

- ひびわれを生じない構造物を合理的に作ることができる。
- 衝撃荷重《しょうげきかじゅう》，繰返し荷重に対する抵抗が大きい。
- ＲＣに比べ部材断面《ぶざいだんめん》を小さくすることができる。
- ＰＣ鋼材は耐火性《たいかせい》に乏しいのでかぶりを大きくする。

プレストレストコンクリートの施工には、おもに、プレテンション方式と、ポストテンション方式とがあるな。※2

■プレテンション方式

プレテンション工法は，PC鋼材を前もって引っ張っておいて，鉄筋，型わくを組み立てた後，コンクリートを打設し，養生を行なう。そして所定の強度に達した後に，PC鋼材の定着部を解放して，コンクリートとPC鋼材との付着によって，プレストレスを与える方法である。一般に工場で大量に同種の部材を製作する場合に，この工法が用いられる。

橋梁《きょうりょう》工事としては，小規模なスパン20ｍ程度までのPC桁を製作するのに利用する。

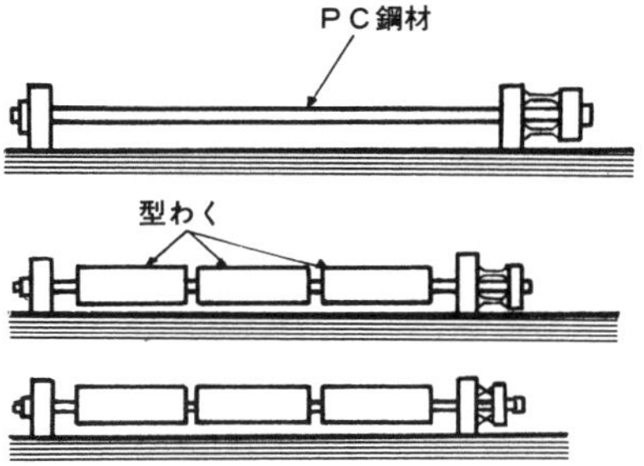

ＰＣ鋼材
型わく

■ポストテンション方式

現場において型わくを組み，PC鋼線を通すためのシース※3を入れ，コンクリートを打設する。硬化後，シース内にPC鋼線を入れ，油圧で引っ張り，その鋼材をコンクリートに定着させて，コンクリートにプレストレスを与える工法。

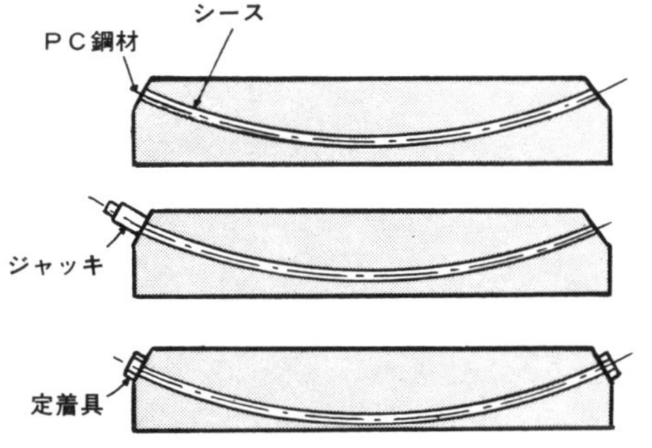

シース
ＰＣ鋼材
ジャッキ
定着具

※1.PC鋼材には，PC鋼線，異形PC鋼線，PC鋼より線，PC鋼棒，異形PC鋼棒がある。

※2.プレストレストコンクリートの施工法は，使用するPC鋼材の種類，本数，定着方法も各種あり，構造物によっても各種の施工法がある。

※3.PC鋼線を通すための，亜鉛《あえん》メッキをした薄い鋼線のチューブ。

ベント工法
次に橋梁だが架設工法には、次のようなもんがあるな。

■ベント(ステージング,足場)工法

最も一般的な工法で，ベント※1を橋げたの下に設け，各部材を支持し橋梁を架設する。ベントは継手が完成するまでの短期間部材を支持するもので，キャンバ(上げ起しのそり)調整が容易である。※2

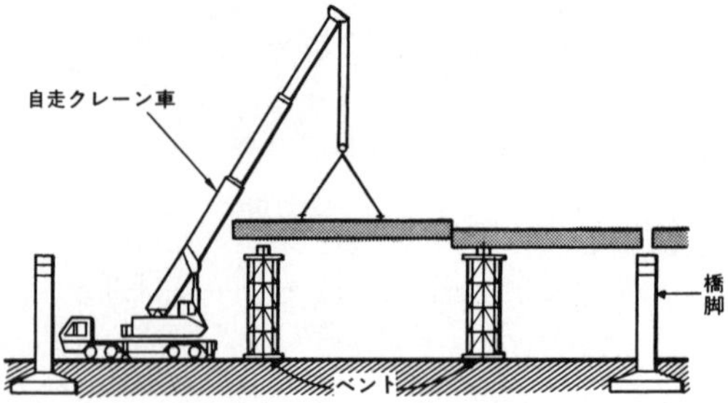
自走クレーン車
橋脚
ベント

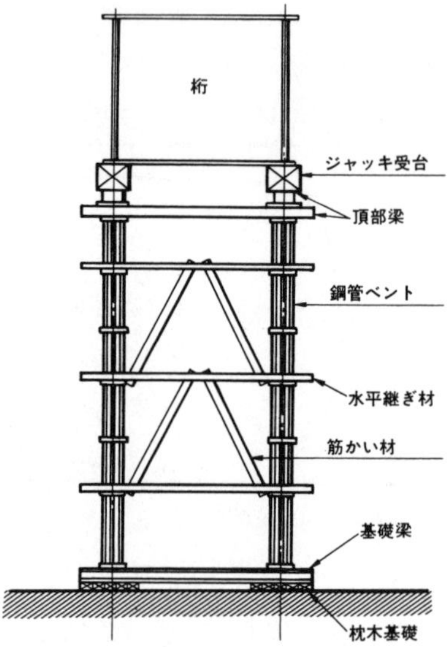
桁
ジャッキ受台
頂部梁
鋼管ベント
水平継ぎ材
筋かい材
基礎梁
枕木基礎

ベント組立て図

■片持ち架設工法

部材の途中を支持することなく，橋台《きょうだい》，橋脚《きょうきゃく》から張り出しながら架設し，橋脚から両側に対称に順次張《はり》出《だ》し架設する工法である。

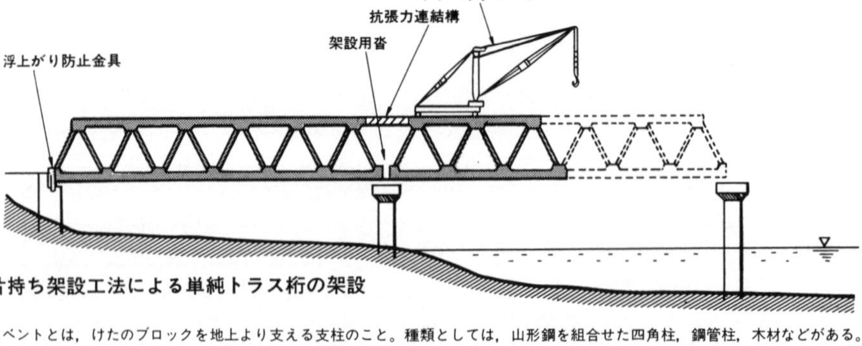
トラベラクレーン
抗張力連結構
架設用沓
浮上がり防止金具

片持ち架設工法による単純トラス桁の架設

※1.ベントとは，けたのブロックを地上より支える支柱のこと。種類としては，山形鋼を組合せた四角柱，鋼管柱，木材などがある。
※2.吊り上げは主にトラッククレーン等を用いる。足場の状況によりケーブルクレーン，トラベラークレーンを，けた下が水面である時はフローティングクレーンを使用する。主に，けた下空間の利用が可能な場所に利用される。

■ケーブル工法

ケーブルを張り渡しハンガーロープをつり下げ，つりげたを取り付けて架設する工法。

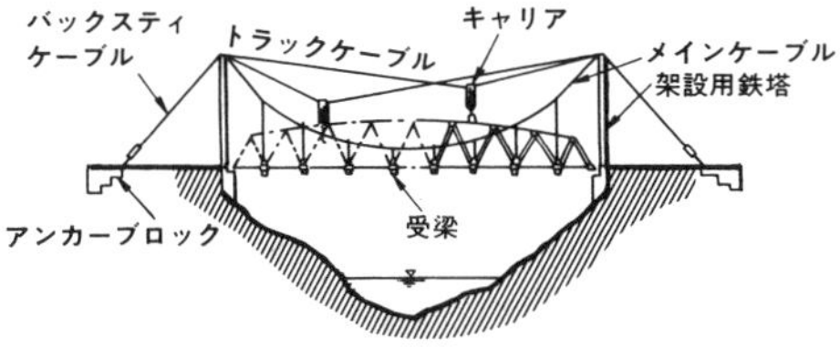
バックスティ
ケーブル
トラックケーブル
キャリア
メインケーブル
架設用鉄塔
アンカーブロック
受梁

直づり工法

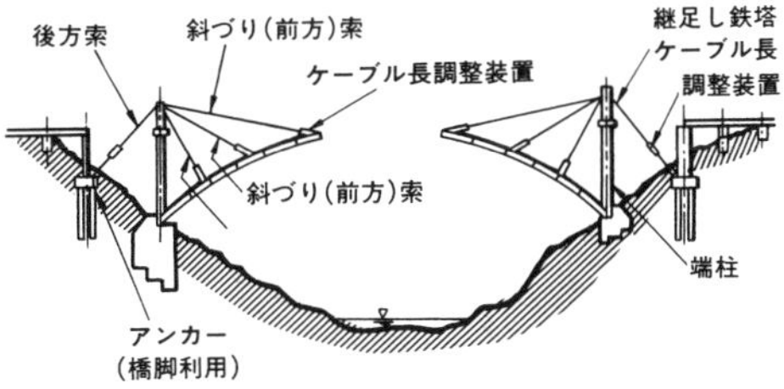
後方索
斜づり(前方)索
ケーブル長調整装置
継足し鉄塔
ケーブル長
調整装置
斜づり(前方)索
端柱
アンカー
(橋脚利用)

斜づり工法

ケーブル工法

■架設けた工法

あらかじめ架設けたを架《か》け渡《わた》し，架設けたを利用してけたを引き出し架設する工法。

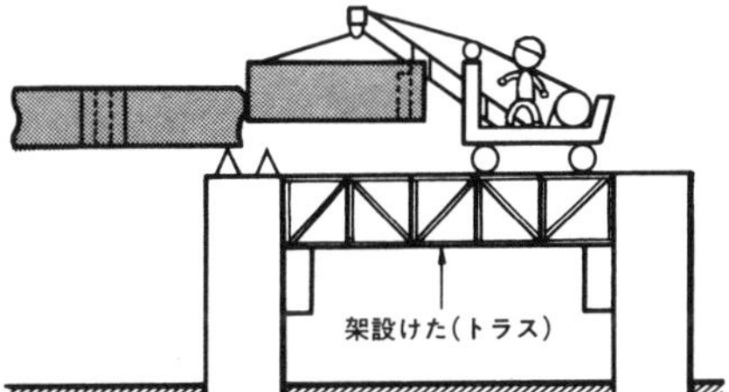
架設けた(トラス)

■引出し（送出し）式工法

けたの先端に手延機※1や移動ベントを連結して，けたを長くしておいて引き出して架設する工法。

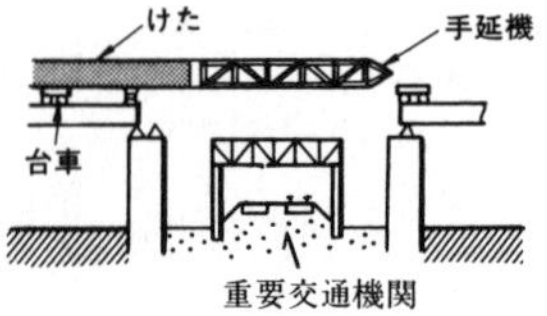

(a)手延機使用

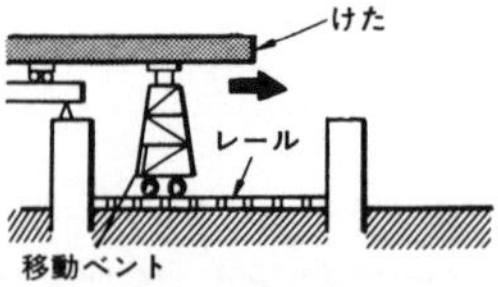

(b)移動ベント使用

■大ブロック式工法

大ブロック工法は，長大径間《ちょうだいけいかん》の橋桁《はしけた》を海上もしくは河川を水上輸送し，ポンツーンやフローティングクレーン等の機械を用いて架設する工法。

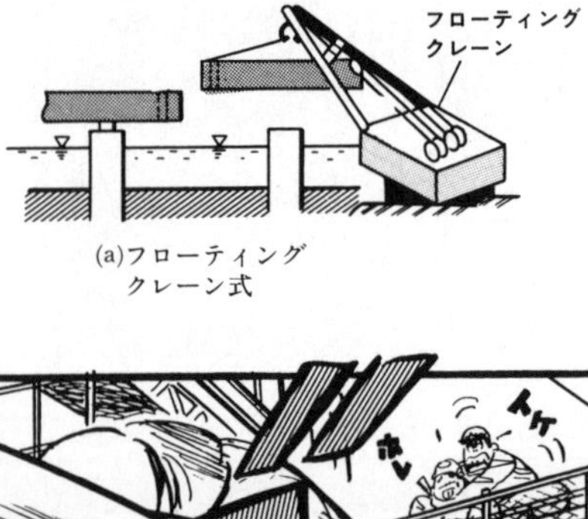

(a)フローティング
クレーン式

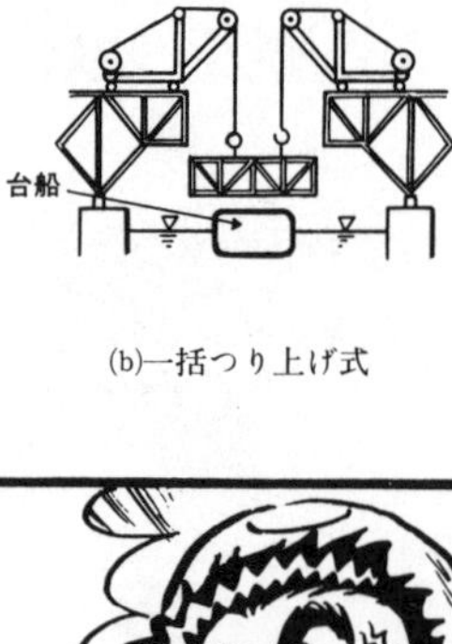

(b)一括つり上げ式

※1.手延機とは，けたの引出し架設をする場合に，一時的にけたの長さを延長するために用いるもので，あらかじめ組立てられたけたの60～100%程度の支間《しかん》をもつ細長いトラスである。

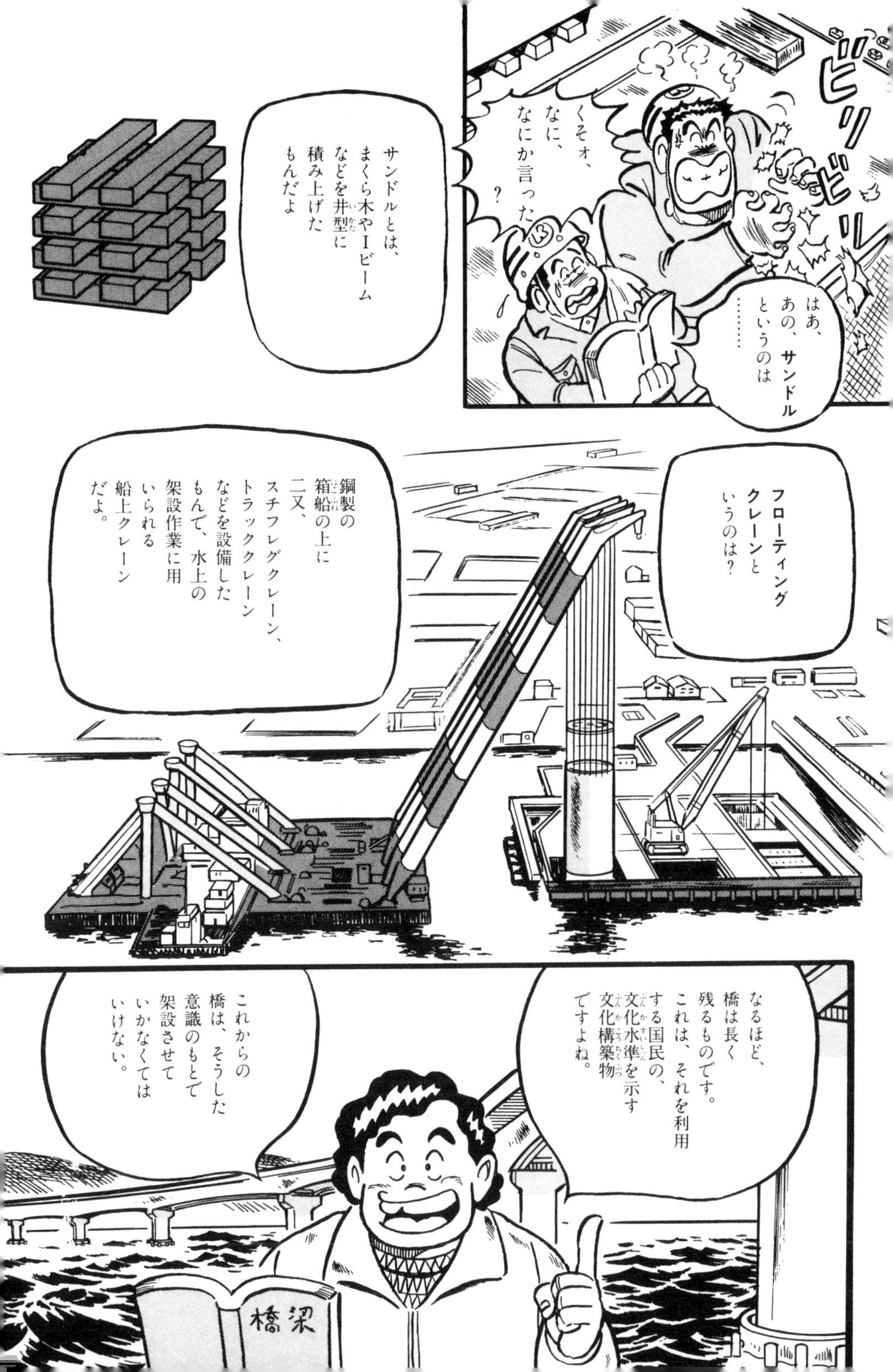
ビリッビリ
くそォ、なに、なにか言った？
はあ、あの、というのはサンドル……
サンドルとは、まくら木やIビームなどを井型《いかた》に積み上げたもんだよ
フローティングクレーンというのは？
鋼製の箱船《はこぶね》の上に二又、スチフレグクレーン、トラッククレーンなどを設備したもんで、水上の架設作業に用いられる船上クレーンだよ。
なるほど、橋は長く残るものです。これは、それを利用する国民の、文化水準《ぶんかすいじゅん》を示す文化構築物《ぶんかこうちくぶつ》ですよね。
これからの橋は、そうした意識のもとで架設させていかなくてはいけない。
橋梁

memo

※気になった箇所などを書き留めておきましょう

河川工事・築堤

学習の要点

①堤防断面の名称を覚えよう
②築堤工事についての知識を深めよう
③築堤材料にはどのような条件があるか
④築堤工事の施工における留意点は何か
⑤河川工事の施工における留意点は何か
⑥樋門、樋管について理解しよう

堤防とは、洪水、高潮などによる氾濫《はんらん》の被害から、人命や財産などを守る目的をもって、河川《かせん》に沿って作られる構造物で、主に盛土※1によって築造《ちくぞう》されます。

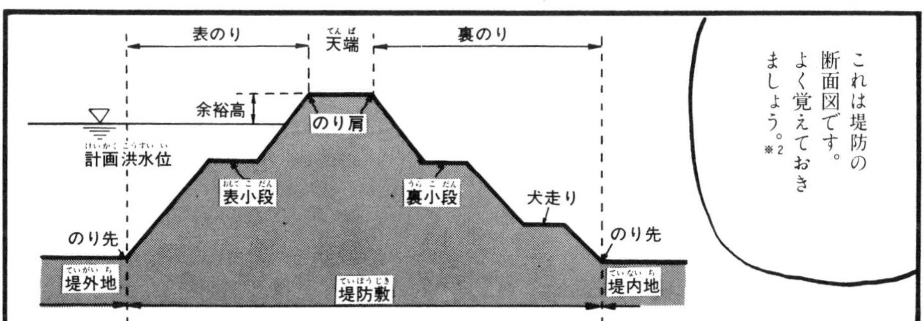
表のり
天端《てんば》
裏のり
余裕高
のり肩
計画洪水位《けいかくこうずいい》
表小段《おもてこだん》
裏小段《うらこだん》
犬走り
のり先
のり先
堤外地《ていがいち》
堤防敷《ていぼうじき》
堤内地《ていないち》
これは堤防の断面図です。よく覚えておきましょう。※2

※1. 堤防の盛土は，道路等の路体《ろたい》と異なり，耐荷性《たいかせい》の要求は少なく，耐水性に重点がおかれるので均一な盛土とすることが重要である。

※2. 築堤地盤《ちくていちばん》に透水層《とうすいそう》がある場合は，パイピング（浸透水によって地盤内にパイプ状の孔や水みちができる現象）を起こさないよう裏小段をつける。

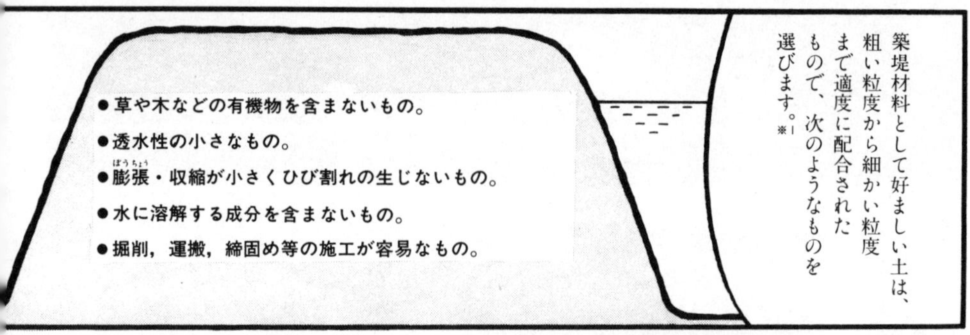
築堤材料として好ましい土は、粗い粒度から細かい粒度まで適度に配合されたもので、次のようなものを選びます。※1
●草や木などの有機物を含まないもの。
●透水性の小さなもの。
●膨張《ぼうちょう》・収縮が小さくひび割れの生じないもの。
●水に溶解する成分を含まないもの。
●掘削，運搬，締固め等の施工が容易なもの。

築堤の形態としては新堤《しんてい》築造《ちくぞう》と旧堤《きゅうてい》拡築《かくちく》の2つに大別されます。

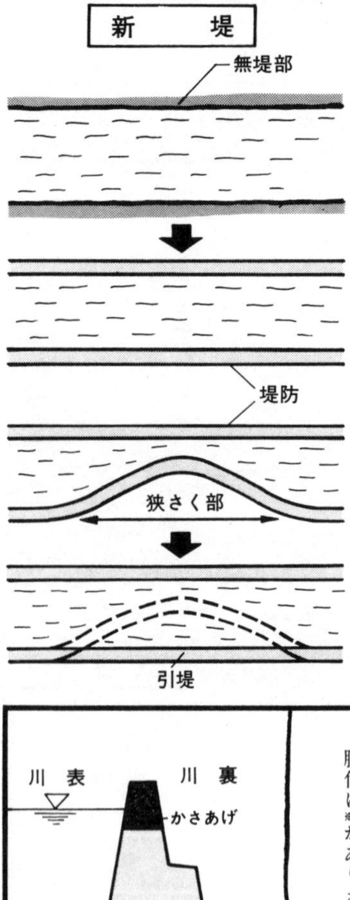
新　　堤
無堤部
堤防
狭さく部
引堤

新堤には無堤部における築堤と、狭《きょう》さく部の引堤《ひきてい》に伴《ともな》う築堤があります。

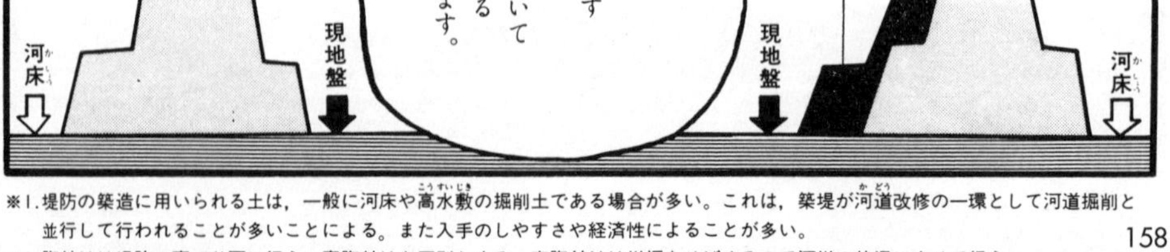
旧堤の拡築は天端に土をおいて高さを増すかさ上げと、のり面に土をおいて断面を大きくする腹付け※2があります。
川表
川裏
かさあげ
河床《かしょう》
現地盤
川裏
川表
腹付け
現地盤
河床《かしょう》

※1.堤防の築造に用いられる土は，一般に河床や高水敷《こうすいじき》の掘削土である場合が多い。これは，築堤が河道《かどう》改修の一環として河道掘削と並行して行われることが多いことによる。また入手のしやすさや経済性によることが多い。

※2.腹付けは堤防の裏のり面に行う，裏腹付けを原則とする。表腹付けは川幅をせばめるので河川の状況に合せて行う。

旧堤防を利用し、
堤防の拡築をする場合には、
すべりを防ぐために
のり面を段切りします。
新堤
旧堤
段切り
築堤土は一層の厚さ
30～50㎝位にまき出し、
締固めます。
急速な盛土を避け
長い時間をかけて
ゆっくり施工します。
厚さ
30～50㎝
また
漏水《ろうすい》、滑動《かつどう》、沈下《ちんか》を
防ぐため堤防敷の
雑草、雑木等の
除根《しょこん》を行い、基礎
地盤のかき起こし
を行って盛土とのなじみを
良くするんですね。※1
軟弱地盤上では、
右のような処置が
おこなわれます。
●置換《ちかん》工法
●押え盛土による沈下・滑動《かつどう》の防止
●敷《しき》そだ，そだ※1沈床《ちんしょう》の敷設《ふせつ》によるすべり破壊等の防止

※1. 盛土材料中の，木の根，草類はとりのぞく。

※2. そだ…雑木の枝を１～２ｍの大きさに切り，これをたばねて，そだ棚，そだ沈床，そだ単床，そだ束工などをつくる。たわみ性があるが，耐久性に乏しい。

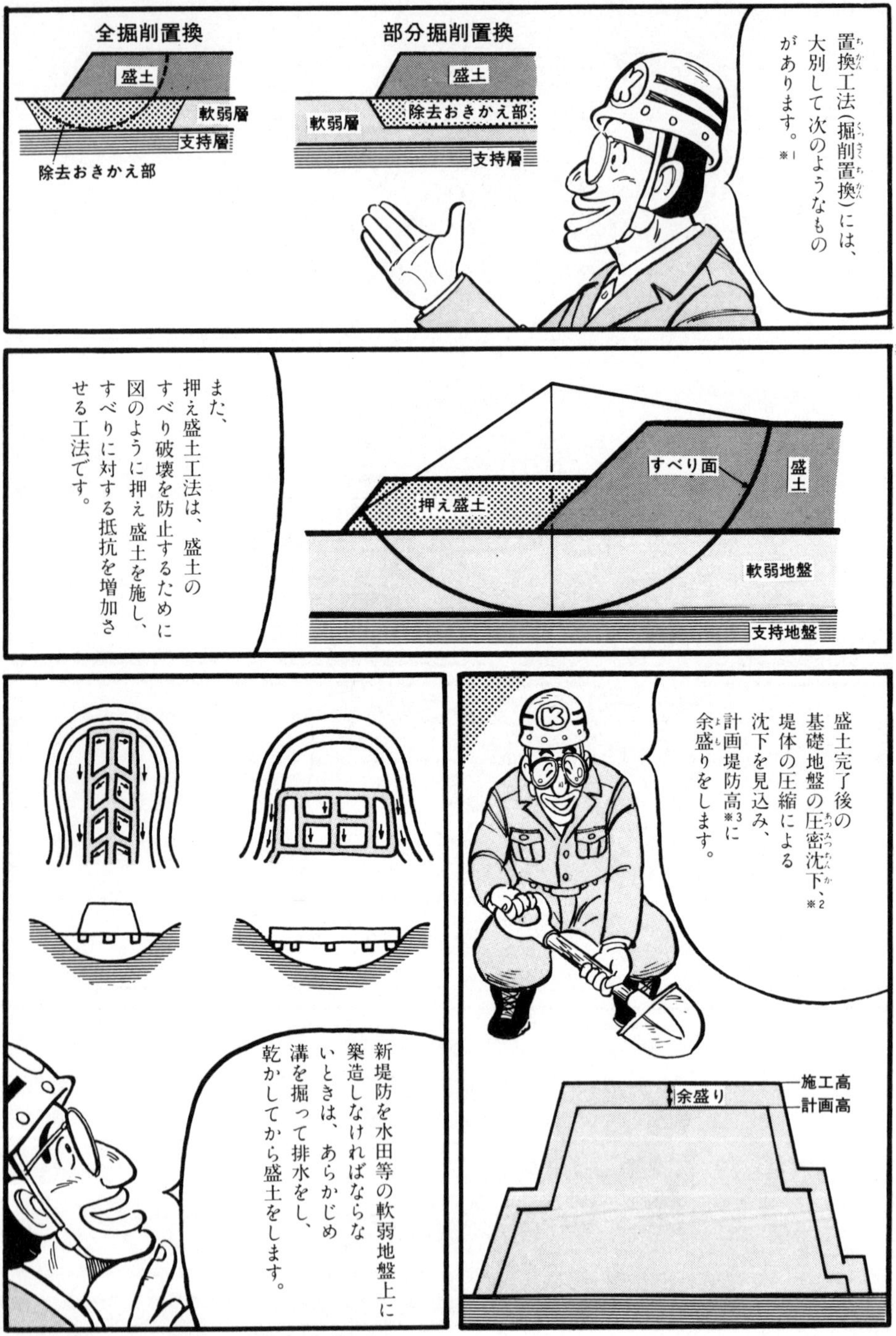
置換《ちかん》工法（掘削置換《くっさくちかん》）には、大別して次のようなものがあります。※1
部分掘削置換
盛土
除去おきかえ部
軟弱層
支持層
全掘削置換
盛土
軟弱層
支持層
除去おきかえ部
また、押え盛土工法は、盛土のすべり破壊を防止するために図のように押え盛土を施し、すべりに対する抵抗を増加させる工法です。
すべり面
盛土
押え盛土
軟弱地盤
支持地盤
盛土完了後の基礎地盤の圧密沈下《あつみつちんか》、※2堤体の圧縮による沈下を見込み、計画堤防高※3に余盛《よも》りをします。
施工高
余盛り
計画高
新堤防を水田等の軟弱地盤上に築造しなければならないときは、あらかじめ溝を掘って排水をし、乾かしてから盛土をします。

※1.特に軟弱なヘドロなどを除去し，良質な材料と置き換える工法。

※2.圧密によって，地盤や盛土が沈下する現象

※3.天端，のり面，小段すべてにおいて行う。

河川工事のうち土工事には、築堤工事のほか、しゅんせつ工事、掘削工事があります。
しゅんせつ工事とは、水面以下の切土※1をいい、
ふつう上のようなしゅんせつ船《せん》を用いて行います。
左の図に示す、しゅんせつ計画断面より過掘《かは》りがある場合、通常その部分は出来高《できだか》数量としては認められません。
現地盤
過掘り
計画断面
掘削工事は、しゅんせつ工事と同じ目的を持った、水面以上の陸上で施工される切土で、一般に、河川改修計画により、必要となる河道内の切土に関する工事をいいます。

※1.河川の改修計画に基づいて，河積《かせき》の増大をはかる目的と，堤防用土の採取，高水敷の造成等，あるいは河川汚濁《おだく》源である汚泥《おでい》の除去のために行うものがある。

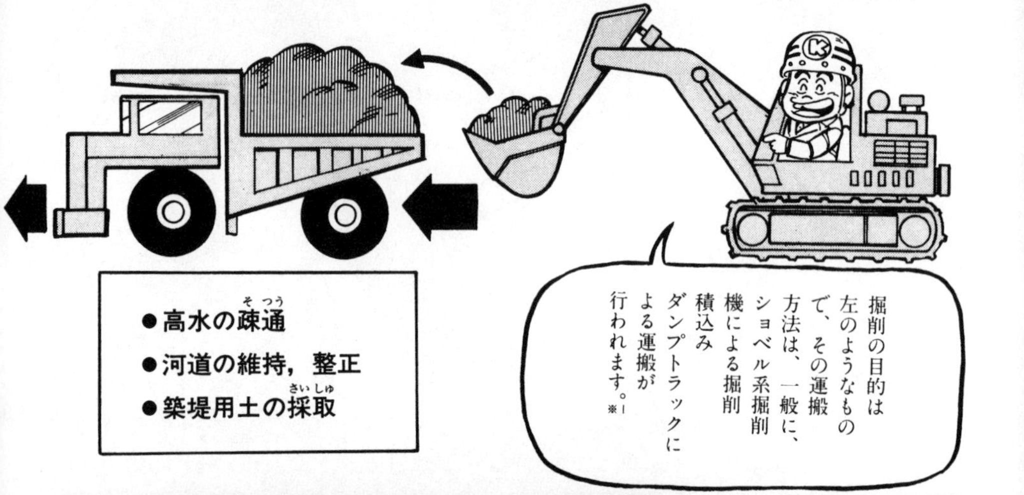
掘削の目的は左のようなもので、その運搬方法は、一般に、ショベル系掘削機による掘削積込みダンプトラックによる運搬が行われます。※1
●高水の疎通《そつう》
●河道の維持，整正
●築堤用土の採取《さいしゅ》

また、出水期間中の施工は避けます。

さて次は樋門《ひもん》、樋管《ひかん》についてです。※2
まず、樋門、樋管施工箇所付近の堤防の川表には、必ず堤防護岸を施工します。

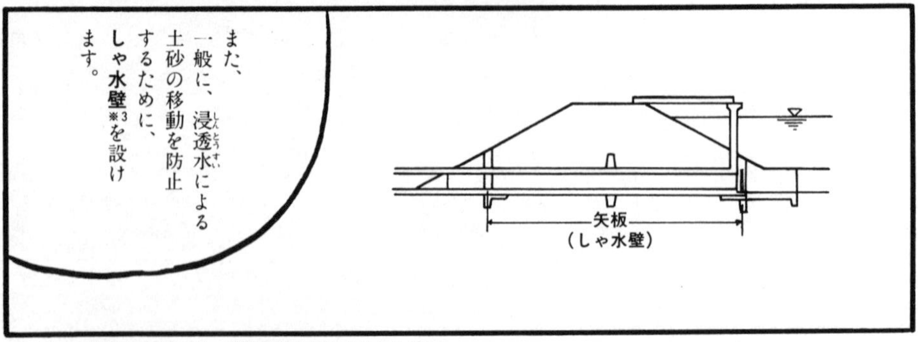
また、一般に、浸透水《しんとうすい》による土砂の移動を防止するために、しゃ水壁※3を設けます。
矢板
（しゃ水壁）

※1. まれに運搬路が軟弱な場合，機関車運搬が行われることがある。

※2. 河川から用水路への取水や，増水時の河川水の排除のために堤防の下部を横切って設ける暗きょ構造物。比較的大きいものを樋門，小さいものを樋管という。

※3. 堤防内部の浸透水の流速を弱め，パイピング防止のため樋門，樋管に設ける幅，高さともに1.0m以上の壁。

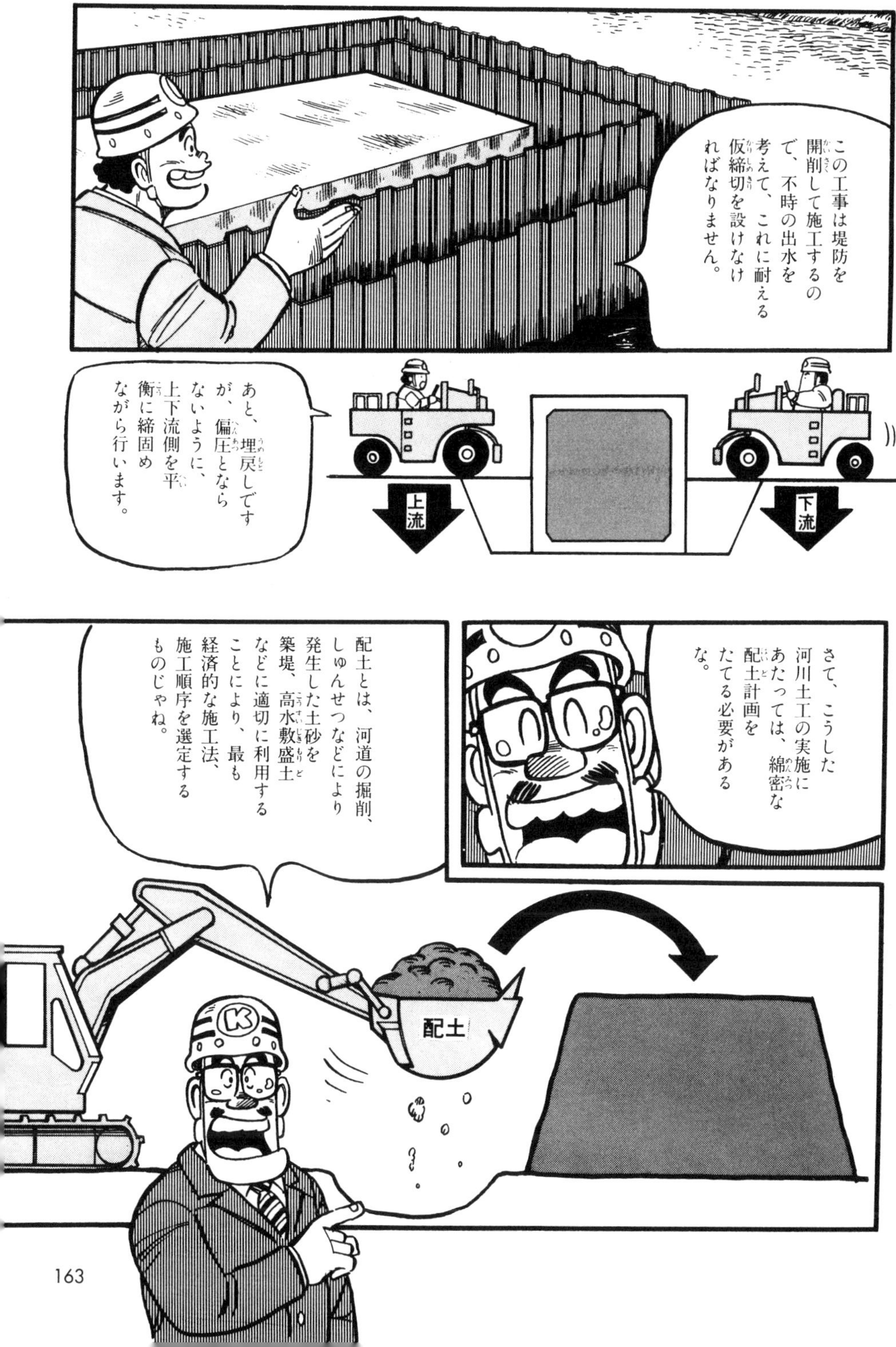
この工事は堤防を開削《かいさく》して施工するので、不時の出水を考えて、これに耐える仮締切《かりしめきり》を設けなければなりません。
あと、埋戻《うめもど》しですが、偏圧《へんあつ》とならないように、上下流側を平《へい》衡《こう》に締固めながら行います。
上流
下流
さて、こうした河川土工の実施にあたっては、綿密《めんみつ》な配土《はいど》計画をたてる必要があるな。
配土とは、河道の掘削、しゅんせつなどにより発生した土砂を築堤、高水敷盛土《こうすいしきもりど》などに適切に利用することにより、最も経済的な施工法、施工順序を選定するものじゃね。
配土

memo

※気になった箇所などを書き留めておきましょう

河川工事

河川の護岸・水制

学習の要点

①護岸各部の名称を覚えよう
②のり覆工について理解を深めよう
③のり止工の各工種を理解しよう
④根固工について理解しよう
⑤護岸工の施工における留意点は何か
⑥水制とは何か
⑦漏水対策にはどのような方法があるか

護岸《こかん》とは、河岸、堤防を被覆《ひふく》して流れによる浸食《しんしょく》や決壊《けっかい》を防止するために、施工するものです。※1
護岸覆工《ごがんふくこう》には、このようなものがあります。

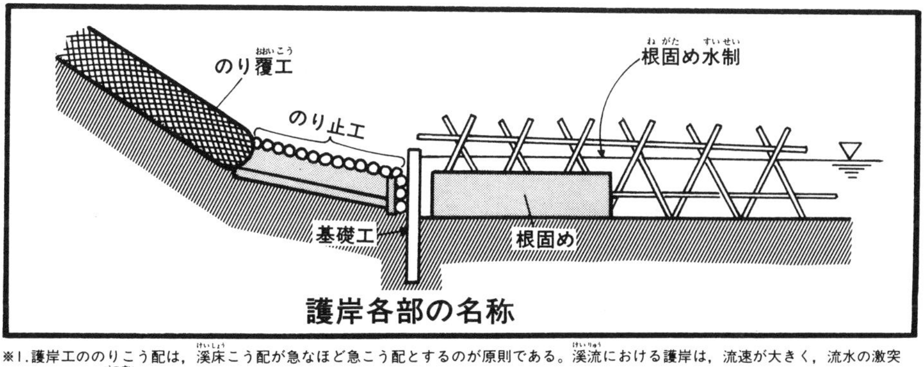

のり覆工《おおいこう》
のり止工
根固《ねがた》め水制《すいせい》
基礎工
根固め

護岸各部の名称

※1.護岸工ののりこう配は，渓床《けいしょう》こう配が急なほど急こう配とするのが原則である。渓流《けいりゅう》における護岸は，流速が大きく，流水の激突を受けると越水《えっすい》する恐れがあるので，一般にはのりこう配は5分とすることが多い。

のり覆工には、このようなものがあります。
●芝付工
●石張り工
●石積み工
●コンクリート張り工
●コンクリートブロック張り工
●じゃかご工
●柳枝《りゅうし》工
のり覆工
のり止工
●わく工
●矢板《やいた》工
●詰《つめ》ぐい工
脚部の洗掘《せんくつ》に耐えるためののり止工には右のようなものがあり、
護岸前面の河床《かしょう》の洗掘を防ぐための根固め工には、左のようなものがあります。
根固め工
●捨石《すていし》工
●沈床工《ちんしょうこう》
●コンクリートブロック工
水制とは流水に対して流れの方向、流速を制御し洗掘を防止し河道の安定をはかり、間接的に堤防を保護する工作物のことです。

水制の設置の目的は、次のようなものです。
水制の設置目的
●河床洗掘を防ぎ，土砂の堆積を図る。
●水流の方向を変える。
●低水路《ていすいろ》の幅や水深を維持。
透過水制《とうかすいせい》は流れの一部が透過するように作られたもので、維持が容易で水制による流速の減少のため、土砂沈殿《ちんでん》に有効となります。※1
不透過水制《ふとうかすいせい》※2は、流れを透過《とうか》させない構造で、水はね効果が著しく流水に強く抵抗するため、充分な強度と重量が必要です。
水制《すいせい》の工法は河幅、水深、勾配《こうはい》等の状況により決められるので類似性《るいじせい》をもつ他の河川の実例などを考慮しなければならず、
現状の河道が広すぎて、乱流している河川の常水路《じょうすいろ》の固定には、ある程度長い水制が必要です。

※1. 緩流河川《かんりゅうかせん》の水制工法には，一般に杭出し水制などのような透過水制を用いている。

※2. このほか半透過構造のものに，コンクリートブロック水制がある。これは砂れきの移動する大河川の急流部に広く用いられる。耐久性があり，大きさや形状を自由に決めて作られ，たわみをもたせることができる。

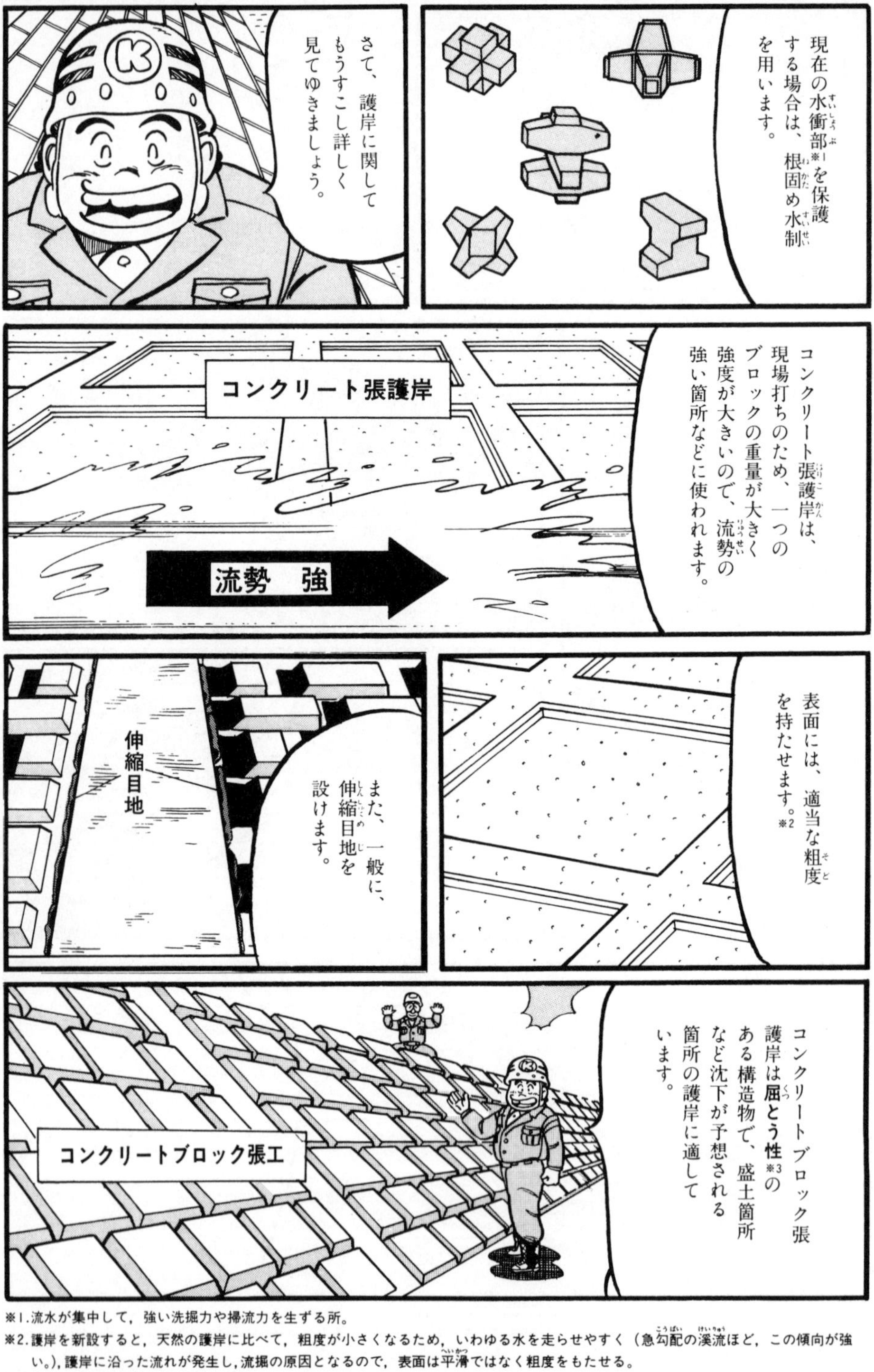
現在の水衝部《すいしょうぶ》※1を保護する場合は、根固《ねかた》め水制《すいせい》を用います。
さて、護岸に関してもうすこし詳しく見てゆきましょう。
コンクリート張護岸《はりごかん》は、現場打ちのため、一つのブロックの重量が大きく強度が大きいので、流勢《りゅうせい》の強い箇所などに使われます。
コンクリート張護岸
流勢　強
表面には、適当な粗度《そど》を持たせます。※2
また、一般に、伸縮目地《しんしゅくめじ》を設けます。
伸縮目地
コンクリートブロック張護岸は屈《くつ》とう性※3のある構造物で、盛土箇所など沈下が予想される箇所の護岸に適しています。
コンクリートブロック張工

※1.流水が集中して，強い洗掘力や掃流力を生ずる所。

※2.護岸を新設すると，天然の護岸に比べて，粗度が小さくなるため，いわゆる水を走らせやすく（急勾配《こうばい》の溪流《けいりゅう》ほど，この傾向が強い。），護岸に沿った流れが発生し，流掘の原因となるので，表面は平滑《へいかつ》ではなく粗度をもたせる。

※3.屈とう性…折れ曲がりたわむ性質。

10mから
15mごとに目地
を設けて、不等
沈下、コンクリート
の伸縮等による
きれつの発生を
防ぐようにします。
10m～15m
また、
メタルフォームは、
凹凸やひずみの
少ないものを用い
なければなりません。
そして用いる
コンクリートの
スランプは5～6㎝
程度が適当です。
5～6㎝
程度
ブロック張護岸では、
のり覆工と基礎工とは
絶縁《ぜつえん》し、※1屈とう性を有
するものを選び、堤体の沈下に
応じて順応することが
望ましいです。※2
鉄線蛇籠工《てっせんじゃかごこう》は
工費が比較的安く、
施工が簡単なため
工期が短かくてすむので、
応急対策工事や
暫定《ざんてい》工事に適します。

※1. 護岸の基礎の根入れは，計画河床より1 m以上根を入れるか，計画河床が決められていない場合は`現況《げんきょう》河床のいずれか低い河床より深くする。

※2. あと河床の洗掘が著しいときには，河床の安定を保つため河川を横断して，工作物を設ける床固め工を行う。

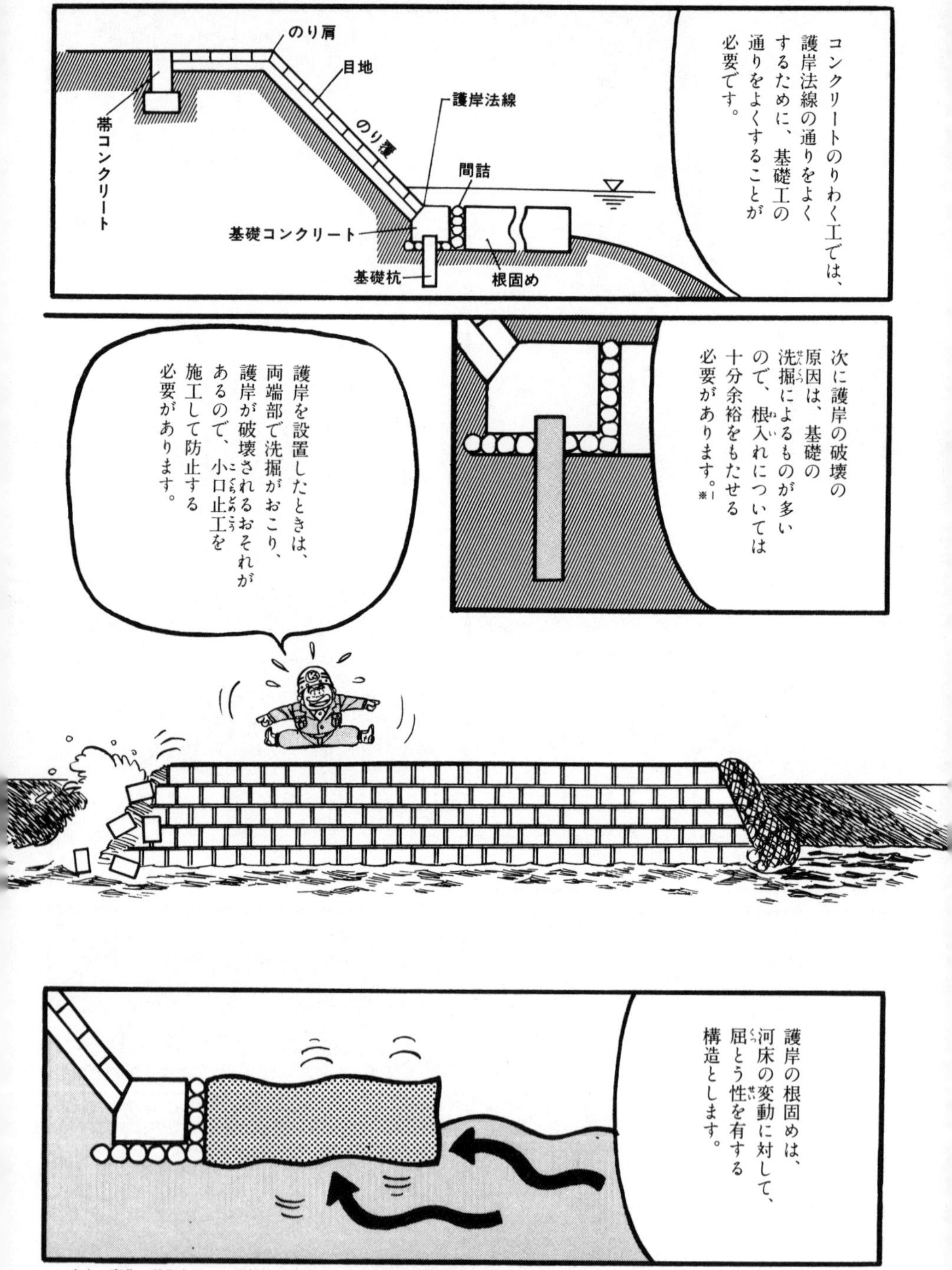
コンクリートのりわく工では、護岸法線の通りをよくするために、基礎工の通りをよくすることが必要です。
のり肩
目地
帯コンクリート
のり覆
護岸法線
間詰
基礎コンクリート
基礎杭
根固め
次に護岸の破壊の原因は、基礎の洗掘《せんくつ》によるものが多いので、根入《ねい》れについては十分余裕をもたせる必要があります。※1
護岸を設置したときは、両端部で洗掘がおこり、護岸が破壊されるおそれがあるので、小口止工《こぐちどめこう》を施工して防止する必要があります。
護岸の根固めは、河床の変動に対して、屈《くっ》とう性《せい》を有する構造とします。

※1. 多少の変化，移動あるいは局部的な破壊に対して，急激に影響しないようにする。
また一部破壊が全体に及ばないよう縁を切って施工する等の考慮をする。

最後は、堤体《ていたい》漏水《ろうすい》の対策ですが、次のようなものがありますね。
●堤防断面の拡大，表腹付け，表小段，裏小段の設置を行う。
●のり覆工，止水壁《しすいへき》の施工，表のりをコンクリートまたはアスファルトで被覆《ひふく》する。
●裏のりに空石《からいし》積みを行い，排水を良好にする。
コンクリート アスファルト で被覆
のり覆工
表小段
堤防断面の拡大
表腹付け
空石積み
裏小段

memo

※気になった箇所などを書き留めておきましょう

河川工事

砂防工事

学習の要点

①流路工について理解を深めよう
②砂防ダム施工についての知識を深めよう
③砂防ダムのコンクリートについて理解しよう
④抑制工、抑止工の各工種を覚えよう

砂防工作物の種類とその働き

名称	働き
山腹工	山腹の崩壊またはけい流河川への土砂流出などを防止し，山腹面を安定させる。
砂防ダム	上流からの流送土を貯留，または調節して河床を安定させ，侵食を防止する。
床固め工	高さ３m以下の低いダムで，流水によるけい床の侵食を防止し，こう配の緩和を目的とする。
護岸工	けい流部の流水によって，けい岸の山腹の崩壊または崩壊の増加を防ぐ。
水制工	けい流の下流部などで，流水路を固定させたり，水深を維持させる。また，水流を川の中心に向けさせ，けい岸が崩壊するのを防止する。
流路工	砂れき堆積地または山ろく平野で，けい流のはん濫を防止し，こう水を安全に流下させる。

砂防《さぼう》工事とは、河川における土砂生産《どしゃせいさん》の抑制《よくせい》と流送土砂《りゅうそうどしゃ》の貯留《ちょりゅう》、調整によって災害を防止し、河道を安定させるため施工されるものじゃやね。
流路工

ます流路《りゅうろ》工《こう》についてじゃが流路工は左のようなところに縦断《じゅうだん》計画されるんじゃね。
流路工が計画されるところの特性
●渓勾配が急である。
●水勢が強い。
●急激に増水したり減水する。
●洪水時に多量の土砂を生産，流送する。
流路工は、扇状地《せんじょうち》のような流出土砂の堆積《たいせき》区域で、乱流と土砂の二次生産が盛んに行なわれる箇所に対する工法で、上流からの土砂を常に考慮しなければならんのじゃ。
以上のことから流路工では、原則として掘込み方式とするんじゃ。※1
流路工の施工は、原則として上流側より下流側に向って進めることを原則とするんじゃが。
計画幅が現河幅より大幅に広くなり、人家が近接している場合は、下流からの施工もやむを得んな。※2
上流
特例
原則
下流側から施工
上流側から施工
河幅
計画幅
下流

※1．築堤方式にすると，破堤した場合に場所柄被害も大きいので，築堤方式はさける。

※2．この場合手戻りが生じ易いため、工事の施工時期，施工順序については特に留意しなければならない。

また、流路工計画区域の上流端には、原則として砂防ダムや床固工※1の施工が必要なんじゃ。
流路工のカーブ区間にあっては、カーブ区間に護岸の高さを上げ、カーブ外側の
流路工区間に設けられる床固工は、法線《ほうせん》に直角にするんじゃよ。
次は、砂防ダムについてです。砂防ダムの目的としては、左のようなものがあり、その構造は一般的に下のようなものです。
砂防ダムの目的
●溪床を高めることによる山脚崩壊《さんきゃくほうかい》の防止。
●流出土砂の貯留《ちょりゅう》及び調節調整。
●溪床こう配の緩和による縦侵食《たてしんしょく》の防止。
(砂防ダムの前庭部は落下水による洗掘を受けるので，副ダム及び水叩工でダム前庭部を保護する。)
正　面
そで
水通し部
水抜き
側壁
側　面
側壁
水たたき
(水叩き)

※1.河床洗掘を防止して河床縦断形状を規制し，流水の流向を制御する目的で河川を横断して造られる構造物をいう。

砂防ダム掘削注意事項		
	計画時	●掘削時期はなるべく渇水《かっすい》期を選ぶようにする。 ●掘削工程はコンクリートの打設工程との関連を考慮して定める。 ●掘削は地山をゆるめないよう安全で適切な工法とする。
	掘削時	●掘削の区画を定めて，不時の出水にも安全なように順次施工する。 ●発破《はっぱ》を行う場合は，火薬の使用量を岩質などに応じて制限し，できるかぎり大発破を避ける必要がある。 ●掘削土石は，ダム上流の流出のおそれのない処理をするのが適当である。

ダダダダダ
砂防ダムの掘削計画、掘削時に、注意すべきことは上のとおりです。

砂防ダムの施工順序

①ダム本体の基礎部から着手する。
②ダム本体が所定の高さまで立上がったら，副ダムを施工する。
③側壁《そくへき》護岸を施工する。
④水叩《みずたたき》を施工する。
⑤最後にダム本体の残りを築立《ちくた》て完成する。

次に砂防ダムの一般的な施工順序はこのとおりです。

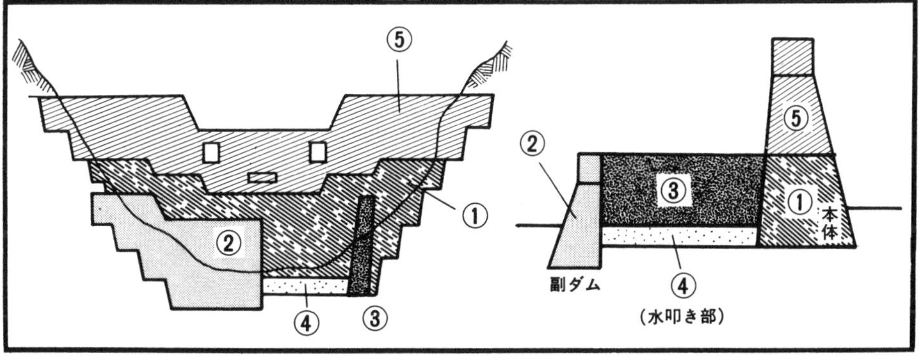
⑤
①
②
④
③
②
⑤
③
①
本体
副ダム
④
(水叩き部)

砂防ダムで使用されるコンクリートは、左のようなものです。

砂防ダムに用いるコンクリート

- 粗骨材の最大寸法
  80mm～120mm程度。
- 単位セメント量
  内部コンクリート…140kg/m³。
  外部コンクリート…単位水量と所要の水セメント比から定める。
- スランプ
  作業のできる範囲内で，できるだけ硬練《かたね》りであること。
  打込み場所におけるスランプは３～５cmが標準。

寒中時には、セメントは適当な温度の倉庫内に貯蔵《ちょぞう》するのが望ましく、※1
ズル

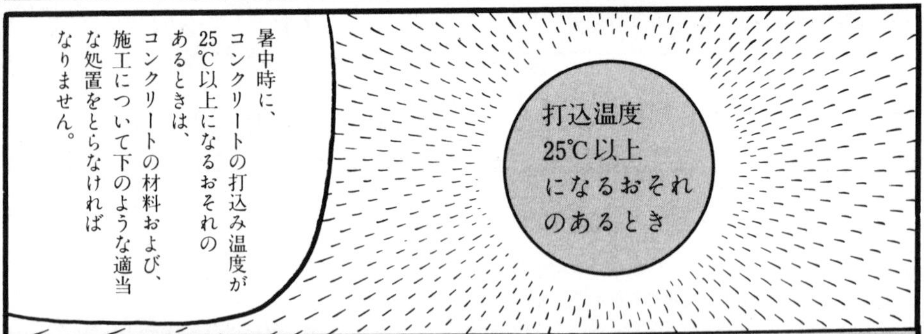

暑中時に、コンクリートの打込み温度が25℃以上になるおそれのあるときは、施工について下のような適当な処置をとらなければなりません。
打込温度
25℃以上
になるおそれ
のあるとき

- 長時間炎天にさらされた骨材は，これを冷やしてから用いなければならない。
- 水はできるだけ低い温度のものを用いなければならない。

※1.セメントを直接熱することは禁止されている。

次に、砂防ダムのコンクリートの施工について見ていきましょう。
まず、コンクリート打設前に岩盤《がんばん》をきれいに清掃し、ゴミや泥溜《たま》り水《みず》を除去します。
打設は原則として、バケットによるものとして、一区間を連続して打設します。一リフトの高さは、0.75～2.0mが標準です
コンクリート打継面の清掃は、硬化後の場合、ワイヤブラシや湿砂《しっさ》吹付《ふきつ》け（サンドブラスト）などで行います。また、打設前に1.5㎝程度のモルタルを敷きます。
砂防ダムは一般に流砂の激しい河川に建設されるため、風化が著じるしく、中でも水通し天端はすべての作用をうけるので、このような特殊保護工《とくしゅほごこう》をほどこします。
特殊保護工
①張石工《はりいしこう》
②グラノリシック工
③ノンシュリンコンクリート工
④鋼板《こうばん》保護《はご》工

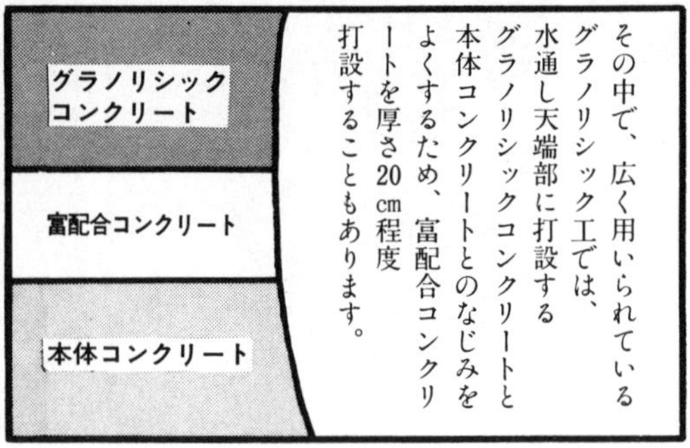
その中で、広く用いられているグラノリシック工では、水通し天端部に打設するグラノリシックコンクリートと本体コンクリートとのなじみをよくするため、富配合コンクリートを厚さ20cm程度打設することもあります。
グラノリシックコンクリート
富配合コンクリート
本体コンクリート

また、コンクリートダムの他にわくダムとブロックダムですが、その特長を下に示しておきましょう。

わくダム，ブロックダムの特長

- 適当な屈とう性，水の透過性を有しているので地すべり地帯や地質の良くない場所にでも用いることができる。
- コンクリートダムに比べ，経済的である．
- コンクリートダムに比べ，現場での施工が早いので災害復旧等の緊急性のある工事に適している。
- コンクリートダムと比較すると，土石流対策のダムとしては不向きである。

次に地すべり対策じゃが、その方法として大別すると、
抑制工《よくせいこう》と、抑止工《よくしこう》とがある。

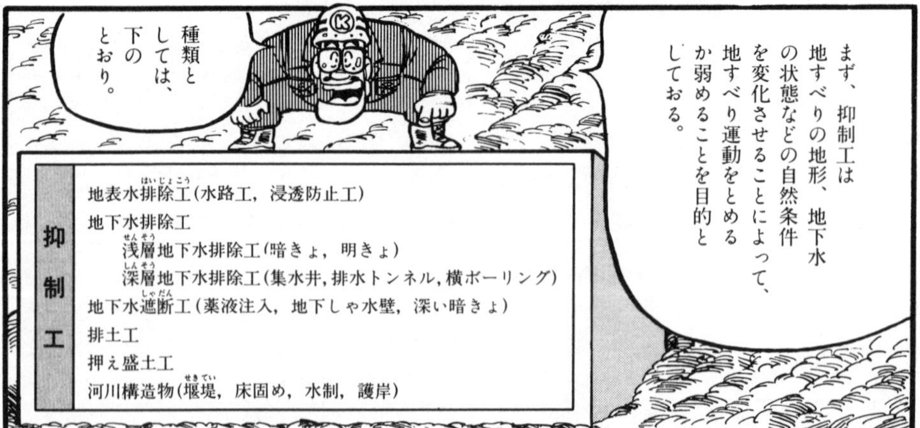
まず、抑制工は地すべりの地形、地下水の状態などの自然条件を変化させることによって、地すべり運動をとめるか弱めることを目的としておる。
種類としては、下のとおり。

抑制工

地表水排除工《はいじょこう》(水路工，浸透防止工)
地下水排除工
　浅層《せんそう》地下水排除工(暗きょ，明きょ)
　深層《しんそう》地下水排除工(集水井，排水トンネル，横ボーリング)
地下水遮断《しゃだん》工(薬液注入，地下しゃ水壁，深い暗きょ)
排土工
押え盛土工
河川構造物(堰堤《せきてい》，床固め，水制，護岸)

地表水排除工《はいじょこう》

地すべり地域に存在する地表水，または地すべり地域に流入する地表水で地下に浸透する恐れのあるものは，地域外にすみやかに導き，地すべりの誘発，助長を防止する。構造は柔軟な構造のものとし，ある程度の変状に対して機能を維持でき修繕しやすいものとする。また，土中の排水を図る暗きょ工との併設が効果的である。

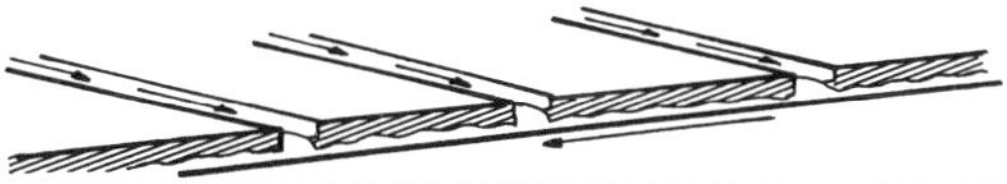

地下水排除工《はいじょこう》

- **集水井**　一般に集水井の施工深度は10～30m程度である。活動中の地すべり地域では，集水井底部を基盤部に貫入させると，地すべり面付近で集水井が破壊する危険性があるので，基盤部へ貫入させないで底部を２m以上すべり面より浅く施工する。また休眠中の地すべり地および地すべり地域外では基盤に２～３m程度貫入させる。
- 明暗きょ工の掘削は，一般に下流から上流に向って行う。

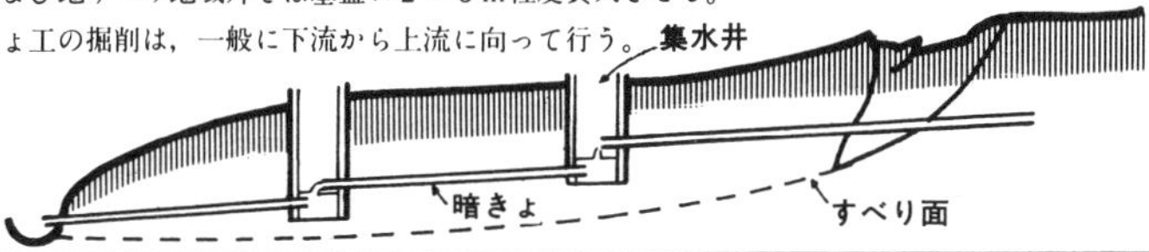
集水井
暗きょ
すべり面

排土工《はいどこう》

地すべり土塊《どかい》頭部の土を排除し，荷重を減少させることによって，地すべり滑動力を減少させる工法。最も確実な効果を期待できる工法の一つで，中小規模の地すべりによく用いられる。

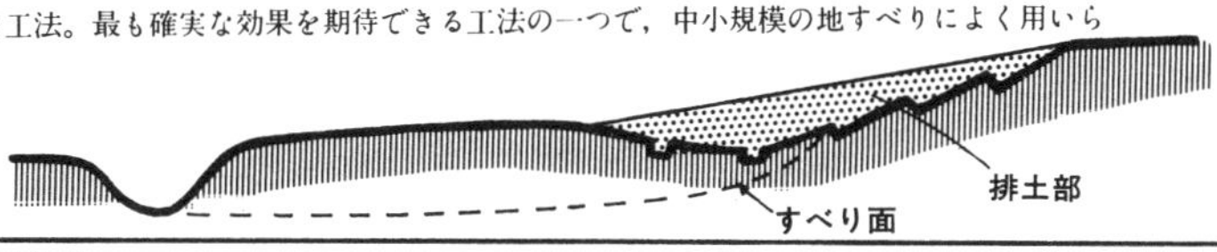
排土部
すべり面

押《おさ》え盛土《もりど》工

押え盛土工は抑制工の一工法で，地すべり末端部に盛土を行うことにより地すべり滑動に抵抗させ，安定を図るものである。

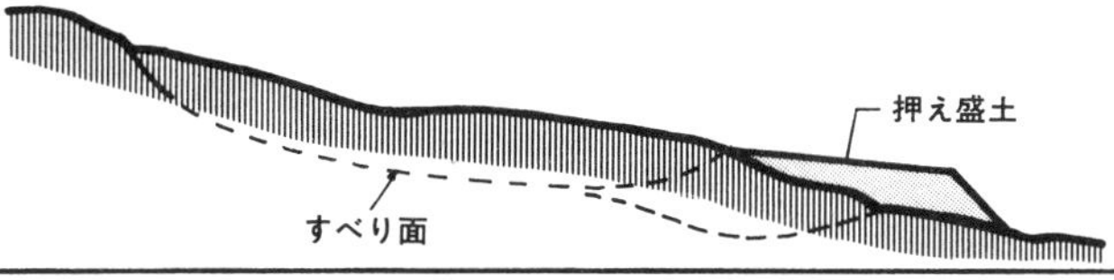
押え盛土
すべり面

抑　制　工

上の表は、抑制工の主な種類の工法を説明したもんじゃよ。

次に、抑止工《よくしこう》※1じゃが、種類としては左のようなものがあるな。
抑止工
●くい工※2
くい打ち工（H形鋼など）
くい挿入工《そうにゅうこう》（コンクリートぐい，鋼管ぐいなど）
シャフト工（深礎など）
●よう壁工

地すべり防止工法の選定に当たり考慮すべき項目

①地すべり発生機構に対応する工法とし，特に降水(融雪水《ゆうせつすい》を含む)，地下水と地すべり運動との関連性，地形，地質，土質，地すべり規模，運動形態，地すべり速度などを十分考慮する。

②工法の主体は抑制工とする。抑止工は直接人家，公共施設等を護《まも》るため小さな運動ブロックの安定を図る場合に計画すること。

③地すべり運動が活発に継続している場合には，原則として抑止工は用いない。抑制工の先行によって運動を軽減してから実施すること。

④工法は通常数種の組合せにより地すべりの安定を図るものなので，適切な工法の組合せを計画すること。

これらの地すべり防止工法を選ぶにあたって、考慮する事柄としては上のようなものがあり、
施工上の留意点としては、次のようなものがあるんじゃよ。
くい工

施工計画上、現場条件を十分知るための事前調査を行なうとともに、掘削中予想外の状況※3に対して、
工事の一時中止や対策計画の再検討、施工方法の大幅変更などが必要なこともあるということを十分承知しておくこと。

※1.抑止工…くいや、よう壁などの構造物によって地すべりを防止する工法。
※2.くい工は抑止工の一工法である。すべり土塊を支え，あるいはすべり面に鋼管またはコンクリートぐいをすべり面を貫いて基盤に固定し，くいの持つせん断強度を付加することにより，地すべり斜面の安定度を高めるためのものである。
※3.予想外のすべり面が露出したり，湧水や押出し，き裂の発生など。

施工箇所の状況および、施工に伴うそれらの変化ばかりでなく、施工箇所に関連のある地すべりの運動ブロック全体の挙動にも注意を払うこと。※1
ズルズル

※1. 隆起現象などが起きた場合、ただちに工事を再開することは好ましくない。

memo

※気になった箇所などを書き留めておきましょう

ダム工事

ダムの構造・形式

学習の要点

①ダムの形式を覚えよう
②ダムの仮設備にはどのようなものがあるか

ダムの形式はァその施工される場所の諸条件から選定されますがァ、形式としてはァ次のようなものがァありま～す！
NIKKEN

コンクリートダム
重力ダム
堤体が一体となって水圧，その他の外力に耐える構造であるため，大きな沈下等の生じる恐れのある基礎地盤には不適当。

アーチダム
アーチダムは川幅のせまい谷間が選ばれ，地山の岩盤が良好で堤項の長さが高さの3倍以下となる所に適する。堤体基礎岩盤の掘削は仕上り面の損傷を極力小さく施工する必要がある。※1

フィルダム
ロックフィルダム
岩石を積み上げて堤体を築造するもので，ダム地点に採石場がある場合は経済的。軟弱な地盤に適す。

※1. アーチダムは，荷重をアーチ作用によって側方に，また片持ばり作用によって下方の岩盤に伝達する構造になっている。したがって，堤体基礎岩盤，側方上部岩盤とも堅硬な岩盤であることが必要である。コンクリート打設直前の掘削は，手掘又はジャックハンマー掘削で入念な仕上が必要である。

さて、ダムの基礎掘削に先立ち河水の切替《きりかえ》及び、締切りを行いますが※1、この転流工《てんりゅうこう》、仮締切工《かりしめきり》は流量、地形などにより、次のようなものがあります。

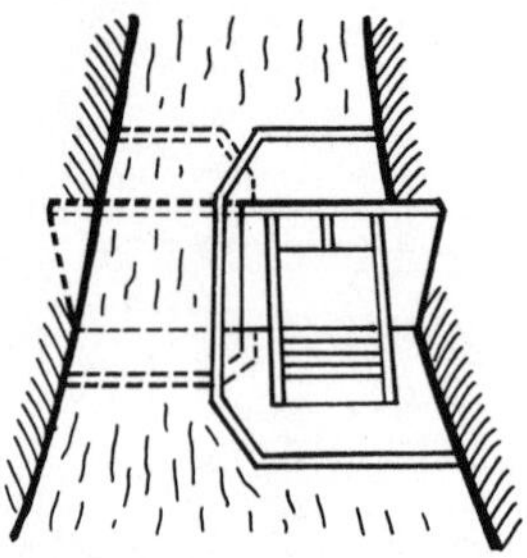

半川締切り

仮排水トンネル

仮排水開きょ

転流工は、ダム工事を確実、容易に施工するため、河川の流れを一時的に変えるもので、コンクリート打設が完了したのち閉そくするのが一般的です。仮締切工はダム工事のため川の流れを一時的に締切るもので、転流工と関連させて工事を行います。
仮締切の施工は、融雪《ゆうせつ》期、梅雨期、台風期等の出水期をさけて、過去の水文資料から、相当長期間の渇《かつ》水時期に、できるだけ短時間に実施します。

※1.ダムの転流方式と規模は，対象流量を施工期間中の台風季節を迎える度数，高水の性質（既往最大高水流量，継続時間）コンクリート打設リフトスケジュール等から決定し，次に転流方式を決定することになる。主として地形上から仮排水トンネル方式か半川締切方式か仮排水開きょかが決定される。

ダム施工設備

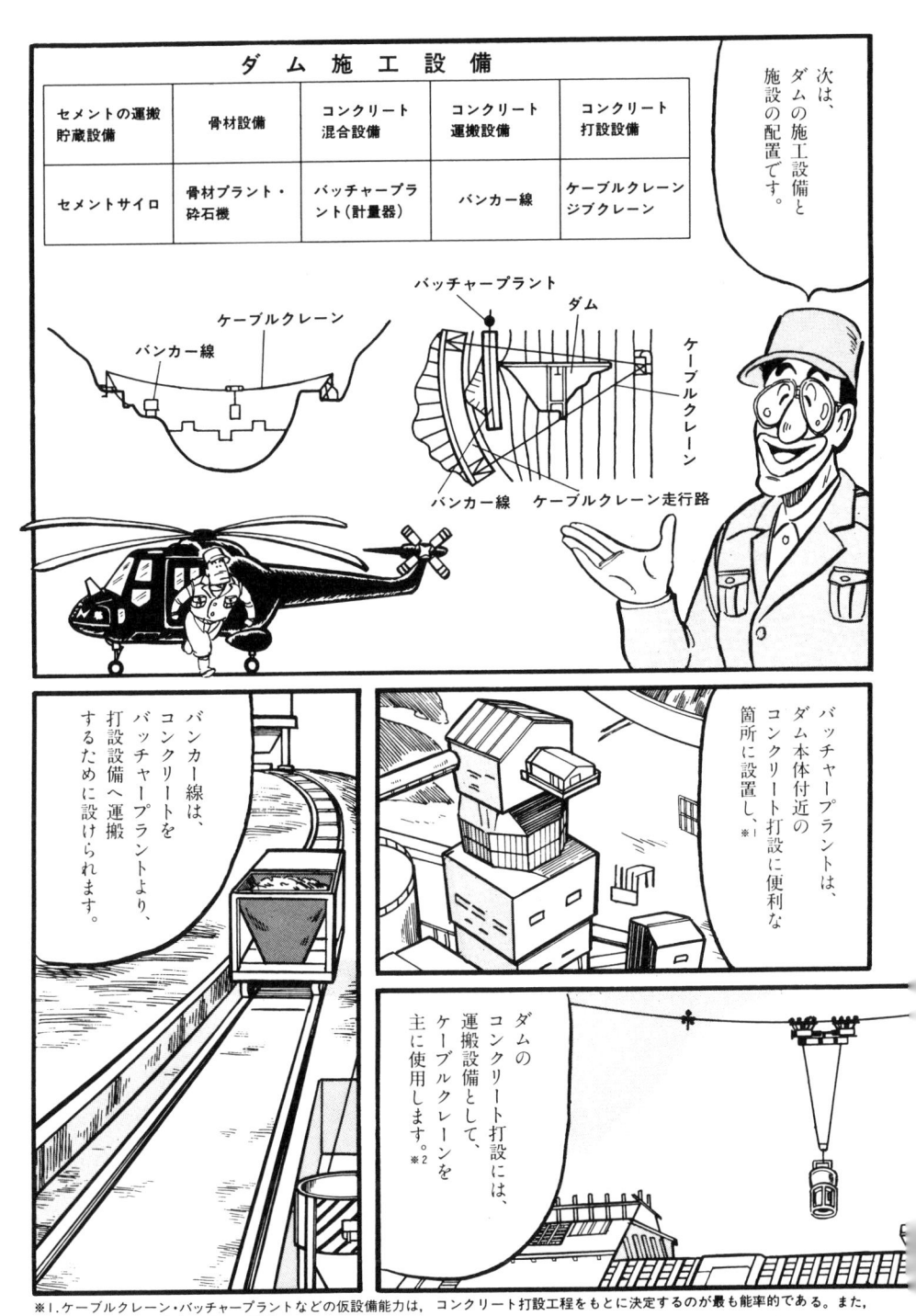

セメントの運搬貯蔵設備	骨材設備	コンクリート混合設備	コンクリート運搬設備	コンクリート打設設備
セメントサイロ	骨材プラント・砕石機	バッチャープラント（計量器）	バンカー線	ケーブルクレーン ジブクレーン

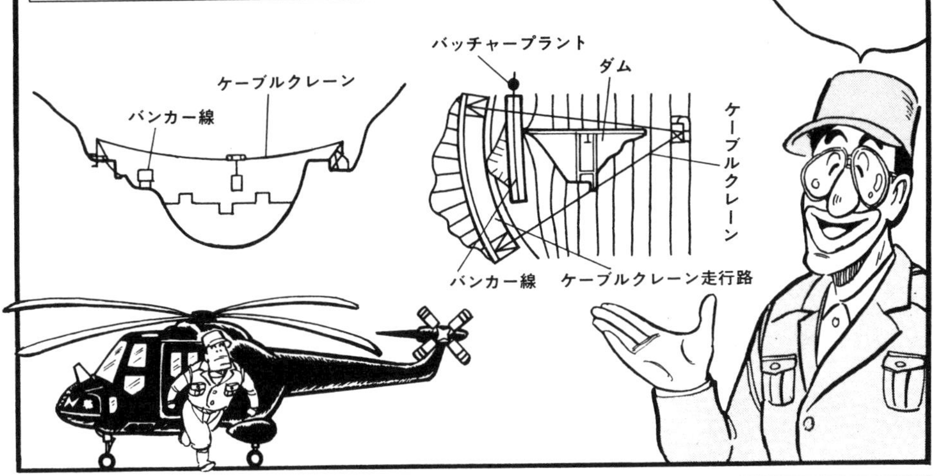
次は、
ダムの施工設備と
施設の配置です。
ケーブルクレーン
バンカー線
バッチャープラント
ダム
ケーブルクレーン
バンカー線
ケーブルクレーン走行路

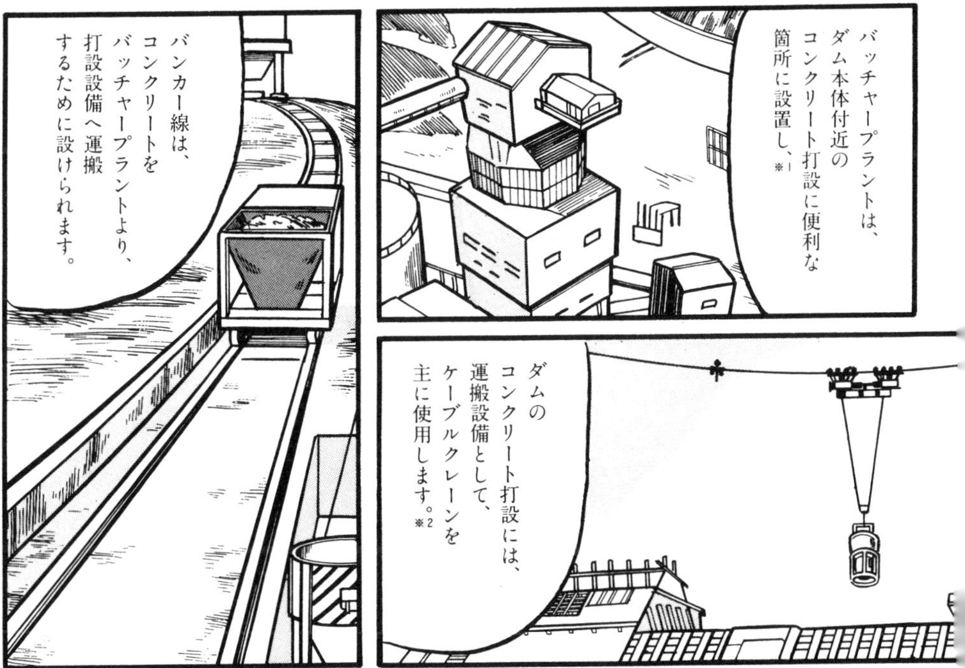
バッチャープラントは、
ダム本体付近の
コンクリート打設に便利な
箇所に設置し、※1
ダムの
コンクリート打設には、
運搬設備として、
ケーブルクレーンを
主に使用します。※2
バンカー線は、
コンクリートを
バッチャープラントより、
打設設備へ運搬
するために設けられます。

※1.ケーブルクレーン・バッチャープラントなどの仮設備能力は，コンクリート打設工程をもとに決定するのが最も能率的である。また，経済的である。掘削土量には関係ない。

※2.走行路式ケーブルクレーンは，ダム堤体を広くカバーできるが，走行路造成にあたっては，自然環境保全に配慮する必要がある。

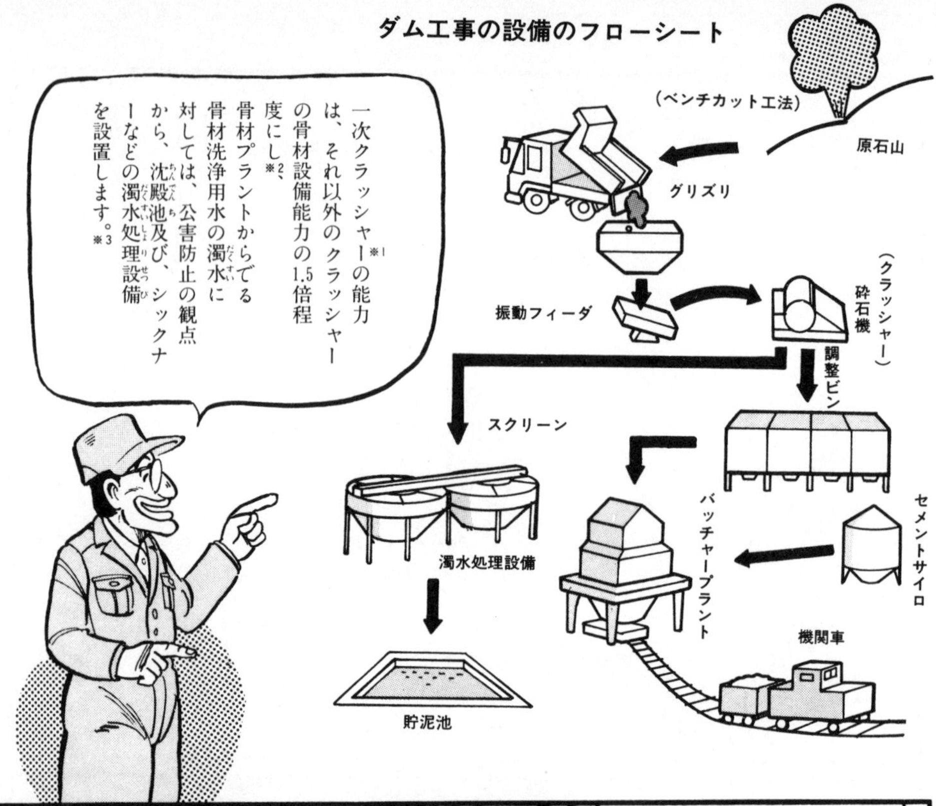
ダム工事の設備のフローシート
一次クラッシャー※1の能力は、それ以外のクラッシャーの骨材設備能力の1.5倍程度にし※2、骨材プラントからでる骨材洗浄用水の濁水《だくすい》に対しては、公害防止の観点から、沈殿池《ちんでんち》及び、シックナーなどの濁水《だくすい》処理《しょり》設備《せつび》を設置します。※3
（ベンチカット工法）
原石山
グリズリ
振動フィーダ
砕石機
（クラッシャー）
調整ビン
スクリーン
濁水処理設備
貯泥池
バッチャープラント
セメントサイロ
機関車

骨材運搬道路は、ダム工事施工中はなるべく専用道路とした方が望ましいですが、

※1. 原石を破砕して，砕石などの骨材を製造する機械。
※2. 原石は，ダンプトラックからグリズリおよびホッパを経て直接クラッシャーに投入される。したがって，供給が一様にならないこと，大塊が混入しているため故障率が高い等の欠点がある。
※3. またバッチャープラントの洗浄水，グリーンカット用水およびグラウト用水等は高いpH値を示すため，pH処理が必要になる。

経済性と環境保《ほ》全《ぜん》などを考慮して、兼用できるものは関連を持たせた計画を立てるようにします。
次は、コンクリートダムの施工で～す！
NIKKEN

memo

※気になった箇所などを書き留めておきましょう

ダム工事

コンクリートダムの施工

学習の要点

①コンクリートダムの施工順序を覚える
②施工における注意事項を覚えよう
③ダムコンクリートの特徴を理解しよう

削孔《さくこう》機械
●クローラドリル
●ジャックハンマ
積込み機械
●ホィールローダ　●トラクターショベル
●パワーショベル
ダムを施工するとき使用される主要機械には、このようなものがあります。
運搬機械
●ダンプトラック
掘削押土《くっさくおしど》機械
●ブルドーザ

施工順序
転流工《てんりゅうこう》
↓
掘　削
↓
コンクリート打設 ← グラウト工
↓
グラウト工
コンクリートダムの施工順序は、左のとおりですウ。
ンガガガ

掘削は、重機による掘削又は、爆破工法が用いられますが、計画掘削線に近づいたら、発破による岩盤《がんばん》掘削《くっさく》を避けて、手掘《てほり》でおこないます。※1

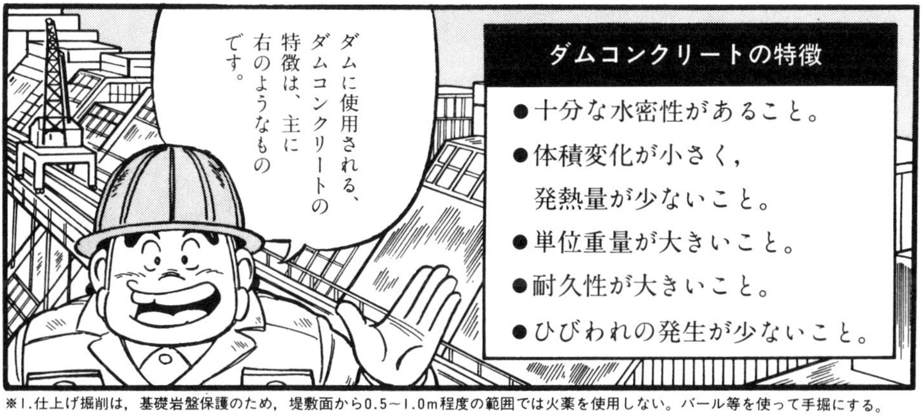
ダムに使用される、ダムコンクリートの特徴は、主に右のようなものです。
ダムコンクリートの特徴
●十分な水密性があること。
●体積変化が小さく，発熱量が少ないこと。
●単位重量が大きいこと。
●耐久性が大きいこと。
●ひびわれの発生が少ないこと。

※1.仕上げ掘削は，基礎岩盤保護のため，堤敷面から0.5～1.0m程度の範囲では火薬を使用しない。バール等を使って手掘にする。

もう少し細かく見ると、左のようになります。

ダムコンクリートの特徴

粗骨材	所定の強度，耐久性を有し，扁平でないものがよく，比重は2.6程度以上とされている。
粗骨材の最大寸法	ダムの型式・規模・施工機械などにより80～180㎜，わが国の重力ダムでは150㎜が多い。
単位体積重量	単位体積重量が大きいことはダム設計の重要な条件であり，粗骨材の影響を受ける。
単位セメント量	内部コンクリートで140kgf/m³以上※1
単位水量	作業ができる範囲でできるだけ小さくする。

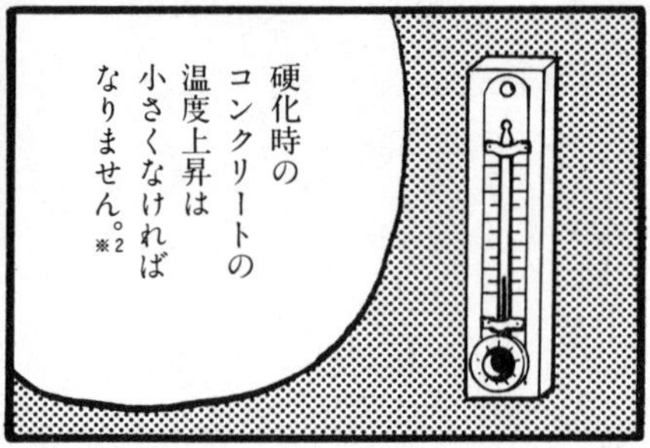
硬化時のコンクリートの温度上昇は小さくなければなりません。※2

また、セメントの粉末はあまり細かくしないようにします。※3

材料を計量する前に、示方《しほう》配合《はいごう》を現場《げんば》配合《はいごう》に直す必要があり、それには正確な測定をします。
示方配合
現場配合

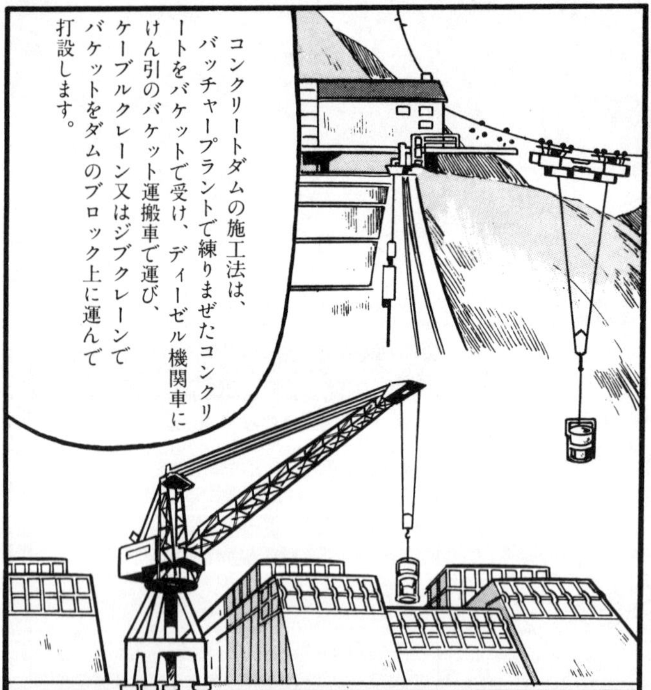
コンクリートダムの施工法は、バッチャープラントで練りまぜたコンクリートをバケットで受け、ディーゼル機関車にけん引のバケット運搬車で運び、ケーブルクレーン又はジブクレーンでバケットをダムのブロック上に運んで打設します。

※1.一般のコンクリートに対して小さい。その理由は，設計基準強度が低く，配合の決定においては強度が基準とならず，耐久性，水密性，単位重量等により，決まるからである。

※2.硬化時の温度上昇が大きいと，それにともない，容積変化も大きくかつクラックが入りやすくなる。

※3.セメントの粉末度を細かくすると，セメントの初期強度は大きくなる。一方発熱量は大きく，容積変化も大きく，かつクラックが入りやすくなる。

コンクリート打《だ》設《せつ》において型わくのせき板には、はく離剤を塗ります。
水和熱を下げるためにはパイプクーリング※1あるいはプレクーリング※2を行います。
クーリングパイプ
リフトの高さは1.5m以上2m以下を標準とし、旧コンクリートの材令《ざいれい》が、リフトで3日リフトで5日に達したあとに、新コンクリートを打ちます。
0.75～1.0m
1.5～2.0m
0.75～1.0m
1.5～2.0m
3日
5日
グリーンカットは、レイタンス除去《じょきょ》法でコンクリート打設後、6～12時間以内に圧力水と空気を吹き付けて、レイタンスを除去するものです。
基礎岩盤中を貯水が浸透するのを止めるためにカーテングラウトが使用されます。これは本体を打設した後に行います。

※1.硬化熱によって，ダムのマスコンクリートに，き裂が発生することを避けるため，ダムコンクリート内部の各リフト面上に鋼管を1～2m間隔に設け，パイプ内に通水してダムコンクリートを冷やす工法。

※2.夏期などの温度の高いときに，コンクリート材料の一部または，全部をあらかじめ冷却して，コンクリートの打込み温度を低下させる方法。

またこのほか基礎岩盤の変形や、強度を改良するために**コンソリデーショングラウト**を、

グラウト
- **カーテングラウト**
  （基礎岩盤中を浸透する水を止水するために，本体を打設した後に行う。）
- **コンソリデーショングラウト**
  （基礎岩盤の強度や変形性を改善し，基礎としての均質性を高めるために行う。）
- **ジョイントグラウト**
  （コンクリートダムの一体化を目的として，ダムのブロック間の収縮継目に対して行う。）

コンクリート固化後には、**ジョイントグラウト**などを行います。

さて、最後にコンクリートは打込み中、およびその直後、日光の直射を避ける設備をするか、または散水して湿《しつ》潤《じゅん》状態に保たなければなりません。
次は、フィルダムについてですよ。

memo

※気になった箇所などを書き留めておきましょう

ダム工事

フィルダムの施工

学習の要点

①フィルダムの特徴を覚えよう
②フィルダムの施工順序を覚えよう
③施工における注意事項を覚えよう

フィルダムは、重力式コンクリートダムより堤敷幅《ていしきはば》が広いため、基礎岩盤のせん断強度、不等沈下《ふとうちんか》の制約条件が少なく、現材料に合ったダムを作ることができ……。
施工は、大型機械による大規模土工《だいきぼどこう》が中心になりまぁ――す！
ガッ
ガッ
ガッ
ガ…

フィルダムは、コンクリートダムに比べると、越流《えつりゅう》に対し抵抗力が小さいので、出水が仮締切を越流したり、仮締切が破損したりすると、ダム本体に大きな被害を与える恐れがあるので、
仮排水路および、完成後の洪水吐設計《こうずいばきせっけい》対象流量《たいしょうりゅうりょう》の決定は、入念に行う必要がありますな。※2
フィルダム
●洪水吐の設計対象流量は，コンクリートダムの1.2倍。
●工事中の仮排水トンネル設計対象流量は，一般に20年確率程度。※1
ダム工事の安全性と経済性を高める上で、最も適切な河流処理計画を立てることは重要で、右はそのとき考慮すべきことです。
河流処理《かりゅうしょり》計画にあたって考慮すべきこと
①流域の流出特性（流域面積，洪水特性）。
②仮締切ダムの型式，高さと仮排水路容量との関連。
③仮締切ダムサイトの地形，地質。
④仮締切ダム，ダム本体など他の構造物との位置，および施工時期関係。
フィルダムにおける河流処理は、地山に仮排水トンネルを設置する方法が一般的で、本体工事への支障にならない利点があります。※3

※1.通常コンクリートダムにおいては年1～3回程度発生する洪水を，フィルダムでは20年に1回程度発生する洪水を転流工設計対象流量とすることが多い。

※2.洪水吐はコンクリートダムでは堤体部に設置される。しかし，フィルダムでは堤体の沈下が考えられるので，堤体上に設置できない。そのため堤体外に洪水吐を設置しなければならない。

※3.河流処理には，このほかダム敷を利用して流下させる方法，すなわち河床を一時的に水路として利用したり，堤体基礎に水路を設けるなどがある。

次は、ロックフィルダムについてです。ロックフィルダムは、フィルダムのうち、岩石を主材料としたものをいいます。

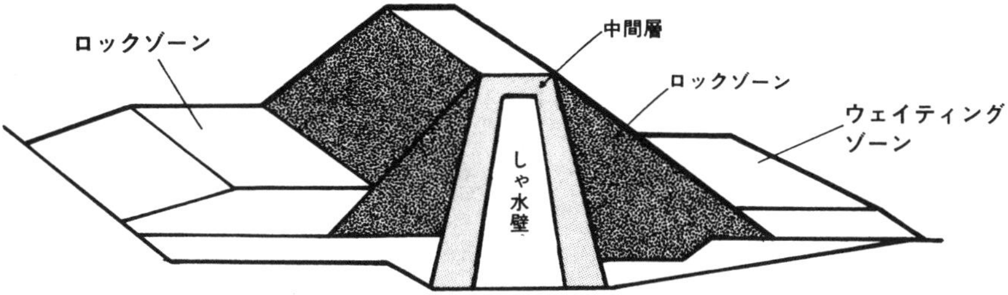
ロックゾーン
中間層
ロックゾーン
ウェイティングゾーン
しゃ水壁

フィルダムには、ダムの堤体の点検、修理等のため、貯水池の水位を低下させることができる放流設備《ほうりゅうせつび》を設けることが規定されており、できるだけ低標高《ていひょうこう》の位置にこのような放流設備を設け、※1ダムの安全性を確保します。

さて、フィルダムのおおまかな施工順序としては上のとおりです。
仮排水路
基礎掘削
グラウト
堤体盛土

※1. 一般的に，ダムには洪水吐，利水放流管等があるが，これは治水，利水のために設けられている。フィルダムの場合，堤体からの異常な漏水は加速度的に堤体材料の流出を招き，堤体の破壊につながる可能性がある。このような場合，貯水池の水位を低下させ，堤体の安定性を急激に増加させ，漏水個所からの貯留水の流出を緩和し，被害の減少をはからなければならない。

ロックゾーンは、着岩部《ちゃくがんぶ》、フィルター部との境界付近で、岩盤と盛立て材料とのなじみを良くするため、細粒な材料で盛立てます。※1
ロックゾーンの転圧を、タイヤローラや振動ローラによって締固める場合は、盛立て表面が平滑になるので、次の層をまき出す前に盛立て面をかきおこします。※2
まき出す前にかきおこす
次の層
細粒《さいりゅう》な材料
遮水《しゃすい》ゾーン(コア)は、遮水機能やパイピングに対する抵抗性があり、せん断強度が大きい材料が必要で、コアの締固めにはタンピングローラが使用されます。

※1. ロックゾーンの盛立てについては特にフィルターとの境界部，アバットメント，そして河床部は接着を良くするために細粒で含水比のやや高い材料を用いることが多い。
※2. 車両の通行によって表面が平滑になっている場合も同様である。

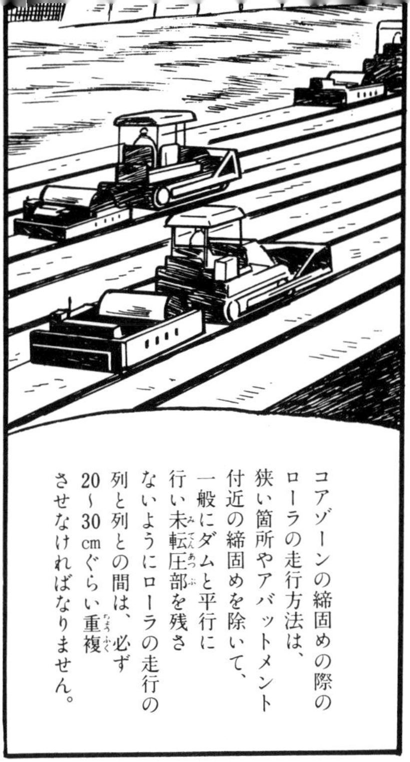
コアゾーンの締固めの際のローラの走行方法は、狭い箇所やアバットメント付近の締固めを除いて、一般にダムと平行に行い未転圧部《みてんあつぶ》を残さないようにローラの走行の列と列との間は、必ず20～30cmぐらい重複《ちょうふく》させなければなりません。

コアゾーンは、同一材料でも含水比や密度によって、その性質が異なり、よく締めるほど良好な結果が得られるが、含水比が一定の場合は、一定限度以上締固めることはできない。※1 じゃから、含水比の管理を充分に行うことが必要じゃよ！

※1．そのため盛立て含水比は、施工性も考慮して、一般的には、最適含水比の -1% ～ +3% の範囲がとられる。

memo

※気になった箇所などを書き留めておきましょう

道路・舗装工事

路床・路盤

学習の要点

①舗装の構造を覚えよう
②路盤材料についての知識を深めよう
③路床、路盤の施工における留意点は何か
④軟弱な路床における施工法を理解しよう

あ……
……。
力さ〜ん!
おう、良夫君かあ。
どうだい、勉強すすんでるかい?
力さんはぁ?

舗装《ほそう》には、コンクリート舗装と、アスファルト舗装がある。
コンクリート舗装は、コンクリート版を表層とする舗装をいい、表層《ひょうそう》と路盤《ろばん》からなり、

アスファルト舗装は、骨材を歴青《れきせい》材料で結合して作った表層、基層《きそう》及び路盤からなる。※1

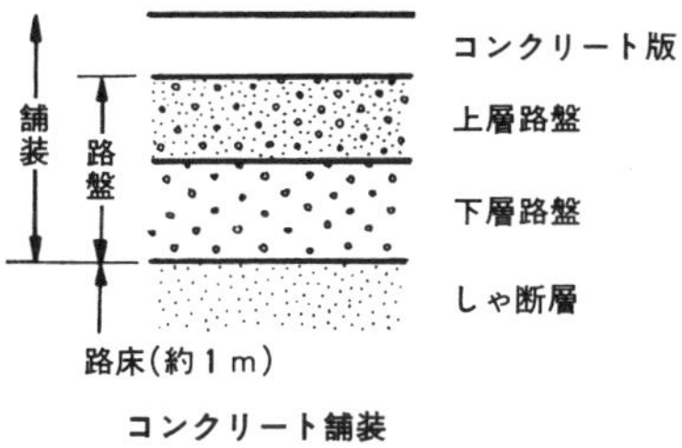
コンクリート版
上層路盤
下層路盤
しゃ断層
舗装
路盤
路床(約1m)

コンクリート舗装

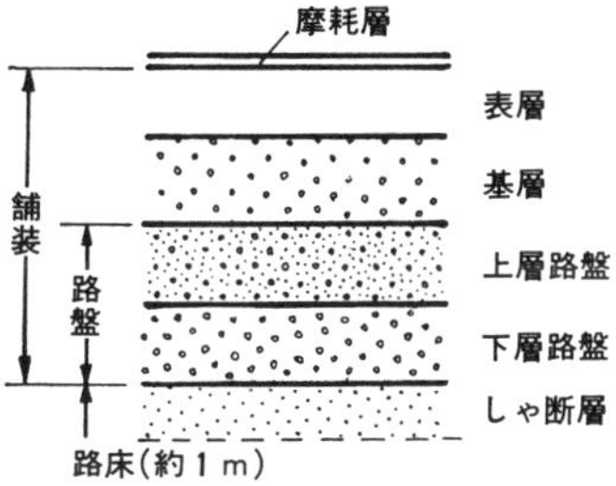
摩耗層
表層
基層
上層路盤
下層路盤
しゃ断層
舗装
路盤
路床(約1m)

アスファルト舗装

路床《ろしょう》というのは?
路床というのは、えー、舗装の下、厚さ約一mの部分をいうんだな。
東門土木

※1.また積雪寒冷地《せきせつかんれいち》においてタイヤチェーンによる摩耗を防ぐ目的で，表層の上に耐摩耗用混合物《たいまもうようこんごうぶつ》を用い，比較的薄い層で施工する場合がある。また一般地域で，すべり止め用混合物を用いた薄い層を作ることがある。これらの層を摩耗層《まもうそう》といい，すりへり等を考慮して舗装厚《ほそうあつ》に含めない。

では、路床と路盤の役割について述べよ。
路床の主な役割は、その上部の舗装と、一体になって交《こう》通《つう》荷《か》重《じゅう》を支持することで、そのために、路床は十分な強度と支持力を持ち、変形量が少なく、また、水が浸入しても膨《ほう》潤《じゅん》弱《じゃく》化《か》しにくいことが必要なんだ。
上層路盤〔支持力の大きい良質な材料〕
下層路盤〔比較的支持力の小さい安価な材料〕
路盤はその上部から伝わる交通荷重を分散させて、安全に路床に伝える重要な役割をはたす部分で、十分な支持力を持ち、しかも耐久性に富む材料を、必要な厚さによく締め固めたものでないといかん。
路盤は、下層《かそう》路盤と上層《じょうそう》路盤とに分けられ、下層路盤には比較的支持力の小さい安価な材料を、上層路盤には支持力の大きい良質な材料を用いるんだ。
正解。じゃあ、それぞれをもう少し詳しく説明せよ！

まず路床だが、軟弱な路床を改良するため置換《ちかん》された部分、石灰、セメントなどで安定処理した部分、路床の土が路盤に浸入《しんにゅう》するのを防止する目的で設ける遮断層《しゃだんそう》は、路床の一部だね。
路床土《ろしょうど》の強度はCBR試験によって判定します。では、設計CBR※1が、3未満のときは？
良質な材料で置きかえたり、※2安定処理を※3して改良するんだ。
ガガガガ
CBR値2～3の軟弱路床土《なんじゃくろしょうと》では十分な支持力が期待できないので、厚さ15～30㎝で川砂、切込砂利などで、遮断層《しゃだんそう》とするな。※4
路床支持力は舗装の厚さを決定する基礎となるもので、K値かまたは、CBRによって判定し、
舗装厚《ほそうあつ》は、この路床土の設計CBRと、舗装計画交通量とから決定するんだよ。

※1.路床のCBR試験は舗装厚の決定，地盤の支持力，トラフィカビリティの判定に用いられる。

※2.置換工法の場合，軟弱な路床土を所定の深さまで掘削《くっさく》し，掘削面以下の層のこねかえしや過転圧《かてんあつ》は避ける。

※3.安定処理工法の場合，路床土と添加材《てんかざい》とを混合し表面を粗均《あらなら》ししたのちタイヤローラ，又は振動ローラで締固める。

※4.遮断層《しゃだんそう》の転圧に際しては敷均《しきなら》した層を荒したり，破って路床土と混合しないように回転を少なくして，均等に締固める。

路床面は、所定の縦横断《じゅうおうだん》形状《けいじょう》に仕上げ、転圧《てんあつ》し、※1
粘性土《ねんせいど》や高含水比《こうがんすいひ》の軟弱地盤では、こねかえしや過転圧《かてんあつ》にならんように注意すること。
こねかえし，過転圧《かてんあつ》はだめ。
軟弱地盤《なんじゃく》
路床の部分的な締固め不足や、不良箇所の確認には、プルーフローリング※2を行うんだ。
路床が軟弱《なんじゃく》で、しゃ断層を設けるような場合は、厚さが均等になるように敷ならし、軽いローラかブルドーザで軽く転圧すること。
凍上抑制層《とうじょうよくせいそう》を設ける場合は、泥やごみ有機物などの混ざらない川砂、山砂、切込み《きりこ》砂利《じゃり》、クラッシャーランなどの材料を用いること。※3
凍土

※1.盛土工法《もりどこうほう》の場合，一層の仕上り厚さを20cm程度とする。

※2.プルーフローリングとは，トラック等を路床に走行させて路床面のたわみを観測することである。

※3.凍上は土質，温度，および地中水の3つの条件が同時に満たされたとき起る。これらのうち1つ以上を除去，または改善することによって凍上を防止，抑制することができる。現在採用されているのは置換工法《ちかんこうほう》である。

次に、路盤だが、まず下層路盤材料《かそうろばんざいりょう》は、施工現場近くで入手できる材料（クラッシャラン・鉄鋼スラグ・砂）を使用する。また、みたせない場合は、セメント、石灰などの安定処理をして下層路盤とすること。

下層路盤材料の品質規格

工法		PI	修正CBR	一軸圧縮強さ
粒状路盤	クラッシャラン、砂利、砂など	6以下	20％以上	－
	クラッシャラン鉄鋼スラグ	－	30％以上	－
セメント安定処理		－		［7日］0.98MPa
石灰安定処理	アスファルト舗装	－		［10日］0.7MPa
	コンクリート舗装			［10日］0.5MPa

安定処理に用いる骨材の望ましい品質（下層路盤）

工法	修正CBR（％）	PI
セメント安定処理	10以上	9以下
石灰安定処理	10以上	6～18

上層路盤施工方法

粒度調整工法《りゅうどちょうせいこうほう》	良好な粒度になるように数種の材料を混合合成して材料が分離しないよう敷ならし，締固める工法であり，粒度が良好なため敷ならし締固めが容易となる。最適含水比で十分締固める。
歴青安定処理工法《れきせいあんていしょりこうほう》	現地材料またはこれに補足材料を加えたものに歴青材料を添加《てんか》した材料を路盤として処理する工法である。
セメント安定処理工法	現地材料またはこれに補足材料《ほそくざいりょう》を加えたものにセメントを添加して処理する工法である。

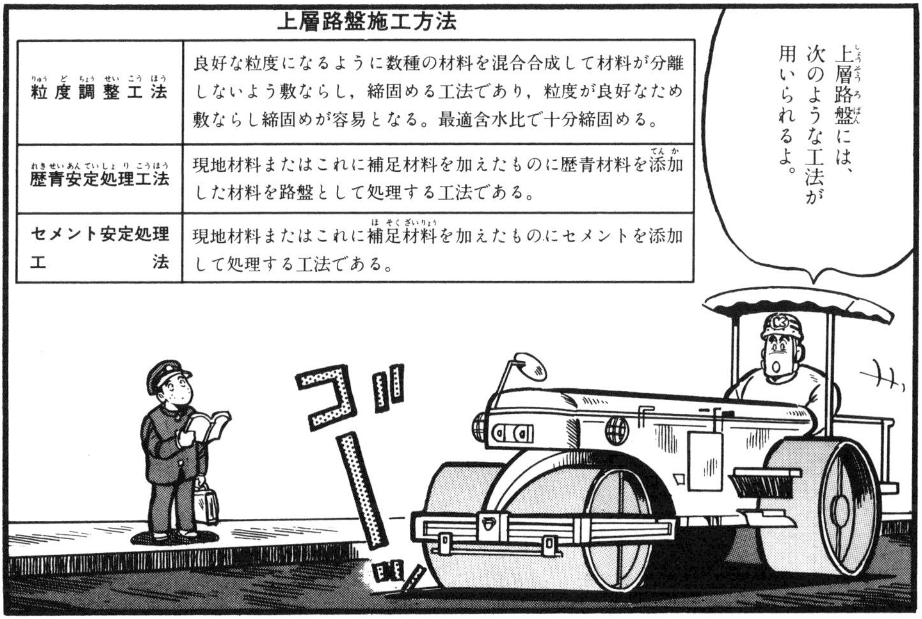
上層路盤《しょうそうろばん》には、次のような工法が用いられるよ。

上層路盤材料の品質規格

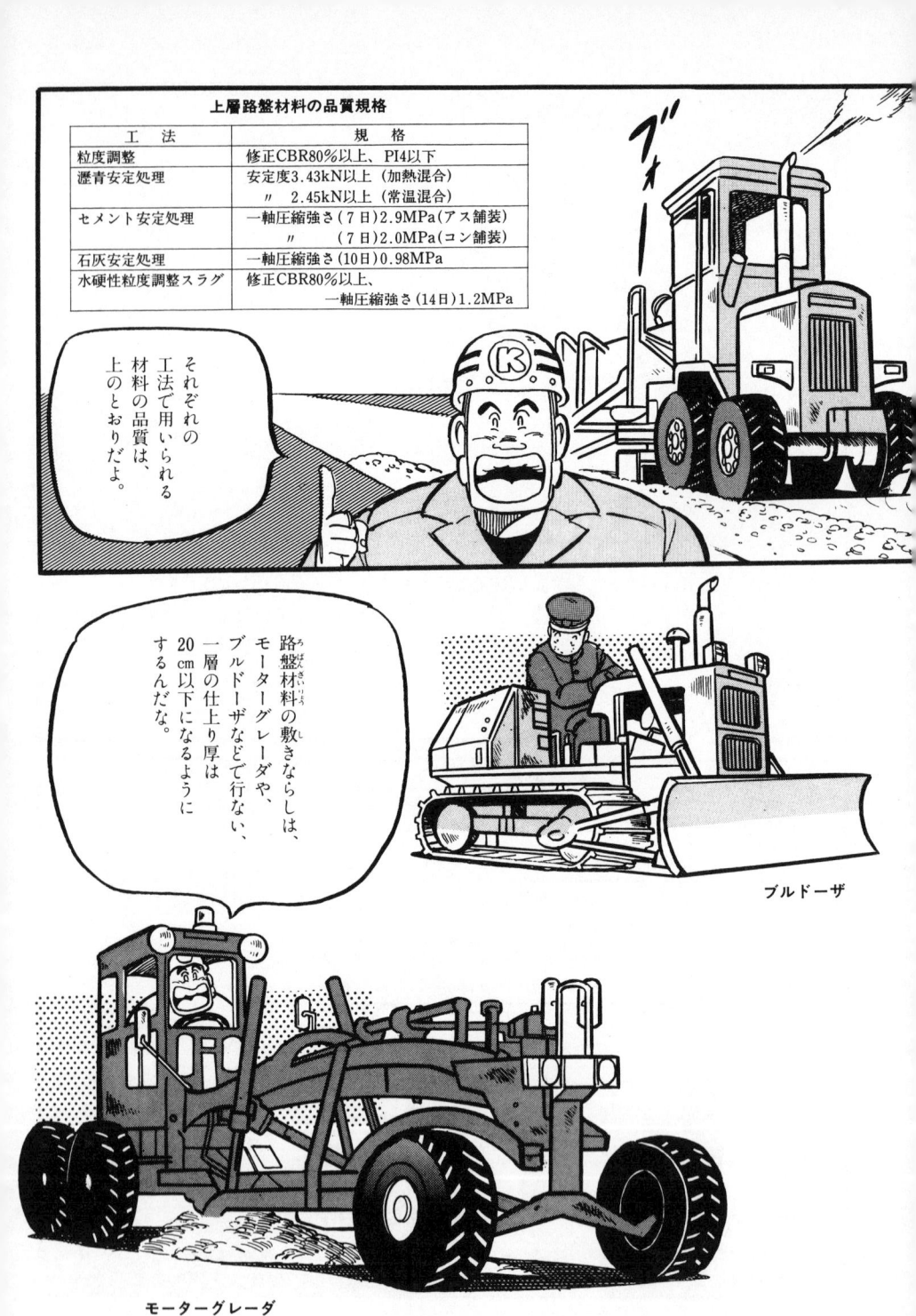

工　法	規　格
粒度調整	修正CBR80%以上、PI4以下
瀝青安定処理	安定度3.43kN以上（加熱混合） 〃　2.45kN以上（常温混合）
セメント安定処理	一軸圧縮強さ（7日）2.9MPa（アス舗装） 〃　（7日）2.0MPa（コン舗装）
石灰安定処理	一軸圧縮強さ（10日）0.98MPa
水硬性粒度調整スラグ	修正CBR80%以上、 一軸圧縮強さ（14日）1.2MPa

ブォー
それぞれの工法で用いられる材料の品質は、上のとおりだよ。

ブルドーザ

路《ろ》盤《ばん》材《ざい》料《りょう》の敷《し》きならしは、モーターグレーダや、ブルドーザなどで行ない、一層の仕上り厚は20㎝以下になるようにするんだな。

モーターグレーダ

すごい、さすが力さん。勉強してるー!
よし、そんじゃ今度は、良夫君が答える番だぞ。
花子さんは、A点から時速X㎞で、太郎君は、B点から、え〜B点からァ………ん?
良夫君……?はれ、良夫く〜ん………。

memo

※気になった箇所などを書き留めておきましょう

道路・舗装工事

舗装の施工

学習の要点

①アスファルト舗装の施工順序を覚えよう
②プライムコート、タックコート、シールコートに関する知識を深めよう
③アスファルト舗装の施工上の留意点は何か
④コンクリート舗装の施工についての知識を深めよう
⑤舗装に関する試験と目的を覚えよう

施工順序　路盤工→プライムコート→基　層→タックコート→表　層
アスファルト舗装の施工順序は、上のとおりです。
アスファルト混合物の舗設《ほせつ》に先立ち、路盤上にうすく歴《れき》青《せい》材《ざい》料《りょう》をまいたものをプライムコートといいますが、その目的には、これらのものがあります。
プライムコートの目的
●路盤《ろばん》とその上のアスファルト混合物のなじみをよくする。
●路盤仕上げ後，アスファルト混合物を舗設するまでの間，路盤の破損《はそん》，降雨による洗掘，表面水の浸透を防止する。
●路盤からの水分の毛管上昇《もうかんじょうしょう》を遮断《しゃだん》する。

歴青材料は、次のようなものがあり、その散布《さんぷ》は、なるべく晴天の日を選んで行い、気温が10℃以下の場合や、降雨のおそれのある場合は、作業をはじめてはなりません。
●プライマーとして用いられる歴青材料は，
アスファルト乳剤
カットバックアスファルトなどである。

また、アスファルト乳剤《にゅうざい》以外のものを使用する場合は、路面が湿っている場合でも施工してはいけません。
そして、プライムコートを行ったのちプライマーが十分浸透《しんとう》し、揮発分《きはつぶん》が逃げるまで養生してから、アスファルト混合物を舗設《ほせつ》します。
タックコート
表 層
基 層
上層路盤
下層路盤
路 床
プライムコート
次にタックコートは、基層《きそう》の表面にアスファルト乳剤《にゅうざい》などの瀝青材料《れきせいざいりょう》をまいたもので、※1その目的としては左のとおりです。
タックコートの目的
●中間層、瀝青安定処理層、または基層の表面と、その上に舗設する混合物との接着及び継目部の接着をよくする。
タックコートは、必要量を均一《きんいつ》に散布することが大切で、散布終了後は異物《いぶつ》が付着したりしないようにし、なるべく早く表層などを舗設《ほせつ》します。
さて、路肩《ろかた》や路側《ろそく》など、交通に供さない部分にはシールコートを行ないます。これは、表層又は、路盤の上に瀝青材料を散布し、その上を砕石《さいせき》や砂で覆《おお》って造る表面処理のことで、その目的としては上のとおりです。
シールコートの目的
●舗装表面《ほそうひょうめん》の耐久性を増す。
●表層混合物《ひょうそうこんごうぶつ》の老化を防止する。

※1.特に，アスファルト乳剤（PK—4）などが用いられ，その散布量は0.3～0.6ℓ/㎡の範囲である。

シールコートに用いられる瀝青材料や、骨材《こつざい》の種類、ならびにこれらの使用量は、このような状況に応じて選択します。
●気　象
●交通量
●舗装表面
一般には、瀝青材料はアスファルト乳剤が多く用いられており、※1
アスファルト乳剤
骨材は硬質であって耐久性に富む砕石を用い、また、ダストなどが付着《ふちゃく》していない清浄《せいじょう》なものを使用することが、望ましいですね。※2
シールコートの施工は、瀝青材料の作業量に見合った散布機《さんぷき》※3で規定量を均一に散布し、骨材は、瀝青材料を散布した直後に規定量を一様に、しかも迅速《じんそく》に散布しなければならず、※4 チップスプレッダなどを使用して、機械的に行うといいです。
チップスプレッダ
シールコートを施工するにあたって、表面は瀝青材料を散布する直前に、入念に清掃しなければなりません。

※1.瀝青材料は一般にアスファルト乳剤を多用。他に，カットバックアスファルト，ストレートアスファルトなどが用いられている。

※2.使用する骨材の粒径は，小さすぎると歴青材料の散布量のわずかな散布変動《さんぷへんどう》に対しても鋭敏で，夏季などフラッシュの原因になることが多い。また，粒径が大きくなると付着しにくく，施工が困難になるので十分注意する必要がある。

※3.ディストリビュータまたは，エンジンスプレヤー。

※4 骨材は必要以上にまくと，骨材がねないため，かえって付着を阻害《そがい》するので十分注意し散布《さんぷ》する。

舗装表面は、施工の数日前に表面のポットホール、くぼみなどの損傷《そんしょう》箇所《かしょ》を適切に処置《しょち》し、平たんな表面にしておき、
交通に開放しておくことが望ましいです。
ブォー
さて次は、**アスファルト混合物**についてです！
アスファルト混合物とは、左のものが混合されたものをいい、その種類としては下のようなものがあります。
アスファルト混合物に混合されるもの。
●砕石《さいせき》
（粗骨材《そこつざい》・細骨材《さいこつざい》）
●フィラー
●アスファルト
粗粒度《そりゅうど》アスファルトコンクリート
密粒度《みつりゅうど》アスファルトコンクリート
細粒度《さいりゅうど》アスファルトコンクリート
開粒度《かいりゅうど》アスファルトコンクリート
ギャップアスファルトコンクリート

これらのアスファルト混合物のうち、表層《ひょうそう》と基層《きそう》に使用されるのは下のようなものです。

表層は、車両による摩耗とせん断《だん》力に抵抗し、雨水の舗装下部《ほそうかぶ》への浸入を防ぐもので、
基層は、路盤上にあって路盤の不陸《ふりく》を整え、表層からの荷重《かじゅう》を路盤に伝えるもので、それぞれ下のようなアスファルト混合物が用いられます。

表層《ひょうそう》	：密粒度又は細粒度アスファルトコンクリート
基層《きそう》	：粗粒度アスファルトコンクリート
路　　　　盤	

混合物の運搬に使用するダンプトラックの荷台は、運搬に先だち、スコップやホウキで、付着しているドロやゴミなどをきれいに落します。

そして、荷台に混合物が付着しないように、モップまたは噴霧器《ふんむき》で重油《じゅうゆ》、軽油《けいゆ》、石けん水などを、必要最小限度で塗布しなければなりません。※1

※1. 過度の塗布は，混合物中のアスファルトを軟化させたり，乳化《にゅうか》させたりするので，混合物の品質に悪影響を与える。

混合物の積込みに際しては、混合物の分離《ぶんり》を防ぎ、片荷《かたに》積《つ》みのないように注意し、運搬車を徐々に移動しながら、混合物を荷台全体へ平均に積込むようにします。
ザーッ

材料および混合物の運搬時における安全管理

- 交通関連法規《こうつうかんれんほうき》を遵守《じゅんしゅ》するように指導徹底すること。
- 作業上の合図や信号を定め，これによって作業をするよう運転者や，関係作業員に徹底させること。
- 誘導員を配置すること。また必要な標識を設置して安全運行を心掛けること。
- 積込みは，あらかじめその車に定められている量を越えないこと。
- 定められた制限速度を守ること。

混合物の運搬では、保温及び異物の混入を防ぐため、シートなどで保護します。
また、運搬時の安全管理では、上のようなことについて指導を徹底しなければなりません。

さて、混合物の敷《し》きならしには、ならし厚を調節し、平《へい》たん性《せい》を得るためアスファルトフィニッシャを用います。

ダンプトラックは、正しい方向に保ちながら後進し、フィニッシャよりわずかに離れたところに停止して、混合物を静かにホッパにあけ、直ちにフィニッシャの運転を開始します。このとき、トラックのギアをニュートラルにしておきフィニッシャで押しながら前進します。
敷きならしの際の注意事項
●混合物の温度は110℃を下まわらないこと。※1
●気温5℃以下，強風のときは敷きならしてはならない。
●作業中，雨が降り始めた場合には敷きならし作業を中止する
敷きならしの際に注意すべきことは、上のとおりです。
縁石《えんせき》、街《がい》きょ、マンホール、その他構造物との接触《せっしょく》部分《ぶぶん》は、なじみがよくなるよう注意して施工する必要があり、タンパ、スムーザなどが一般に用いられます。
次に転圧ですが、転圧は締固め順序でいうと、このようになります。
1.初転圧
2.二次転圧
3.仕上げ転圧
初転圧《しょてんあつ》は、一般には10～12ｔのマカダムローラかタンデムローラがよい。締め固め作業は、道路の横断《おうだん》的《てき》に低い側から、次第に高い側に順次進めて行く。※2
8t 程度
ゴッ
初転圧

※1. 一般には粘度一温度曲線によって決められる転圧温度により，10～15℃程度高い温度で敷ならすのが普通である。混合物の敷ならし温度が低すぎると，敷ならしが困難になるばかりでなく，十分な締固め密度が得られない。また，仕上りもアバタで不均一となり，かつ平たん性も失われる。

※2. 初転圧は混合物が変位《へんい》を起こしたり，ヘヤークラックが生じたりしない限り，できるだけ高い温度で行うのがよい。又，ローラーは原則として，駆動輪《くどうりん》を前にして転圧する。

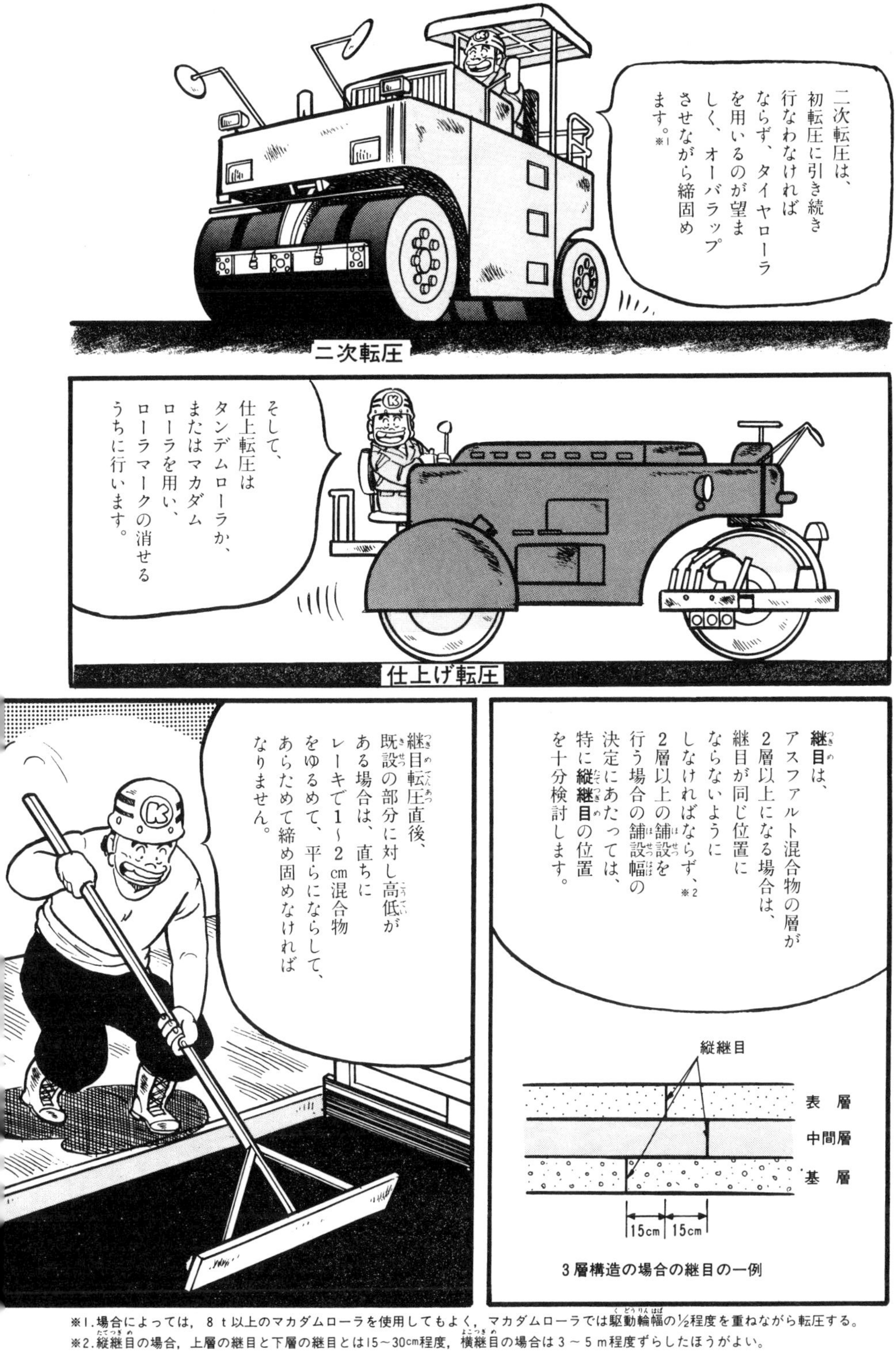
二次転圧は、初転圧に引き続き行なわなければならず、タイヤローラを用いるのが望ましく、オーバラップさせながら締固めます。※1
二次転圧
そして、仕上転圧はタンデムローラか、またはマカダムローラを用い、ローラマークの消せるうちに行います。
仕上げ転圧
継目《つぎめ》は、アスファルト混合物の層が2層以上になる場合は、継目が同じ位置にならないようにしなければならず、※2 2層以上の舗設《ほせつ》を行う場合の舗設幅《ほせつはば》の決定にあたっては、特に縦継目《たてつぎめ》の位置を十分検討します。
継目《つぎめ》転圧《てんあつ》直後、既設《きせつ》の部分に対し高低《こうてい》がある場合は、直ちにレーキで1～2㎝混合物をゆるめて、平らにならして、あらためて締め固めなければなりません。
縦継目
表層
中間層
基層
15cm
15cm
3層構造の場合の継目の一例

※1.場合によっては，8 t 以上のマカダムローラを使用してもよく，マカダムローラでは駆動輪幅《くどうりんはば》の½程度を重ねながら転圧する。
※2.縦継目《たてつぎめ》の場合，上層の継目と下層の継目とは15～30㎝程度，横継目《よこつぎめ》の場合は 3 ～ 5 m程度ずらしたほうがよい。

次は、コンクリート舗装の施工についてです。
コンクリートの舗装は、路盤工につづき、次の順序で行われます。
①コンクリートの練りまぜ、運搬。
②敷ならしと締固め。
③目地の加工。
④表面仕上げ。
⑤養生。
⑥管理と検査。

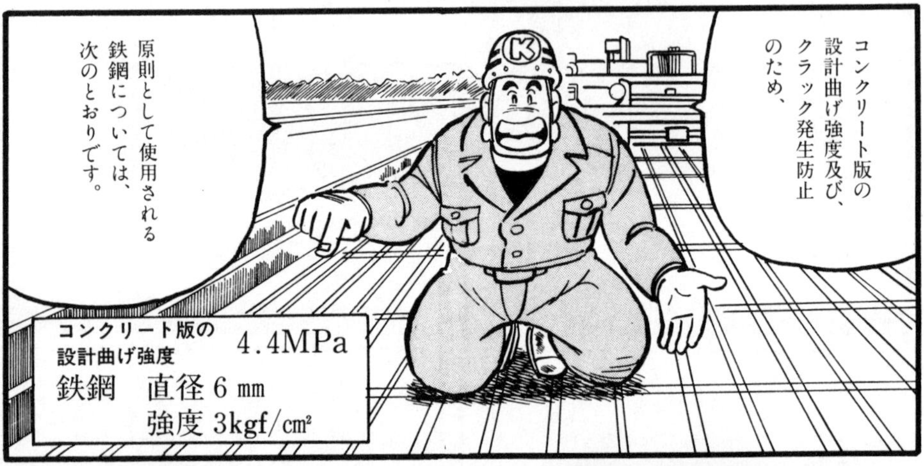
コンクリート版の設計曲げ強度及び、クラック発生防止のため、
原則として使用される鉄鋼については、次のとおりです。
コンクリート版の設計曲げ強度 4.4MPa
鉄鋼 直径6mm
強度3kgf/cm²

コンクリート打設に先だって、路盤に路盤紙《ろはんし》を布設《ふせつ》します。※1

コンクリートの表面仕上げは、荒仕上げ、平《へい》たん仕上げ、粗面《そめん》仕上げの順で行います。※2

荒仕上げ	フィニッシャによる機械仕上げ，又は簡易フィニッシャやテンプレートタンパによる手仕上げがある。
平たん仕上げ	荒仕上げに引続いて行うもので，表面仕上げ機による機械仕上げとフロートによる手仕上げがある。
粗面仕上げ	ナイロンスチールまたはしゅろなどを用いたホーキやハケにより，コンクリートの表面の横断方向に細い溝を付け，コンクリート表面のすべり摩擦《まさつ》抵抗と防眩《ぼうげん》効果を高めるために行う。その方法には機械仕上げと手仕上げがある。

※1. コンクリート中のモルタル分が路盤に吸収されるのを防ぐため，あるいは硬化《こうか》後の路盤との摩擦を小さくするための紙。クラフト紙やポリエチレンフィルムを使用する。

※2. コンクリート版の表面は，ち密堅硬《みつけんこう》で平たん，特に縦方向の小波が少ないように仕上げることが大切である。また，車輪がすべったり光線の反射のため運転が妨げられたりしないように，また，快適な走行ができるようにある程度粗面に仕上げなければならない。

目地は、コンクリート版の膨張《ぼうちょう》、収縮《しゅうしゅく》そりなどをある程度自由に起こさせることによって、大きな応力《おうりょく》を生じさせないように設けるものです。
アスファルト
目地板
チエア
横膨張目地
ダウエルバー
目地溝
ダウエルバー
横収縮目地
さび止めペイント
タイバー
ダミー目地とする縦目地の断面図
目地が開いたりくい違ったりするのを防ぎ、コンクリートの版と版が離れるのを防いで荷重《かじゅう》伝達《でんたつ》を図るものとして、タイバーがあります。※1
これは、目地を横断して、コンクリート版に異形《いけい》丸鋼《まるこう》をそう入したものです。
次に養生《ようじょう》ですが、コンクリート表面に日光が直射したり、強い風があたらぬよう、また、にわか雨などで表面が荒されないように三角屋根の覆《おお》いで覆《おお》ってしまうのが最もいいんです。
さて、最後はアスファルト舗装に関する試験についてです。主な試験として、次のようなものがあります。

マーシャル試験	マーシャル試験機による舗装用アスファルト混合物の塑性流動《そせいりゅうどう》に対する抵抗性《ていこうせい》の測定に適用するものである。
平たん性試験	アスファルト舗装路面《ほそうろめん》の平たん性の評価に適用される。プロフィルメータを使用する。
ラベリング試験	アスファルト混合物などのタイヤチェーンによる摩耗《まもう》，飛散《ひさん》に対する抵抗性を評価する試験である。
ソックスレー試験	アスファルト抽出試験法《ちゅうしゅつしけんほう》の一つである。
ホイールトラッキング試験	アスファルト舗装では，夏期高温時《かきこうおんじ》に重車両の走行によりわだち掘れ現象が生じる。これを室内で模型的《もけいてき》に再現し，アスファルト混合物の高温時の安定性を評価する試験である。

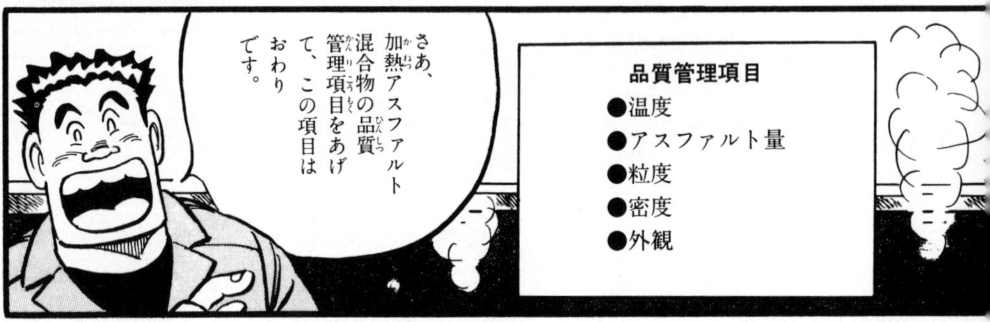
さあ、加熱《かねつ》アスファルト混合物の品質《ひんしつ》管理項目《かんりこうもく》をあげて、この項目はおわりです。
品質管理項目
●温度
●アスファルト量
●粒度
●密度
●外観

memo

※気になった箇所などを書き留めておきましょう

トンネル工事

トンネルの掘削方式

学習の要点

①トンネル断面の名称を覚えよう
②本巻工法、逆巻工法の違いを理解しよう
③各掘削工法の特徴を覚えよう
④シールド工法について理解しよう
⑤NATM工法とは何か

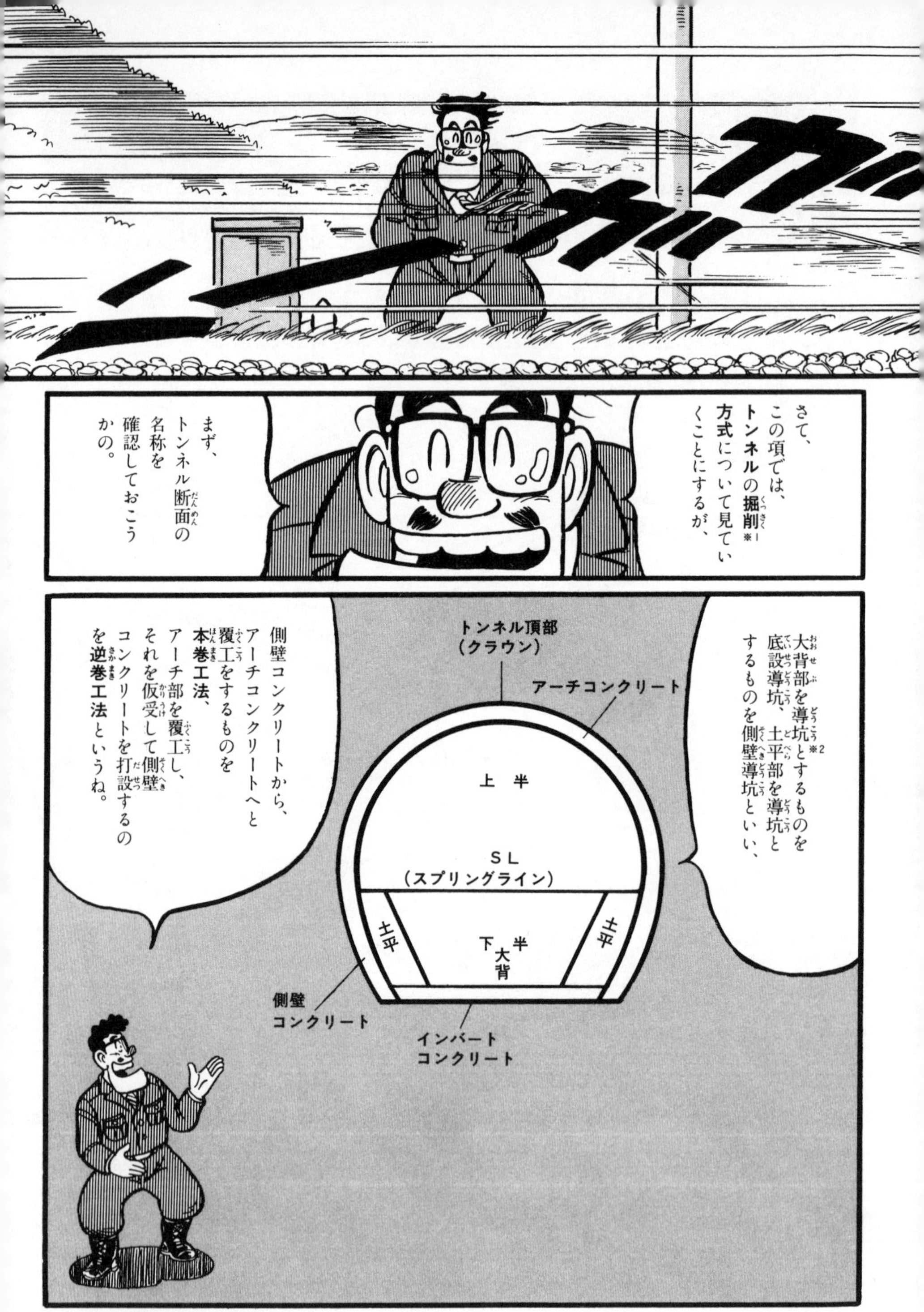
さて、この項では、トンネルの掘削《くっさく》※1方式について見ていくことにするが、
まず、トンネル断面《だんめん》の名称を確認しておこうかの。
大背部《おおせぶ》を導坑《どうこう》※2とするものを底設導坑《ていせつどうこう》、土平部《とべら》を導坑《どうこう》とするものを側壁導坑《そくへきどうこう》といい、
トンネル頂部
（クラウン）
アーチコンクリート
上半
SL
（スプリングライン）
土平
土平
下半
大背
側壁
コンクリート
インバート
コンクリート
側壁コンクリートから、アーチコンクリートへと覆工《ふくこう》をするものを本巻《ほんまき》工法、アーチ部を覆工《ふくこう》し、それを仮受《かりうけ》して側壁《そくへき》コンクリートを打設《だせつ》するのを逆巻《さかまき》工法というね。

※1.トンネルの掘削工事は，次の手順で行われる。
掘削→ずり出し→支保工（鋼製アーチ支保工，吹きつけ工法）→覆工（本巻工法，逆巻工法）

※2.先行して掘削する部分。

全《ぜん》断《だん》面《めん》掘《くっ》削《さく》工法

原則として導坑を掘削しないで，全断面を一度に掘削する工法。この工法は，地質が非常に安定しており土圧がほとんど作用しない場合に用いられる。したがって，小断面（30m²程度）トンネル以外はあまり使用されない。覆工は本巻工法となる。

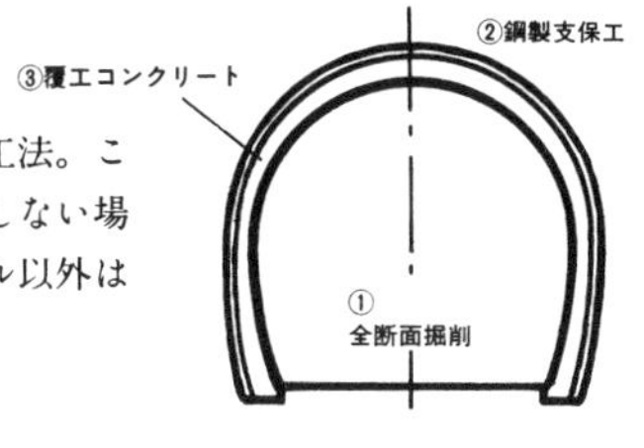
②鋼製支保工
③覆工コンクリート
①
全断面掘削

上《じょう》部《ぶ》半《はん》断《だん》面《めん》先《せん》進《しん》工法

トンネル断面が大きく，地質が比較的良好な，延長の短いトンネル掘削の標準工法である。この工法は図の様な施工方法で進める。そのため，覆工コンクリートは，アーチコンクリートを先に実施した後，側壁コンクリート施工となる。このような工法は逆巻工法と呼ばれる。

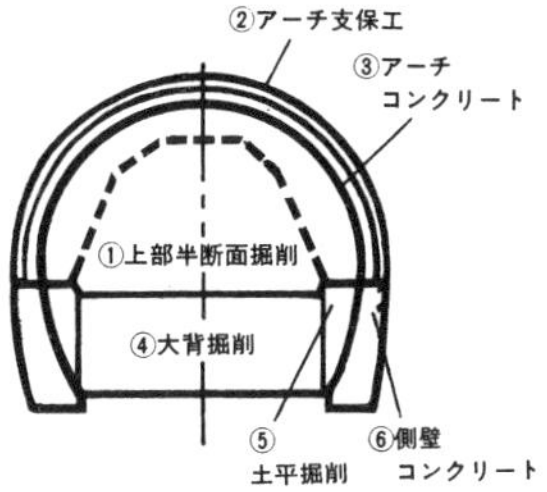
②アーチ支保工
③アーチ
コンクリート
①上部半断面掘削
④大背掘削
⑤
土平掘削
⑥側壁
コンクリート

側《そく》壁《へき》導《どう》坑《こう》先《せん》進《しん》上《じょう》部《ぶ》半《はん》断《だん》面《めん》工法

地質が軟弱な場合，両側の土平部を導坑として先進させる。次に導坑内に側壁コンクリートを打設し，アーチ部をリングカットし，鋼アーチ支《し》保《ほ》工《こう》を側壁コンクリートの上に建込み，できる限り早くアーチコンクリートを打設する。その後，残部を掘削する。※1 覆工は③⑥の順となるので，本巻工法となる。

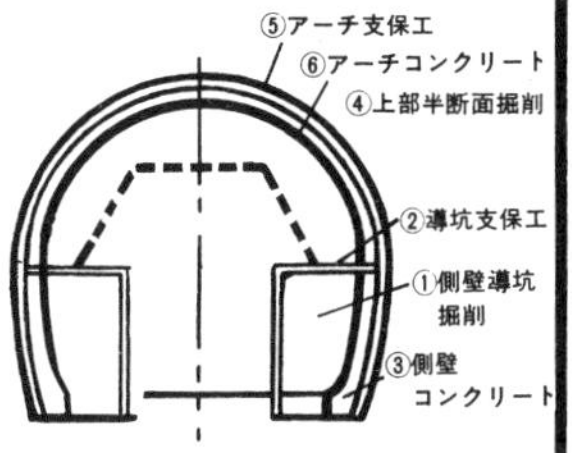
⑤アーチ支保工
⑥アーチコンクリート
④上部半断面掘削
②導坑支保工
①側壁導坑
掘削
③側壁
コンクリート

底《てい》設《せつ》導《どう》坑《こう》先《せん》進《しん》上《じょう》部《ぶ》半《はん》断《だん》面《めん》工法

底設導坑先進上部半断面工法は多く使用されている掘削方式である。地質の変化の激しい場合や，不時の出水のおそれのある場合などに適応した方式。図のような掘削順序となる。覆工は⑤⑧の順となり覆工方法は逆巻工法となる。※2

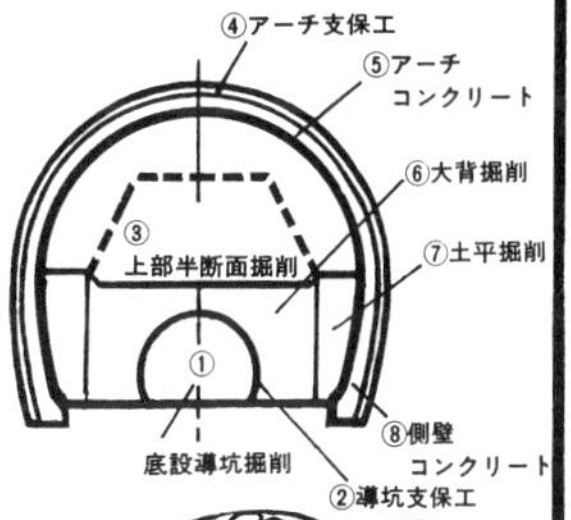
④アーチ支保工
⑤アーチ
コンクリート
⑥大背掘削
③
上部半断面掘削
⑦土平掘削
①
⑧側壁
コンクリート
底設導坑掘削
②導坑支保工

さて、掘削じゃが、種類としては上のようなものがある。また、掘削方式の選定は、トンネルの形状、大きさ、地質との関連があるんだよ。

※1.側壁部分の導坑を掘り進め，次に上《じょう》半《はん》大《おお》背《せ》を掘削する。また中小断面では大《おお》背《せ》を残しにくいため不適である。
※2.底設導坑は地質を確認するためのパイロットトンネルの役割をする。上部半断面掘削時の作業通路となるが，作業がさくそうする。

側壁導坑先進**リングカット**※1工法は、地質が軟弱で湧水《ゆうすい》が多量であっても、多くの場合2本の導坑の相互掘進ができ、鋼アーチ支保工の沈下がなくリングカットが容易で、残部《ざんぶ》の掘削に大型機械が使用でき、土平《なきば》の抜掘りが不要であるなどの利点があるね。

さて次に、トンネルの掘削に使用されるシールド工法について述べよう。
プァー

シールド工法は、発進基地《はっしんきち》の立坑《たてこう》よりシールドを押《お》し進《すす》め、トンネルを掘る工法で、その工程は次のとおりです。
立坑の掘削（築造《ちくぞう》）
↓
シールド搬入・組立
↓
シールド発進（推進）
↓
掘削・覆工
↓
裏込め注入

※1.切羽《きりば》の安定が悪い場合には，掘削断面を細分割《さいぶんかつ》することがあり，上半部を⌒のように掘削する場合をリングカットまたは核《かく》残しという。

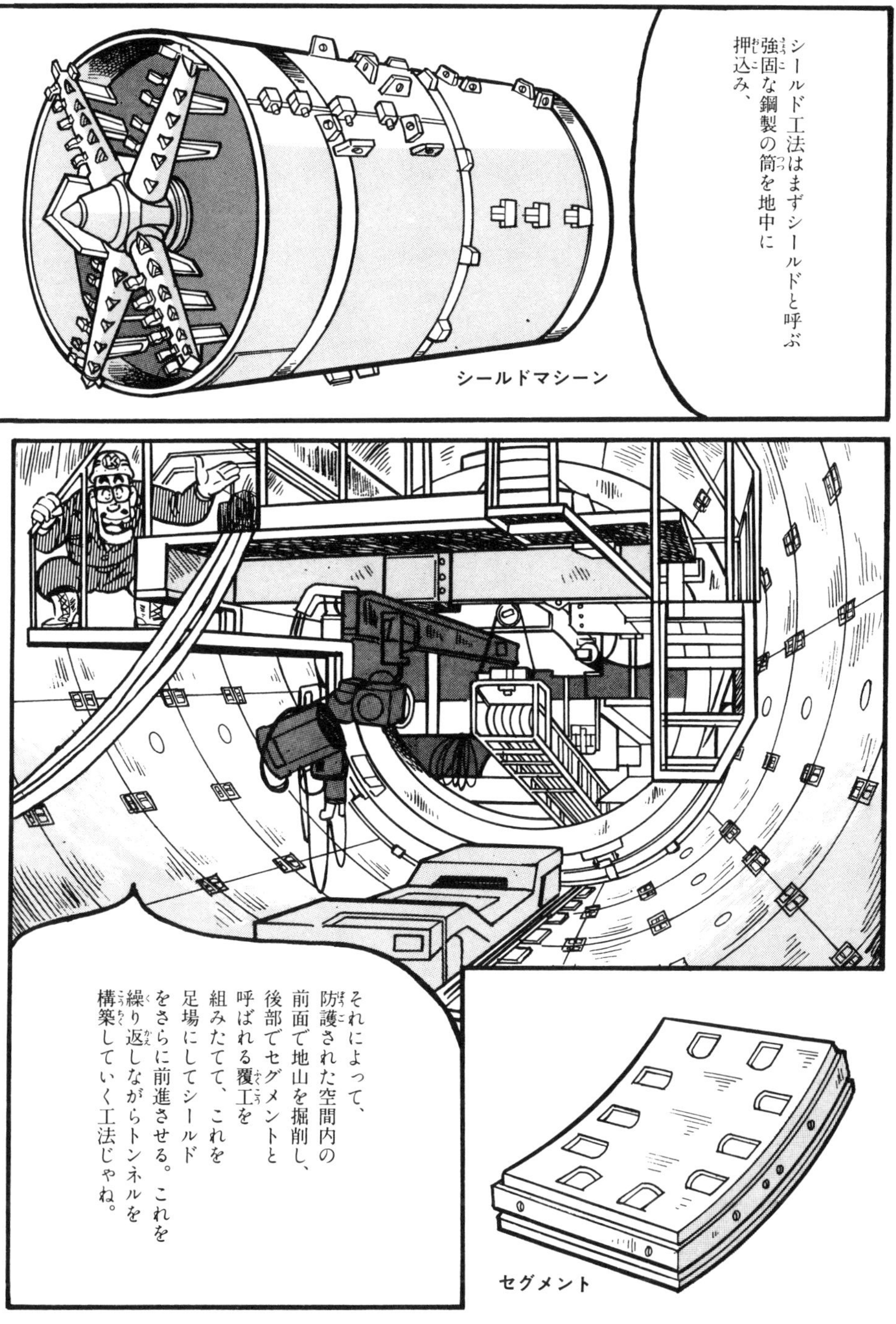
シールド工法はまずシールドと呼ぶ強固《きょうこ》な鋼製の筒《つつ》を地中に押込《おしこ》み、
シールドマシーン
それによって、防護《ぼうご》された空間内の前面で地山を掘削し、後部でセグメントと呼ばれる覆工《ふくこう》を組みたてて、これを足場にしてシールドをさらに前進させる。これを繰《く》り返《かえ》しながらトンネルを構築《こうちく》していく工法じゃね。
セグメント

シールド工法には、次のようなものがあります。

主なシールドの機種

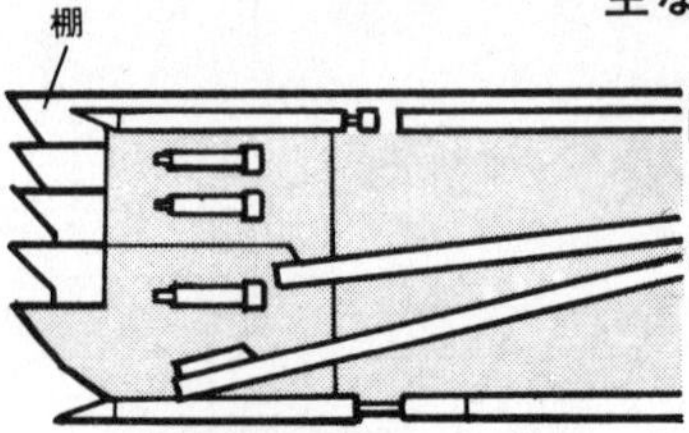
棚

開放型手掘りシールド

開放型《かいほうがた》手《て》掘《ぼ》りシールド：シールド本体と掘削，推進及びセグメント組立設備より成り，かなり軟弱な粘性土《ねんせいど》以外は使用可能。地下水位下を掘削する場合圧気工法《あっきこうほう》が用いられる。

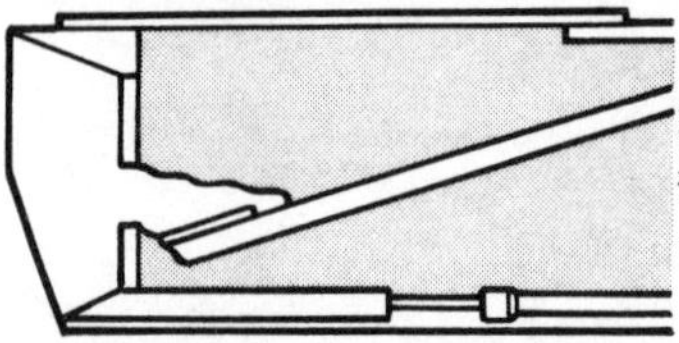

ブラインド式シールド

ブラインド（閉塞型《へいそくがた》手《て》掘《ぼ》り）シールド：シールド前面を閉塞し，閉塞面《へいそくめん》に小さい排土口《はいどこう》を設け土砂を取り込みながら推進する工法。かなりの軟弱《なんじゃく》な粘性土の場合にだけ使用される。

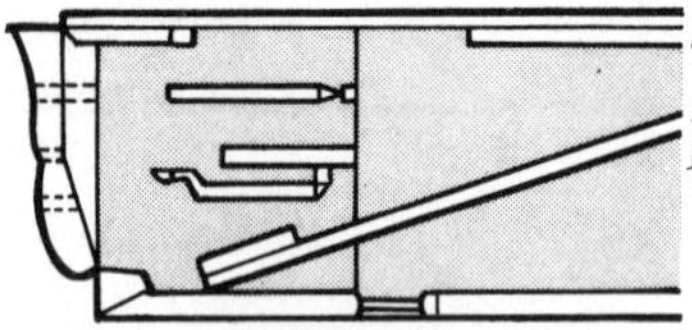

半機械掘りシールド

セミメカニカル（半機械《はんきかい》掘《ぼ》り）シールド：開放型手掘シールドにショベル，カッターローダなどの掘削機を取付け，切羽《きりは》の掘削と処理を行う。

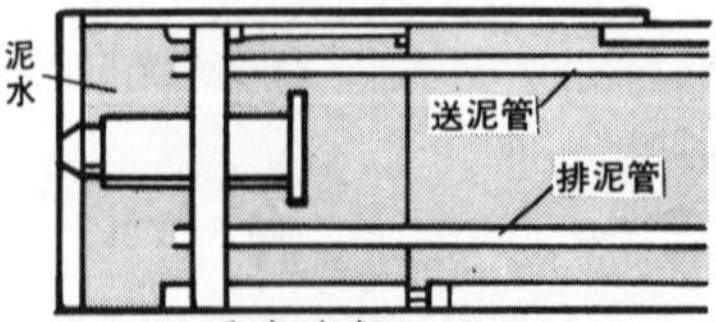
泥水
送泥管
排泥管

泥水加圧《でいすいかあつ》シールド

泥水加圧《でいすいかあつ》シールド：泥水《でいすい》を切羽に加圧《かあつ》し安定させながらカッターホイールを回転させ掘削する工法。メカニカルシールドの一種。※1

※1.メカニカルシールド：シールド前面のカッターホイールを回転させ切羽の掘削を行う工法。同一地質に適する。

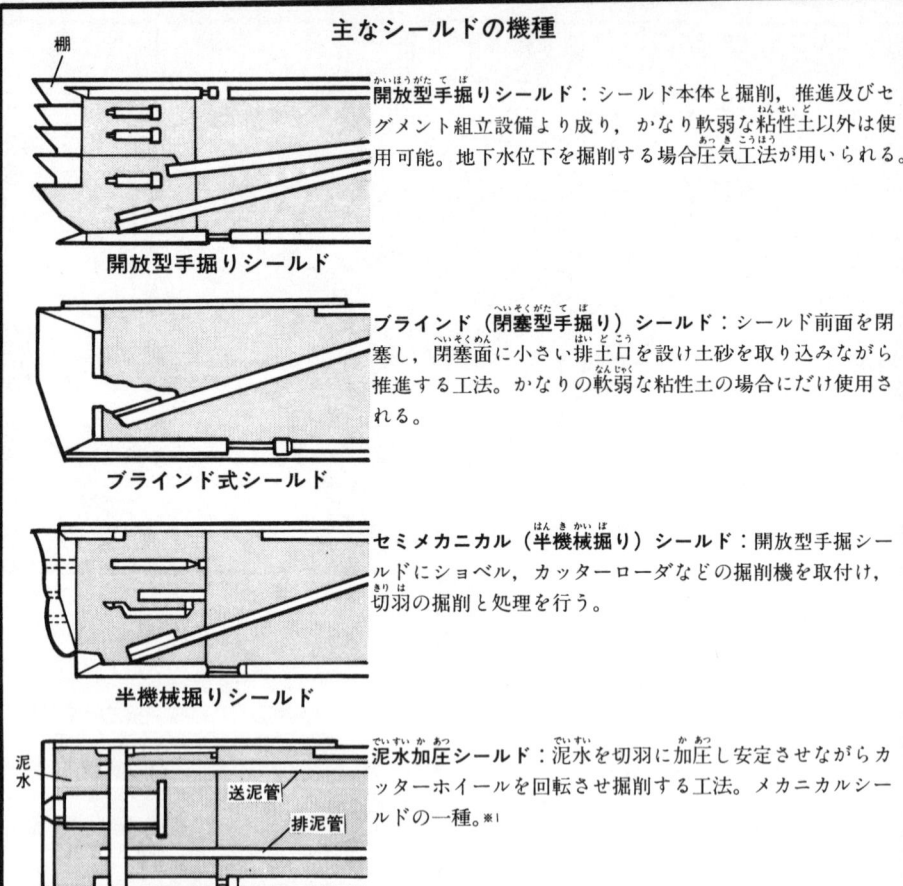

シールド工法の長所と短所としては、次のようなものがあげられます。
長　所
●安全性が高い。
●セグメントの品質が確保できる。
●深いトンネル可能，軟弱地盤《なんじゃくじばん》，埋設物《まいせつぶつ》の多い時は経済的である。
●路面交通《ろめんこうつう》，騒音・振動等の周辺住民《しゅうへんじゅうみん》に及ぼす影響が少ない。
●河底横断《かていおうだん》，工作物の横断が可能。
短　所
●地盤沈下《ちばんちんか》，埋設物《まいせつぶつ》に損傷《そんしょう》を与える。
●酸欠《さんけつ》空気の発生，井戸の水枯《みずがれ》の発生。
●立坑付近《たてこうふきん》で集中的に騒音《そうおん》，振動《しんどう》が発生する。
●地質の変化に対応しにくい。
シールドトンネルの断面形が円形である理由
●外圧に対して最も安定している。
●推進や覆工組立等の作業がしやすい。
●シールドが回転しても断面利用上支障がない。
シールドトンネルの断面形が円形なのは、上のような理由からなんじゃよ。
シールド掘進《くっしん》を行う場合、切羽《きりは》面からの湧水や崩壊《ほうかい》によって、工事に支障《ししょう》をきたすことがあり、またこれに伴《ともな》って地盤沈下《じばんちんか》を起し、地上の構造物や、地下埋設物《まいせつぶつ》に被害《ひがい》を与える場合がある。

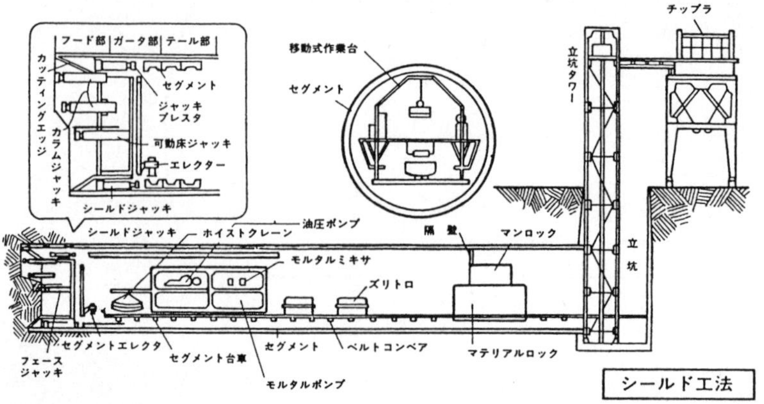
フード部
ガータ部
テール部
カッティングエッジ
カラムジャッキ
セグメント
ジャッキ
プレスタ
可動床ジャッキ
エレクター
シールドジャッキ
移動式作業台
セグメント
チップラ
立坑タワー
シールドジャッキ
ホイストクレーン
油圧ポンプ
隔　壁
マンロック
立
坑
モルタルミキサ
ズリトロ
セグメントエレクタ
フェース
ジャッキ
セグメント台車
セグメント
ベルトコンベア
マテリアルロック
モルタルポンプ

シールド工法

地山安定処理《ちやまあんていしょり》の一つに圧気《あっき》工法があるが、※1通気性《つうきせい》の大きい地盤では漏気《ろうき》が多く、圧力を高くした場合、空気の逃げ道が簡単に形成されて大量の漏気から爆発へと進行する危険性が高く、通気性の低い地盤でこの工法は効果的であるね。
通気性の地盤
圧気工法

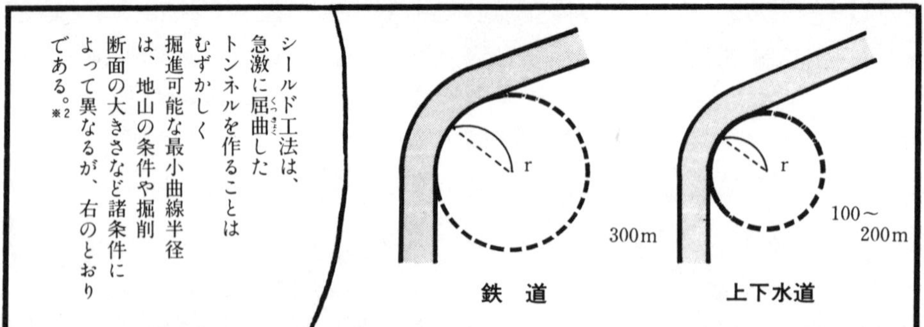
シールド工法は、急激に屈曲《くっきょく》したトンネルを作ることはむずかしく掘進可能な最小曲線半径は、地山の条件や掘削断面の大きさなど諸条件によって異なるが、右のとおりである。※2
r
300m
鉄　道
r
100～
200m
上下水道

※1. この工法は，切羽面の地下水圧に対応した圧縮空気を切羽に加えて地山の安定を図る方法である。圧気の効果としては湧水阻止《ゆうすいそし》が最も顕著な作用である。このほか地山安定処理工法としては，薬液注入工法，地下水位低下《ちかすいいていか》工法（ウエルポイント工法，ディープウエル工法，パイロットトンネル工法)，注入《ちゅうにゅう》工法，凍結《とうけつ》工法などにより，地山の安全を図り，工事を安全に進める。

※2. 線形は，シールドの推進における施工法等の面からできるだけ直線になるようにする。条件や支持物件等でやむを得ず曲線部を設ける場合でも，できるだけ大きな曲線にする。

シールド工法は、立て坑からシールドを発進し、※1掘削土の搬出や、必要《ひつよう》資材《しざい》の搬入もすべて地上部では立て坑から行うので、立坑以外の作業はほとんどないんじゃね。
シールド工法はシールドのコストが高い上に、後方《こうほう》設備《せつび》や基地《きち》面積《めんせき》などを充実する必要があることから、採用にあたってはよく検討する必要があるんじゃよ。※2
さて、最後は、NATM工法についてちょっと触れておこう。この工法はトンネル周辺《しゅうへん》地山《ちやま》を吹き付けコンクリート、ロックボルトなどで早期に支保し、地山自身が、持っている強度を発揮させる工法で、
比較的薄肉で、水密性《すいみっせい》の高い覆工ができ、防水効果が高いんじゃね。
ガラ
ガラ

※1.「シールド」工法では，立て坑以外は地上の開削《かいさく》が必要ない。したがって，河底《かてい》横断《おうだん》や他の工作物と交差する場合は，クリヤーすることが容易。

※2.施工延長が短い場合は割高になる。

あら⁉
つ、つぎはトンネルの支保工と覆工について、もう少し詳しく説明するぞォ！

memo

※気になった箇所などを書き留めておきましょう

トンネル工事

トンネルの支保工・覆工

学習の要点

①トンネルの掘削と爆破作業における注意事項を覚えよう
②鋼アーチ支保工の施工上の留意点は何か
③ロックボルトに関する知識を深めよう
④覆工コンクリートについて理解しよう

爆破作業についてては、3章法規の火薬類《かやくるい》取締法《とりしまりほう》を参照していただきたいが、
ここでもう少し触れておきましょう。
バラ
バラ
バラ

火薬は、全《ぜん》せん孔《こう》が終了してから装《そう》てんします。
また爆破順序を間違えないよう親《おや》ダイナマイトを装てんすることが大切です。
1人の点火数が同時に5以上のときは、※1 発破時計《はっぱどけい》、捨《す》て導火線《どうかせん》などの退避時期《たいひじき》を知らせる物を使用します。
発破時計
捨て導火線
1人の点火数5つ以上
また、不発のときの確認は、電気雷管《でんきらいかん》で5分、その他で15分経過後実施します。
5分
電気雷管
その他
15分
次に**支保工**《しほこう》ですが、支保工とは掘削から覆工完了までの地山を支持する仮設物《かせつぶつ》のことで、鋼アーチ支保工は、覆工コンクリートと共同で土圧《どあつ》を支持する永久構造物《えいきゅうこうぞうぶつ》です。※2
建込《たてこ》み間隔《かんかく》は150cm以下を標準とし、材質はSS400程度のH型鋼を用い、
H 鋼
SS400
H鋼
150cm以下
支保工と地山の間に、くさびを打込み、**クラウン**と**スプリング**には必ず打込みます。※3
支保工
クラウン
くさび
スプリング
地山
くさび

※1. 1人の連続点火数は導火線による場合では，その長さによって決められている。下巻法規「火薬類取締法」の項 を参照。

※2. アーチ支保工《しほこう》は在来《ざいらい》の木製支柱式支保工《もくせいしちゅうしきしほこう》に比べて，内空《ないくう》に支柱などを必要としないから，作業空間を大きくとれ，せん孔《こう》，ずり処理などの作業に大型の機械を使用することができる。このようなことから，トンネルの掘進速度《くっしんそくど》や覆工の施工速度《せこうそくど》を向上させることができ，工期の短縮がはかれる。

※3. 支保工材に沿って120 cm程度以下の間隔となるように，かつ円周部《えんしゅうぶ》については，中心角度30°について1個以上となるように入れるのを標準とする。そして，確実に締めうるようにしておかなければならない。

鋼《こう》アーチ支保工の建込みにあたっては、支保工相互《そうご》のつなぎボルトや内梁《うちばり》を十分締めつけなければなりません。

鋼アーチ支保工を用いる場合、掘削にあたり、矢板を掛《か》け矢板で施工するか、縫地《ぬいち》で施工するかによって、支保工を設計巻厚《せっけいまきあつ》線内《せんない》に入れるか、線外《せんがい》とするかが違ってきます。※1

設計巻厚線の内側には、木材などの覆工の強度を害するようなものが入っていてはならず、掘削線《くっさくせん》を定めたり、支保工を設計する場合には、覆工の設計巻厚※2の確保を考えて計画され、くさびなどの木はずし作業は必要ありません。
また、最小巻厚線と設計巻厚線は、必ず支払い線の内側にこなければなりません。右の図は、掛《か》け矢板《やいた》を用いた施工の場合の例です。

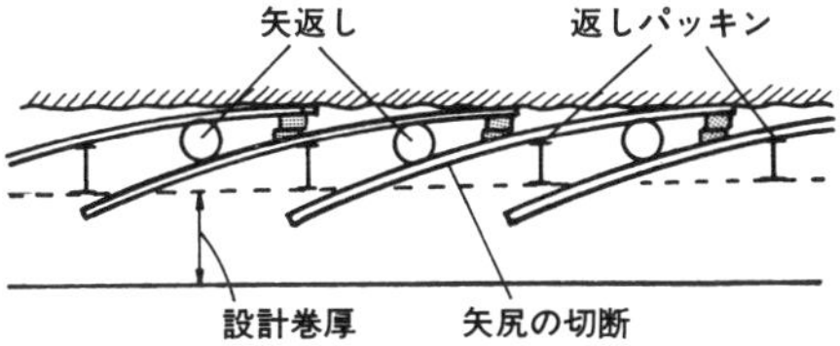
矢返し
返しパッキン
設計巻厚
矢尻の切断

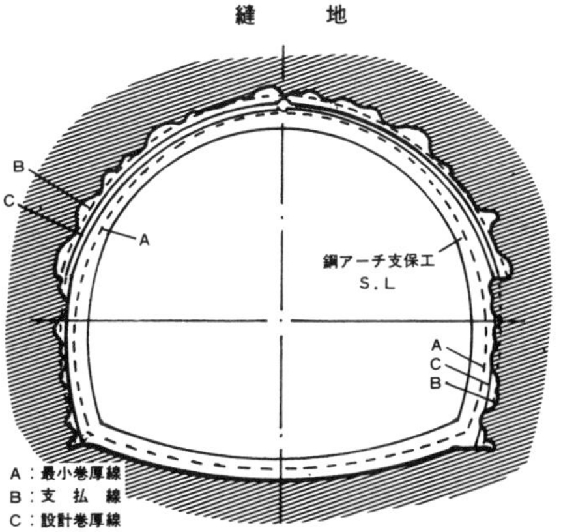
縫　地
B
C
A
鋼アーチ支保工
S.L
A
C
B
A：最小巻厚線
B：支払線
C：設計巻厚線

※1. 掛《か》け矢板《やいた》の場合は，支保工鋼材は設計巻厚線内に入れるのが通例である。この場合，支保工の木製内ばりは覆工施工前に取りはずさなければならない。

※2. 覆工の設計巻厚はコンクリート強度との関係のみで決まるのではなくトンネル幅のほか，地質，土圧，覆工材料，施工方法などを考慮し定める必要がある。しかし，現状では外力としての荷重，特に土圧《どあつ》の状態や覆工の力学的な働きなどにおいてまだ明らかでない点が多く，合理的な覆工の設計法は確立されていない。

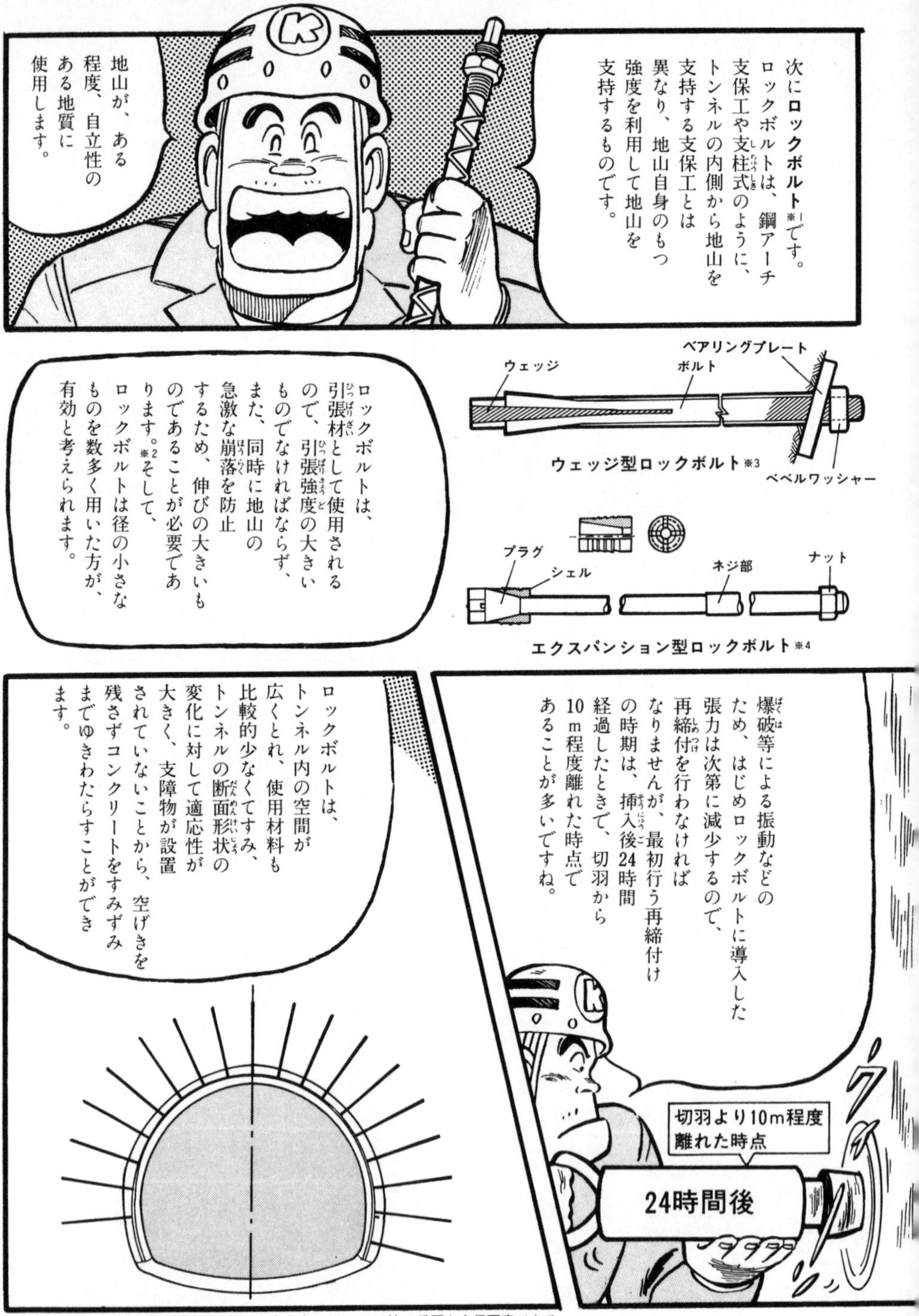
次にロックボルト※1です。ロックボルトは、鋼アーチ支保工や支柱式《しちゅうしき》のように、トンネルの内側から地山を支持する支保工とは異なり、地山自身のもつ強度を利用して地山を支持するものです。
地山が、ある程度、自立性のある地質に使用します。
ベアリングプレート
ウェッジ
ボルト
ウェッジ型ロックボルト※3
ベベルワッシャー
プラグ
シェル
ネジ部
ナット
エクスパンション型ロックボルト※4
ロックボルトは、引張材《ひっぱりざい》として使用されるので、引張強度《ひっぱりきょうど》の大きいものでなければならず、また、同時に地山の急激な崩落《ほうらく》を防止するため、伸びの大きいものであることが必要であります。※2そして、ロックボルトは径の小さなものを数多く用いた方が、有効と考えられます。
爆破《ばくは》等による振動などのため、はじめロックボルトに導入した張力は次第に減少するので、再締付《しめつけ》を行わなければなりませんが、最初行う再締付けの時期は、挿入後《そうにゅうご》24時間経過したときで、切羽から10m程度離れた時点であることが多いですね。
切羽より10m程度離れた時点
24時間後
ロックボルトは、トンネル内の空間が広くとれ、使用材料も比較的少なくてすみ、トンネルの断面形状《だんめんけいじょう》の変化に対して適応性が大きく、支障物が設置されていないことから、空げきを残さずコンクリートをすみずみまでゆきわたらすことができます。

※1. ロックボルトは，吹付けコンクリートとともにNATM工法の重要な支保要素である。
※2. わが国では，ロックボルトに関する規格《きかく》はつくられていないが，径は使用実績によると22～25㎜のものが多い。
※3. ボルト先端切込みを，ウェッジが押し広げてアンカーする。
※4. ボルト先端のシェルをプラグまたはコーンが押し広げて孔壁面に圧着してアンカーする。

トンネルの覆工《ふくこう》※1は、現場打ち無筋《むきん》コンクリートが一般に用いられ、坑口《こうぐち》や地質の悪いところでは、鉄筋コンクリートが用いられます。
覆工用コンクリートの設計《せっけい》基準《きじゅん》強度《きょうど》、スランプ値はこのとおりです。
設計基準強度
18～24MPa
スランプ
アーチ部　12～８cm
側壁部　５～８cm位
覆工コンクリートの運搬は、運搬中における材料の分離や、損失、スランプの減少が最小な運搬方法を選ぶ必要があり、トンネル内では原則として、アジテータ付運搬車を使用します。
一区画のコンクリートは連続して打込み、アーチ頂部《ちょうぶ》、矢板《やいた》の裏などは入念《にゅうねん》に施工します。
覆工が所定《しょてい》の強度に達したら、直ちに裏込め注入《ちゅうにゅう》をおこないます。

※1. トンネル周壁《しゅうへき》の崩壊《ほうかい》を防ぎ，地山を安全に支持するため，内部をコンクリートで保護するもの。

裏込め注入
強度1MPa程度
ドクドク
ドクドク
覆工コンクリートを打設《だせつ》する際に、あらかじめ注入管《ちゅうにゅうかん》を設置しておき、覆工コンクリートの硬化後できるだけ早く、グラウトポンプなどを用いてモルタル等を圧入して裏込《うらご》め注入を行います。※1
地質が不良で側圧《そくあつ》が作用するとか、土被《どかぶ》りが薄くて偏圧《へんあつ》を受ける場合には、インバートコンクリートを打設して覆工を円に近い閉合断面《へいごうだんめん》とします。
インバート
プシューッ
掘削直後吹付けにより岩盤面《がんばんめん》に密着させた薄いコンクリートは、地山表層《ちやまひょうそう》岩石《がんせき》と協同して、それより奥の地山のひびわれの発達を防ぐとともに、風化《ふうか》防止にも有効です。※2
さて、トンネルを抜けると、そこは……

※1.これは覆工裏《ふくこううら》の空《くう》げきをなすすために注入するのである。空げきが残ると地山のゆるみが広がり，土圧を増大させる原因となる。
注入はコンクリートと地山の間の空げきを満たすという目的から，強度は1MPa（10kgf/㎠）程度のものでよい。

※2.吹付けの厚さは5～10㎝程度のものが多い。

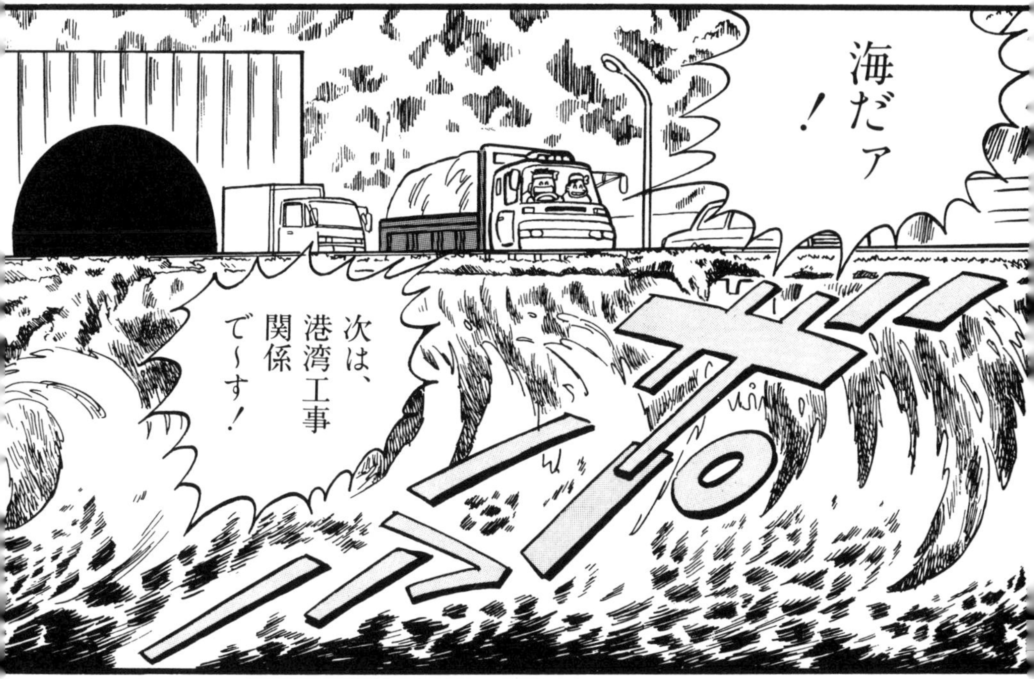
海だァ！
次は、港湾工事関係で〜す！

memo

※気になった箇所などを書き留めておきましょう

港湾工事

海岸堤防

学習の要点

①堤防各部の名称を覚えよう
②各工種について理解を深めよう
③堤防の形式について理解しよう
④港湾の工事用基準面とは何か
⑤浸食対策工法にはどのような工法があるか

わが国は海岸線が長く、人口が沿岸部に集中しているので、高潮や津波を防ぐため、一般的に海岸堤防を設けます。
海岸堤防を施工する場合、問題となるのが海の潮位です。

潮差※1は、太平洋側では大きく、
日本海側では小さくなります。
太平洋
日本海

※1.干潮と満潮のときの潮位の差。

瀬戸内海や、有明海では、特に大きな潮差が生じます。
台風などによる異常潮位《いじょうちょうい》、高潮《たかしお》は、太平洋沿岸で内陸に深く切り込んだ、大きな浅い内湾《ないわん》に発生しやすく、
台風の風は、台風中心に向かって反時計まわりに吹き込むので、台風コースの東側で南に面した湾で、高潮が発生しやすいですね。※1
さて、このような高潮や波浪《はろう》、津波《つなみ》による海水の浸入や、土砂の流出を防ぎ、海岸を守るのが**海岸堤防《ていぼう》**で、また、**護岸《ごがん》**は浸食《しんしょく》を防ぐことを目的としています。

※1.海岸近くまで深海《しんかい》がせまっている海岸の高潮は，浅海《せんかい》に配している海岸の高潮より小さい。

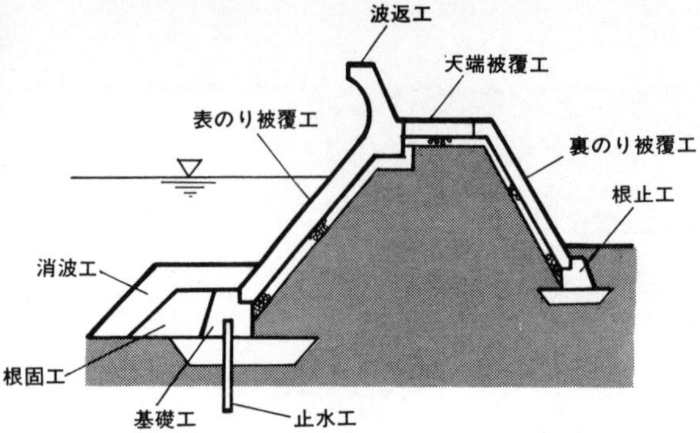
波返工
天端被覆工
表のり被覆工
裏のり被覆工
根止工
消波工
根固工
基礎工
止水工

海岸堤防は、外力に対して安定でなければなりません。外力に抵抗するのは**堤体《ていたい》**、**表のり被覆工《ひふくこう》**、**天端《てんば》被覆工《ひふくこう》**、**根固《ねがた》め工**、**基礎工**、**裏《うら》のり被覆工《ひふくこう》**です。越波した海水により、堤体《ていたい》土《と》砂《しゃ》が流出して堤体の破壊が起こらぬよう、三面張が原則で、これらが一体となって機能を発揮するようになっています。

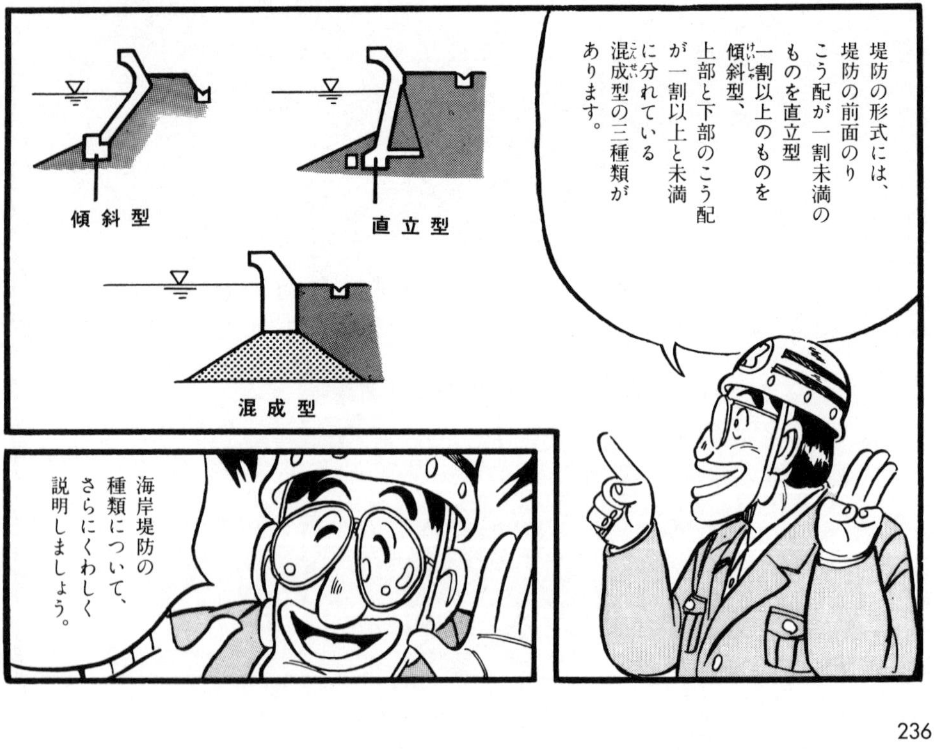
堤防の形式には、堤防の前面のりこう配が一割未満のものを直立型一割以上のものを傾斜《けいしゃ》型、上部と下部のこう配が一割以上と未満に分れている混成《こんせい》型の三種類があります。
傾斜型
直立型
混成型
海岸堤防の種類について、さらにくわしく説明しましょう。

表《おもて》のり被覆工《ひふくこう》

表のり被覆工は堤防の主体となる堤体を保護し，堤体の一部となって高潮，波等の浸入を防止する堤防の主要部である。堤体と一緒になって土圧等の外力に対抗し，波浪《はろう》等による浸食等に耐え，堤体土砂《ていたいどしゃ》の流出を防ぐためのもので，強固で安全な構造としなければならない。通常コンクリートと鉄筋コンクリートで作られる。※1コンクリートブロック張による表のり被覆工は，砂浜の欠壊《けっかい》対策を考慮しなければならない場合などに用いられる。※2

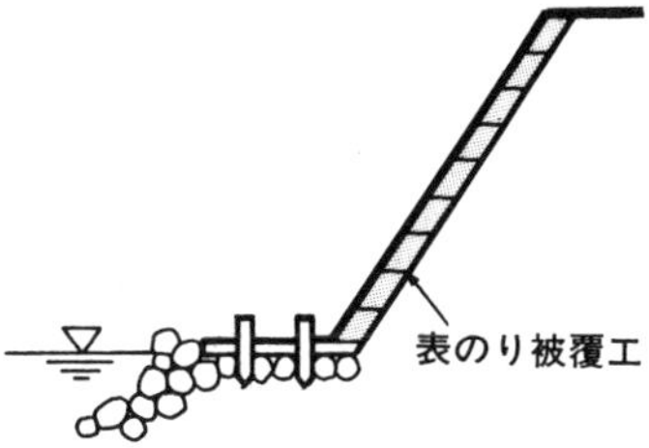

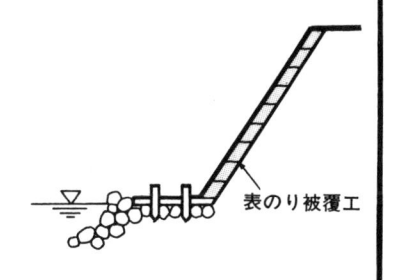

天端《てんば》・裏《うら》のり被覆工《ひふくこう》

越波による堤体土砂の流出を防止するための被覆。
覆材は，コンクリート・アスファルト※3など。

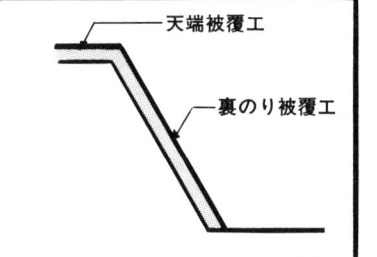

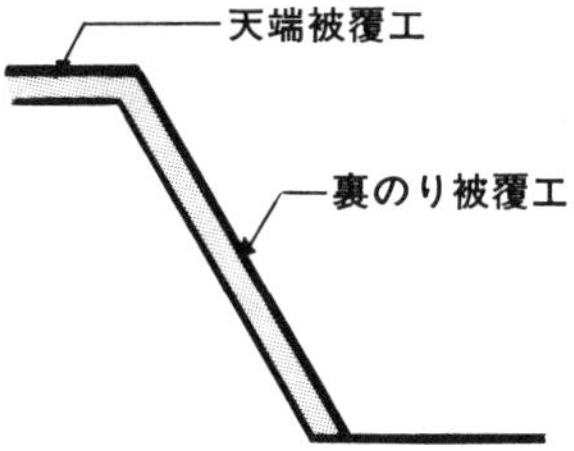

根《ね》固《がため》工《こう》

表のり被覆工の下部又は基礎工を保護し，表のり前面の地盤の洗掘《せんくつ》を防止する。また，堤体の滑動《かつどう》を防止する。

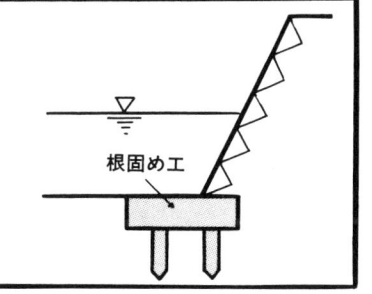

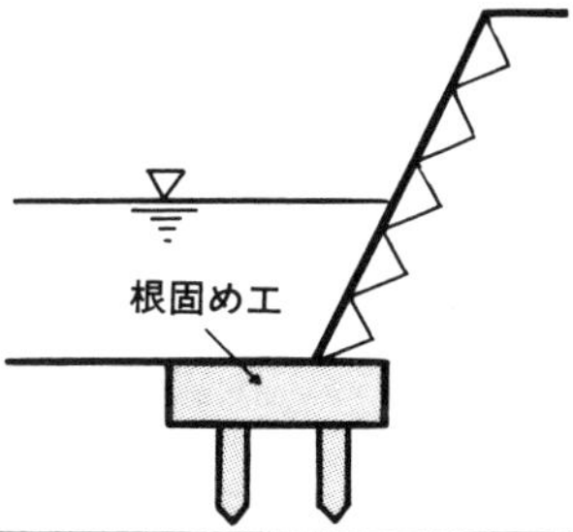

根《ね》止《ど》め工《こう》

堤防の裏のりの移動沈下《いどうちんか》等を防ぎ，またのり尻《しり》を保護するために，裏のり尻には原則として根止め工を設ける必要がある。またのり尻部に排水工を設ける場合，根止め工と排水工を兼用すると根止め工としての機能に不安があるので避けたほうがよい。

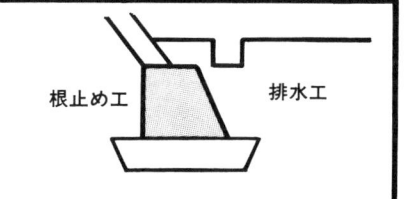

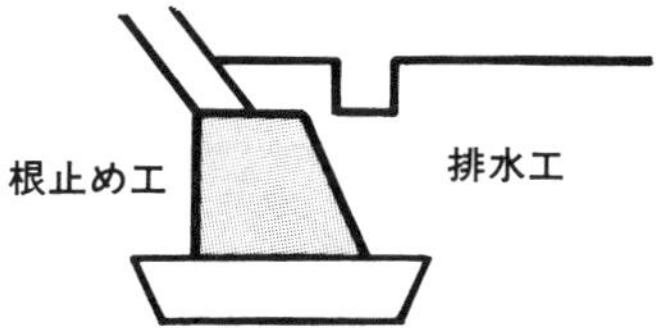

波《なみ》返《かえし》工

越波《えつは》やしぶきを防止するために表のり被覆工の延長として設けられる。堤体と一体となるよう施工する。

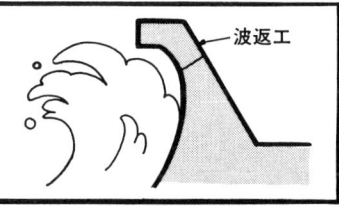

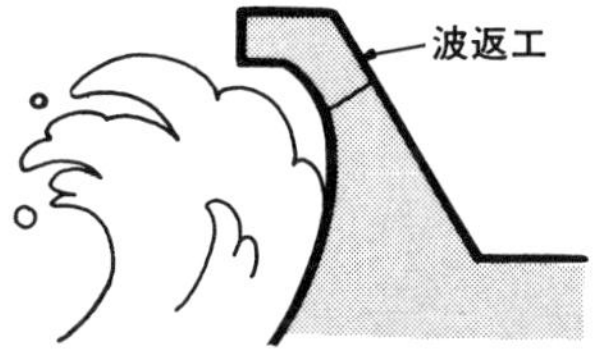

※1. 割《わり》ぐり石工《いしこう》等空隙《くうげき》の多いものをコンクリート，または鉄筋コンクリート等の裏込めとしては使用すべきではない。
※2. 主なる特徴としては，凹凸のある斜面で遡上《そじょう》してくる波をある程度消波《しょうは》させるとともに，波の一部を浸透させるため，のり面におけるもどり流れの流速と水量を減少させることができるという点である。
※3. アスファルト被覆工《ひふくこう》は勾配《こうばい》の緩《ゆる》い場合に用いられ，軟弱地盤《なんじゃくじばん》等堤体盛土《ていたいもりど》が安定しないうちに被覆しなければならないような特殊な場合に用いる。

堤《てい》体《たい》盛土《もりど》は、十分締固めても、※1ある程度時間が経過《けいか》すると収縮沈下《しゅうしゅくちんか》し、被覆工が損傷《そんしょう》する恐れがあります。
これらを避けるために、盛土が十分収縮沈下《しゅうしゅくちんか》した後、被覆工を施工することが望ましいですね。※2

さて、浸食についてですが、浸食の直接的な要因としては河川《かせん》の上流におけるダム建設、砂防工事《さぼうこうじ》、あるいは砂、砂利採取《さいしゅ》のため、河川排出土砂量《かせんはいしゅつどしゃりょう》が大きく減少してきて、河口部の扇状沖積地《せんじょうちゅうせきち》が浸食される場合が多く、
ザザ
隣接《りんせつ》海岸への土砂補給《どしゃほきゅう》も必然的に減少するので、広い範囲の海岸に影響を与えています。※3

海岸における浸食対策工法としては、次のようなものがありまーす。
ザパ

浸食対策工法	
養浜工《ようひんこう》	砂そのものを直接的に補給。
導流堤《どうりゅうてい》	河口閉塞《へいそく》防止。
突堤離岸堤《とっていりがんてい》	漂砂《ひょうさ》の移動阻止《そし》。
護岸堤防	海岸線の後退を許すことができないとき。
根固め工	洗掘防止。

※1.堤防に使用する盛土は十分締固めなければならない。それには多少粘土を含む砂質の土が最もよく締固めに適している。

※2.ただし盛土して直ちに被覆しなければならない場合もあり，この場合は仮被覆を行い，越波等に備える必要がある。

※3.一般に海岸の砂浜は，波や流れなどの外力に対して長い期間にわたって安定な方向に向かうという性質を持っている。この移行《いこう》の過程で浸食や堆積《たいせき》の現象があらわれてくる。

潮位《ちょうい》間の関係
既往最高潮位《きおうさいこうちょうい》
朔望平均満潮位《そぼうへいきんまんちょうい》
H.W.L
平均潮位
M.S.L
東京湾平均海面
T.M.S.L
朔望平均干潮位《そぼうへいきんかんちょうい》
L.W.L
基本水準面
C.D.L
観測《かんそく》基準面
D.L
最後に、港湾《こうわん》工事用基準面は、港湾施設《こうわんしせつ》の計画、設計、施工などに際し、基本となる基準面で船舶《せんぱく》の航行《こうこう》上必要な水深の表示の基準面と、工事用基準面との関係を明確にしておく必要上、基本水準面を採用するよう定められています。
これは、それぞれの基準となるものの一覧表です。※1

※ 1. 陸地の標高や河川の基準面は「東京湾平均海面（T.M.S.L）」、また海図や港湾工事の基準面は「基本水準面（C.D.L）」を用いる。

memo

※気になった箇所などを書き留めておきましょう

港湾工事

防波堤と係留施設

学習の要点

①防波堤の種類を覚えよう
②消波工に関する知識を深めよう
③係留施設とは何か
④ケーソン堤について理解しよう
⑤鋼矢板岸壁の施工について理解しよう

防波堤《ほうはてい》は大きく分けると、
直立堤《ちょくりつてい》、傾斜堤《けいしゃてい》、混成堤《こんせいてい》の3種類があります。

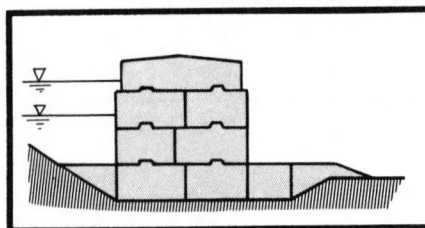

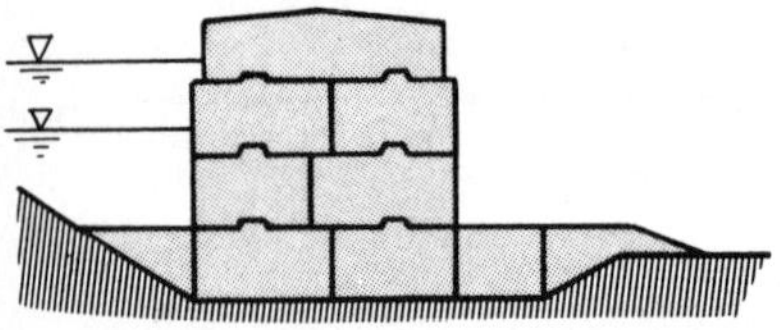

●直立堤《ちょくりつてい》

両側面をほとんど鉛直に仕上げた壁体を海底に設置したもので，波による洗掘のおそれがない地盤の堅固な場所に施工される。※1

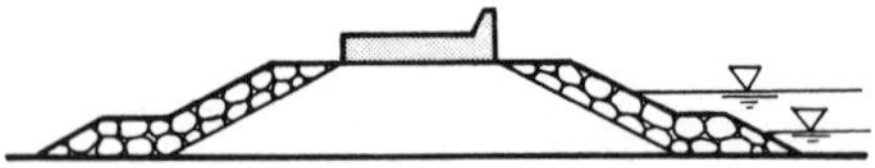

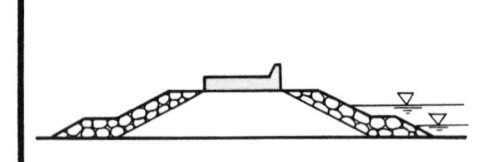

●傾斜堤《けいしゃてい》

割石やコンクリートブロックを台形に積んだもので，比較的水深の浅い波の大きくない場所に用いられる。漂砂については陸地から沖合に巻出し工法をとる場合に十分な配慮をしないと，多量の土砂により港内が埋《まい》没《ぼつ》するおそれがある。

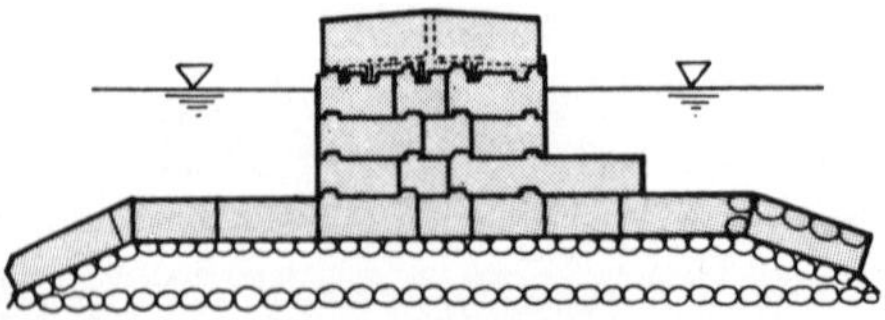

●混成堤《こんせいてい》

下部を捨石による傾斜堤とし，その上に直立堤をのせたもので，直立堤と傾斜堤の両者の特徴をかね，水深の深い，比較的軟弱な場所に施工される。この場合捨石部の天端が高くなると，水深が深い場所では，砕波《きいは》による衝撃的《しょうげきてき》波力《はりょく》が直立部に作用する。

※1.前面の波のエネルギー集中が生じ洗掘力が大きくなる。

それぞれの防波堤の長所と短所は、右のとおりです。

防波堤の形式別の長所・短所

	長所	短所
直立堤	①使用材料が比較的少量である。 ②底面の幅が狭くてすむ。 ③堤体を透過する波,漂砂を防止できる。	①底面反力大,波による洗掘のおそれがあり,堅固な基礎地盤が必要。 ②反射波が多い。
傾斜堤	①海底地盤の凹凸に関係なく施工可能。 ②軟弱地盤にも適用できる。 ③波による洗掘に対し順応性がある。 ④施工設備が簡単で工程が単純である。 ⑤補修が容易。 ⑥反射波が少なく,付近の海面を乱さない。	①比較的多量の材料を要し,工期が長い。 ②維持,補修費がかかる。 ③広い底面の幅が必要。 ④堤体を透過する波,漂砂が比較的多い。
混成堤	①水深の大きい箇所,比較的軟弱な地盤にも適する。 ②捨石部と直立部の高さの割合を操作して,経済的な断面とすることが可能。 ③堤体を透過する波,漂砂が少ない。	①直立部と捨石部の境界付近に波力が集中して洗掘を生じ易い。 ②構造が複雑になるため,施工法および施工設備が多様になる。

- 防波堤
  - 傾斜堤
    - 捨石式傾斜堤
    - 捨ブロック式傾斜堤
  - 直立堤
    - ケーソン式直立堤
    - ブロック式直立堤
    - セルラーブロック式直立堤
    - コンクリート単塊式直立堤
  - 混成堤
    - ケーソン式混成堤
    - ブロック式混成堤
    - セルラーブロック式混成堤
    - コンクリート単塊式混成堤
  - 消波ブロック被覆堤
  - 特殊防波堤※1

このほか消波工《しょうはこう》を持つ防波堤などがあり、細かく分類すると、左のようになります。

防波堤の基礎地盤改良工法には、下のようなものがあります。

●置換《ちかん》工法　●サンドドレーン工法　●載荷圧密《さいかあつみつ》工法　●沈床《ちんしょう》工法

※1.鋼管防波堤は新しい方式で比較的波の小さい軟弱地盤の場所に用いられる。

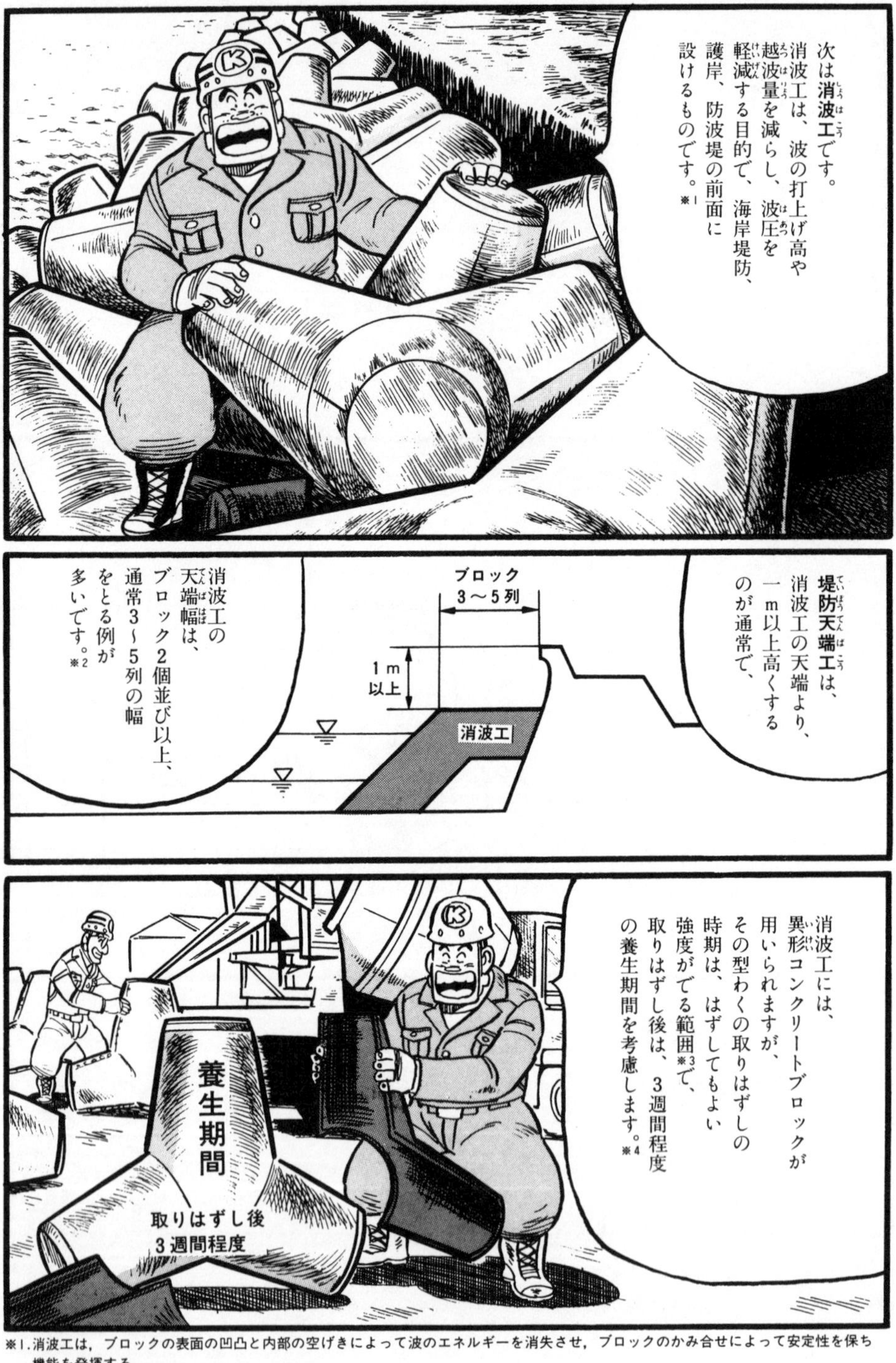
次は消《しょう》波《は》工《こう》です。
消波工は、波の打上げ高や越《えっ》波《は》量《りょう》を減らし、波《は》圧《あつ》を軽《けい》減《げん》する目的で、海岸堤防、護岸、防波堤の前面に設けるものです。※1
堤《てい》防《ぼう》天《てん》端《ば》工《こう》は、消波工の天端より、一m以上高くするのが通常で、
消波工の天《てん》端《ば》幅《はば》は、ブロック2個並び以上、通常3～5列の幅をとる例が多いです。※2
ブロック
3～5列
1m
以上
消波工
消波工には、異《い》形《けい》コンクリートブロックが用いられますが、その型わくの取りはずしの時期は、はずしてもよい強度がでる範囲※3で、取りはずし後は、3週間程度の養生期間を考慮します。※4
養生期間
取りはずし後
3週間程度

※1.消波工は，ブロックの表面の凹凸と内部の空げきによって波のエネルギーを消失させ，ブロックのかみ合せによって安定性を保ち機能を発揮する。

※2.これは波《は》高《こう》や周期の大きい波の来《らい》襲《しゅう》する場所ほど大きい。

※3.一般コンクリート打設後3日～4日。

※4.コンクリート打込み後は，低温，急激な温度変化，乾燥等の有害な影響をうけないよう十分養生しなければならない。

異形コンクリートブロックの運搬、据付《すえつ》けにあたっては、努めて振動《しんどう》、衝撃《しょうげき》の少ない方法で行い、かみ合せよく設置しなければなりません。

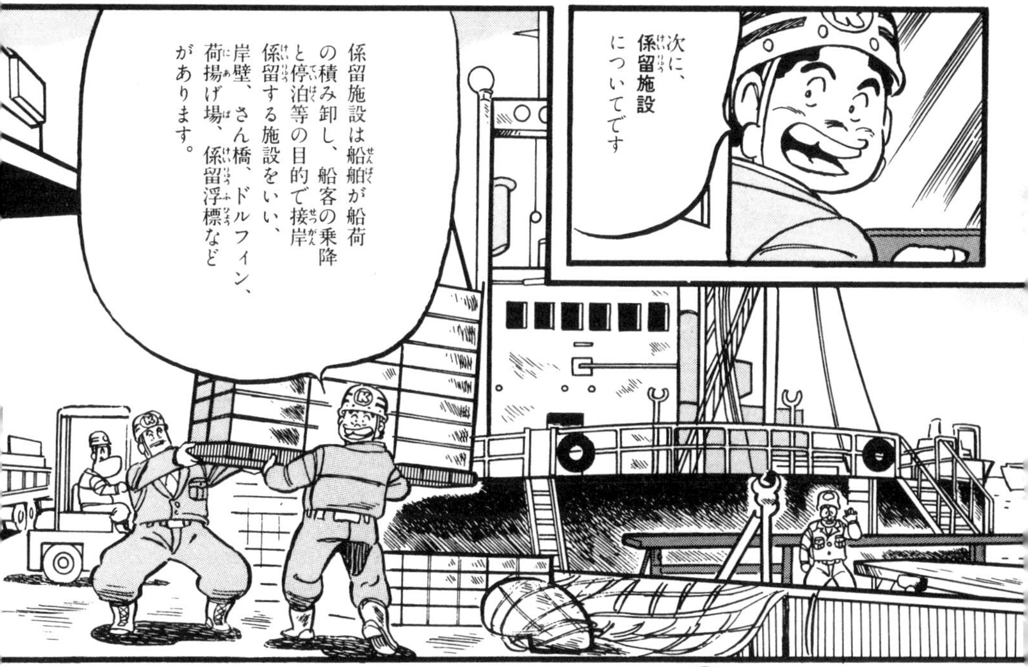
次に、係留《けいりゅう》施設についてです
係留施設は船舶《せんぱく》が船荷の積み卸し、船客の乗降と停泊《ていはく》等の目的で接岸《せつがん》係留《けいりゅう》する施設をいい、岸壁、さん橋、ドルフィン、荷揚《にあ》げ場《ば》、係留《けいりゅう》浮標《ふひょう》などがあります。

係留施設の付帯設備《ふたいせつび》には、次のようなものがあります。

係留施設《けいりゅうしせつ》の付帯設備《ふたいせつび》

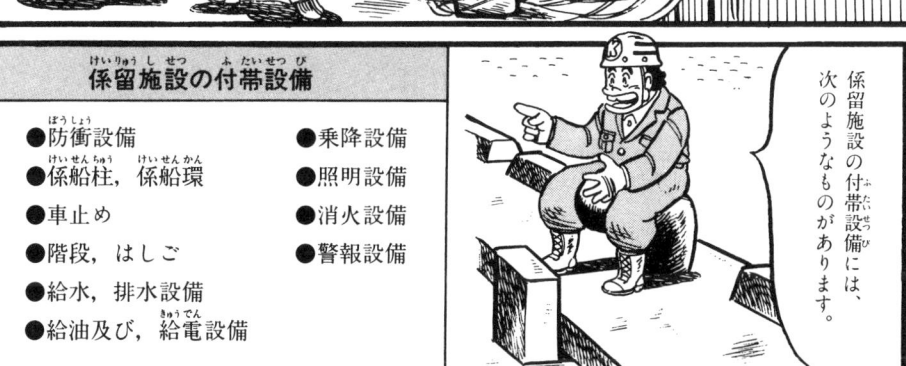

- 防衝《ぼうしょう》設備
- 係船柱《けいせんちゅう》，係船環《けいせんかん》
- 車止め
- 階段，はしご
- 給水，排水設備
- 給油及び，給電《きゅうでん》設備
- 乗降設備
- 照明設備
- 消火設備
- 警報設備

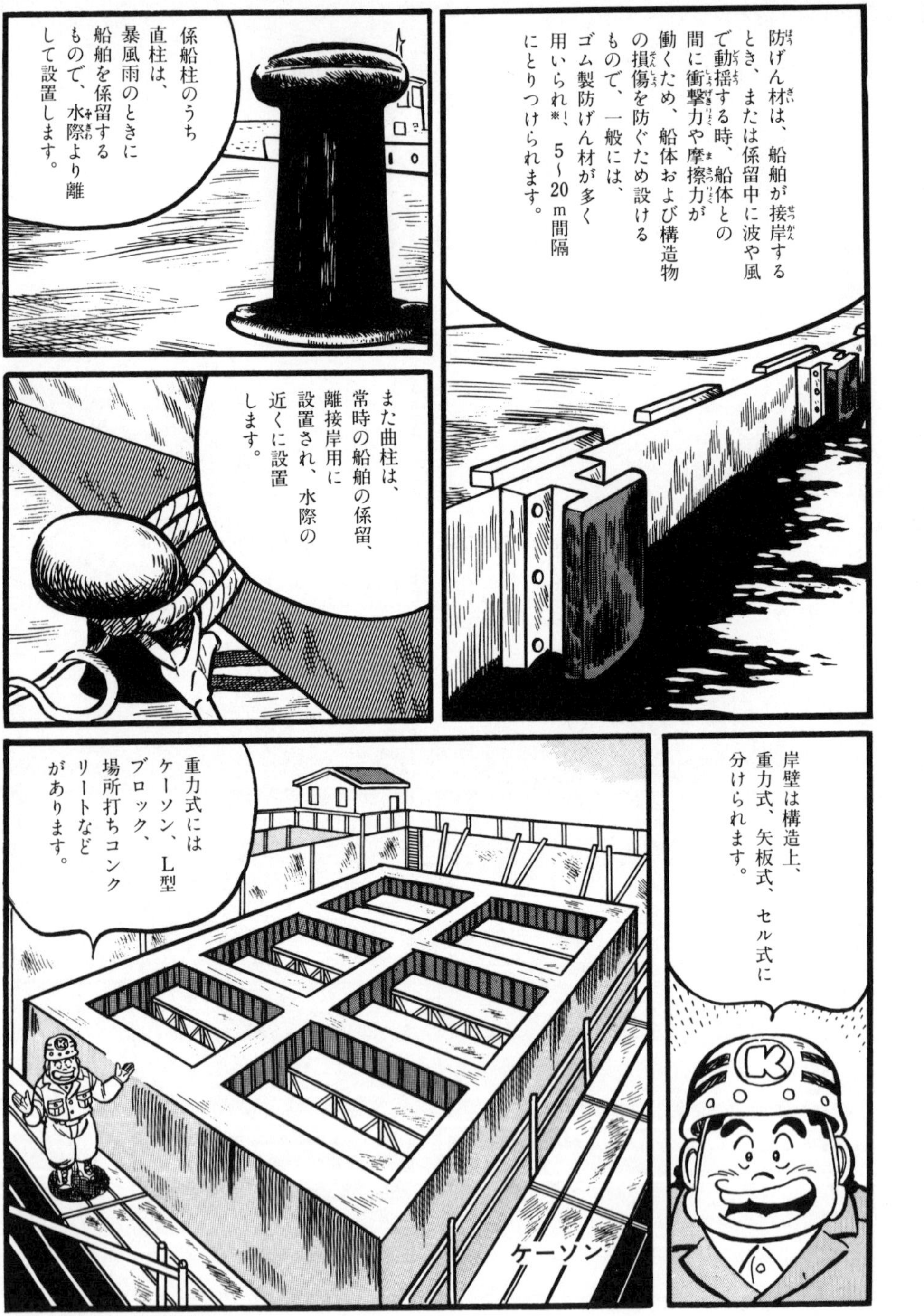
防《ぼう》げん材《ざい》は、船舶が接岸《せつがん》するとき、または係留中に波や風で動揺《どうよう》する時、船体との間に衝撃力《しょうげきりょく》や摩擦力《まさつりょく》が働くため、船体および構造物の損傷《そんしょう》を防ぐため設けるもので、一般には、ゴム製防げん材が多く用いられ※1、5～20ｍ間隔にとりつけられます。
係船柱のうち直柱は、暴風雨のときに船舶を係留するもので、水際《みぎわ》より離して設置します。
また曲柱は、常時の船舶の係留、離接岸用に設置され、水際の近くに設置します。
岸壁は構造上、重力式、矢板式、セル式に分けられます。
重力式にはケーソン、L型ブロック、場所打ちコンクリートなどがあります。
ケーソン

※1.ほかに空気式，水圧式がある。

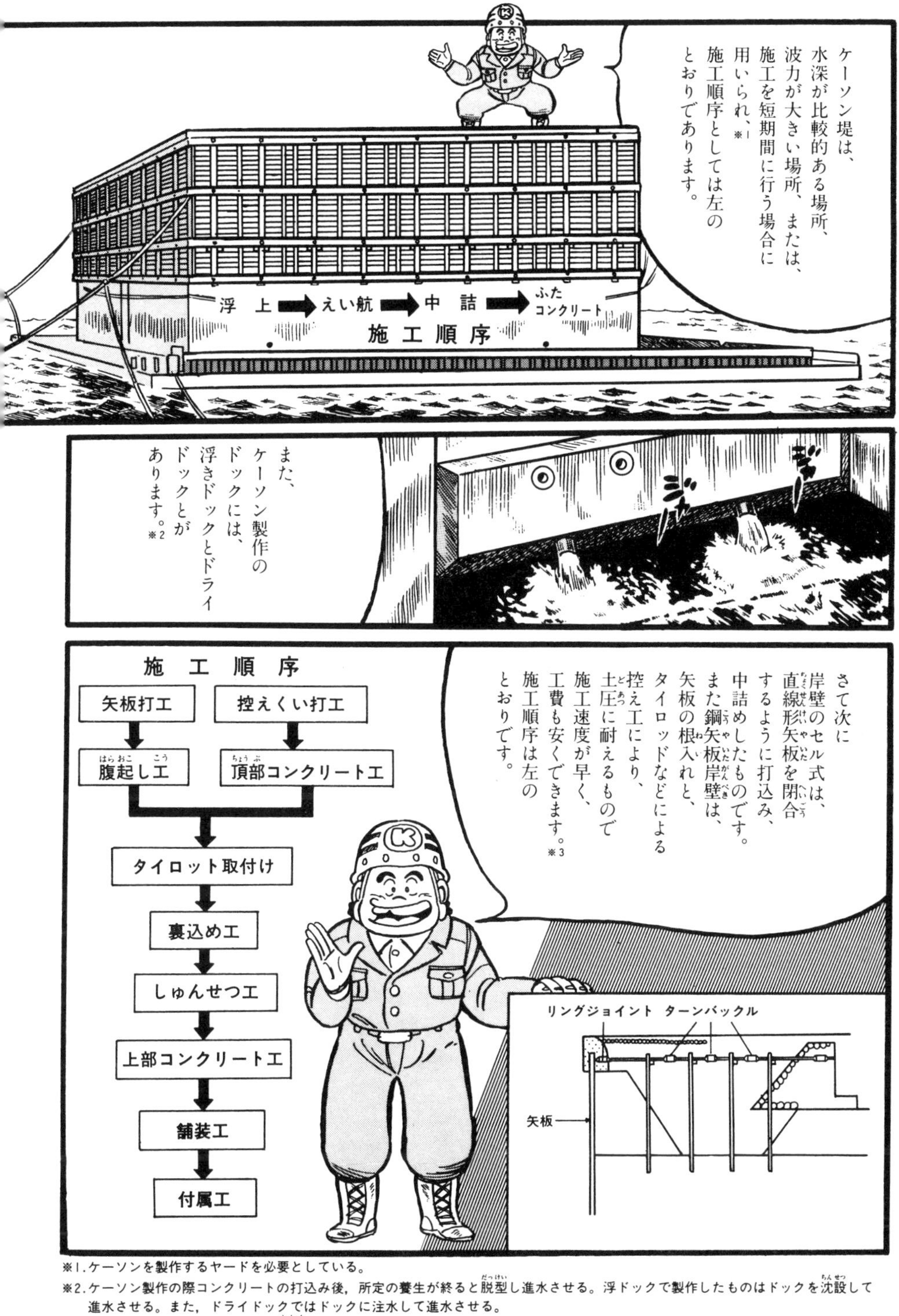
ケーソン堤は、水深が比較的ある場所、波力が大きい場所、または、施工を短期間に行う場合に用いられ、※1
施工順序としては左のとおりであります。
浮上 → えい航 → 中詰 → ふたコンクリート
施工順序
また、ケーソン製作のドックには、浮きドックとドライドックとがあります。※2
ジャ
ジャー
さて次に岸壁のセル式は、直線形《ちょくせんけい》矢板《やいた》を閉合《へいごう》するように打込み、中詰めしたものです。
また鋼矢板岸壁《こうやいたがんぺき》は、矢板の根入《ねい》れと、タイロッドなどによる控え工により、土《と》圧《あつ》に耐えるもので施工速度が早く、工費も安くできます。※3
施工順序は左のとおりです。
施工順序
矢板打工
控えくい打工
腹《はら》起《おこ》し工《こう》
頂部《ちょうぶ》コンクリート工
タイロット取付け
裏込め工
しゅんせつ工
上部コンクリート工
舗装工
付属工
リングジョイント
ターンバックル
矢板

※1. ケーソンを製作するヤードを必要としている。

※2. ケーソン製作の際コンクリートの打込み後，所定の養生が終ると脱型《だっけい》し進水させる。浮ドックで製作したものはドックを沈設《ちんせつ》して進水させる。また，ドライドックではドックに注水して進水させる。

※3. 矢板式岸壁は衝撃に弱いので，腐食《ふしょく》防止に注意が必要。

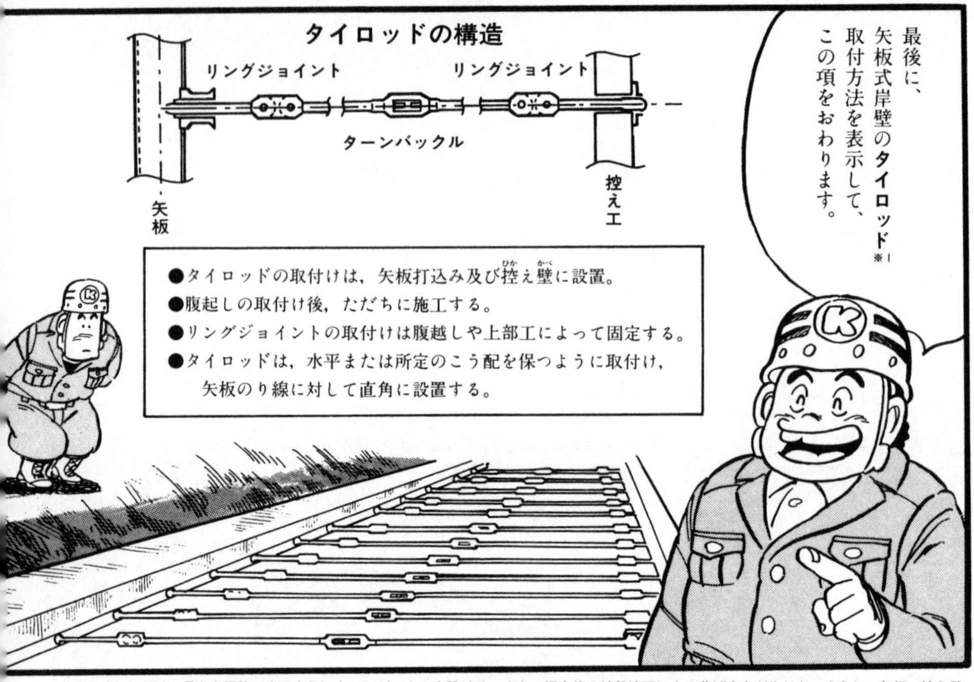
最後に、矢板式岸壁のタイロッド※1取付方法を表示して、この項をおわります。
タイロッドの構造
リングジョイント
リングジョイント
ターンバックル
矢板
控え工
●タイロッドの取付けは，矢板打込み及び控《ひか》え壁《かべ》に設置。
●腹起しの取付け後，ただちに施工する。
●リングジョイントの取付けは腹越しや上部工によって固定する。
●タイロッドは，水平または所定のこう配を保つように取付け，
矢板のり線に対して直角に設置する。

※1. タイロッドは、長さを調整できるようにターンバックルを設ける。また、埋立後の地盤沈下による曲げ応力が生じないように、矢板、控え壁のとりつけ部にリングジョイントを設ける。

memo

※気になった箇所などを書き留めておきましょう

港湾工事

しゅんせつ作業

学習の要点

①しゅんせつ船の種類を覚えよう
②それぞれの特徴を理解しよう

しゅんせつとは港内の航路の水深を一定に保っておくため、ときどき海底のどろや砂をさらうことをいうんじゃが、この工事を行うしゅんせつ船《せん》には、このようなものがあるんじゃよ。

しゅんせつ船

- **ポンプ船**
  - **ドラグサクション（自航式）**
  - **ポンプ船（非航式）**（ポンプにより水底の土砂を水といっしょに吸い上げる）
- **グラブ船（非航式・自航式）**（グラブバケットをジブの先端にとりつけ，グラブバケットによるしゅんせつ作業）
- **ディッパ船（非航式）**（パワーショベルを船体にとりつけたもの）
- **バケット船（非航式・自航式）**（多数のバケットを連続回転して水底の土砂をすくい上げるもの）

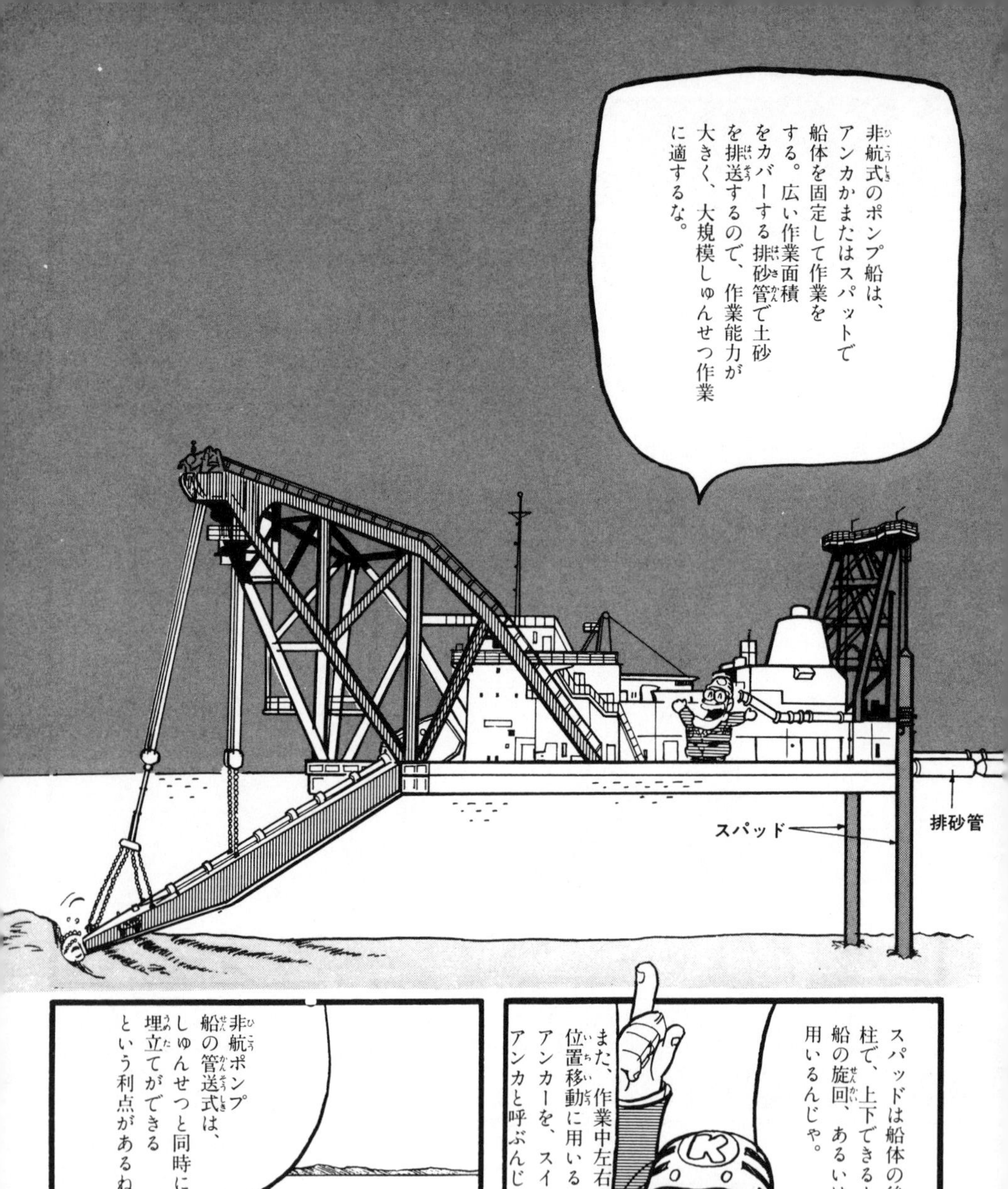
非航式《ひこうしき》のポンプ船は、
アンカかまたはスパットで
船体を固定して作業を
する。広い作業面積
をカバーする排砂管《はいさかん》で土砂
を排送《はいそう》するので、作業能力が
大きく、大規模しゅんせつ作業
に適するな。
スパッド
排砂管

スパッドは船体の後部にある2本の
柱で、上下できるようになっていて、
船の旋回《せんかい》、あるいは前進の軸に
用いるんじゃ。
また、作業中左右の
位置移動《いちいどう》に用いる
アンカーを、スイング
アンカと呼ぶんじゃよ。※1

非航《ひこう》ポンプ
船《せん》の管送式《かんそうしき》は、
しゅんせつと同時に
埋立《うめた》てができる
という利点があるね。
バチャ
バチャ

※1.非航式ポンプ船による，しゅんせつ作業は船を左右に移動して位置を換える。そして，帯状にしゅんせつしながら前進する。

ポンプしゅんせつ船で、土砂を排砂管《はいさかん》により排送《はいそう》する場合には、排砂管《はいさかん》連結部《れんけつぶ》の要所《ようしょ》にゴムジョイントを使用するんじゃ。※1

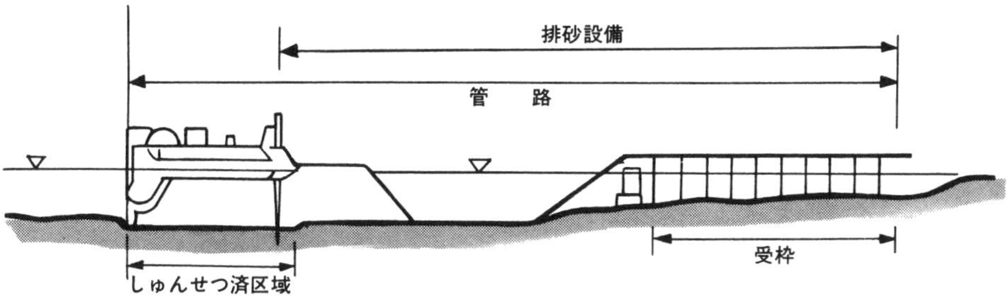
排砂設備
管　路
受枠
しゅんせつ済区域

ポンプしゅんせつの概念

自航式《じこうしき》のドラグサクションしゅんせつ船は、自船《じせん》にホッパーを持っていて、満杯《まんぱい》になると作業を中止し、土捨場《とすてば》に向かうことになる。アンカやスパットを使用しないから、船舶《せんぱく》航行《こうこう》の著《いちじる》しい航路のしゅんせつに適するな。

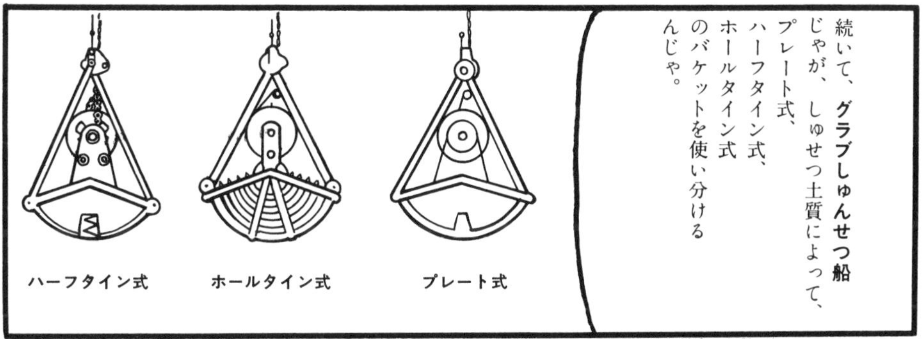
続いて、グラブしゅんせつ船じゃが、しゅせつ土質によって、プレート式、ハーフタイン式、ホールタイン式のバケットを使い分けるんじゃ。
ハーフタイン式
ホールタイン式
プレート式

※1. その理由は，波浪による海上フローター管路の折損《せっそん》防止，または，不等沈下《ふとうちんか》等で生じる海底沈設管路《かいていちんせつかんろ》の折損《せっそん》防止などのためである。

●**プレート式**：N値４以下の軟らかい土質に適している。爪の部分は平らで底板や両側板は鋼板でできている。

●**ハーフタイン式**：プレート式にとがった爪を付け，鋼板を補強したもので広く使用されている。これは，N値20程度以下の軟らかい土質を使用するライトタイプとN値20以上の土質に使うヘビータイプとがある。

●**ホールタイン式**：N値が30程度以上の硬い土質に適している。これはじょうぶな爪と，一体構造の鉄筋を並べてあり重量も大きい。したがってクレーン能力からいってハーフタイン形の７～８割程度の容量のものしか使用できない。

それぞれの特徴《とくちょう》は、上のとおりじゃよ。

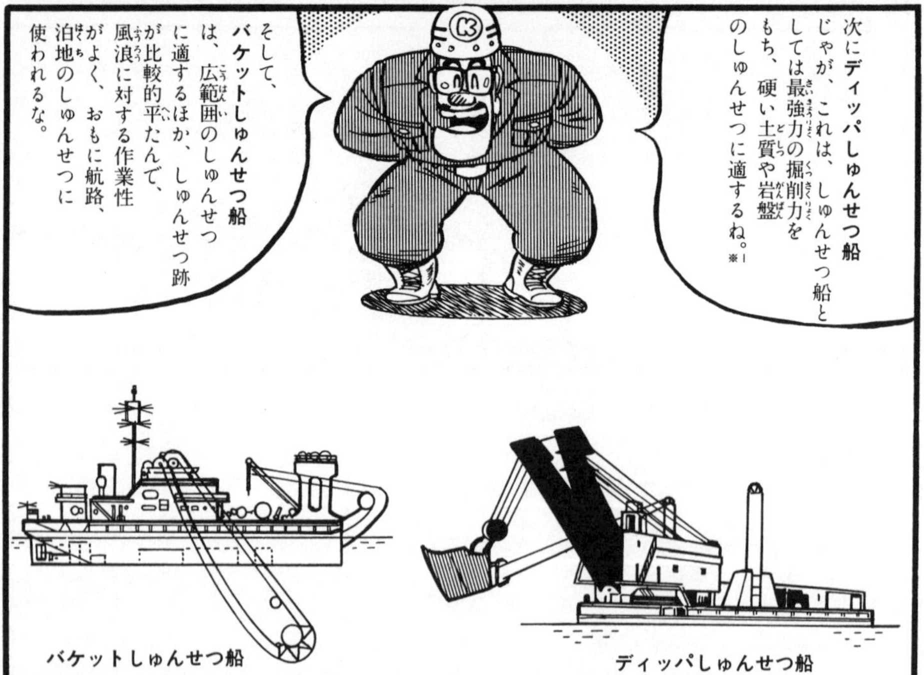
次にディッパしゅんせつ船じゃが、これは、しゅんせつ船としては最強力《さいきょうりょく》の掘削力《くっさくりょく》をもち、硬い土質《どしつ》や岩盤《がんばん》のしゅんせつに適するね。※1
そして、バケットしゅんせつ船は、広範囲《こうはんい》のしゅんせつに適するほか、しゅんせつ跡が比較的平《へい》たんで、風浪《ふうろう》に対する作業性がよく、おもに航路、泊地《はくち》のしゅんせつに使われるな。
バケットしゅんせつ船
ディッパしゅんせつ船

※1．掘削《くっさく》地面《じめん》に対する力の作用が他のしゅんせつ船より直接的であり，あらゆる抵抗，衝撃等の反力が直接船体にかかる。そのため，各部は強固な構造となっている。

しゅんせつ作業

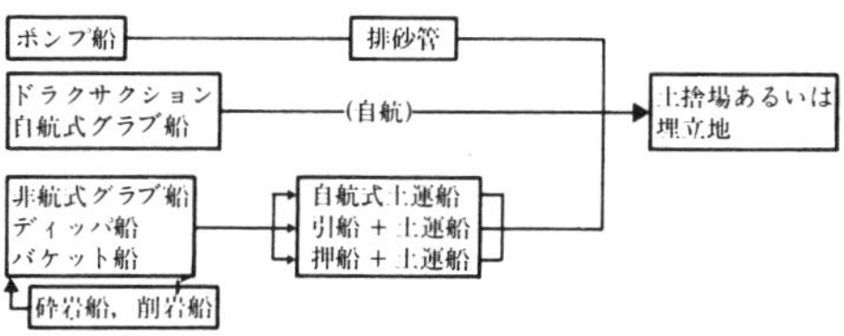
ポンプ船
排砂管
ドラクサクション
自航式グラブ船
(自航)
土捨場あるいは
埋立地
非航式グラブ船
ディッパ船
バケット船
自航式土運船
引船 + 土運船
押船 + 土運船
砕岩船，削岩船

しゅんせつ工事では、作《さ》業《ぎょう》位《い》置《ち》が不明確で水中の施工であるため、過《か》掘《ほ》り、掘《ほ》り残《のこ》しなどがあり、手《て》直《なお》し工事により工期、工費がかさむので、施《せ》工《こう》位《い》置《ち》の確認のため、浮《ふ》標《ひょう》、竹ざおなどで見《み》通《とおし》線《せん》を設けるんじゃやね。

ブァァァァ
さあ、これで港湾は、おわりじゃよお！

memo

※気になった箇所などを書き留めておきましょう

鉄道工事

線路の構造

学習の要点

①レールと分岐器について理解を深めよう
②カントとスラックの違いを理解しよう
③緩和曲線とは何か
④道床とは何か
⑤建築限界に関する知識を深めよう

列車荷重《れっしゃかじゅう》は、レール、まくら木、道床《どうしょう》を通じて路盤《ろばん》に伝わります。
まくら木は、レールを支持、及びその間隔を保持し、道床《どうしょう》はまくら木を保持し、列車荷重を路盤に分布させ、軌道《きどう》に弾力性《だんりょくせい》を与え、衝撃力を緩和するものです。※1
レール
まくら木
道　床
レールは、直接車輪を支え、なめらかな走行面《そうこうめん》を与えて車両を安全に誘導《ゆうどう》するもので、その種類を長さによって分けると、表のとおりです。※2

レールの種類	長さ	
長大レール(ロングレール)	200m以上	
長尺レール	25mを超え200m未満	
定尺レール(標準長)	60kg，50T，50kgN，50kg，40kgN，37kg	25m
	30kg	20m
短尺レール	定尺レールより短いレール(ただし5m以上)	

※1. このほか軌道《きどう》の狂いを防止し，排水を良くしてマクラ木や路盤《ろばん》の保護をはかることを目的とし，路盤に不等沈下《ふとうちんか》を生じさせないようにする。
※2. レールの重量については，線路等級《せんろとうきゅう》等によって定められている。

ブア

レール面は、車両の円滑《えんかつ》な走行上から水平であるのが望ましいのですが、地形などの理由から勾配《こうばい》をつける必要が生じるので、JRでは線区の重要度に応じて、勾配《こうばい》の制限を定めています。※1

一般に、勾配《こうばい》の度合を表わすのに水平距離1000に対する高低※2の量、即ち垂直距離《すいちょくきょり》の比率0／00(パーミル)を使い、ある区間において1kmを隔てた地点における高低差《こうていさ》を、千分率で表わしたものを標準勾配といいます。

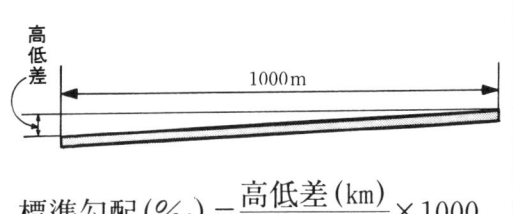

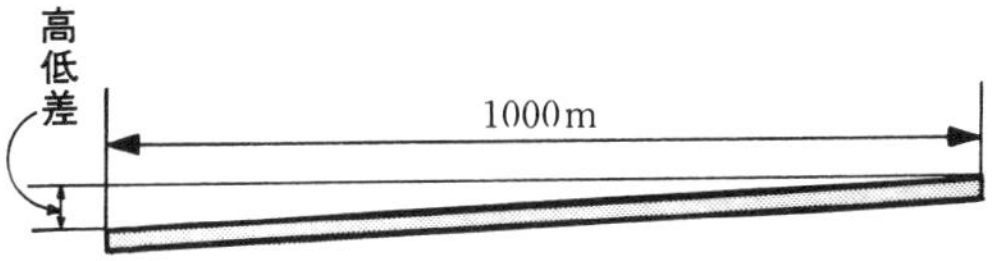
高低差
1000m

$$標準勾配(‰) = \frac{高低差(km)}{1\ (km)} \times 1000$$

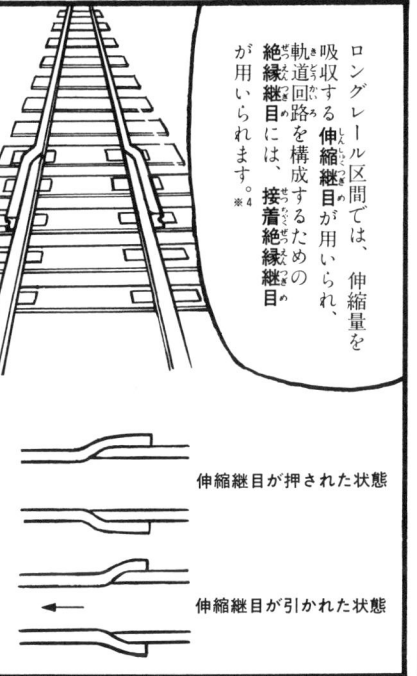

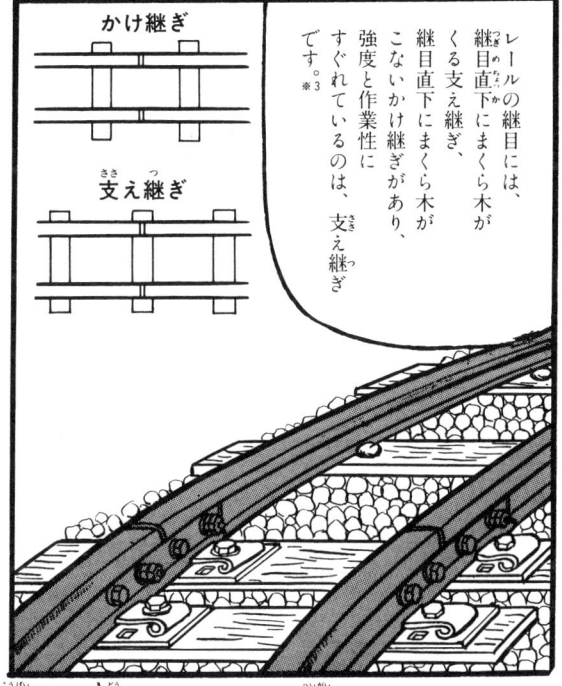

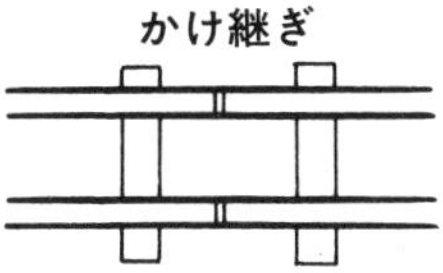
かけ継ぎ

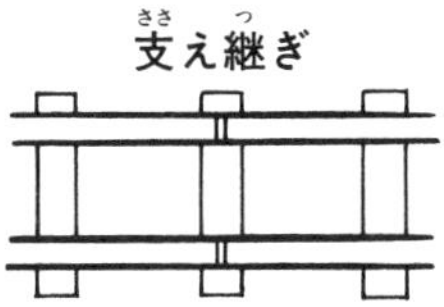
支《ささ》え継《つ》ぎ

レールの継目《つぎめ》には、継目直下《つぎめちょっか》にまくら木がくる支え継ぎ、継目直下にまくら木がこないかけ継ぎがあり、強度と作業性にすぐれているのは、支《ささ》え継《つ》ぎです。※3

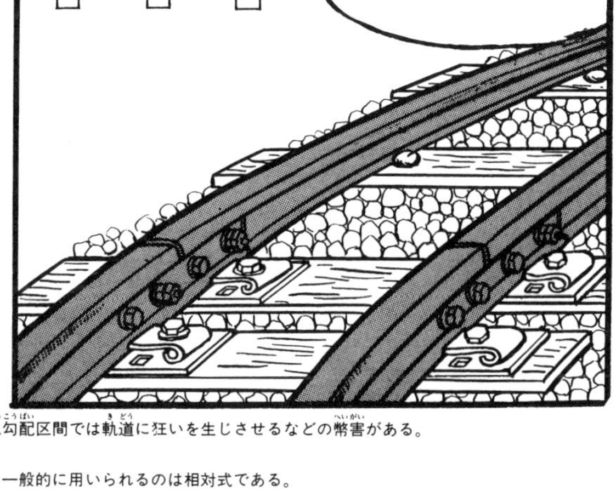

ロングレール区間では、伸縮量を吸収する**伸縮継目《しんしゅくつぎめ》**が用いられ、軌道回路《きどうかいろ》を構成するための**絶縁継目《ぜつえんつぎめ》**には、**接着絶縁継目《せっちゃくぜつえんつぎめ》**が用いられます。※4

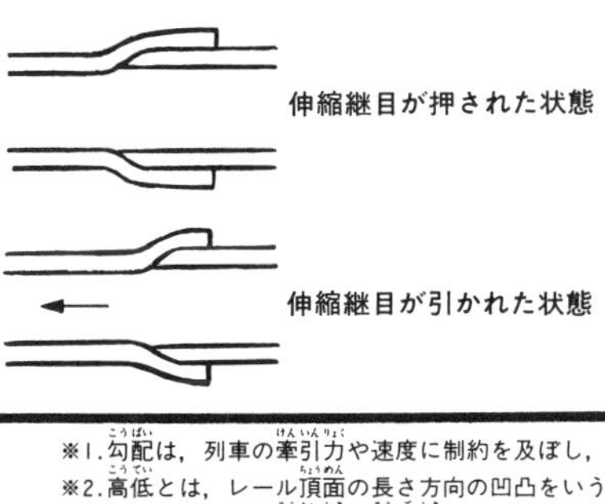
伸縮継目が押された状態
伸縮継目が引かれた状態

※1.勾配《こうばい》は，列車の牽引力《けんいんりょく》や速度に制約を及ぼし，急勾配《きゅうこうばい》区間では軌道《きどう》に狂いを生じさせるなどの弊害《へいがい》がある。
※2.高低《こうてい》とは，レール頂面《ちょうめん》の長さ方向の凹凸をいう。
※3.継目の配置には相対式《そうたいしき》と相互式《そうごしき》の２種類がある。一般的に用いられるのは相対式である。
※4.絶縁継目は，信号機や踏切警報機の設置などのためにに設けられるもので，このほかレール継目がある。

ロングレールの敷設《ふせつ》に
関しては、次のような
規定があります。
●曲線半径《きょくせんはんけい》は600m以上であること。
●反向曲線《はんこうきょくせん》に連続して１本のロングレールを敷設する場合は，
曲線半径1,000m以上であること。

カントの求め方

カントは，円曲線を通過中の列車に働く遠心力(F)と車両の重量(W)の合力が，軌道の中心にくるように軌間(G),列車速度(V),曲線半径(R)から算出して定める。

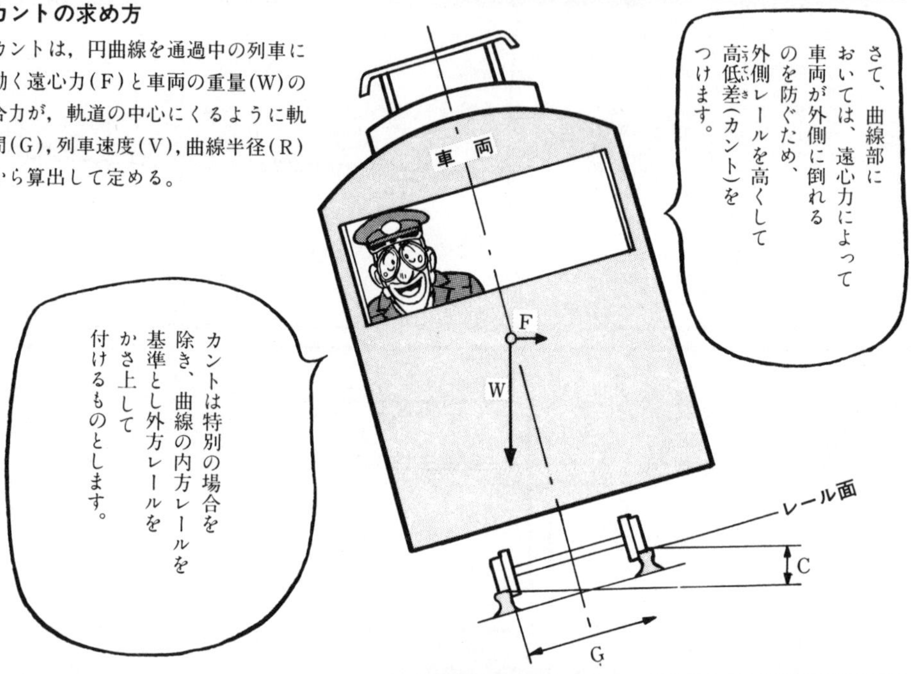
さて、曲線部に
おいては、遠心力によって
車両が外側に倒れる
のを防ぐため、
外側レールを高くして
高低《こうてい》差《さ》(カント)を
つけます。
車両
F
W
レール面
C
G
カントは特別の場合を
除き、曲線の内方レールを
基準とし外方レールを
かさ上して
付けるものとします。

現在付けられているカント
は、左のとおりです。
これだけのカントをつけておけば、
車両重量の自重《じじゅう》と、
遠心力《えんしんりょく》との合力《ごうりょく》がレール面に
直角になって、乗客に遠心力
の影響を感じさせない
ようにできます。
在来線軌間《ざいらいせんきかん》 1067mmの $C = 8.4\frac{V^2}{R^2} \leqq 105$mm
新幹線軌間《しんかんせんきかん》 1435mmの $C = 11.8\frac{V^2}{R} \leqq 180$mm
としている。※1
V：列車速度(km/h)
R：曲線半径(m)

※1. 軌間はレール頭部16mm以内でレール頭部間の最短距離をいう。標準軌間《ひょうじゅんきかん》1.435mとし，これより広いものを広軌《こうき》，狭いものを狭軌《きょうき》という。

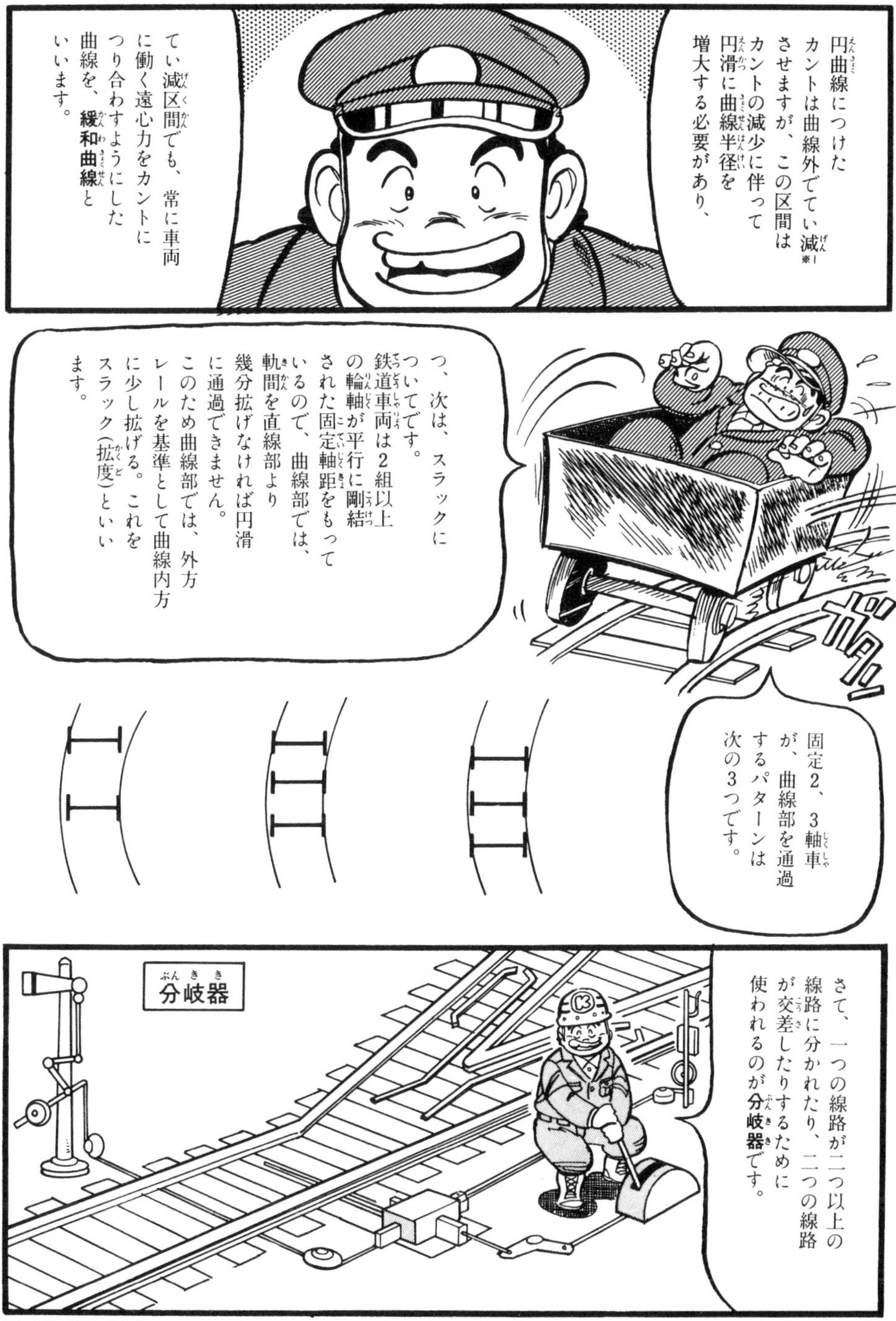
円曲《えんきょく》線につけたカントは曲線外でてい減《げん》※1させますが、この区間はカントの減少に伴って円滑《えんかつ》に曲線《きょくせん》半径《はんけい》を増大する必要があり、
てい減《げん》区間《くかん》でも、常に車両に働く遠心力をカントにつり合わすようにした曲線を、**緩和曲線《かんわきょくせん》**といいます。
つ、次は、スラックについてです。鉄道《てつどう》車両《しゃりょう》は2組以上の輪軸《りんじく》が平行に剛結《ごうけつ》された固定軸距《こていじくきょ》をもっているので、曲線部では、軌間《きかん》を直線部より幾分拡げなければ円滑に通過できません。このため曲線部では、外方レールを基準として曲線内方に少し拡げる。これをスラック(拡度《かくど》)といいます。
ガタン
固定2、3軸車《じくしゃ》が、曲線部を通過するパターンは次の3つです。
さて、一つの線路が二つ以上の線路に分かれたり、二つの線路が交差《こうさ》したりするために使われるのが**分岐器《ぶんきき》**です。
分岐器《ぶんきき》

※1.だんだんへること。

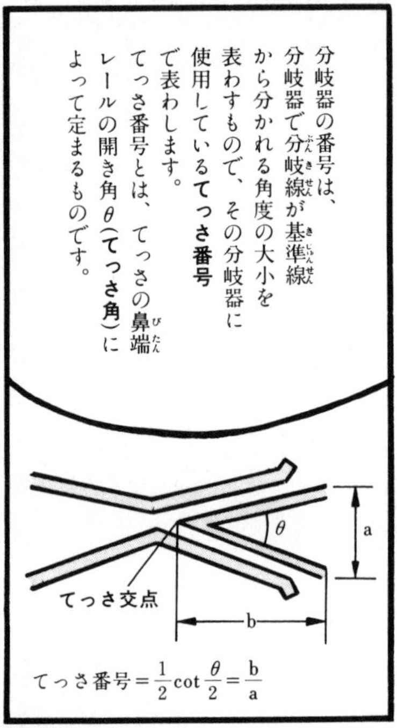
分岐器の番号は、
分岐器で分岐線《ぶんきせん》が基準線《きじゅんせん》
から分かれる角度の大小を
表わすもので、その分岐器に
使用しているてっさ番号
で表わします。
てっさ番号とは、てっさの鼻端《びたん》
レールの開き角θ(てっさ角)に
よって定まるものです。
θ
a
てっさ交点
b
てっさ番号＝$\frac{1}{2}\cot\frac{\theta}{2}=\frac{b}{a}$

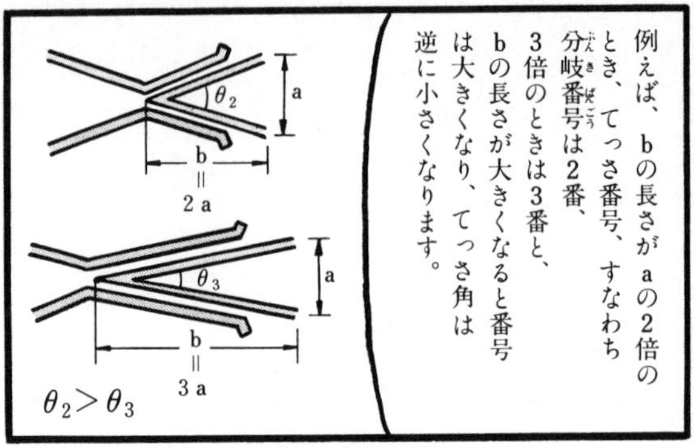
例えば、bの長さがaの2倍の
とき、てっさ番号、すなわち
分岐番号《ぶんきばんごう》は2番、
3倍のときは3番と、
bの長さが大きくなると番号
は大きくなり、てっさ角は
逆に小さくなります。
a
θ_2
b
=
2 a
a
θ_3
b
=
3 a
$\theta_2 > \theta_3$

分岐器と制限速度の関係

種別 / 分岐器番数	てっさ角	片開きの場合		両開きの場合	
		曲線半径（m）	速　度（km／h）	曲線半径（m）	速　度（km／h）
8	7° 0 9′	118.0	25	237.0	40
10	5° 4 3′	185.5	35	370.0	50
12	4° 46 ′	267.7	45	535.0	60
16	3°34.5′	477.8	60	955.3	75～85

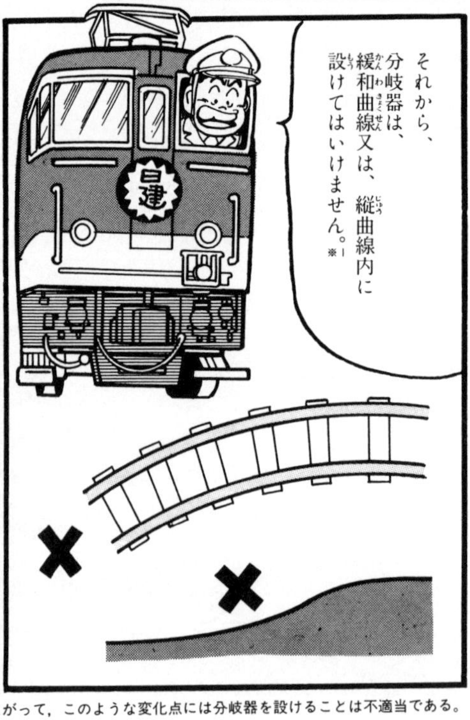
それから、
分岐器は、
緩和曲線《かんわきょくせん》又は、縦《じゅう》曲線内に
設《もう》けてはいけません。※1

次に、道床《どうしょう》バラストに
ついてです。
砕石や砂利等からなる
道床バラストの粒径《りゅうけい》は、
そろいすぎているとバラスト
間の間隔《かんかく》が大きく、
沈下《ちんか》に対する抵抗が小さくなる
ので、各種の粒径が組み合わさった
ものにする必要があります。
道床バラスト

※1. 平面線形《へいめんせんけい》，縦線形《じゅうせんけい》とも曲線部は走行車両に抵抗がかかる。したがって，このような変化点には分岐器を設けることは不適当である。

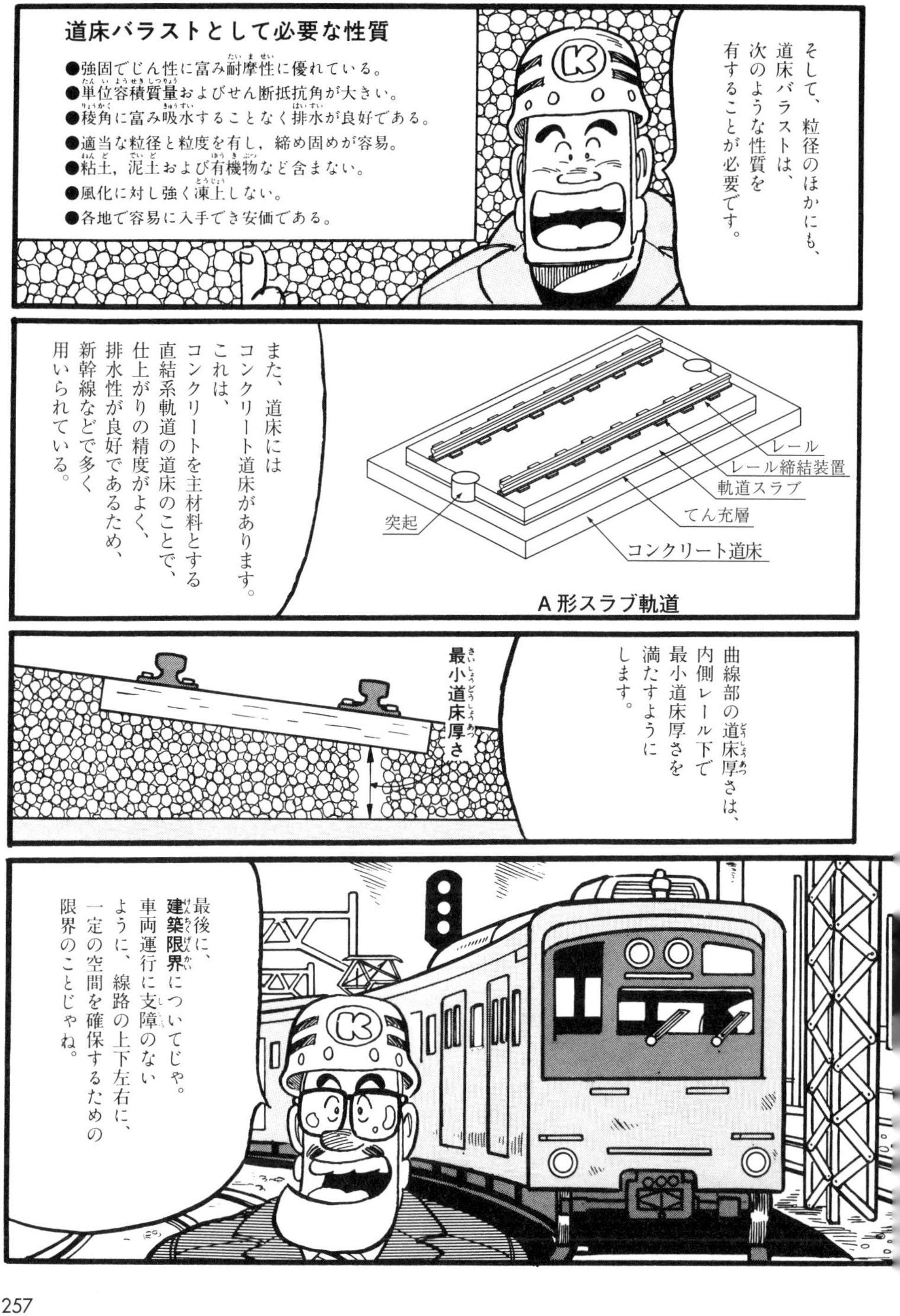
そして、粒径のほかにも、道床バラストは、次のような性質を有することが必要です。
道床バラストとして必要な性質
●強固でじん性に富み耐摩性《たいませい》に優れている。
●単位容積質量《たんいようせきしつりょう》およびせん断抵抗角が大きい。
●稜角《りょうかく》に富み吸水《きゅうすい》することなく排水《はいすい》が良好である。
●適当な粒径と粒度を有し，締め固めが容易。
●粘土《ねんど》，泥土《でいど》および有機物《ゆうきぶつ》など含まない。
●風化に対し強く凍上《とうじょう》しない。
●各地で容易に入手でき安価である。
また、道床にはコンクリート道床があります。これは、コンクリートを主材料とする直結系軌道の道床のことで、仕上がりの精度がよく、排水性が良好であるため、新幹線などで多く用いられている。
レール
レール締結装置
軌道スラブ
てん充層
コンクリート道床
突起
A 形スラブ軌道
曲線部の道床厚《どうしょうあつ》さは、内側レール下で最小道床厚さを満たすようにします。
最小道床厚《さいしょうどうしょうあつ》さ
最後に、建築限界《けんちくげんかい》についてじゃ。車両運行に支障のないように、線路の上下左右に、一定の空間を確保するための限界のことじゃね。

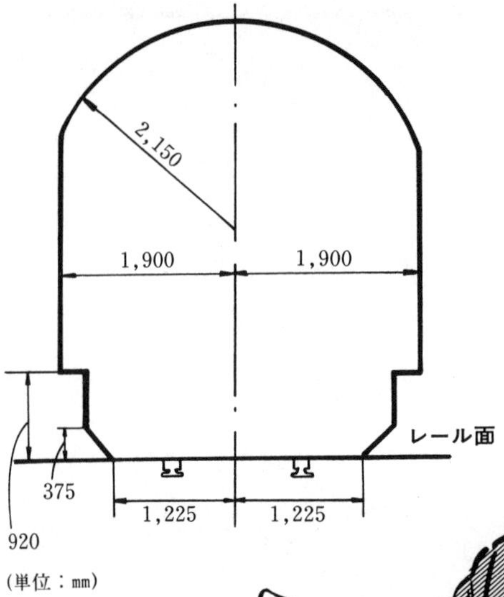
2,150
1,900
1,900
レール面
375
920
1,225
1,225
(単位：mm)

JRにおける建築限界は、図のようになっておるんだ。曲線部では車体がかたよるので、半径1,000m以下の曲線においては、その分だけ建築限界の幅を広げるんじゃよ。

JRでは、建物、その他の建造物は、建築限界内に入ってはならないとしており、また、建築限界内に物をおいてはならないとしておる。
プワ

ただし、下のようなものは
限界内に入り得る
んじゃよ。はい。
ガタン
ガタ

建築限界に入り得るもの

- ●燃料搭載所《とうさいじょ》，給水所，転車台《てんしゃ》，計重台《けいじゅう》，洗車台，電柱，信号柱など。これらのように停車場内の側《そく》線《せん》にかかるものなど車両限界外150 mmまで建築限界に入ることができる。
- ●レール面に突出する転《てん》てつ器取柄《き とりえ》および転《てん》てつ器標識《き ひょうしき》などの部分は，レール面上定められた高さを越えない範囲で車両限界の外側方において76mmまで建築限界内に入ることができる。
- ●よう壁面《へきめん》の突出点である乗降場および貨物積卸《つみおろし》場は，レール面上定められた高さを越えない範囲で車両限界の外側方において50mmまで建築限界内に入ることができる。

memo

※気になった箇所などを書き留めておきましょう

鉄道工事

営業線工事・線路閉鎖工事

学習の要点

①線路閉鎖工事とは何か
②線路閉鎖工事における注意事項とは何か
③事故防止体制を覚えよう
④それぞれの職務は何か
⑤その他営業線工事において、注意すべき事項は何か

鉄道における工事には、営業線《えいぎょうせん》※1やこれに近接《きんせつ》して施工する工事で、列車運転に支障《ししょう》を及ぼさないよう、特別な保安対策《ほあんたいさく》をとる営業線工事と、
特定区間《とくていくかん》に列車が進入しないような処置をとっておこなわれる、線路閉鎖工事《せんろへいさこうじ》とがあります。

※1.営業線にはすでに営業を開始している線路のほかに，営業を開始していないが訓練運転のために使用を開始している線路も含まれている。

線路閉鎖工事《せんろへいさこうじ》は、線路閉鎖間合《まあい》に十分処理可能《しょりかのう》な作業量を、計画段階で検討し、無理のないものとし、
線路閉鎖工事
①軌道《きどう》工事。
②線路の破線又はまくら木下の道床を取り除いて行う作業。
③線路をまたいで行うけた架設。
④橋けた交換及びこう上又は低下。
⑤線路付近の爆破作業。
⑥建築限界を支障する作業など。
工事又は、作業のために停車場間の途中の線路を閉鎖《へいさ》するときは、工事監督者《かんとくしゃ》は現場に電話機を備え、線路閉鎖記録簿《せんろへいさきろくぼ》を使用し、下のように取扱います。
線路閉鎖記録簿
●列車が現場を通過した後，工事に着手する旨を駅長に通告すること。
●次の列車が停車場を出発又は通過する時刻の5分前までに線路を復旧して，その旨を駅長に通告すること。
資材《しざい》、機械器具《きかいきぐ》、照明など充分に点検《てんけん》し予備《よび》を準備します。
作業着手前に、作業員に作業内容、順序、分担、予定時間などを説明し、全員に周知《しゅうち》させます。
工事用臨時列車《りんじれっしゃ》からの材料積卸《ざいりょうつみおろ》しをする場合には、工事監督者《かんとくしゃ》の指示に従います。
工事監督者

ガタッ ガタッ
工事監督者の指示がある場合は、線路閉鎖が解除《かいじょ》されても、初列車通過までは作業員ともども工事現場に待《たい》機《き》し、列車の運転状態を看視《かんし》し、異常のないことを確認してから現場を退去します。
次に、営業線近接工事ですが、施工者は、工事着手前に安全確保に必要な覚書《おぼえがき》を作成して、監督員と取りかわさなければならず、
指示された防護設備《ぼうごせつび》は、図面《ずめん》、強度計算書《きょうどけいさんしょ》をそえて監督者に届け出て承諾《しょうだく》を受けなければならない。
監督員
覚書
図面
強度計算書
工事用機械《こうじようきかい》の管理は、機械整備責任者《きかいせいびせきにんしゃ》を定めて行い、日々の点検整備《てんけんせいび》はもちろん、定期検査《ていきけんさ》を実施して点検簿《てんけんぼ》に記録します。
使用していない機械は、列車の運転保安《うんてんほあん》および、旅客公衆《りょきゃくこうしゅう》などに対し、安全な場所に留置《りゅうち》して鎖錠《きじょう》しておき、鍵は、工事管理者、軌道工事管理者《きどうこうじかんりしゃ》が保管します。
また、営業線で、トロリーを使用する場合は、次の事項に注意します
●監督者（トロリー指揮者）不在のとき使用しない。
●請負者《うけおいしゃ》所有のトロリーは，使用前に点検を行ない，監督者に報告する。
●保管中は鎖錠《きじょう》し，鍵《かぎ》は監督者が保管する。

さて、列車の運転《うんてん》保安《ほあん》や、旅客公衆《りょきゃくこうしゅう》などの安全に直接関係のある工事を施工するときは、専任《せんにん》の**工事管理者**、工事管理者(保安担当)保安要員《ほあんよういん》を置き、事故防止に当らせなければなりません。
事故防止体制《じこぼうしたいせい》と、それぞれの任務《にんむ》は次のとおりである。

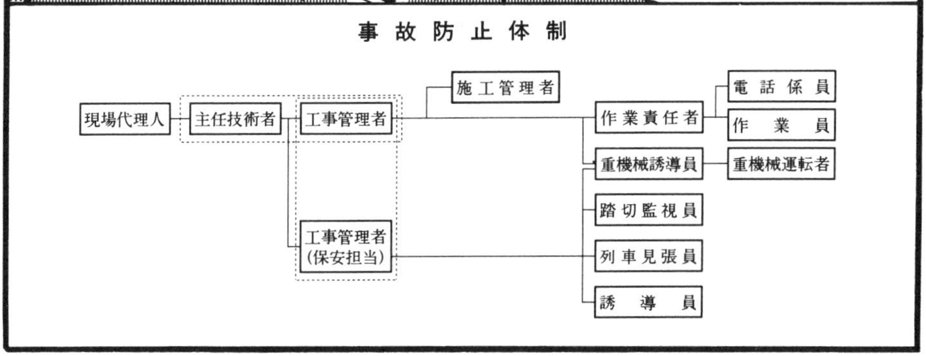
事故防止体制
現場代理人
主任技術者
工事管理者
施工管理者
工事管理者(保安担当)
作業責任者
電話係員
作業員
重機械誘導員
重機械運転者
踏切監視員
列車見張員
誘導員

工事管理者
まず、**工事管理者**は、**保安担当**と工事施工に伴う事故防止について打合せのうえ、工事の指揮《しき》にあたるんじゃね。
また、
保安担当

列車の運転状態《うんてんじょうたい》の確認を、当日の作業開始前に駅長、または監督者と連絡して行い、臨時《りんじ》列車《れっしゃ》、時間変更などは記録しておくんじゃや。
●列車運転状態の確認
●臨時列車 時間変更 の記録

そして予定に従って工事を終了させ、現場を点検し、列車運転に支障《ししょう》のないことを確認したならば、その旨を監督者に報告するんじゃよ。
監督者
報告
工事管理者
工事管理者
（保安担当）
工事管理者は、事故《じこ》防止《ぼうし》対策《たいさく》計画《けいかく》、災害《さいがい》警備《けいび》計画《けいかく》を立て、当該《とうがい》工事現場の事故防止にあたります。※1
事故防止対策計画
災害警備計画
保安要員
工事管理者は、現場を巡視《じゅんし》し、防護《ぼうご》設備《せつび》や仮設物《かせつぶつ》などの点検をおこない、事故防止にあたります。
工事管理者
保安要員のうち重機械《じゅうきかい》誘導員《ゆうどういん》は、重機械《じゅうきかい》運転者《うんてんしゃ》とあらかじめ合図《あいず》方法《ほうほう》の打ち合わせをおこなって、安全適切《てきせつ》に誘導《ゆうどう》します。

※1.工事管理者は保安要員および作業員に対する列車防護《れっしゃぼうご》計画《けいかく》をたてる。

また、保安要員の列車見張員《れっしゃみはりいん》は、工事管理者または、軌道工事管理者《きどうこうじかんりしゃ》が指定した位置で列者等の通過を監視《かんし》して、列車や作業員の安全確保につとめます、※1
営業線工事における列車接近警報《れっしゃせっきんけいほう》装置《そうち》は、補助手段《ほじょしゅだん》ですから、これを設置していても、列車見張員の配置《はいち》を省略することはできません。
さて、ラッシュ時間帯の作業は防護設備《ぼうごせつび》をほどこし、安全を確認されたもの以外はさけなければなりません。
非常時における列車防護については、列車見張員のみでなく他の保安要員や作業員であっても、※2直《ただ》ちに列車防護《れっしゃぼうご》の手配をとり、関係箇所《かんけいかしょ》に連絡しなければならんのじゃ。

※1. 列車が所定の位置に接近したとき，あらかじめ指定した方法で作業員等に合図を行う。そして，安全確認後，列車乗務員に合図することになっている。
※2. 工事管理者，踏切監視員《ふみきりかんしいん》，重機械誘導員，列車見張員，誘導員，作業責任者等が，これにあたる。

また、工事においては工事用踏切を使用しますが、工事用踏切には次のようなものがあります。
これで、この項はおしまいでーす。

工事専用踏切《こうじせんようふみきり》……工事用自動車または工事関係者のみを通行させるために，線路を横断して仮設された踏切。

工事関係踏切《こうじかんけいふみきり》……工事用自動車または工事関係者を通行させるための既設《きせつ》の踏切。これは，関係機関と協議のうえ指定された踏切。

工事用仮通路《こうじようかりつうろ》……工事関係諸車（動力諸車《どうりょくしょしゃ》を除く）または工事関係者のみを通行させるために線路を横断して仮設された通路。

memo

※気になった箇所などを書き留めておきましょう

上下水道工事

上水道施設

学習の要点

①水道水は、どのような経路で送られてくるか
②水源の条件について覚えよう
③浄水場に関する知識を深めよう
④配水管について理解を深めよう
⑤配水管の付帯設備に関する留意点は何か
⑥水道管には、どのような管が使用されるか

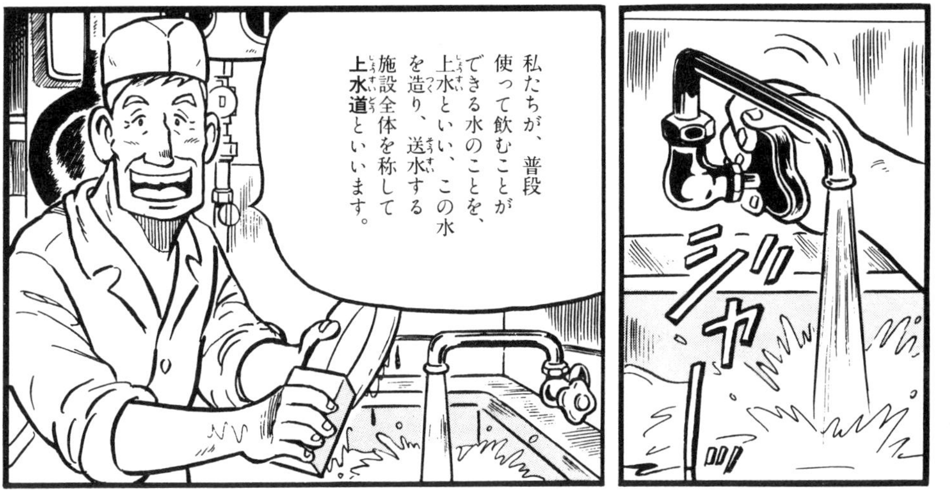

ジャー
私たちが、普段使って飲むことができる水のことを、上水《じょうすい》といい、この水を造《つく》り、送水《そうすい》する施設全体を称して**上水道**《じょうすいどう》といいます。

上水道《じょうすいどう》の構成

取《しゅ》水《すい》	水源《すいげん》より水を取り入れること。
導《どう》水《すい》	取水《しゅすい》した水を浄水場《じょうすいじょう》まで送ること。
浄《じょう》水《すい》	水質を使用目的に適合するように浄化《じょうか》することで，沈《ちん》殿池《でんち》，ろ過池《かち》，塩素消毒施設《えんそしょうどくしせつ》からなる。
送《そう》水《すい》	浄水場から給水区域内《きゅうすいくいきない》の配水池《はいすいち》まで送ること。
配《はい》水《すい》	配水池《はいすいち》から給水区域《きゅうすいくいき》の公道下《こうどうした》の配管《はいかん》に送ること。
給《きゅう》水《すい》	公道下《こうどうした》の配水管《はいすいかん》から各家庭の給水《きゅうすい》せんまで送ること。

上水道《じょうすいどう》の構成は、このようになっています。

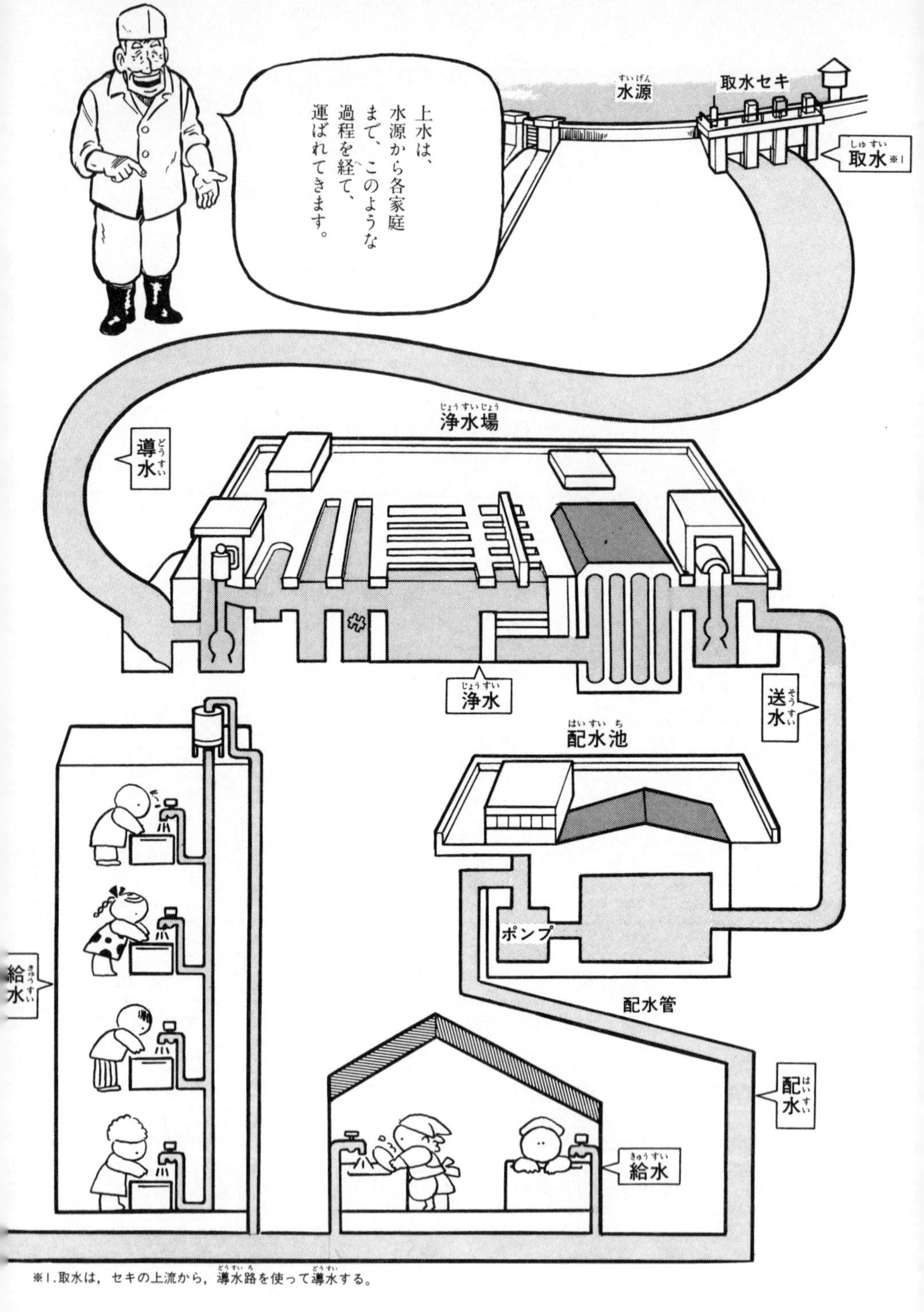
上水は、水源から各家庭まで、このような過程を経《へ》て、運ばれてきます。
水源《すいげん》
取水セキ
取水《しゅすい》※1
導水《どうすい》
浄水場《じょうすいじょう》
浄水《じょうすい》
送水《そうすい》
配水池《はいすいち》
ポンプ
配水管
配水《はいすい》
給水《きゅうすい》
給水《きゅうすい》

※1.取水は，セキの上流から，導水路《どうすいろ》を使って導水《どうすい》する。

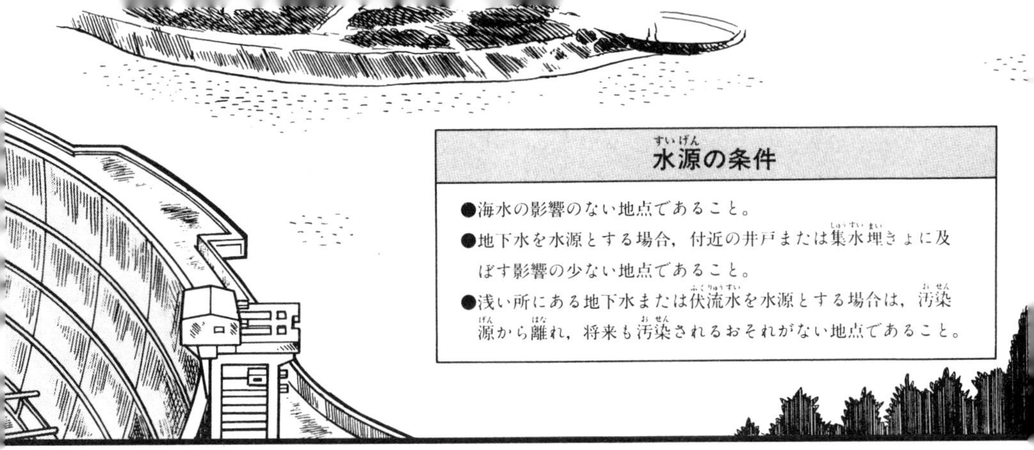
水源《すいげん》の条件
●海水の影響のない地点であること。
●地下水を水源とする場合，付近の井戸または集水埋《しゅうすいまい》きょに及ぼす影響の少ない地点であること。
●浅い所にある地下水または伏流水《ふくりゅうすい》を水源とする場合は，汚染《おせん》源《げん》から離《はな》れ，将来も汚染《おせん》されるおそれがない地点であること。

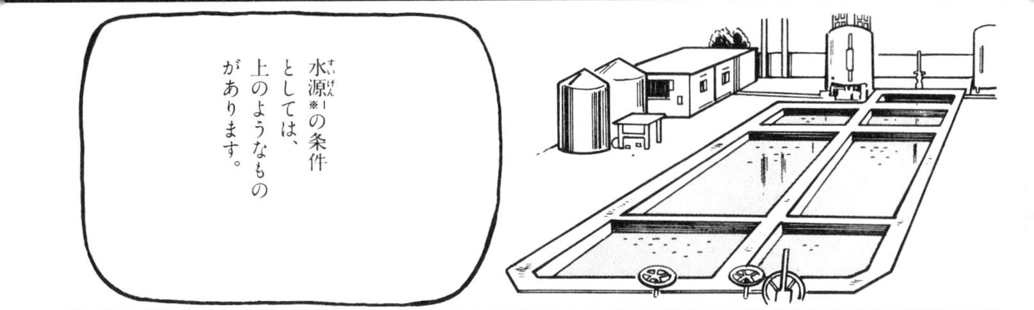
水源《すいげん》※1の条件としては、上のようなものがあります。

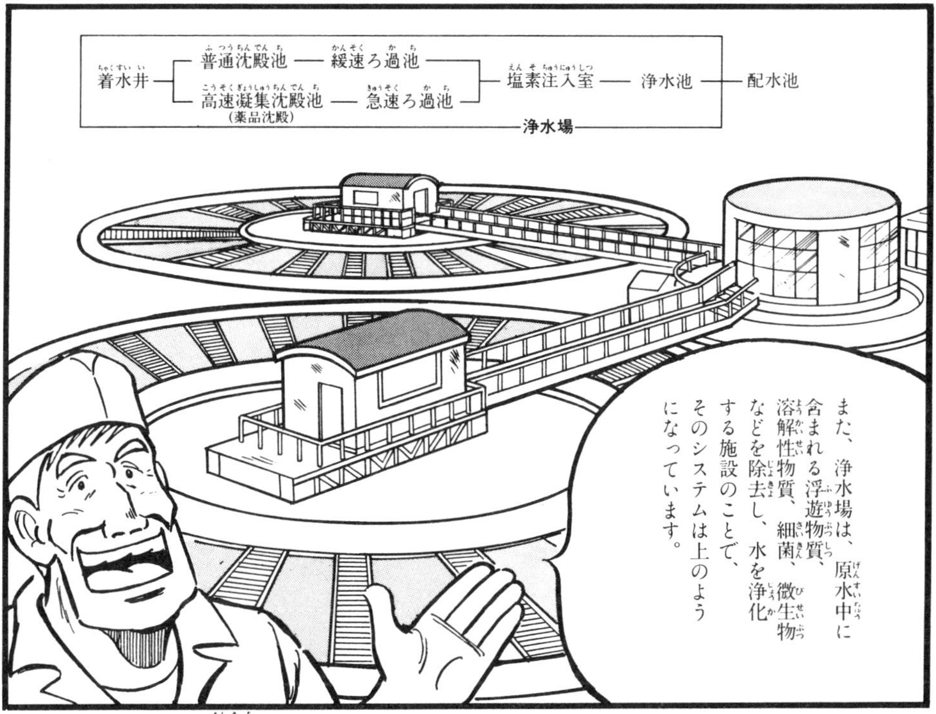
着水井《ちゃくすいい》
普通沈殿池《ふつうちんでんち》
緩速《かんそく》ろ過《か》池《ち》
高速凝集沈殿池《こうそくぎょうしゅうちんでんち》
(薬品沈殿)
急速《きゅうそく》ろ過《か》池《ち》
塩素注入室《えんそちゅうにゅうしつ》
浄水池
配水池
浄水場
また、浄水場は、原水中《げんすいちゅう》に含まれる浮遊物質《ふゆうぶっしつ》、溶解性《ようかいせい》物質、細菌《さいきん》、微生物《びせいぶつ》などを除去《じょきょ》し、水を浄化《じょうか》する施設のことで、そのシステムは上のようになっています。

※1.水源から取水した原水は，沈砂池《ちんさち》で砂をとり，ポンプアップされて，着水井により浄水場内の施設に送られる。

さて浄水場で飲料用《いんりょうよう》となった水は、各家庭や工場などに配られるわけですが、その役割をになう**配水施設**《はいすいしせつ》としては、このようなものがあります。
配水施設
●配水池
●配水管
●配水塔《とう》
●高架《こうか》タンク
配水池から、水道使用者の引込管《ひきこみかん》(給水装置《きゅうすいそうち》)に至るまでの管を、配水管と称します。
配水池
配水管
給水装置
配水管の流下方式《りゅうかほうしき》は、給水区域内の近くに、配水池設置《せっち》に適当な場所がある場合は、自然流下《しぜんりゅうか》とし、ない場合は、ポンプ加圧式《かあつしき》によらなければなりません。※1
管内に水が停滞《ていたい》すると、水質悪化《すいしつあっか》の原因にもなるので、配水管は行きどまり管を避《さ》け、網目式《あみめしき》に配置します。
道路
配水管
配水管の直径《ちょっけい》は、配水池、配水塔《とう》、高架《こうか》タンクの低水位《ていすいい》より算定《さんてい》され、※2
配水管の最小動水圧《さいしょうどうすいあつ》は、1.5〜2.0kgf/cm²(0.147〜0.197MPa)を標準とします。
配水管
最小動水圧 1.5〜2.0kgf/cm² (0.147〜0.196 MPa)
やむを得ず行き止り管となるときには、その末端《まったん》に消火栓《しょうかせん》を設け、水質悪化の場合に排水《はいすい》できるようにします。

※1.自然流下《しぜんりゅうか》は原則ではない。

※2.配水管は，配水池からの水圧で各水道使用者の引込管まで水を運搬するので，それに必要な断面を確保しなければならない。

さて、配水管の付属設備《ふぞくせつび》ですが、それには左のようなものがあり、主な設備の設置箇所《せっちかしょ》は、ここに示すとおりです。

配水管の付属設備《ふぞくせつび》

仕《し》切《きり》弁《べん》 制《せい》水《すい》弁《べん》	通水を止める弁で,起点《きてん》と分岐点《ぶんきてん》に設《もう》ける。
安《あん》全《ぜん》弁《べん》	水撃作用《すいげきさよう》を減《げん》ずるための弁で,加圧《かあつ》ポンプの下流に設《もう》ける。
空《くう》気《き》弁《べん》	空気を排除《はいじょ》,吸入する弁で管の凸部に設《もう》ける。
どろ吐《は》き弁《べん》	管内の排《はい》でいを行う弁で管の凹部に設《もう》ける。
逆《ぎゃく》止《し》弁《べん》	流水《りゅうすい》の逆流《ぎゃくりゅう》を防ぐ弁で,ポンプ流出管始点《りゅうしゅつかんしてん》に設ける。

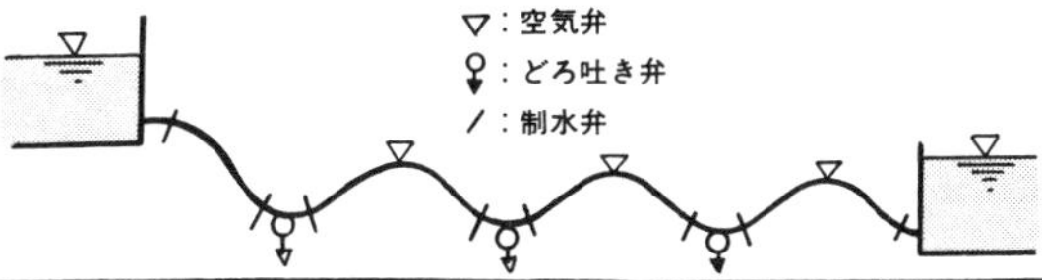
▽：空気弁
どろ吐き弁
/：制水弁

配水管の管種《かんしゅ》としては、右のようなものが用いられます。

種類	特徴
鋳《ちゅう》鉄《てつ》管《かん》	強度《きょうど》大，耐食性《たいしょくせい》がある。長年月では管内にさびこぶができるので内面にセメントライニングを行う必要がある。ダクタイル鋳鉄管《ちゅうてつかん》は鋼に匹敵《ひってき》する強度を持っている。
鋼《こう》管《かん》	引張強《ひっぱりづよ》さ，たわみ性が大きい。溶接《ようせつ》が可能で水密性《すいみつせい》に優れているが腐食《ふしょく》に弱い。そのため管内外に塗覆装《とふくそう》を行う。
石綿《せきめん》セメント管《かん》	耐食性《たいしょくせい》が大きく，価格が安い。電食《でんしょく》の心配がなく内面粗《ないめんそ》度《ど》に変化がないが，内圧《ないあつ》に対しては強い反面，外圧《がいあつ》に弱い。せん断力《だんりょく》が小さい。また,重量が軽く施工性がよい。
遠《えん》心《しん》力《りょく》鉄《てつ》筋《きん》コンクリート管	外圧強度，重量も大きいが，継手部分《つぎてぶぶん》の止水性が弱いので低水圧《ていすいあつ》以外は使用はできない。
陶《とう》管《かん》※1	摩耗《まもう》に強く，対薬品性《たいやくひんせい》，特に対酸性《たいさんせい》，対アルカリ性に優れている。異形管《いけいかん》の製作が容易だが，長尺《ちょうじゃく》ものの製作は困難《こんなん》。
硬質《こうしつ》ポリ塩化《えんか》ビニール管	耐食性《たいしょくせい》，耐電食性《たいでんしょくせい》にすぐれている。重量が軽く施工性がよい。また,内面粗度《ないめんそど》が変化しにくい。有機溶剤《ゆうきようざい》,衝撃《しょうげき》,熱,紫外線《しがいせん》に弱い。

ソケット管は原則《げんそく》として、ソケット側を上流に向けて設置《せっち》します。※2

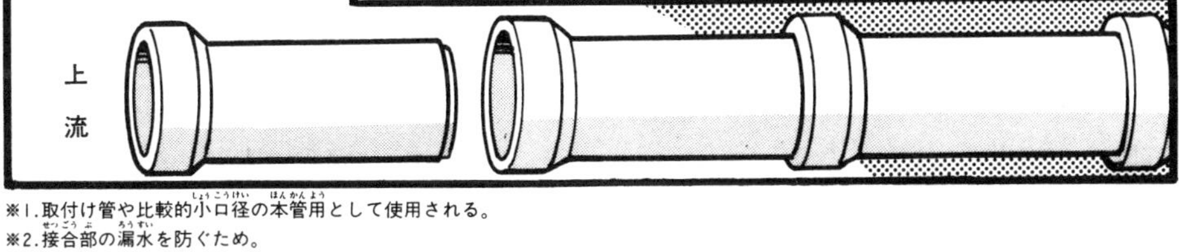
上流

※1.取付け管や比較的小口径《しょうこうけい》の本管用《ほんかんよう》として使用される。
※2.接合部《せつごうぶ》の漏水《ろうすい》を防ぐため。

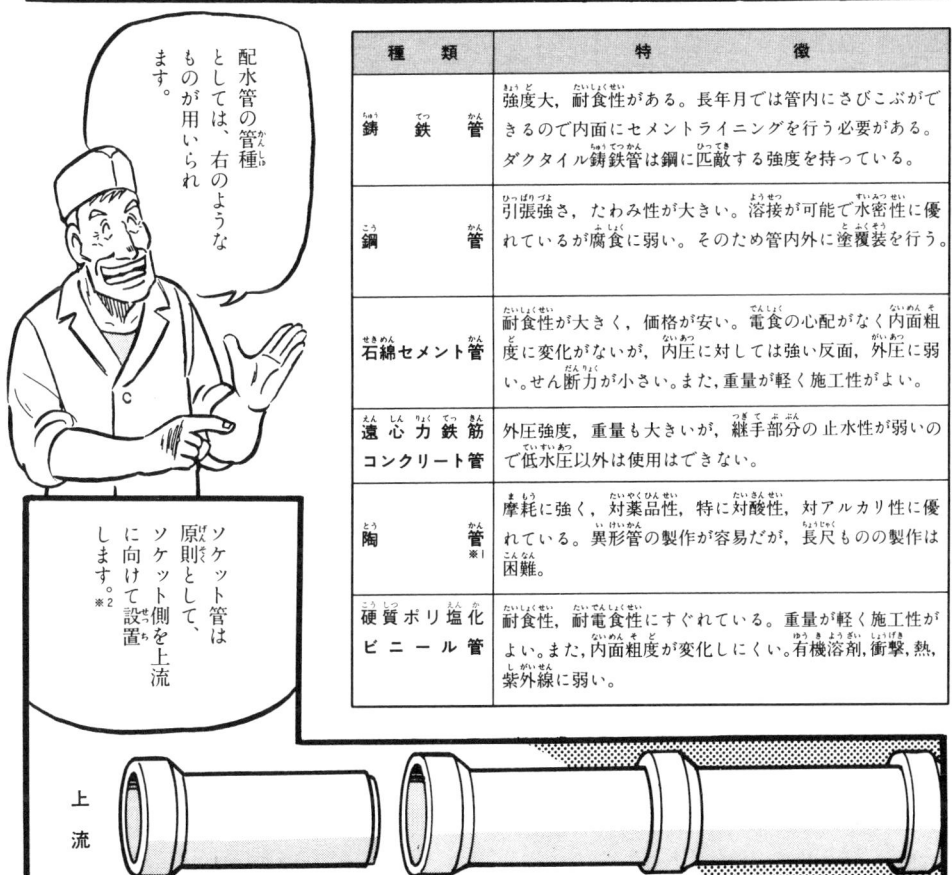

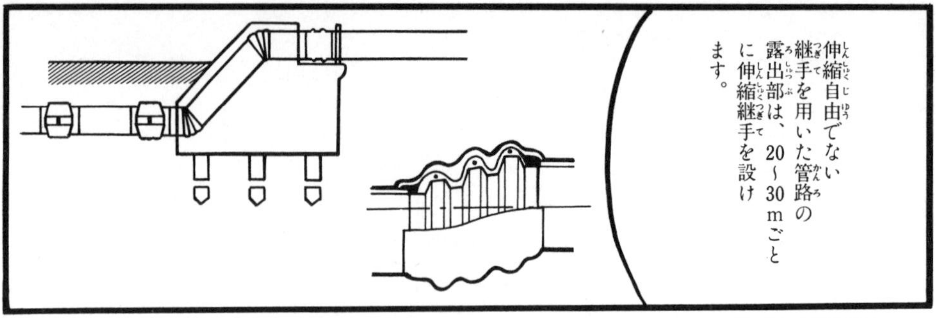
伸縮《しんしゅく》自由《じゆう》でない継手《つぎて》を用いた管路《かんろ》の露出部《ろしゅつぶ》は、20～30 mごとに伸縮継手《しんしゅくつぎて》を設けます。

試験 → 切り回し → 土止め矢板打込 → 掘削 → 管布設 → 埋戻 → 土止め矢板引抜

- 試験 ← 埋設物の確認　地下水の把握
- 切り回し ← 埋設位置の変更
- 土止め矢板打込 ← 木矢板，H鋼，トレンチ，鋼矢板
- 管布設 ← 基礎工

さて、**配水管**の**布設《ふせつ》**ですが、掘削は一般に開削工法《かいさくこうほう》が用いられ、布設の作業の流れは上のとおりです。
軟弱地盤《なんじゃくちばん》の基礎《きそ》には、これらの基礎を用いて、不等沈下《ふとうちんか》を生じないようにします。
軟弱地盤《なんじゃくちばん》の基礎《きそ》
●杭打《くいう》ち
●割《わり》ぐり石《いし》
●コンクリート基礎《きそ》

土《ど》かぶりは、0.90～1.50m以上とします。
0.90～1.50m
配水管
あと給水管ですが、給水管の最小動水圧《さいしょうどうすいあつ》は1.0kgf／cm²（0.98MPa）です。
給水管の最小動水圧
1.0 kgf/cm² (0.98 MPa)
さあ、あとは下水道ですよ！ガンバッテ！
ニッポンビール

memo

※気になった箇所などを書き留めておきましょう

上下水道工事

下水処理と下水管の施工

学習の要点

①合流式と分流式の違いを理解しよう
②標準活性汚泥法とは何か
③下水道の基礎工に関する知識を深めよう
④下水管きょの接合における留意点は何か
⑤開削工事における土止め工についての知識を深めよう
⑥下水管の施工における留意点は何か
⑦下水管の管種についての知識を深めよう
⑧下水道工事にはどのような補助工法があるか

下水《げすい》には、家庭排水《かていはいすい》や、
工場廃水《はいすい》などによる汚水《おすい》と、
すみやかな排除《はいじょ》を要する雨水があります。

下水道《げすいどう》には、汚水《おすい》と雨水を、それぞれ別系統《べっけいとう》で排除《はいじょ》する分流式《ぶんりゅうしき》と、
雨水
汚水
分流式

同一管《どういつかん》で排除する合流式《ごうりゅうしき》があります。
汚水
雨水
合流式

	合　流　式	分　流　式
長所	①管が1本なので施工が容易。 ②管が大きいので維持管理《いじかんり》が容易で閉塞《へいそく》少ない。 ③不明確な在来水路《ざいらいすいろ》を統廃合《とうはいごう》し統括的《とうかつてき》な管理が可能となる。 ④施設の改良によっては初期降雨対策《しょきこううたいさく》が可能である。	①汚水《おすい》の中継が容易なので路線《ろせん》の選定が比較的自由である。 ②晴天時，雨天時とも汚水の越流《えつりゅう》がないので公共用《こうきょうよう》水域《すいいき》の水質保全《すいしつはぜん》には有利。
短所	①一定量以上の水量になると未処理水《みしょりすい》が吐口《はきぐち》，ポンプ場より公共用水域へ流出する。 ②晴天時に管口径《かんこうけい》に比して水量が少ないので管《かん》きょ内に浮遊物《ふゆうぶつ》が沈殿しやすい。	①汚水管《おすいかん》きょの清掃，換気《かんき》等，管理がむずかしい。 ②汚水路《おすいろ》，マンホールのふた等から雨水が流入し，汚水管《おすいかん》きょの流量が増加する。 ③汚水管《おすいかん》は小径管《しょうけいかん》が多くなり，埋設《まいせつ》が深くなって施工はむずかしくなる。

雨水排除《はいじょ》のための排水路《はいすいろ》が整備されている都市では、分流式下水道が有利なんだろ?
めあ、水質汚濁《すいしつおだく》防止の観点《かんてん》からも分流式が好ましいんだ。※1

※1. 下水道の歴史の古い都市では合流式で下水道が整備されている。しかし，最近では水質汚濁《すいしつおだく》の観点《かんてん》から，分流式下水道《ぶんりゅうしきげすいどう》を採用する割合が増加している。

汚水《おすい》は、
下水処理場《げすいしょりじょう》に
送られ、浄化《しょうか》して
河川《かせん》や湖沼《こしょう》、海《うみ》など
に流されるんだ。

下水処理場《げすいしょりじょう》

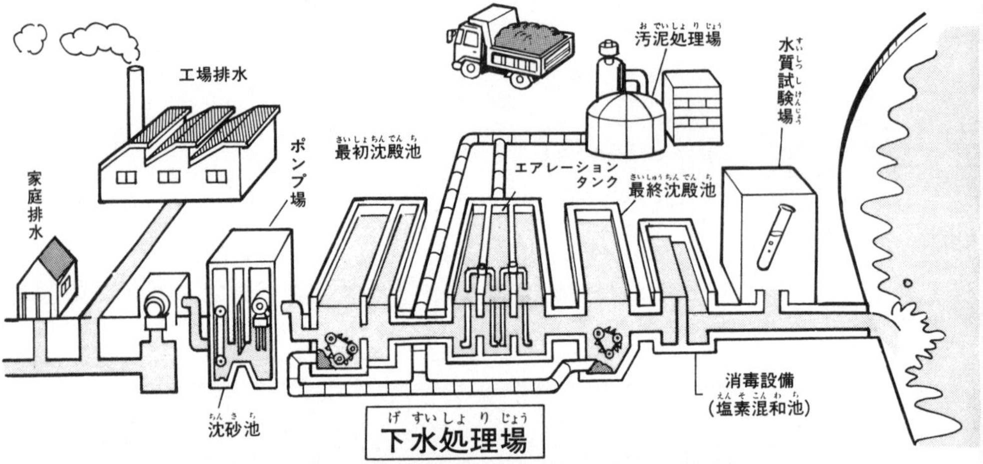
工場排水
家庭排水
ポンプ場
沈砂池《ちんさち》
最初沈殿池《さいしょちんでんち》
エアレーションタンク
汚泥処理場《おでいしょりじょう》
最終沈殿池《さいしゅうちんでんち》
水質試験場《すいしつしけんじょう》
消毒設備
(塩素混和池《えんそこんわち》)
下水処理場《げすいしょりじょう》

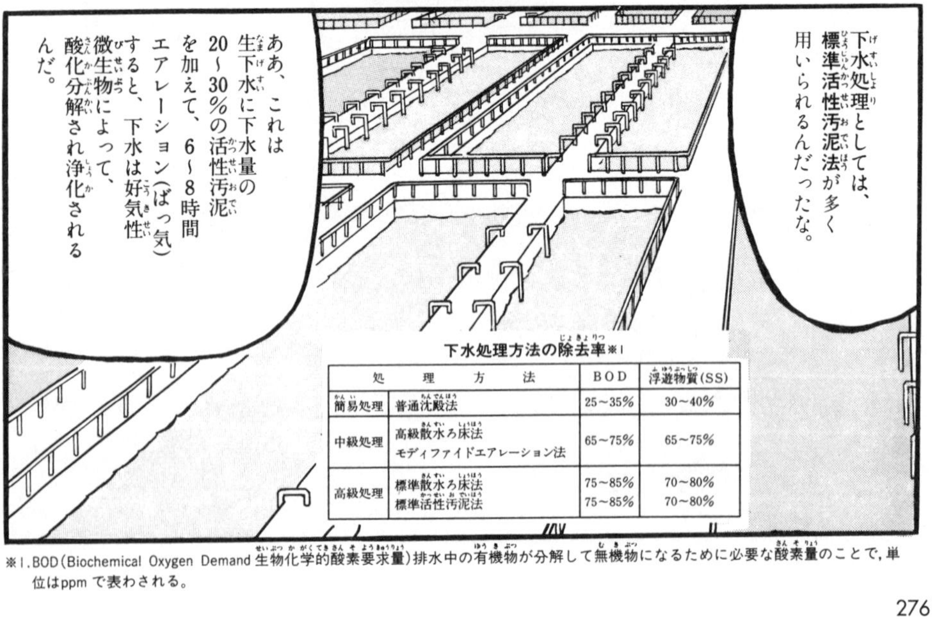
下水処理《げすいしょり》としては、標準活性汚泥法《ひょうじゅんかっせいおでいほう》が多く用いられるんだったな。
ああ、これは生下水《なまげすい》に下水量の20～30%の活性汚泥《かっせいおでい》を加えて、6～8時間エアレーション(ばっ気)すると、下水は好気性《こうきせい》微生物《びせいぶつ》によって、酸化分解《さんかぶんかい》され浄化《しょうか》されるんだ。

下水処理方法の除去率《じょきょりつ》※1

処理方法		BOD	浮遊物質《ふゆうぶっしつ》(SS)
簡易《かんい》処理	普通沈殿法《ちんでんほう》	25～35%	30～40%
中級処理	高級散水《さんすい》ろ床法《しょうほう》 モディファイドエアレーション法	65～75%	65～75%
高級処理	標準散水《さんすい》ろ床法《しょうほう》 標準活性汚泥法《かっせいおでいほう》	75～85% 75～85%	70～80% 70～80%

※1.BOD(Biochemical Oxygen Demand 生物化学的酸素要求量《せいぶつかがくてきさんそようきゅうりょう》)排水中の有機物《ゆうきぶつ》が分解して無機物《むきぶつ》になるために必要な酸素量《さんそりょう》のことで,単位はppm で表わされる。

さて、下《げ》水《すい》道《どう》工《こう》事《じ》ですが、下水道の管《かん》きょ工事の準備と事《じ》前《ぜん》調《ちょう》査《さ》として、このようなことを行います。

●管《かん》きょを道路に布設《ふせつ》するときは，道路法《どうろほう》に基づいて，道路管理者の占用の許可を受けなければならない。

●道路上で工事を実施するときは，道路交通法に基づいて，所轄警察署長《しょかつけいさつしょちょう》の許可を受けなければならない。

●ボーリング調査を行う場合は，延長方向に通常50～100m間隔で行う。その深さは，掘削深《くっさくふか》さの1.5～2.0倍程度とする。

●地下埋設物《ちかまいせつぶつ》の試験掘《しけんぼり》は，作業時間の拘束《こうそく》もあるが，原則《げんそく》として手《て》掘《ぼ》りで行う。

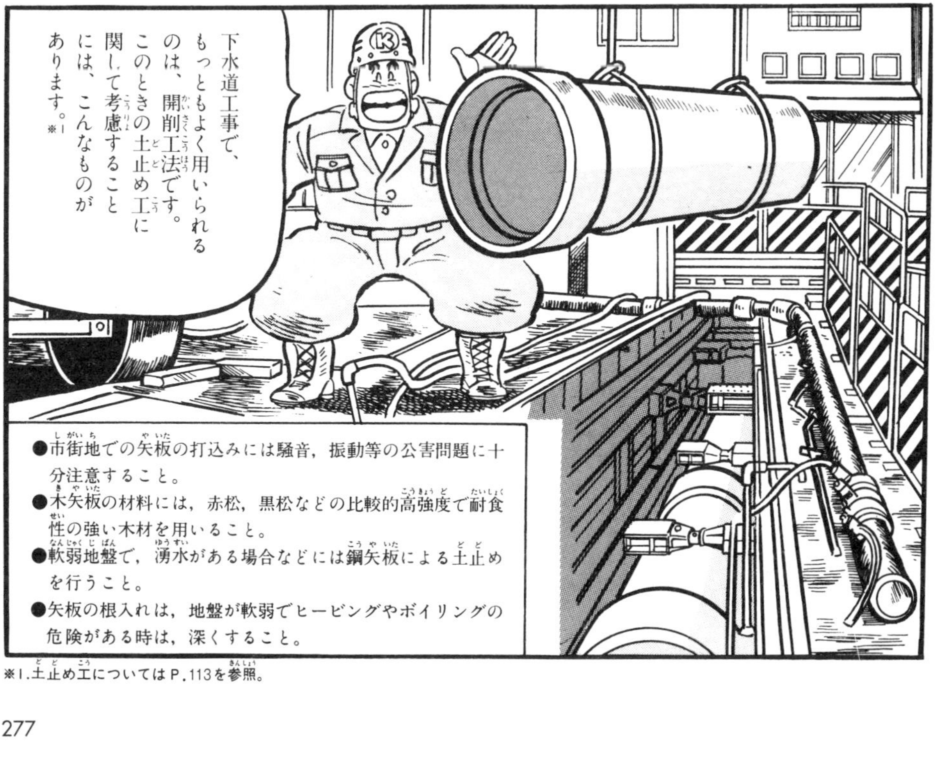
下水道工事で、もっともよく用いられるのは、開《かい》削《さく》工《こう》法《ほう》です。このときの土《ど》止《ど》め工《こう》に関して考慮《こうりょ》することには、こんなものがあります。※1

●市街地《しがいち》での矢板《やいた》の打込みには騒音，振動等の公害問題に十分注意すること。

●木矢板《きやいた》の材料には，赤松，黒松などの比較的高強度《こうきょうど》で耐食《たいしょく》性《せい》の強い木材を用いること。

●軟弱地盤《なんじゃくじばん》で，湧水《ゆうすい》がある場合などには鋼矢板《こうやいた》による土止《どど》めを行うこと。

●矢板の根入れは，地盤が軟弱でヒービングやボイリングの危険がある時は，深くすること。

※1.土止《どど》め工《こう》についてはP.113を参照《さんしょう》。

次に、下水管《げすいかん》きょの基礎工についてですが、主な基礎工には、下のようなものがあります。

砂《すな》基礎

砂利《じゃり》・割栗石《わりぐりいし》基礎

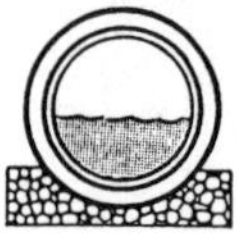

コンクリート基礎

まくら土台《どだい》基礎

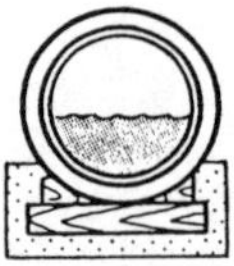

はしご胴木《どうぎ》基礎

砂利《じゃり》・割栗石《わりぐりいし》基礎	地盤が比較的よい場合の小径管《しょうけいかん》の基礎。
砂　基　礎	管体に均等《きんとう》な応力《おうりょく》を伝達する基礎で，均等な支承面《ししょうめん》が得られるように管を防護《ぼうご》する。
枕《まくら》土《ど》台《だい》基礎	管の据付《すえつ》け，接合《せつごう》を容易《ようい》にするため用いる基礎。不等沈下《ふとうちんか》を生ずるような地盤は不適合である。
はしご胴木《どうぎ》基礎	地盤が軟弱《なんじゃく》で湧水《ゆうすい》があり，不等沈下《ふとうちんか》のおそれがある場合に，よく用いられる基礎。
コンクリート基礎	管《かん》きょに作用する外力が大きいとき，管《かん》きょを補強するために用いられる基礎。場合によっては，基礎の下に杭を打つこともある。

下水道工事には、開削工法《かいさくこうほう》のほか、特殊工法《とくしゅこうほう》が採用《さいよう》されます。特殊工法としてはシールド工法と、
次に示す推進工法《すいしんこうほう》で、鉄道、道路などの横断で開削《かいさく》工法がとれない場合に施工されます。

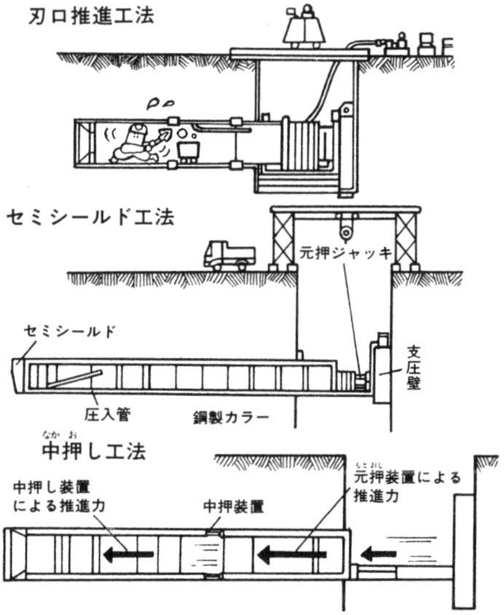
刃口推進工法
セミシールド工法
元押ジャッキ
セミシールド
支圧壁
圧入管
鋼製カラー
中押《なかお》し工法
中押し装置
による推進力
中押装置
元押《もとおし》装置による
推進力

刃口推進工法《はぐちすいしんこうほう》

管の先端《せんたん》に刃口《はぐち》を装備《そうび》し，発進立坑内《はっしんたてこうない》の管体の後部のジャッキにより管を推進しながら，刃口部の土砂《どしゃ》を掘《くっ》削《さく》する工法。管径《かんけい》は，管内の掘削作業《くっさくさぎょう》など 800 mm以上とする。

セミシールド工法

この工法は，管の先端にシールド機を装備し，立坑《たてこう》に設置したジャッキによって管を地山に推進する。

中押《なかお》し工法

推進延長《すいしんえんちょう》が長い場合に用いられ，管路の中間に中押し装置を配置して推力《すいりょく》を増す工法。※1

補助工法《ほじょこうほう》

■排水工法

A 地下水位低下工法《ちかすいいていかこうほう》

- ●ウェルポイント工法
- ●ディープウェル工法

B 脱水《だっすい》工法

- ●サンドドレーン工法
- ●生石灰《せっかい》ぐい工法
- ●釜場排水《かまばはいすい》工法

■固結《こけつ》工法

- ●薬液《やくえき》注入工法
- ●凍結《とうけつ》工法
- ●石灰《せっかい》工法

■締固《しめがた》め工法

- ●バイブロフローテーション工法
- ●サンドコンパクション工法
- ●ダイレクトパワーコンパクション工法

■置換《ちかん》工法

■強制圧密脱水《きょうせいあつみつだっすい》工法

■圧気《あっき》工法

これらの工法と併用《へいよう》して用いられる、地盤改良《かいりょう》のための補助工法《ほじょこうほう》としては、このようなものがあります。

※1. このほか，泥水加圧《でいすいかあつ》シールド工法，ホリゾンタルオーガ工法がある。
中押《なかお》し装置をセットするには1200mm以上の管径《かんけい》が必要である。

そのうちのいくつかを説明しておきましょう。

薬液注入工法《やくえきちゅうにゅうこうほう》

土の間げきに薬液《やくえき》を填充《てんじゅう》して間《かん》げき比《ひ》を小さくし，土粒子相互《どりゅうしそうご》を固結《こけつ》し，地盤の強度を増加させ，湧水《ゆうすい》，漏水《ろうすい》などを防止する。シールド工事で地山が崩れやすいところでは，切羽安定のために採用する。

凍《とう》　結《けつ》　工　法

地中に凍結管《とうけつかん》を打ち込み，凍土壁《とうどへき》を作り，止水効果《しすいこうか》及び地盤の強度増加《きょうどぞうか》を図るための工法。また，泥水《でいすい》シールド工事の発進部《はっしんぶ》の防護《ぼうご》のため採用する。

生石灰工法

生石灰の化学的な性質を利用して，土中の水分を吸収する工法。軟弱地盤の掘削に当り，ヒービング防止のため採用する。

ディープウェル工法

深い井戸を掘削して，その中に集まってくる地下水をポンプで揚水《ようすい》する工法。地表面より10m以上の地下水位を広範囲《こうはんい》に低下させる必要のあるとき採用する。

さて、下水管《げすいかん》きょ縦断面図《じゅうだんめんず》は、縮尺《しゅくしゃく》縦《たて》1／100、横は平面図《へいめんず》の縮尺《しゅくしゃく》と同じで、このような事項を記載《きさい》します。

- 管《かん》きょの位置
- 番号
- 形状《けいじょう》
- 内のり寸法
- こう配
- 区間路離《くかんきょり》
- 追加距離
- 管底高《かんていこう》
- 土かぶり
- 掘削深さ《くっさくふか》
- 地盤高
- マンホール位置
- 種類
- 深さ

縦断面図《じゅうだんめんず》

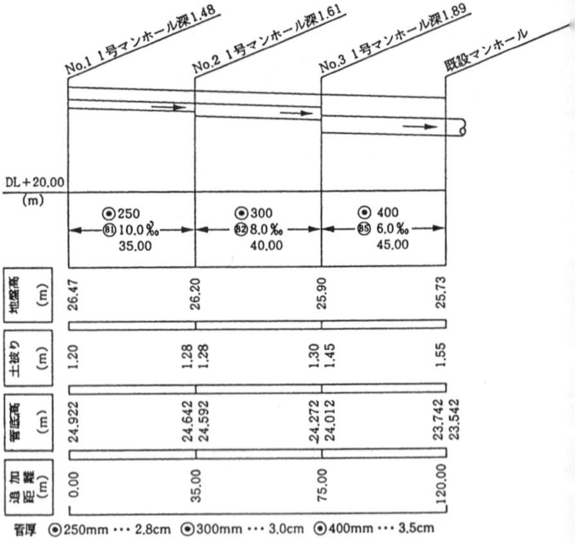
No.1 1号マンホール深1.48
No.2 1号マンホール深1.61
No.3 1号マンホール深1.89
既設マンホール
DL＋20.00
(m)
⊙250
(81) 10.0‰
35.00
⊙300
(82) 8.0‰
40.00
⊙ 400
(85) 6.0‰
45.00
地盤高 (m)
26.47
26.20
25.90
25.73
土被り (m)
1.20
1.28
1.28
1.30
1.45
1.55
管底高 (m)
24.922
24.642
24.592
24.272
24.012
23.742
23.542
追加距離 (m)
0.00
35.00
75.00
120.00
管厚 ⊙250mm … 2.8cm ⊙300mm … 3.0cm ⊙400mm … 3.5cm

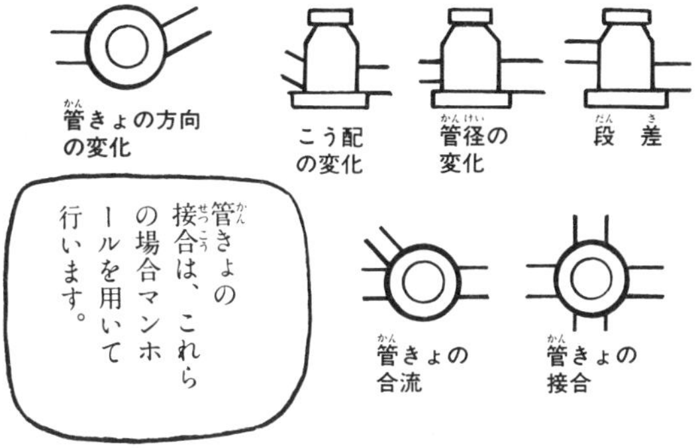
管《かん》きょの方向の変化
こう配の変化
管径《かんけい》の変化
段差《だんさ》
管《かん》きょの接合《せつごう》は、これらの場合マンホールを用いて行います。
管《かん》きょの合流
管《かん》きょの接合

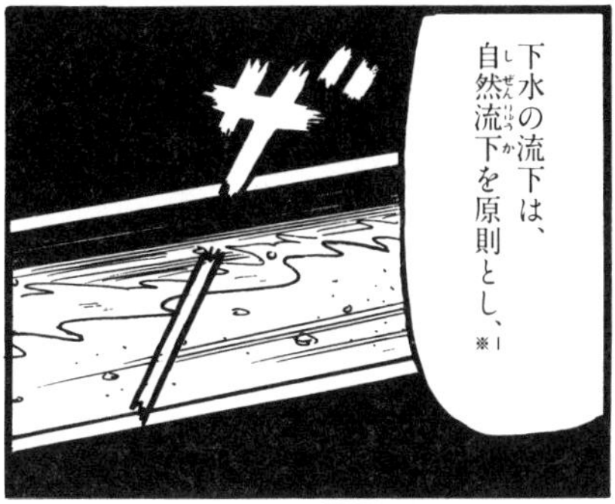
下水の流下は、自然《しぜん》流下《りゅうか》を原則とし、※1

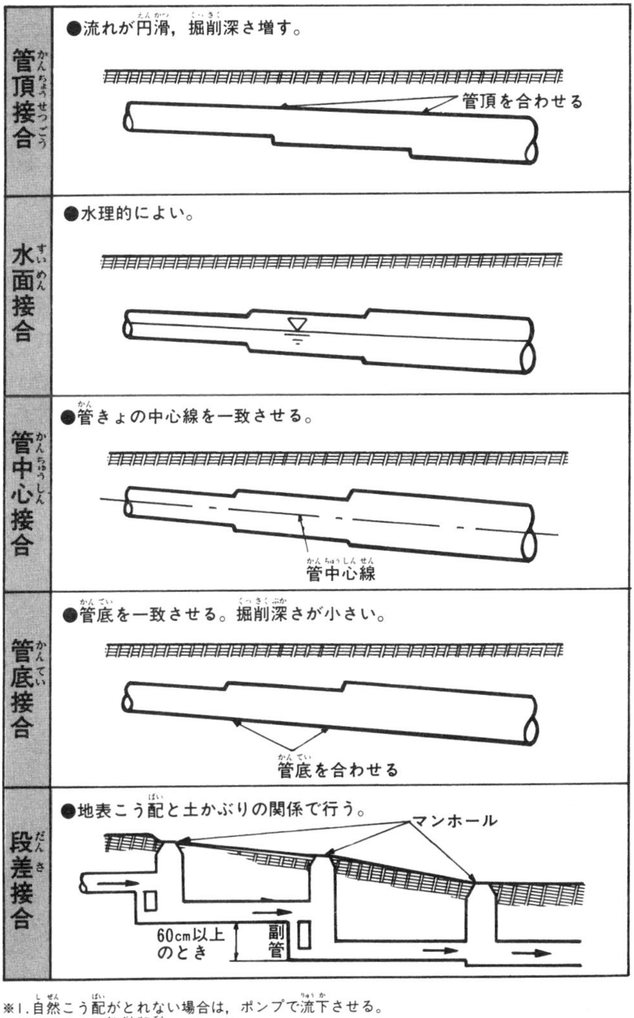
管頂接合《かんちょうせつごう》
●流れが円滑《えんかつ》，掘削《くっさく》深さ増す。
管頂を合わせる
水面接合《すいめん》
●水理的によい。
管中心接合《かんちゅうしん》
●管《かん》きょの中心線を一致させる。
管中心線《かんちゅうしんせん》
管底接合《かんてい》
●管底《かんてい》を一致させる。掘削深《くっさくぶか》さが小さい。
管底《かんてい》を合わせる
段差接合《だんさ》
●地表こう配《ばい》と土かぶりの関係で行う。
マンホール
60cm以上のとき
副管

接合方法《せつごうほうほう》としては、おもにこれらのものがあります。※2

※1.自然《しぜん》こう配《ばい》がとれない場合は，ポンプで流下《りゅうか》させる。
※2.このほか，階段接合《かいだんせつごう》がある。

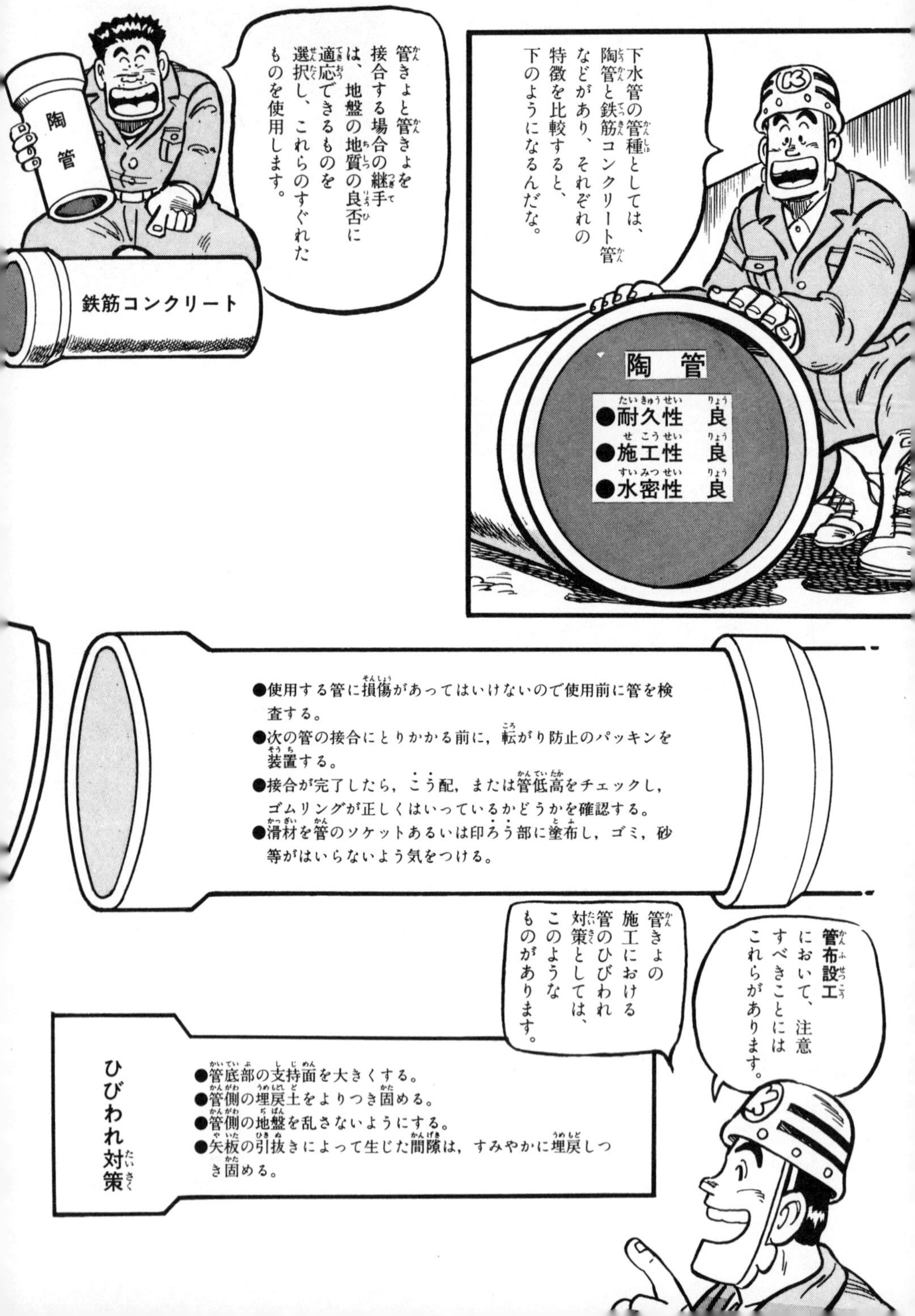

下水管の管種《かんしゅ》としては、陶管《とうかん》と鉄筋《てっきん》コンクリート管《かん》などがあり、それぞれの特徴を比較すると、下のようになるんだな。
陶　管
●耐久性《たいきゅうせい》　良《りょう》
●施工性《せこうせい》　良《りょう》
●水密性《すいみつせい》　良《りょう》
管《かん》きょと管《かん》きょを接合する場合の継手《つぎて》は、地盤の地質《ちしつ》の良否《りょうひ》に適応《てきおう》できるものを選択《せんたく》し、これらのすぐれたものを使用します。
陶
管
鉄筋コンクリート
●使用する管に損傷《そんしょう》があってはいけないので使用前に管を検査する。
●次の管の接合にとりかかる前に，転《ころ》がり防止のパッキンを装置《そうち》する。
●接合が完了したら，こう配，または管低高《かんていたか》をチェックし，ゴムリングが正しくはいっているかどうかを確認する。
●滑材《かつざい》を管《かん》のソケットあるいは印ろう部に塗布《とふ》し，ゴミ，砂等がはいらないよう気をつける。
管布設工《かんふせつこう》において、注意すべきことにはこれらがあります。
管《かん》きょの施工における管のひびわれ対策《たいさく》としては、このようなものがあります。
ひびわれ対策《たいさく》
●管底部《かいていぶ》の支持面《しじめん》を大きくする。
●管側《かんがわ》の埋戻土《うめもどしど》をよりつき固《かた》める。
●管側《かんがわ》の地盤《ちばん》を乱さないようにする。
●矢板《やいた》の引抜《ひきぬ》きによって生じた間隙《かんげき》は，すみやかに埋戻《うめもど》しつき固《かた》める。

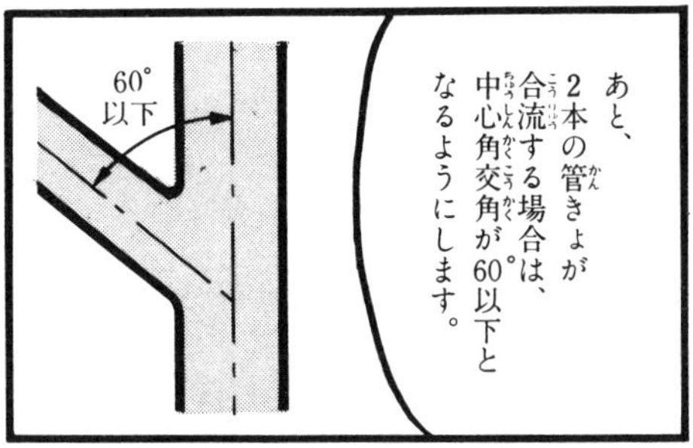

60°
以下
あと、2本の管《かん》きょが合流《こうりゅう》する場合は、中心角《ちゅうしんかく》交角《こうかく》が60°以下となるようにします。

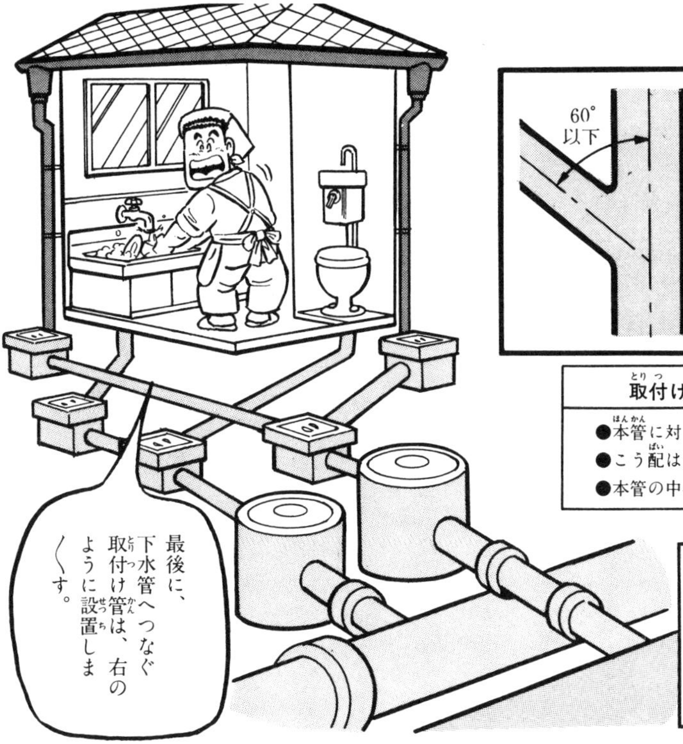

最後に、下水管へつなぐ取付《とりつ》け管《かん》は、右のように設置《せっち》しま〜す。

取付《とりつ》け管《かん》の取付《とりつ》け先《さき》

- ●本管《ほんかん》に対し直角に布設《ふせつ》する。
- ●こう配《ばい》は10‰以上。
- ●本管の中心線より上方に取り付ける。

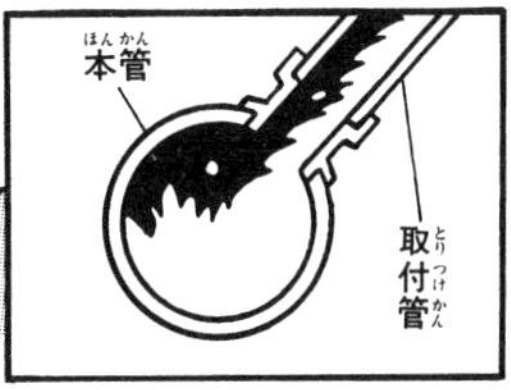

本管《ほんかん》
取付管《とりつけかん》

memo

※気になった箇所などを書き留めておきましょう

いやあ、どうもありがとう。
おかげさまでだいぶ自信がついたよ！
少しは、役にたてたかなぁ。
充分さ。そんじゃあ、これからもまたよろしく！
ああ、じゃあ、またな。
利発《りはつ》な子ども、かわいい奥さん、
あたたかな家庭、ああ～あ、石本は幸せもんだなあ。
おーし、おれも、幸せな家庭を築くために、
早く試験にうかるぞォ。
お、そうだ、夜食《やしょく》買っていこ。

しかし、おれ好みの娘って……
まわりにいないなあ。かわいくって、明るくって、働きもので、元気のいい……
いらっしゃいませエ!!
あ、あのなにか…?
……いた♥♥

……と、今後に期待しつつ本文へ。

第3章

法規

労働基準法

労働契約と賃金

学習の要点

①労働基準法とは何か
②労働契約について学ぼう
　❶労働条件の明示事項
　❷労働契約における禁止事項
　❸解雇
③賃金について理解を深めよう

たっけんSt.
あ!

宮さんどうしたんです、ニコニコしちゃって?
ポン
おお、良夫くんか。どうだい、なにかおごってやろうか。

え、ほんとに？ラッキー！でも、どうしたんです？
はは、今日 給料をもらっただけの話さ。
賃金《ちんぎん》の支払いは、①通貨《つうか》で、②直接労働者に③その全額を④毎月一回以上⑤一定の期日を定めて、支払われるんだよ。※1
へぇーっ銀行振込みじゃないんですか。
休業したら、その間の賃金は支払われないんですか？
いや、使用者の責任で休業するときは、休業期間中その平均賃金の60％以上の手当が支払われるよ。
支払い期日前に賃金は支払われることはないんですか？
あるよ。労働者が非常の場合の費用に充《あ》てるために請求するとき、使用者は支払期日前でも、既往《きおう》の労働に対する賃金を支払わなきゃいかんのだよ。

※１．ただし臨時に支払われる賃金，賞与はこの限りでない。また，労働組合又は労働者の過半数を代表する者との書面による協定がある場合は，この限りでないとされている。

非常の場合って？
労働者の収入で生計をたてている者が、次のような場合になったときだよ。
① 出産，疾病《しっぺい》又は災害《さいがい》を受けた場合。
② 結婚，又は死亡した場合。
③ やむを得ない事由《じゆう》により，1週間以上にわたって帰郷《ききょう》する場合。
僕らのような年少者《ねんしょうしゃ》の場合も賃金は、直接もらえるんですか？
ああ、未成年者も独立して賃金を請求することができるよ。また親権者《しんけんしゃ》や、後見人《こうけんにん》がかわって受け取っちゃいけないんだ。
賃金

あと、労働組合がない事業所で、労働者の過半数《かはんすう》を代表する者との協定によって、賃金の一部として会社製品を支給するときがある。
製品
賃金
賞与
賞与
賞与
また、年2回の賞与を、労働協約《ろうどうきょうやく》を改定して一回支給することもあるね。
ゴチソウサン！
ゲップ
ん・・・
賃金の話は、このくらいにしとこ。
良夫くんは、**労働基準法**《ろうどうきじゅんほう》って知ってるかい？
ゲップ
イエ。
まず、**労働契約**《ろうどうけいやく》は、使用者と個々の労働者とが、労務給付《ろうむきゅうふ》に関して締結《ていけつ》する契約で、
労働協約は、使用者と、労働組合か、過半数の労働者を代表とする者との、**労働条件**の設定を主な内容とするとり決めや、合意《ごうい》事項《じこう》のこと。

そして、**就業規則**《しゅうぎょうきそく》とは、各事業所ごとに使用者が指揮命令権《しきめいれいけん》に基づいて作成するもので、労働者が就業上順守《じゅんしゅ》すべき規則と、労働条件に関する具体的細目《さいもく》を定めた規則のことなんだよ。※1
労働基準法《ろうどうきじゅんほう》では、使用者が労働者の国籍《こくせき》、信条、社会的身分を理由として、
賃金、労働時間等の労働条件について、差別的《さべつてき》取扱いをしてはならないとしている。※2
また、男女同一《だんじょどういつ》賃金※3を原則とするんだ。
女……

※1 就業規則は，法令又は労働協約に違反してはならない。

※2 労基法で定める労働条件の基準は，最低のものであるから使用者はこの基準を理由として労働条件を低下させてはならない。

※3 女性であることを理由として，賃金について男性と差別的取扱いをしてはならない。

ガハハハ
ハハハハ
は……
は……
あ〜、おほん。労働契約では、使用者が前借金《まえがりきん》、その他労働することを条件とする前貸《まえがし》の債権《さいけん》と賃金を、相殺《そうさい》してはならんのだよ。
●前借金
●前貸の債権
使用者
賃金相殺
また、強制貯金《きょうせいちょきん》もさせてはいけない。

脅迫《きょうはく》して労働させるのは、もってのほか！※1
借金

しかし、労働者の不法行為《ふほうこうい》によって発生した損害《そんがい》の、賠償請求《ばいしょうせいきゅう》はできるんだよ。
賠償

使用者は労働契約の締結《ていけつ》に際《さい》して、労働者に対して次のことを明示《めいじ》すること。※2

必ず明示しなければならない事項

- 就業の場所及び従事しなければならない業務。
- 始業及び終業時刻，休憩時間，休日，休暇そして就業時転換に関すること。
- 賃金の決定，計算及び支払方法，賃金の締切り，支払時期と昇給に関すること。
- 退職に関すること。

使用者がこれらに関する定めをしていない場合は明示しなくてもよい事項

- 退職手当その他の手当，賞与。
- 食費，作業用品。
- 安全及び衛生。
- 職業訓練。
- 災害補償，業務外傷病扶助。
- 表彰，制裁。
- 休職。

ふ〜ん、ずいぶん勉強したんですねえ。

いや、なに、はは、それほどでも。なは……。

※1 強制労働の禁止。（暴行，脅迫等によって，労働者の意思に反して労働を強制してはならない。）

※2 就業の場所及び，従事すべき業務を除き，就業規則のとり決め事項とほぼ同じである。

宮くん。悪いんだが、今日限りでやめてもらいたいんだ……。
ガーン
く、くび！
な、な、なんでエ！
シ、シ、使用者が労働者を解雇《かいこ》する場合は、少なくとも30日前に予告《よこく》をしなけりゃならないでしょ！
もし、予告なしにやめさせるんだったら、30日分以上の平均賃金はいただきますからね！※1
よろしい！
ははは、冗談じゃよ。さて、あと、使用者が労働者を解雇してはならん場合とは、どんな場合かね？

※1 労働者の責に帰すべき事由に基づいて解雇する場合で，行政官庁《ぎょうせいかんちょう》の認定を受けた場合や，天災事変《てんさいじへん》その他やむを得ない事由のため事業継続が不可能となった場合で行政官庁の認定を受けた場合は，解雇の予告をしないでも違反とはならない。また，予告日数は，1日について平均賃金を支払った場合は，その日数を短縮することができる。

はあ、それは労働者が業務上《ぎょうむじょう》負傷《ふしょう》するか、疾病《しっぺい》にかかり療養《りょうよう》のために休業する期間と、その後30日間は解雇できません。
業務上
負傷
疾病
療養
休業期間
その後30日間
解雇できない
また、産前産後《さんぜんさんご》の女性が休業する期間と、その後30日間は解雇してはなりません。
産前産後の女性
休業期間
その後30日間
解雇できない
よろしい。では、それらの規定が適用《てきよう》されないのは、どういった人たちかね？
はあ、こういった人たちですが、所定《しょてい》の期間をこえて引き続き使用される場合は適用されます。
① 日々雇い入れられる者(1ヶ月を超えない場合適用)。
② 2ヶ月以内の期間を定められた者。
③ 季節的業務に4ヶ月以内の期間を定めたもの。
④ 試用期間中の者(ただし14日以内)。

よろしい、完璧《かんぺき》じゃね。良夫が感心しとったよ、自分も受験ガンバラなきゃやって。いや、感謝しちょるよ。ひとつパァーとおごってあげよう。
それは、どうも。
で、なにを？
うん〜そうだね。
おしるこ、なんてどうかな？

memo

※気になった箇所などを書き留めておきましょう

労働基準法

労働時間と就業制限

学習の要点

①労働時間と時間外労働について理解しよう
②割増賃金について学ぼう
③休憩、休日、年次有給休暇について学ぼう
④女性及び年少者の就業制限について学ぼう
⑤就業規則とは何か

作業
やめエ、
全員休憩《きゅうけい》！
お、
めしか。
ありがてえ。

先輩。休憩《きゅうけい》は、労働時間が6時間をこえる場合には45分、8時間をこえる場合には少なくとも一時間とらなくちゃいけないんでしたね。※1
のり
ああ、労働時間は休憩時間を除き、一日8時間、一週間に40時間をこえたらいかんのだ。
でも、就業規則などで特定の日に8時間とか、特定の週に40時間をこえて労働させることができるんでしょう？
そう。ただし、4週間を平均して、一週間の労働時間が40時間をこえてはならんのだよ。
あと、休日は毎週少なくとも一日、又は4週間を通じ4日以上の休日を与えなければならんね。
有給休暇《ゆうきゅうきゅうか》は半年間継続勤務《けいぞくきんむ》し、全労働日の8割以上出勤した労働者に対して、10日与えられるな。

※1．休憩時間は，行政官庁の許可を受ければ，一せいに与えなくてもよいが，労働時間途中で与えなければならない。

季節的業務《きせつてきぎょうむ》に4ヶ月従事《じゅうじ》するおれのような労働者は、有給休暇はもらえるだか？
だめ。半年未満の期限を定められた労働者には、与えなくてもよいことになってますよ。
ア、ソ。
あと、時間外に労働させたときは通常の賃金の2割5分以上、休日の場合には3割5分以上の割増賃金《わりましちんぎん》を支払わなければならず、
時間外、休日労働と深夜労働が重複する時は、それぞれさらに2割5分以上支払わなけりゃならんのです。※1
就業規則で、一日の実労働時間《じつろうどうじかん》を7時間と定めたときは、7時間をこえる労働に対して、すべて割増賃金を支払うんですか？
いや、8時間をこえる労働に対してだけ、割増賃金を支払うんだ。
ああ、就業規則でおもいだしたが……

※1 割増賃金の基礎となる賃金には，家族手当，通勤手当，子女教育手当，臨時に支払われた賃金等は算入しなくともよい。しかし，クレーンの運転にかかる手当は算入しなければならない。また，深夜とは午後10時～翌午前5時までをいう。

常時10人以上の労働者を使用する使用者は、次の事項について就業規則を作成し、行政官庁《ぎょうせいかんちょう》に届けなければならんのだよ。
行政官庁
10人以上
就業規則
①始業，終業の時刻，休日，休暇，就業時転換，②賃金の決定，支払方法，③退職に関する事項，休憩時間，④その他。
オーシ、作業開始、全員部しょに着けェ！
なんだい、もう仕事か？
なんだか、漫画3ページ分ぐらいしか休んでないみたいですね。
女性や、年少者の就業制限《しゅうぎょうせいげん》について、勉強したかい？
ええ。

年少者の労働時間、時間外、休日労働などの、成人労働者《せいじんろうどうしゃ》に許されている例外は一切許されません。
但し、交替制《こうたいせい》による場合は、満16歳以上の男性はかまわないな。
満16歳以上
制
交
替
また満18歳に満たない者を深夜業に使用してはなりません。
満18歳未満
満18歳に満たない者は、次の危険有害《きけんゆうがい》な業務につかせてはいけません。
① 運転中の機械，動力伝導装置《どうりょくでんどうそうち》の危険な部分の掃除《そうじ》，注油《ちゅうゆ》，検査，修繕《しゅうぜん》，又はベルト，ロープの取付け・取りはずし業務。
② 動力による起重機《きじゅうき》の運転又は玉掛《たまか》け業務※1

※1 玉掛の補助作業は可。

③　巻上機《まきあげき》，運搬機《うんぱんき》，索道《さくどう》及び土木建築用機械の運転業務。

④　土砂《どしゃ》が崩壊《ほうかい》するおそれのある場所，深さ５m以上の地穴における業務。

⑤　高さ５m以上で墜落《ついらく》による危険を受けるところの業務。

⑥　足場《あしば》の組立，解体又は変更の業務。

⑦　異常気圧下《いじょうきあつか》における業務。

⑧　削岩機《さくがんき》，びょう打機《うちき》等の身体に著《いちぢる》しい振動を受ける業務。

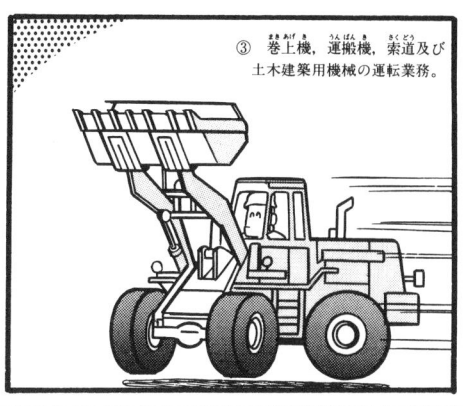

じゃあ、
一般労働者に対する、時間外の労働の制限についてはどの程度知ってるかい？
はい、
次のような健康上特に有害《ゆうがい》な業務の労働時間の延長は、一日について2時間をこえてはなりません。※1
① 著しく暑熱《しょねつ》（寒冷《かんれい》）な場所の業務。
② 異常気圧下の業務
③ 著しく振動を与える業務。
④ 重量物《じゅうりょうぶつ》の取扱等の重激《じゅうげき》な業務。
さすがだね。
よくできました。

※1．じんあい，または粉末が著しく飛散する場所における業務，有害物の粉じん，蒸気またはガスを飛散する場所における業務も含まれる。

あと、満18歳に満たない者や、女性※1を坑内《こうない》で労働させてはいけないんですよね。
ソウイウコト！

また、女性に対する危険業務に関しては、妊娠中・産後一年以内・その他の女性というように細かく就業制限が設定されています。

危険有害業務	就業制限の内容		
	妊娠中	産後1年以内	その他の女性
有害物のガス，蒸気又は粉じんを発散する場所における業務	×	×	×
さく岩機，びょう打機等身体に著しい振動を与える機械器具を用いて行う業務	×	×	○
つり上げ荷重5トン以上のクレーン，デリックの運転業務	×	△	○
クレーン，デリックの玉掛けの業務（2人以上の者によって行う，玉掛けの業務における補助作業の業務を除く）	×	△	○
動力により駆動される土木建築用機械又は船舶荷扱用機械の運転の業務	×	△	○
足場の組立て，解体又は変更の業務（地上又は床上における補助作業の業務を除く）	×	△	○

○…就かせてもさしつかえない　△…申し出た場合就かせてはならない
×…就かせてはならない

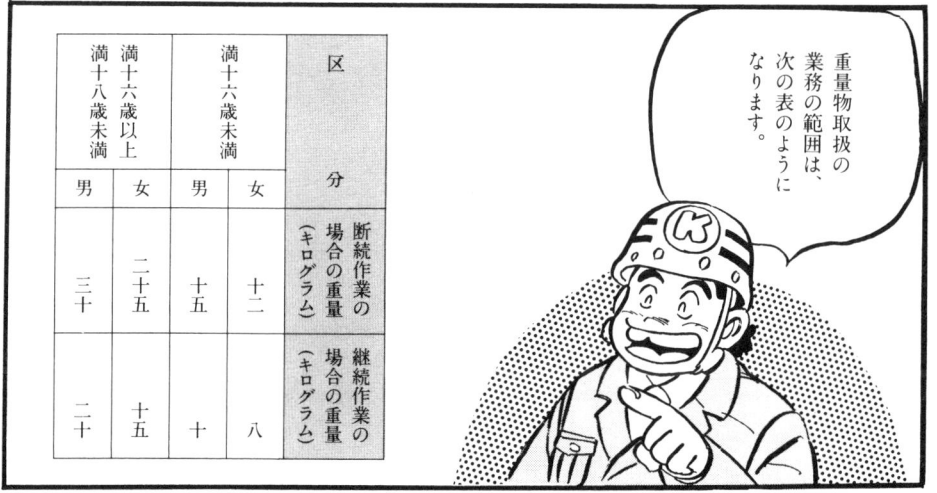

重量物取扱の業務の範囲は、次の表のようになります。

区分	満十六歳未満		満十六歳以上満十八歳未満	
	女	男	女	男
断続作業の場合の重量（キログラム）	十二	十五	二十五	三十
継続作業の場合の重量（キログラム）	八	十	十五	二十

※1．妊娠中又は産後1年を経過しない女性以外の満18歳以上の女性については、特定の業務に従事することができる。

よぉし、今日はここまでェ！
ええ、もうおわり？早いなあ。まるで今日漫画8ページ読んだだけでおわった感じだなあ。
ホントー

memo

※気になった箇所などを書き留めておきましょう

労働安全衛生法

労働安全衛生法

学習の要点

①特定元方事業者には、どのような義務があるか
②作業主任者の選任に関する知識を覚えよう
③就業制限と資格について理解しよう
④安全衛生教育とは何か
⑤届け出の必要な建設工事を覚えよう

ありがとうございました！
はい、どうもおまたせしました。
か、カ、かわいいなあ……。

ヨッ、宮くん、どうしたんだい！
ドキッ
ポン
なんか、かわったもんでもあるのかい？
いえ、なんもありませんよ、はい！
そ、それより統括《とうかつ》安全《あんぜん》衛生《えいせい》責任者《せきにんしゃ》を選任《せんにん》するのは、どういう場合でしたっけねェ。
な、なんだい、急に……。

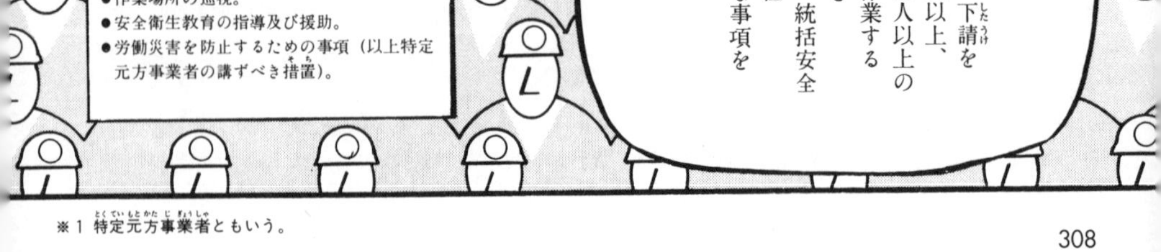
元請業者《もとうけぎょうしゃ》※1は、同一場所で元請《もとうけ》・下請《したうけ》をあわせて常時50人以上、ずい道工事では30人以上の労働者が混って作業する場合、労働《ろうどう》災害《さいがい》を防止するために、統括安全衛生責任者を選任して、左のような事項を統括《とうかつ》管理《かんり》させるんだよ。
統括安全衛生責任者の統括管理する事項
●協議組織の設置及び運営。
●作業間の連絡及び調整。
●作業場所の巡視《じゅんし》。
●安全衛生教育の指導及び援助。
●労働災害を防止するための事項（以上特定元方事業者の講ずべき措置《そち》）。

※1 特定元方事業者《とくていもとかたじぎょうしゃ》ともいう。

さて、安全管理上、次にあげる作業には作業主任者《さぎょうしゅにんしゃ》を選任して、その人に指揮《しき》をとらせるんだよ。
作業主任者

●高圧室内作業。

●ガス溶接，溶断，加熱作業。

●コンクリート破砕《はさい》作業。

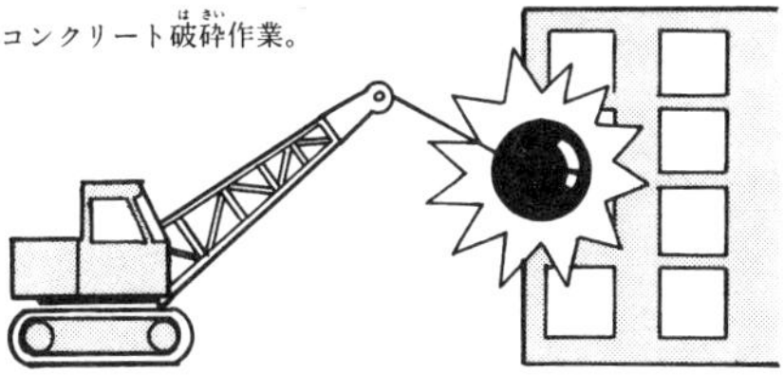

●土《ど》止《ど》め支保工《しほこう》の取付け・取りはずし作業。

●酸素欠乏《さんそけつぼう》危険場所における作業。

●掘削《くっさく》高２m以上の地山掘削作業。

2 m以上

●高さ５m以上の鉄骨組立《てっこつくみたて》作業。

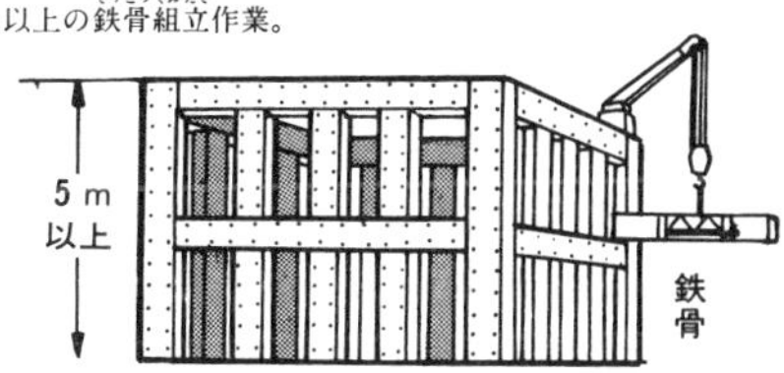
5 m
以上
鉄骨

●スラブ，ケタ等の型わく支保工の組立て，解体作業。

本足場
張出し足場
つり足場

●つり足場・張出し足場，高さ５m以上の本足場の組立て，解体作業。

業務の中には、
免許所有者又は、
技能講習修了者《ぎのうこうしゅうしゅうりょうしゃ》
のみが就《つ》くことが
できるものが
ある。次のような
ものだ。

技能講習修了者が就くことができる業務。

● 機体重量3 t以上の車両系建設機械の運転。

● ガスの溶接《ようせつ》・溶断《ようだん》作業。

● つり上げ荷重1 t以上の玉掛け作業。

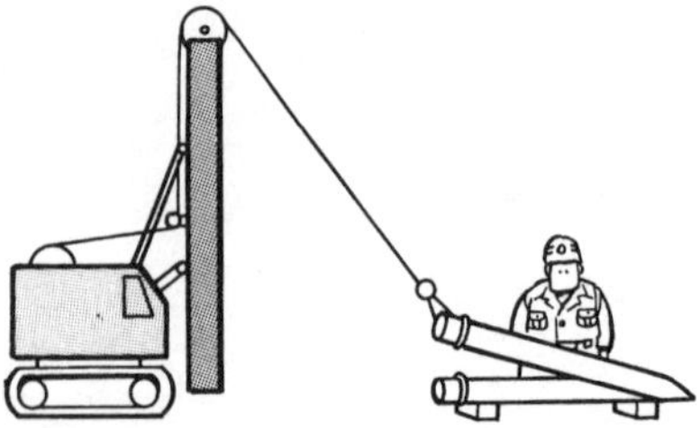

免許所有者が就くことができる業務。

● 発破の業務

● つり上げ荷重5 t以上のクレーン等。

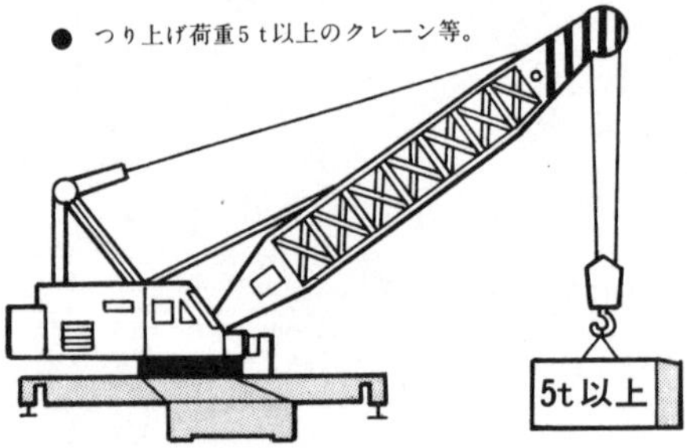
5t以上

また、事業者は、
次に述べる
危険有害業務に
就く労働者に、
特別教育を行わなけ
りゃならないのだ。

① アーク溶接業務。
② つり上げ荷重1 t未満のクレーン等の運転業務。
③ 建設用リフト，ゴンドラの運転操作業務。
④ つり上げ荷重1 t未満の玉掛け業務。
⑤ 高圧室内作業に係る空気圧縮機《くうきあっしゅくき》の運転及び，バルブ，コックの操作業務。
⑥ 酸素危険作業に係る業務。
⑦ 機体重量3 t未満の車両系建設機械の運転業務。
⑧ 軌道装置《きどうそうち》の動力車等の運転業務。

労働者が特別教育を受けねばならない危険有害業務《きけんゆうがいぎょうむ》。

安全又は衛生のための教育。

- 新規に労働者を雇い入れた時。
- 作業内容を変更した時。
- 新任の職長，現場監督員を任命した時。
- 前述の特別教育の場合。

安全又は衛生のための教育は、特別教育を含め上のような場合に行うんだね。

なるほど。では、届出《とどけで》の必要な建設工事は、どういったものがありますか？

次の工事がその計画を工事開始14日前までに労働基準《ろうどうきじゅん》監督署長《かんとくしょちょう》に届け出なければならないよ。※1

●最大径間50m以上の橋梁の建設等の仕事。
●高さ31mをこえる建築物、工作物（橋梁《きょうりょう》を除く）の建設、改造、解体作業。
●ずい道の建設等の仕事。

工事開始14日前までに，届け出が必要な工事。

※1 推進工法《すいしんこうほう》による，下水道管の敷設の仕事も14日前に届け出る必要がある。

掘削の高さ（深さ）が10m
以上となる地山の掘削作業
圧気工法による作業を行う仕事
坑内掘りによる土石の採取のための掘削
工事開始14日前までに，届け出が必要な工事。
でも、6ケ月以上使用する軌道装置《きどうそうち》や、60日を超えて使用する一定規模以上の型枠支保工《かたわくしほこう》、架設通路《かせつつうろ》、足場などは、
30日前までに、労働基準監督署長に届け出なけりゃいけないんだね。
なるほど。例えばゲージ圧0.12メガパスカルの圧気工法による潜函《せんかん》工事は、14日前に届け出なくちゃならないんですね。
そういうこと。

いや、わかりました。どうも、ありがとう。
どういたしまして。
じゃ、また。
ん、おれはどこにいくんだろう？
プ
確か、ストアに買い物に出かけようと思って………？

memo

※気になった箇所などを書き留めておきましょう

建設業法

学習の要点

①建設業法の目的は何か
②建設業の許可について理解しよう
③一般建設業と特定建設業の違いは何か
④標識の掲示項目には何があるか
⑤主任技術者、監理技術者との違いを理解しよう

さあ、建設業法についで話そう！建設業法《けんせつぎょうほう》の目的は、建設業を営《いとな》む者の資質《ししつ》の向上や、建設工事の請負《うけおい》契約の適正化《てきせいか》をはかることによって、
建設工事の適正な施工《せこう》を確保し、発注者を保護《ほご》するとともに、建設業の健全《けんぜん》な発達を促進し、もって、公共《こうきょう》の福祉《ふくし》の増進《ぞうしん》に寄与《きよ》することじゃ！ わかるね！

はい！
ん？宮くんは？
さあ？
まあいい。建設業の許可は、2以上の都道府県《とどうふけん》に営業所（本店、支店など）を設けて営業をするものは、国土交通大臣の許可を、
国土交通大臣
営業所
営業所
許可
都道府県知事
営業所
1つの都道府県内に営業所を設けて営業するものは、都道府県知事の許可を受けなければならないんですね。
そうだ。建設業の許可は業種別許可制《ぎょうしゅべつきょかせい》で、※1 一般建設業、特定建設業を区分して受け、許可は5年ごとに更新《こうしん》を受けるんだね。
ええ。

※1．建設業の許可は，土木一式工事，建築一式工事，大工工事，左官工事等の工事種別ごとに一般，特定建設業に区分して受ける。したがって許可されていない工事は請《う》け負《お》うことができない。ただし付帯工事《ふたいこうじ》については請け負うことができる。

特定建設業は、発注者から直接請け負う建設工事を、4500万円以上の下請契約《したうけけいやく》で施工する者をいい、一般建設業は特定建設業以外のものをいうんだな。
●特定建設業
発注者
4500万円以上
業　者
●一般建設業（特定建設業以外の建設業）
特定建設業の許可を受けた者でなければ、発注者から直接請け負った工事を、4500万円以上の下請契約として締結《ていけつ》しちゃいけないんですね。
そう。
工事１件の請負代金が1500万円未満の建築一式工事。
請負代金500万円未満の建築一式以外の建設工事。
建設業の許可を受けなくてもよい建設工事には、こういったものがあるな。
ところで、建設業法の定めで、請負契約《うけおいけいやく》の内容として書面《しょめん》で明らかにしなければならん事項には、このようなものがあるぞ。
①　工事内容。
②　請負代金の額。
③　工事着手の時期及び工事完成の時期。
④　請負代金の支払時期及び方法。
⑤　設計変更，工事着手の延期の申出，請負代金変更の算出方法。
⑥　天災その他不可抗力による工期の変更，損害負担の定め。
⑦　価格変動等の定め。
⑧　注文者の工事資材等の貸与の定め。
⑨　検査の時期・方法，引渡しの時期。
⑩　工事完成後の請負代金の支払の時期及び方法。

建設業の許可を受けた建設業者が標識を建設工事の現場に掲げる場合

建設業の許可票		
商号又は名称		
代表者の氏名		
主任技術者の氏名	専任の有無	
資格者	資格者証交付番号	
一般建設業又は特定建設業の別		
許可を受けた建設業		
許可番号	国土交通大臣 知事 許可（　）第　号	
許可年月日		

（縦）40cm以上　（横）40cm以上

記載要領

1．「主任技術者の氏名」の欄は，法第26条第2項の規定に該当する場合には，「主任技術者の氏名」を「監理技術者の氏名」とし，その監理技術者の氏名を記載すること。

2．「許可を受けた建設業」の欄には，当該建設工事の現場で行っている建設工事に係る許可を受けた建設業を記載すること。

3．「国土交通大臣 知事」については，不要のものを消すこと。

※1．主任技術者の資格
※2．監理技術者の資格
｝国家資格者等でなければならない。

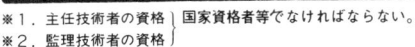

あと、土木一式工事や、建築一式工事を営《いとな》む土木工事業者か、建築工事業者は、一式以外の工事あるいは、付帯《ふたい》工事を行う時、その工事の専門技術者を置いて、技術上の管理をしなきゃいかんのだね。
しかし、どこいったのかな、宮くん?
ほんとに……。

memo

※気になった箇所などを書き留めておきましょう

道路法・道路交通法

学習の要点

①道路交通法で規定される積載物の大きさを覚えよう
②車両制限令（道路法）の内容を理解しよう
③道路の占用、使用許可に関する知識を覚えよう

えっ、わたしに!?
このお花を……!?
わあ、きれいだこと。
ありがとう!
チュッ

ムチュッ
チュッ
チュッ
チュ、
ハハ、そう簡単に花なんか贈れるもんじゃないな……。
さて、道路に工事用板囲《いたがこい》、足場《あしば》、工事用材料等の施設を設《もう》け、継続して使用する場合は、道路管理者《どうろかんりしゃ》の許可を受けること。
また、道路において工事※1若《も》しくは作業をする者は、所轄警察《しょかつけいさつ》署長《しょちょう》の許可を受けること！
道路管理者※2
許　可
所轄警察署長
許　可

※1．道路を掘さくする場合は，みぞ掘又はつぼ掘の方法を使い，えぐり掘の方法は使わないこと。

※2．道路管理者：国道は建設大臣，都道府県道は知事，市町村道は市町村長である。しかし，国道の一部は知事が維持管理する場合がある。

ブオーッ
人員・積載《せきさい》の制限(道路交通法)
■積載物の長さ，幅：
自動車の長さの1.2倍，自動車の幅の1.2倍。
■積載物の高さ：
3.8mから積載場所の高さを減じたもの。
■積載物の重量，乗車人員：
自動車検査証に記載されたもの。
車両の運転手は、乗車人員や、積載物の重量、重さ、積載方法の制限を超えて運転してはいかーん！
ただし、出発地警察署長が道路、交通状況により、支障《ししょう》がないと認め許可した場合には、出発地警察署長に、制限外《せいげんがい》積載《せきさい》許可証《きょかしょう》の交付《こうふ》を受け、車両を運転することができる。
次に車両制限《しゃりょうせいげん》令《れい》だ！※1
これは、道路の構造を保全《ほぜん》し、交通の危険を防止するために必要な車両の制限を定めたものであ～る！

※1．道路法

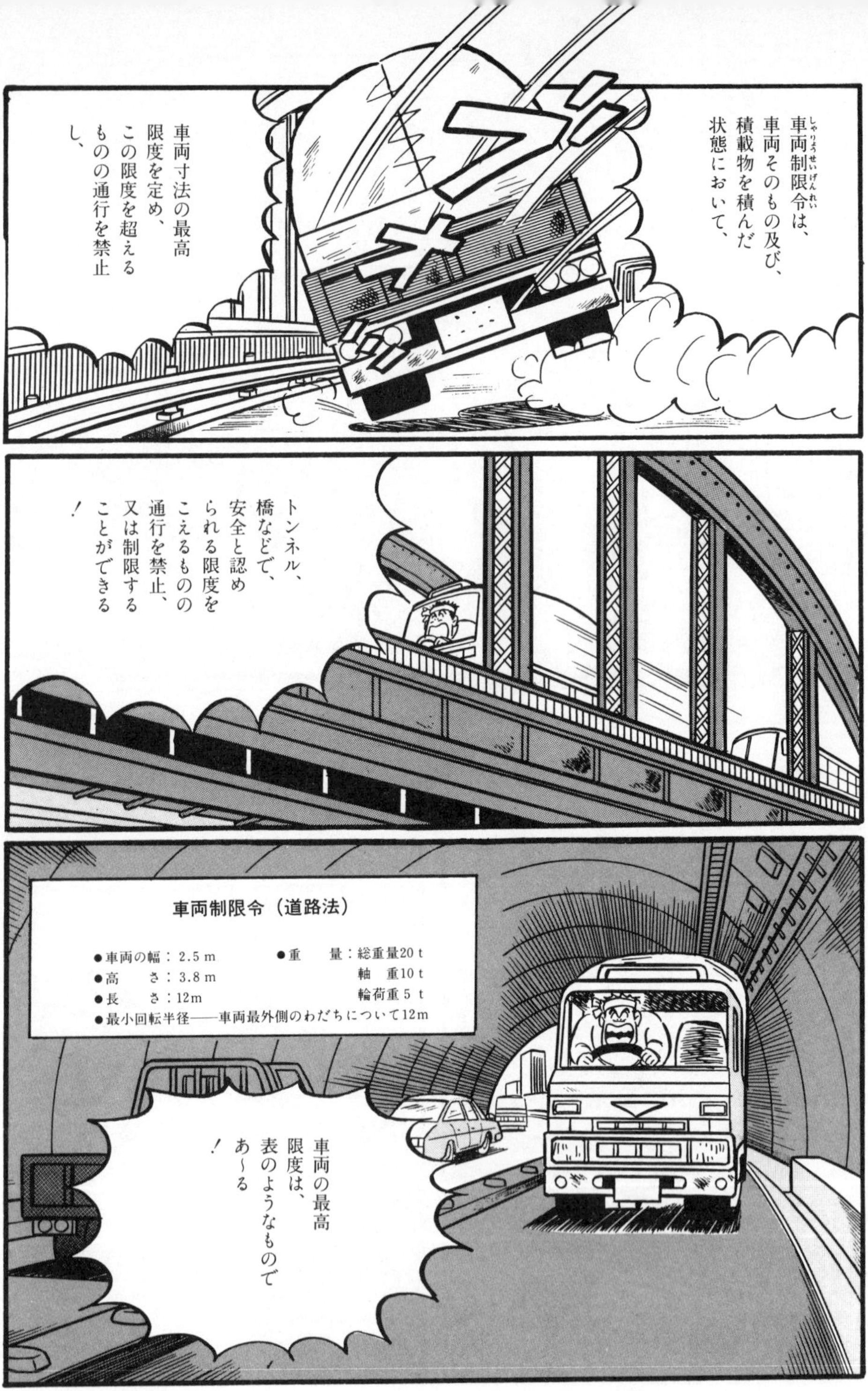
車両制限令《しゃりょうせいげんれい》は、車両そのもの及び、積載物を積んだ状態において、
ブオッ
車両寸法の最高限度を定め、この限度を超えるものの通行を禁止し、
トンネル、橋などで、安全と認められる限度をこえるものの通行を禁止、又は制限することができる!
車両制限令（道路法）
●車両の幅：2.5 m
●高　さ：3.8 m
●長　さ：12m
●重　量：総重量20 t
軸　重10 t
輪荷重5 t
●最小回転半径——車両最外側のわだちについて12m
車両の最高限度は、表のようなものである~る!

ただし、道路管理者が、車両の構造あるいは、積載《せきさい》貨物《かもつ》が特殊《とくしゅ》であるため、やむを得ないと認定し、許可した場合には、特殊《とくしゅ》車両《しゃりょう》通行《つうこう》許可証《きょかしょう》の交付を受けて、車両を通行させることができるんだな！
特殊車両通行許可証

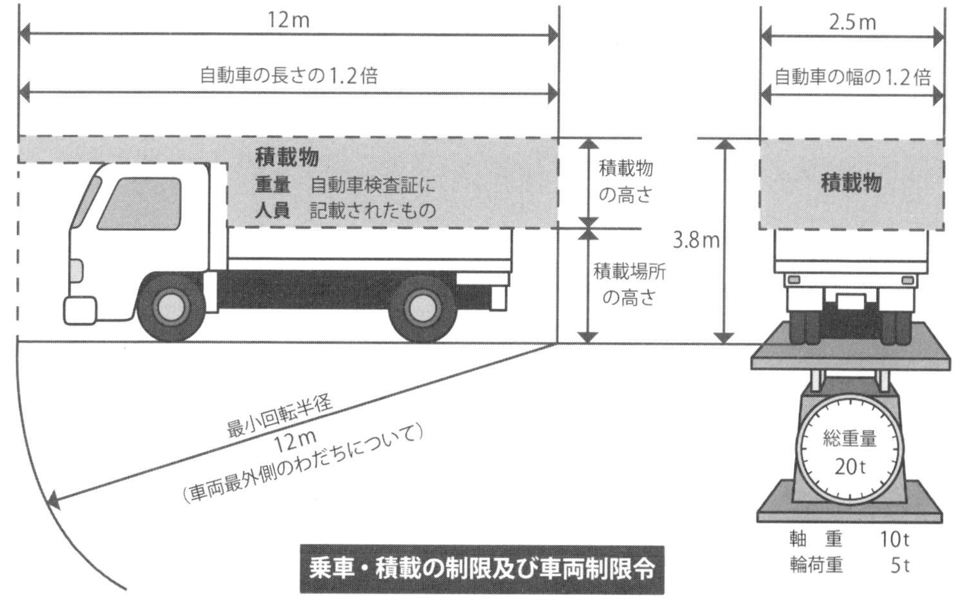
12m
自動車の長さの1.2倍
2.5m
自動車の幅の1.2倍
積載物
重量　自動車検査証に
人員　記載されたもの
積載物の高さ
積載場所の高さ
3.8m
積載物
最小回転半径
12m
（車両最外側のわだちについて）
総重量
20t
軸　重　10t
輪荷重　5t

乗車・積載の制限及び車両制限令

ガハハハ
男は度《ど》胸《きょう》、女なんざ、黙ってたって、向こうからよってこようってもんだ!
そうだね。はい、20kmオーバーで、たったの3万円だ……!

memo

※気になった箇所などを書き留めておきましょう

河川法

河川法

学習の要点

①河川管理者の許可を必要とする行為について理解しよう
②河川管理施設とは何か
③河川区域についての知識を覚えよう

河川管理者
一級河川《いっきゅうかせん》—国土交通大臣
二級河川《にきゅうかせん》—都道府県知事
準用河川《じゅんようかせん》—市町村長

河川法《かせんほう》は、洪水《こうずい》、高潮《たかしお》などによる災害を防止し、河川が適正に利用されるため、総合的に管理することを目的として制定されたもので、河川とは一級河川《いっきゅうかせん》、二級河川《にきゅうかせん》をいい、これらの河川に係る**河川管理施設**《かせんかんりしせつ》を含み、それぞれの管理者は上のとおりである。※1

※1．河川管理者が直接管理しているものとしては，高水護岸《こうすいごがん》，逆流防止水門《ぎゃくりゅうぼうしすいもん》，水制などがある。

河川管理施設とは、ダム、堰《せき》、水門《すいもん》、堤防《ていぼう》、護岸《ごがん》、床止《とこど》め、その他河川の流水によって公利《こうり》を増進し、公害《こうがい》を除去《じょきょ》し、若《も》しくは、軽減《けいげん》する効用《こうよう》を有《ゆう》する区域《くいき》をいう。
また河川区域とは、①河川の流水が継続して存する土地及び地形、草木の生茂《せいも》状況など、その状況が、河川の流水が継続して存する土地に類する区域、
②河川管理施設の敷地《しきち》である土地の区域、
③堤外の土地※1の区域のうち、河川管理者が指定した区域をいう。

※1．洪水により，一時的に河水が流れる部分は，河川区域ではない。

か……。
河川法
先輩、河川管理者の許可を受けなきゃならないのは、河川区域内でどんな行為をする者か知ってますか？
ポチャン！
ああ、知ってるよ。
河川の流水を占用《せんよう》しようとする者や、河川区域内の土地を占用しようとする者、それに、
流水占用の許可
土地占用の許可

土石等の採取の許可
河川区域内においての、砂を含む土石《とせき》を採取《さいしゅ》しようとする者、※1
工作物の新築等の許可
河川区域内の土地において、工作物を新築、改築又は除去しようとする者、
土地の掘削等の許可
河川区域の土地において掘削、盛土、切土、その他土地の形状を変更する行為又は、栽植《さいしょく》、伐採《ばっさい》をしようとする者、
あと、竹木《ちくぼく》を流送《りゅうそう》する者だな。
竹木の流送等の禁止，制限又は許可
もし、河川区域内で工事を施工するときは、たとえ公共性の高い工事でも、河川法上のこうした規制は受けなきゃならんのだ。

※1．堤外民有地において産出物（土石，竹林，埋もれ木等）の取得は，所有権の当然の効果であるので許可を受けなくてもよい。

工事のための仮設建物《かせつたてもの》を河川敷《かせんじき》に自由に設置できないし、護岸工事で生じた土砂《どしゃ》をみだりに他の現場に使用したらだめだ。
あと、よしやあしの採取許可《さいしゅきょか》がなされている河川敷じゃあ、工事用道路を築造《ちくぞう》するため、無断で使用してはいけないんですよね。
ポチャン
出水期《しゅっすいき》において、河川区域内では工事を実施することはできますか?
ああ、異常出水に対する処置、たとえば堤防に代わる鋼矢板《こうやいた》二重締切《にじゅうしめきり》などの処置をすることによって、工事を施工することが可能だよ。

河川法では、このほか河川の流水方向《りゅうすいほうこう》、清潔《せいけつ》、流量《りゅうりょう》、幅員《ふくいん》、または深浅《しんせん》について、河川管理上支障あるものは禁止、制限、または河川管理者の許可を必要とすることと、規定しているな。
じゃあ、今度はおれが質問していいか？
ええ、どおぞ！
……、恋ってナンダ？
…？

memo

※気になった箇所などを書き留めておきましょう

建築基準法

学習の要点

①確認申請、許可申請に関して理解しよう
②建築基準法上の用語の知識を覚えよう
③建築基準法が適用される工作物を覚えよう
④単体規定、集団規定とは何か
⑤仮設建築物に対する制限の緩和を理解しよう

建築物※1とは、土地に定着する工作物のうち、屋根や柱、もしくは壁《かべ》を有するもの、これに付属する門、へい、観覧《かんらん》のための工作物、
地下若《もし》くは、高架《こうか》の工作物内に設《もう》ける事務所、店舗《てんぽ》等をいい、建築設備をふくむんじゃ！※2

※1．100㎡をこえる建築物の設計は，建築士でなければならない。
※2．ただし，鉄道の線路敷地内の運転保安に関する施設，プラットホームの上家等は除く。

主要構造部とは壁、柱、床、はり、屋根、階段をいい、間仕切壁《まじきりかべ》、最下階《のさか》の床、屋外《おくがい》階段は除れているんじゃ。
居室《きょしつ》とは、居間《いま》、寝室《しんしつ》、事務室、会議室、工場の作業場などで、継続的に使用する室をいうんじゃな。※1
特殊建築物《とくしゅけんちくぶつ》とは学校、体育館、病院、劇場、百貨店、旅館、共同住宅、工場、倉庫などをいうな。※2

※1. 倉庫，更衣室，便所，浴室を除く。　※2. ただし，事務所，郵便局，庁舎等を除く。

建築基準法，第2条，第2項に，特殊建築物として，学校，体育館，病院，劇場，観覧場《かんらんじょう》，集会場，展示場，百貨店，市場，舞踏《ぶとう》場《じょう》，遊技場《ゆうぎじょう》，公衆浴場，旅館，共同住宅，寄宿舎《きしゅくしゃ》，下宿，工場，倉庫，自動車車庫，危険物貯蔵場《ちょぞうば》，と畜場《ちくじょう》，火葬場《かそうば》，汚物処理場《おぶつしょりじょう》，その他これらに類する用途《ようと》に供《きょう》する建物と規定している。

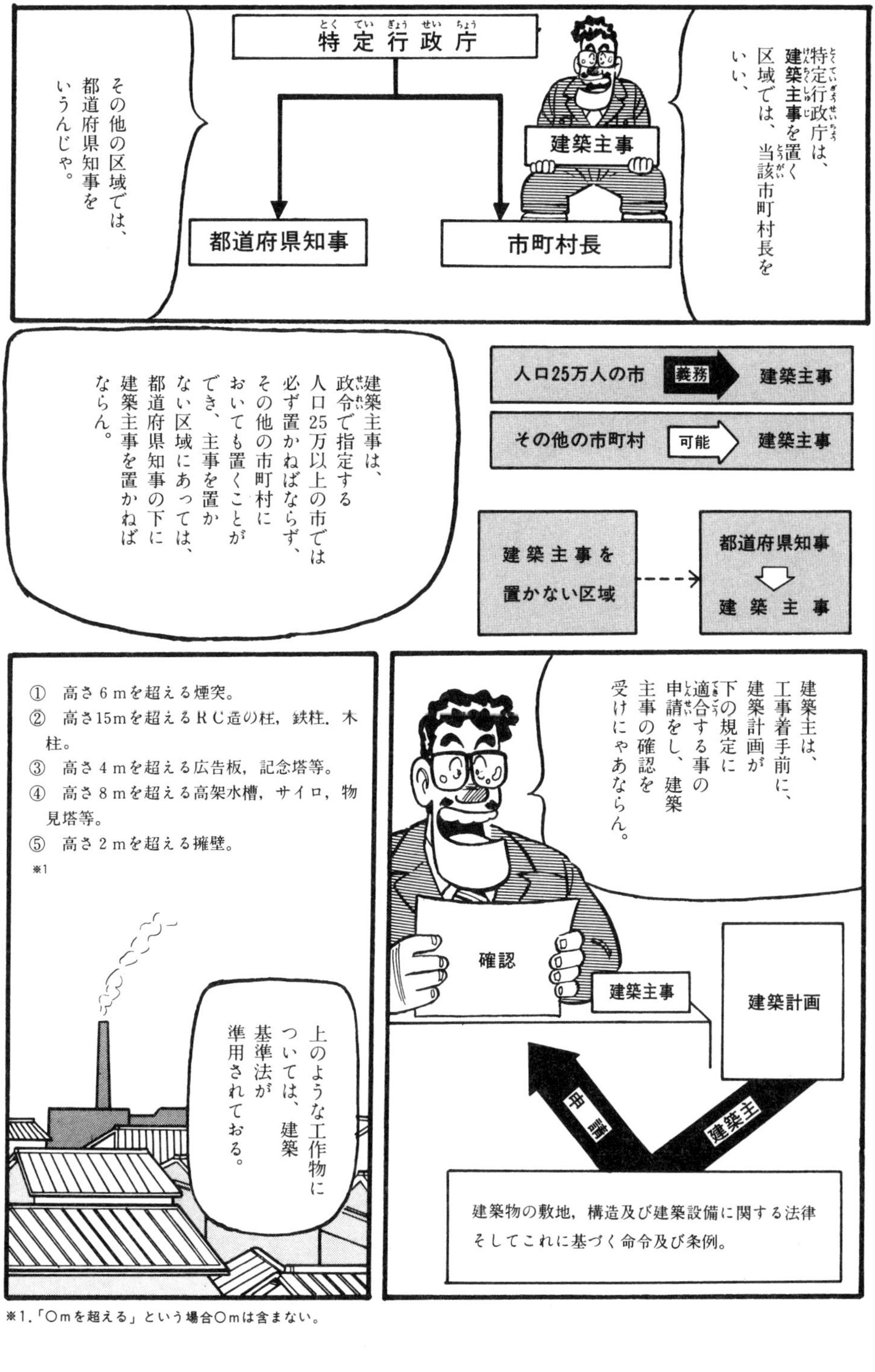
特定行政庁《とくていぎょうせいちょう》は、建築主事《けんちくしゅじ》を置く区域では、当該《とうがい》市町村長をいい、
特定行政庁《とくていぎょうせいちょう》
都道府県知事
市町村長
建築主事
その他の区域では、都道府県知事をいうんじゃや。
人口25万人の市
義務
建築主事
その他の市町村
可能
建築主事
建築主事を置かない区域
都道府県知事
建築主事
建築主事は、政令《せいれい》で指定する人口25万以上の市では必ず置かねばならず、その他の市町村においても置くことができ、主事を置かない区域にあっては、都道府県知事の下に建築主事を置かねばならん。
建築主は、工事着手前に、建築計画が下の規定に適合《てきごう》する事の申請《しんせい》をし、建築主事の確認を受けにゃあならん。
確認
建築主事
建築計画
申請
建築主
建築物の敷地，構造及び建築設備に関する法律
そしてこれに基づく命令及び条例。
① 高さ６ｍを超える煙突。
② 高さ15ｍを超えるＲＣ造の柱，鉄柱，木柱。
③ 高さ４ｍを超える広告板，記念塔等。
④ 高さ８ｍを超える高架水槽，サイロ，物見塔等。
⑤ 高さ２ｍを超える擁壁。
※1
上のような工作物については、建築基準法が準用されておる。

※1.「○ｍを超える」という場合○ｍは含まない。

個々の建築物に規定される基準、すなわち単体規定《たんたいきてい》には、次のようなものがあります。※1
敷地の衛生と安全のために建築物の敷地《しきち》は、周囲の道の境《さかい》より高くなければなりません。
建築物の構造耐力《こうぞうたいりよく》は、構造計算《こうぞうけいさん》によってその安全を確かめます。
構造耐力
⬆
構造計算
高さ13ｍ、軒《のき》の高さ9ｍ、又は延べ面積3000㎡をこえる大規模な建築物は、原則としてその主要構造物を木造としてはなりません。
13m
延べ面積3000㎡

※1．建築物の敷地，構造及び建築設備に関する規定には，単体規定の他に都市計画区域内のみにさらに加重される集団規定がある。都市計画区域とは都道府県知事が総合的に整備，開発，保全する区域として指定したもの。

特定行政庁が指定する区域では、屋根、外壁《がいへき》は国土交通大臣が定めた構造方法を用いるもの又は国土交通大臣の認定を受けたものとします。
居室《きょしつ》の採光《さいこう》と、換気《かんき》のための窓を設けます。
ガラガラ
避雷針《ひらいしん》や、昇降機《しょうこうき》は、一定の高さをこえる建築物には設けます。
一定の高さをこえる建築物
また、下水道処理区域内では、便所は水洗便所とします。
下水道処理区域内
ふむ、そうじゃな。しかし、災害のあった場合の応急仮設建築物、又は、工事を施工するために設ける事務所、下小屋、材料置場、その他これらに類《るい》する仮設建築物《かせつけんちくぶつ》については、建築基準法の一部が緩和《かんわ》されるんじゃな。

はい。左のように緩和《かんわ》される事項と、されない事項とがあります。
緩和事項
① 確認申請。
② 敷地の衛生及び安全。
③ 大規模な建築物の主要構造。
④ 屋根・外壁・防火壁。
⑤便所。
⑥ 避雷設備，昇降機。
⑦建築材料の品質
⑧都市計画区域内の集団規定すべて。
緩和されないもの
① 建築物の設計及び，工事監理の規定。(構造・規模により建築士の設計による)
② 構造耐力。
③ $50m^2$を超える仮設建築物の防火地域・準防火地域の屋根
仮設建築物を建築した後、3ケ月をこえて存続しようとする場合には、特定行政庁の許可を受けなければならんな。
3ヵ月をこえる場合
特定行政庁
ところで、力《りき》君の勉強は順調にすすんどるかね？
ええ、彼も最近やけにはりきって頑張ってるみたいですよ。

フム。ちょっと、下宿によってみるか。
さて、単体規定のほかに、都市計画区域《としけいかくくいき》に規定される基準として、集団規定《しゅうだんきてい》があるね。
はい、都市の総合計画による土地利用にしたがって、13種類の用途地域《ようとちいき》ごとに、建築物の制限がとられます。

memo

※気になった箇所などを書き留めておきましょう

フム。都市計画区域内では、私道《しどう》といえどもみだりに変更したり、廃止することはできんし、
建築物の敷地《しきち》は、幅4m以上の道路に2m以上接していなければなりません。
敷地
2m以上
4m以上
さて、建築基準法で、原則として禁止されている上の事項で、例外的な許可を受けようとする場合は?
① 道路内建築の許可。
② 用途地域内の例外的な許可。
③ 容積率の例外的な許可。
④ 仮設建築物の許可。
⑤ 第一種住居専用地域内の高さの例外的な許可など。
はい、特定行政庁に許可申請《きょかしんせい》を行います。
許可申請
特定行政庁

よろしい。しかし、力《りき》の奴、どこにいってるのかなあ。
ほんとうに……。
らっさいませ~。
あ、あの、あのですね……。

memo

※気になった箇所などを書き留めておきましょう

火薬類取締法

火薬類取締法

学習の要点

①火薬類とは何か
②火薬類の貯蔵における注意事項を覚えよう
③火薬類の消費における注意事項を覚えよう
④火薬類に関する許可手続を覚えよう

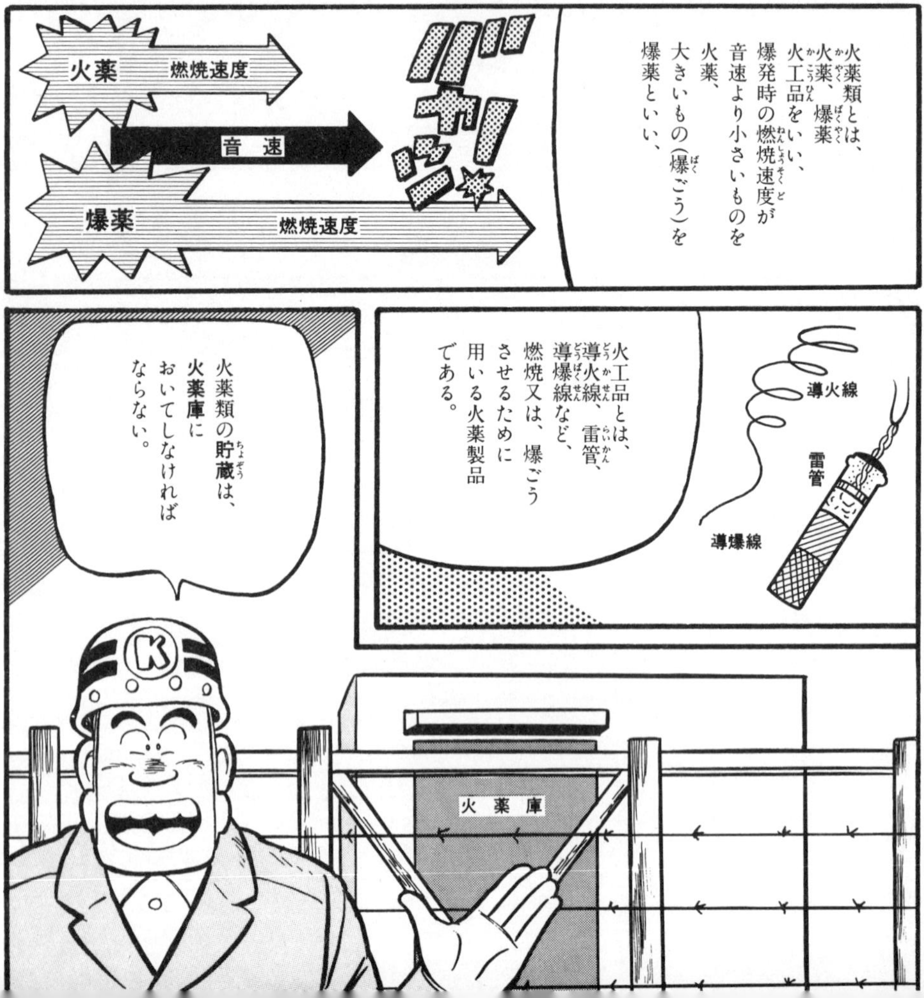
火薬類とは、火薬《かやく》、爆薬《ばくやく》 火工品《かこうひん》をいい、爆発時の燃焼速度《ねんしょうそくど》が音速より小さいものを火薬、大きいもの(爆《ばく》ごう)を爆薬といい、
火薬
燃焼速度
音 速
爆薬
燃焼速度
火工品とは、導火線《どうかせん》、雷管《らいかん》、導爆線《どうばくせん》など、燃焼又は、爆ごうさせるために用いる火薬製品である。
導火線
雷管
導爆線
火薬類の貯蔵《ちょぞう》は、火薬庫においてしなければならない。
火薬庫

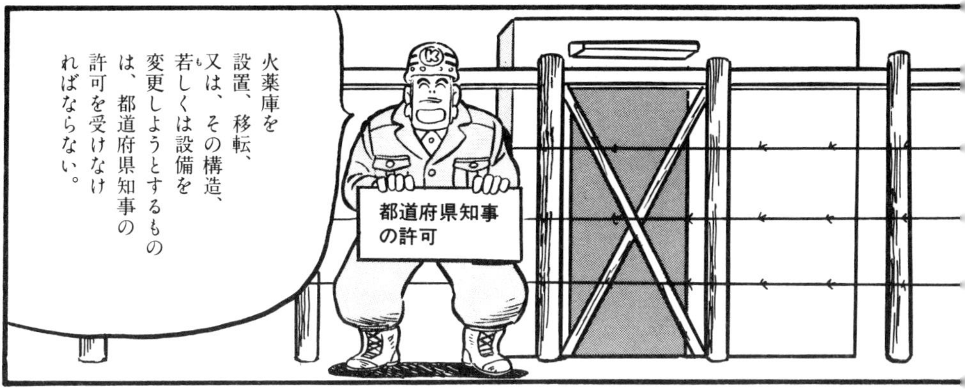
火薬庫を設置、移転、又は、その構造、若《も》しくは設備を変更しようとするものは、都道府県知事の許可を受けなければならない。
都道府県知事の許可

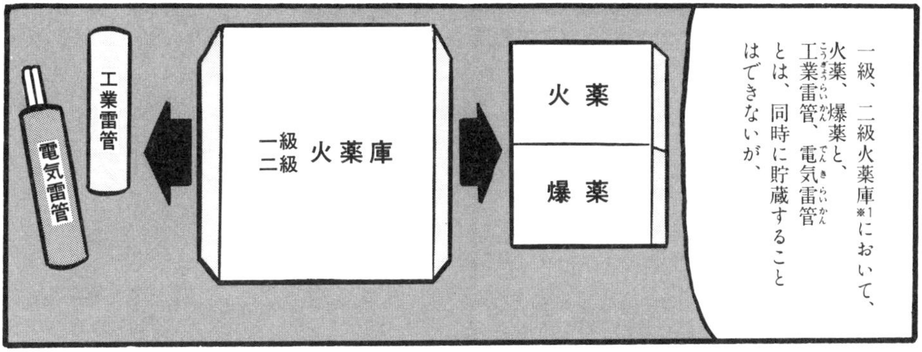
一級、二級火薬庫※1において、火薬、爆薬と、工業《こうぎょう》雷管《らいかん》、電気《でんき》雷管《らいかん》とは、同時に貯蔵することはできないが、
一級
二級
火薬庫
工業雷管
電気雷管
火薬
爆薬

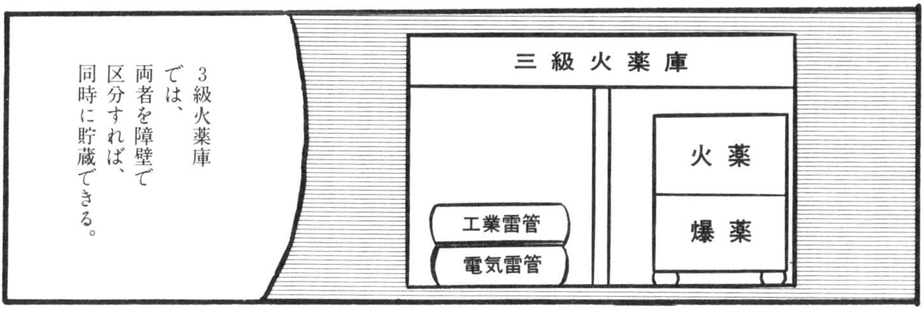
3級火薬庫では、両者を障壁で区分すれば、同時に貯蔵できる。
三級火薬庫
火薬
爆薬
工業雷管
電気雷管

火薬庫の最大貯蔵量

火薬庫の種類 火薬類の種類	1級火薬庫	2級火薬庫	3級火薬庫	水蓄火薬庫	煙火火薬庫	導火線庫
火薬	80 t	20 t	50kg	400 t		
爆薬	40 t	10 t	25kg	200 t		
工業雷管，電気雷管	4000万個	1000万個	1万個			
導爆線	2000km	500km	1500m			
導火線，電気導火線	無制限	無制限	無制限		無制限	無制限

※1．2級火薬庫は土木工事によく採用されるものである。

火薬庫の境界内には爆発、発火、燃焼しやすいものを置かない。
火薬庫
境界内
ガソリン
火薬庫内には、火薬類以外の物を貯蔵しない！
薬
即席ラーメン
火薬庫内に入るときは、鉄類や、携帯電燈《けいたいでんとう》以外の燈火《とうか》を持ちこまない。
鉄類
また、土足で出入しない！
火薬庫内での荷造《にづくり》、荷解《にと》き、開函《かいかん》の禁止※1！
火薬
火薬庫内では換気《かんき》に注意し、温度の変化を少なくすること！

※1．ファイバ板箱の開函は可。

火薬類を収納《しゅうのう》した箱は、火薬庫の内壁から30㎝以上隔《へだ》て、
1.8m以下
30㎝以上
まくら木
枕木《まくらぎ》を置いて平積《ひらづみ》とし、かつ、その高さは1.8m以下とする。
火薬庫から火薬類を出すときは、古いものから先に出す。
新
新
古
また、製造後1年以上経過したものが残っている時は、異常の有無《うむ》に注意すること。
製造後1年以上
火薬類を爆発させ、又は燃焼させようとする者、あるいは廃棄《はいき》する者は、都道府県知事の許可を受けなければならない！
爆発か燃焼あるいは廃棄
都道府県知事の許可
わたし、知事です。

火薬類を消費する者は帳簿《ちょうぼ》を備え、このようなことを記載《きさい》し、火薬庫ごとに2年間保存する。
①火薬類の種類と数量。
②消費年月日。
○○火薬庫
○○火薬庫
○○火薬庫
○○火薬庫
○○火薬庫
○○火薬庫
さて、発破場所《はっぱばしょ》に携行《けいこう》する火薬類の数量は、その作業に使用《しようひみこみりょう》する消費見込量をこえないこと。
消費見込量
装《そう》てんが終って残った火薬類を、直ちに火薬類取扱所《かやくるいとりあつかいじょ》※1又は火工所※2に返送《へんそう》する。
残った火薬類
火薬類取扱所の建物の屋根の外面は金属板、スレート板、かわら、その他の不燃《ふねん》性物質《せいぶっしつ》を使用し、
不燃性物質
建物の内面は板張《いたば》りとし、床面にはできるだけ鉄類を表わさないこと。
板張り
鉄類を表わさない

※1．火薬の管理及び発破の準備をするため，消費場所に設ける一定の構造規格《こうぞうきかく》の建物。火薬取扱所において存置《そんち》することのできる火薬類の数量は，一日の消費見込量以下とする。

※2．薬包に雷管等の取付け作業を行う場所のこと。

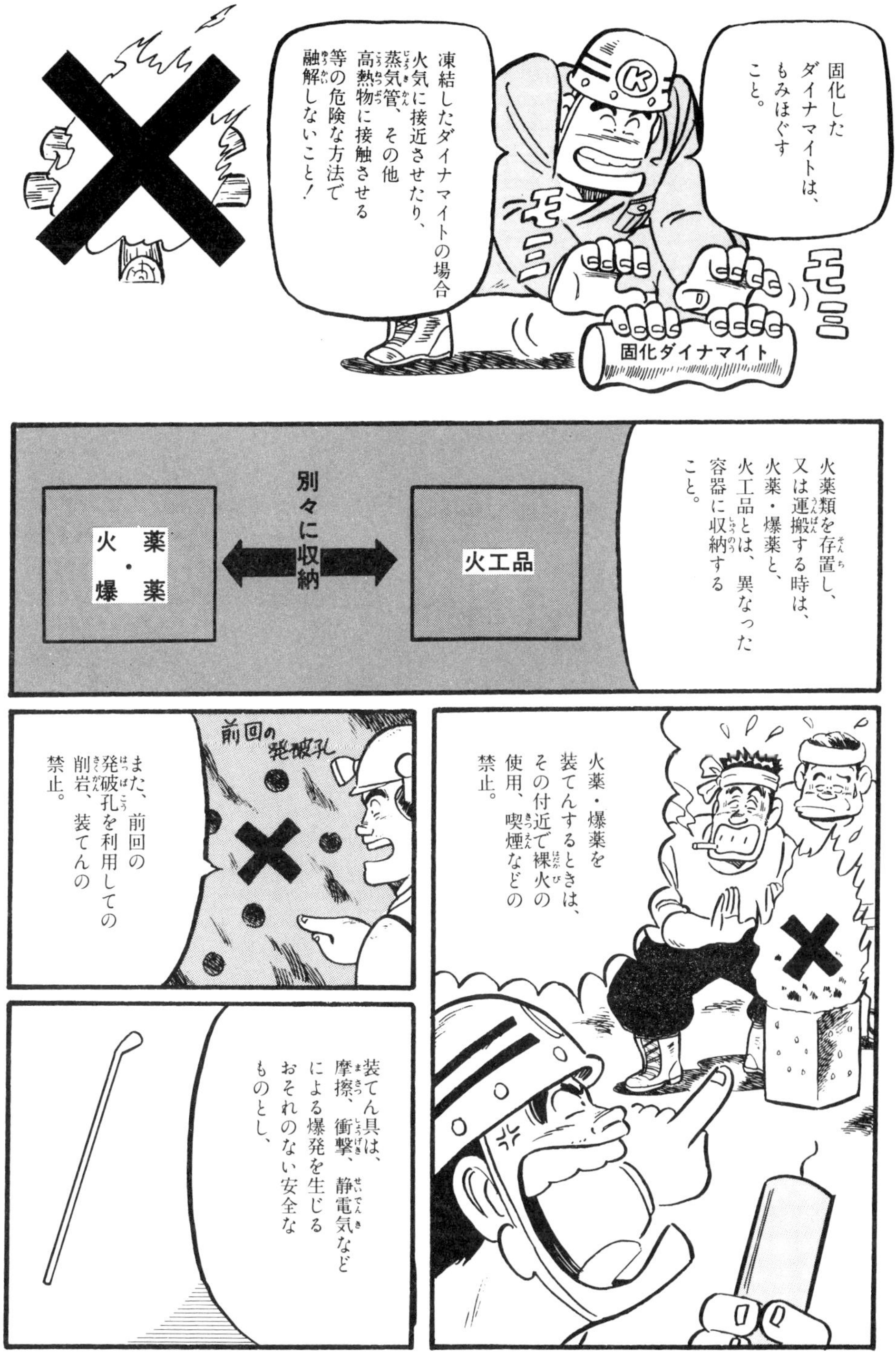
固化したダイナマイトは、もみほぐすこと。
モミ
モミ
固化ダイナマイト
凍結したダイナマイトの場合火気に接近させたり、蒸気管《じょうきかん》、その他高熱物《こうねつぶつ》に接触させる等の危険な方法で融解《ゆうかい》しないこと！
火薬類を存置《そんち》し、又は運搬《うんぱん》する時は、火薬・爆薬と、火工品とは、異なった容器に収納《しゅうのう》すること。
別々に収納
火工品
火薬・爆薬
火薬・爆薬を装てんするときは、その付近で裸火《はだかび》の使用、喫煙《きつえん》などの禁止。
また、前回の発破孔《はっぱこう》を利用しての削岩《さくがん》、装てんの禁止。
前回の発破孔
装てん具は、摩擦《まさつ》、衝撃《しょうげき》、静電気《せいでんき》などによる爆発を生じるおそれのない安全なものとし、

導火線の連続点火数	
導火線の長さ	点火数
1.5m以上	10発以下
1.5m未満	5発以下
0.5m未満	連続点火禁止

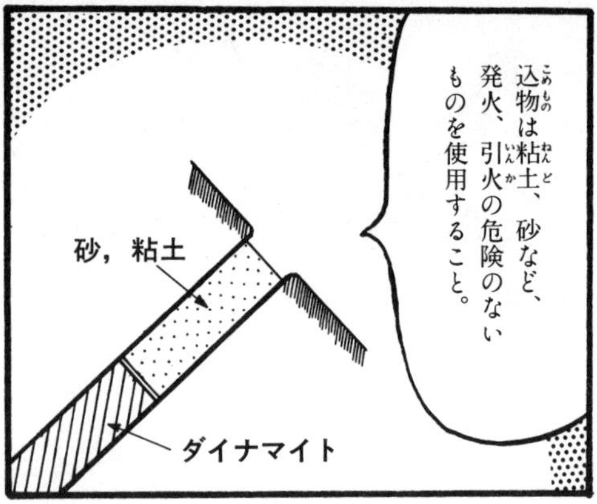

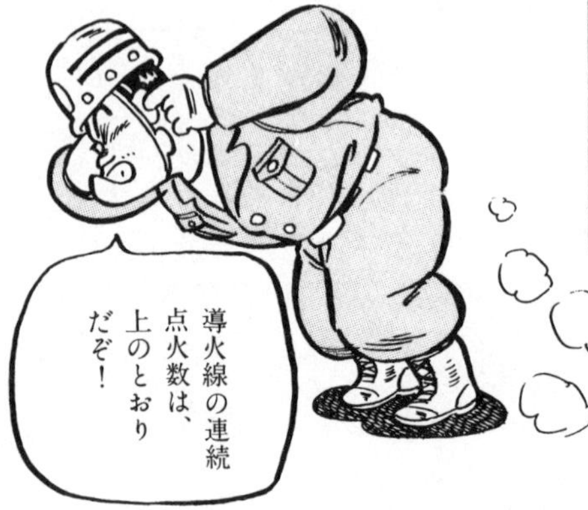

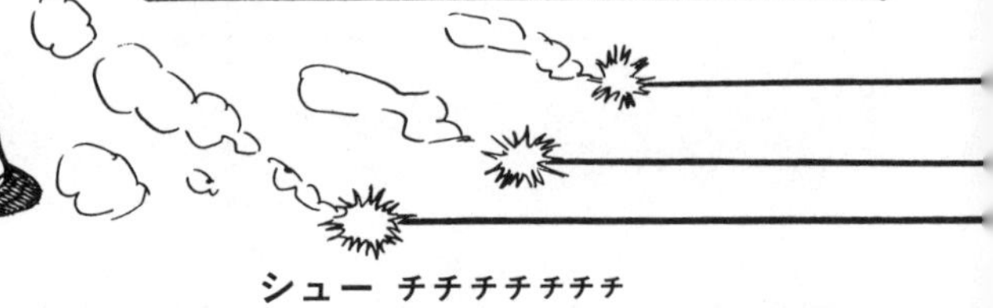

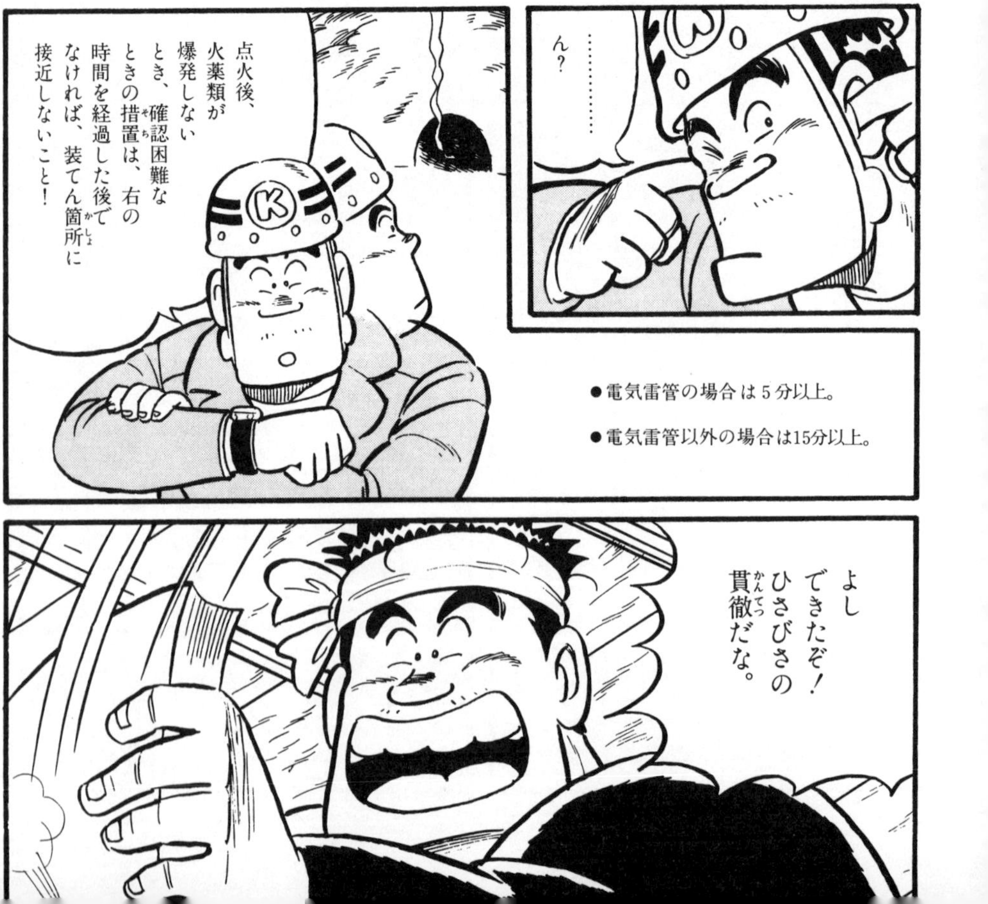

うん、今日は彼女に手わたせそうだぞ。
ラブレター
チュ
せんぱ〜〜〜い！
せんぱい、どこにいくんです？
おう、山口かぁ。
あ！
はじめまして、
こんにちわぁ！
これ、ぼくの彼女です。
へ
へ

memo

※気になった箇所などを書き留めておきましょう

騒音・振動規制法

騒音規制法

学習の要点

①特定建設作業を覚えよう
②規制基準を覚えよう
③特定建設作業の実施の届出について理解しよう

騒音規制法《そうおんきせいほう》は、工場などの事業活動並びに、建設作業に伴って発生する騒音について規制を行うとともに、
騒音の許容値《きょようち》を定めることにより、生活環境を保全し、国民の健康の保護《ほご》に資することを目的としとるんじゃ！

特定建設作業《とくていけんせつさぎよう》というのは、つまり、その……なんだ……。
聞いとりますよ、はい、特定建設作業というのは、次のような著《いちじる》しい騒音を発生する作業をいうんですね！※1
コラア、聞いとんのか、力《りき》ィ！
①くい打機《うちき》、くい抜《ぬ》き機《き》等を使用する作業。
（モンケン、圧入式《あつにゆうしき》くい打機《うちき》、アースオーガを除く。）

※1．作業が2日以上にわたるもの。

②びょう打機
さく岩《がん》機※1
空気圧縮《あっしゅく》機《き》を
使用する作業。
③コンクリート，アスファルトプラントを設けて行う作業。
④バックホウ，トラクターショベル，ブルドーザーを使用する作業。
フム、そうじゃな。
都道府県知事は、住居《じゅうきょ》が集合している地域や、病院又は学校の周辺の地域、その他生活環境を保全する必要があると認める地域をこれらの、特定作業に伴って発生する騒音について、制限する地域として指定しなけりゃいかん。
都道府県知事
指定地域

※１．作業地点が連続的に移動する作業においては，１日における作業に係わる２地点間の最大距離が50メートルをこえない作業に限る。

指定地域内において、特定建設作業を伴う建設工事を施工する者は※1その作業の開始日の7日前までに、市町村長に届け出ること。
7日前
届け出
市町村長
でも、災害その他、非常事態《ひじょうじたい》の発生により、特定建設作業を緊急《きんきゅう》に行う必要がある場合は、すみやかに届け出るんですね！
そう、緊急の場合といえど、届け出は必要であるな。
はい！
届け出
ヨロシイ
特定建設作業に伴う騒音の規制は、騒音が作業場所の敷地《しきち》の境界線《きょうかいせん》の地点で次の大きさをこえてはならん。
敷地境界線

※1．届出人義務者《とどけでにんぎむしゃ》は，工事の施工方法，施工時期等を統括的に管理し，工事の進ちょく状況を見て直接現場で施工方法などについて下請業者に指示することもできる。注文者から建設工事を請け負い，実施する業者であるところの元請負人が適当である。

特定建設作業	騒音の大きさ(デシベル)
1．くい打機等を使用する作業にあっては	85
2．びょう打機を 〃	85
3．さく岩機を 〃	85
4．空気圧縮機を 〃	85
5．コンクリートプラント等を設けて行う作業にあっては	85

(作業敷地境界線の地点)

騒音

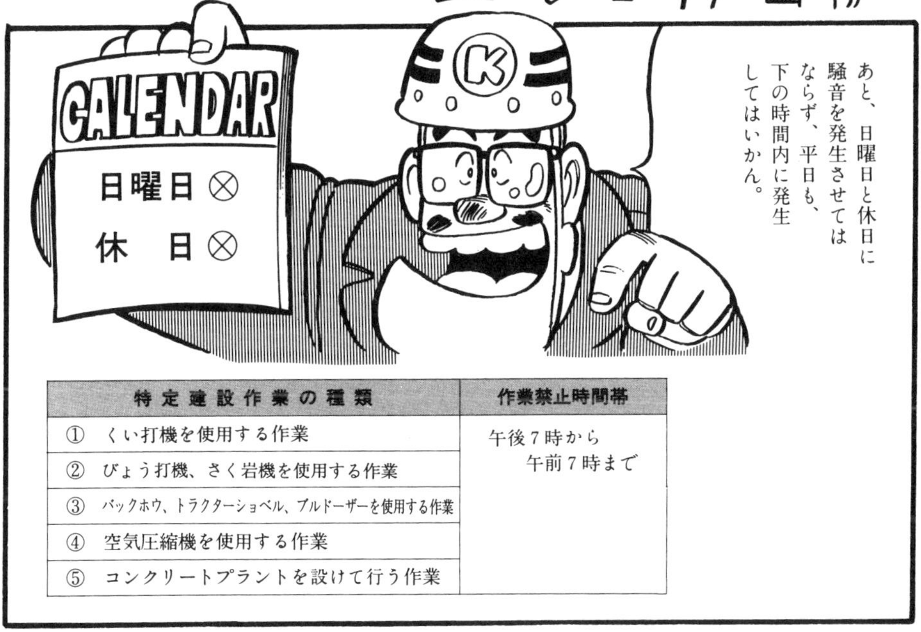
CALENDAR
日曜日⊗
休 日⊗
あと、日曜日と休日に騒音を発生させてはならず、平日も、下の時間内に発生してはいかん。

特定建設作業の種類	作業禁止時間帯
① くい打機を使用する作業	午後7時から午前7時まで
② びょう打機、さく岩機を使用する作業	
③ バックホウ、トラクターショベル、ブルドーザーを使用する作業	
④ 空気圧縮機を使用する作業	
⑤ コンクリートプラントを設けて行う作業	

それは、わかってはいるんです。でも、誰もおれの気持ちはわかってくれないんだ！

ねえ、工事を中止しましょう！
わしにはできん。指定地域内で行われる特定建設作業が規制《きせい》基準《きじゅん》に適合《てきごう》しない場合、市町村長は騒音防止策の改善や、作業時間の変更を勧告《かんこく》、命令することができるだけじゃよ。
騒音防止策の改善
作業時間の変更の
勧告，命令
市町村長

memo

※気になった箇所などを書き留めておきましょう

騒音・振動規制法

振動規制法

学習の要点

①特定建設作業を覚えよう
②規制基準を覚えよう
③特定建設作業の実施の届出について理解しよう

ガガガ
振動《しんどう》規制《きせい》法《ほう》は、工事や事業場《じぎょうじょう》における事業活動および、建設工事に伴って発生する振動について、必要な規制を行い、国民の健康の保護に資する目的で制定されたものである！

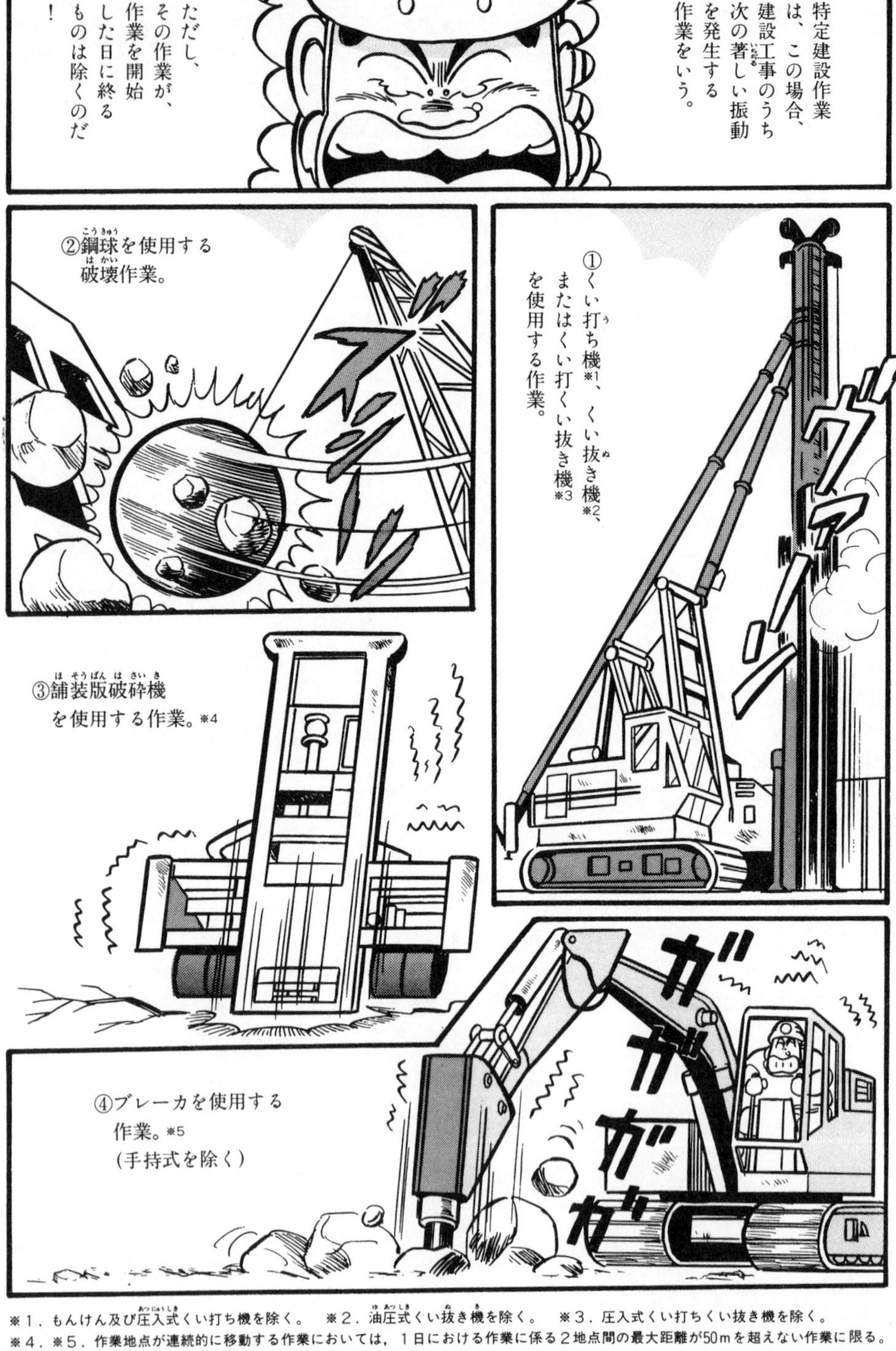
特定建設作業は、この場合、建設工事のうち次の著《いちじる》しい振動を発生する作業をいう。
ただし、その作業が、作業を開始した日に終るものは除くのだ！
①くい打《う》ち機※1、くい抜《ぬ》き機※2、またはくい打くい抜き機※3を使用する作業。
②鋼球《こうきゅう》を使用する破壊《はかい》作業。
③舗装版破砕機《ほそうばんはさいき》を使用する作業。※4
④ブレーカを使用する作業。※5
(手持式を除く)
ガガガガ

※1．もんけん及び圧入式《あつにゅうしき》くい打ち機を除く。　※2．油圧式《ゆあつしき》くい抜《ぬ》き機《き》を除く。　※3．圧入式くい打ちくい抜き機を除く。
※4．※5．作業地点が連続的に移動する作業においては，１日における作業に係る２地点間の最大距離が50ｍを超えない作業に限る。

騒音規制法《そうおんきせいほう》と同様、都道府県知事は、特定建設作業に伴《ともな》って発生する振動を防止する地域を指定し、
指定地域
知事
元請負人
作業開始
7日前
届け出
施工者《せこうしゃ》（元請業者《もとうけぎょうしゃ》）は、作業開始の7日前までに、市町村長に届け出なければならない。
市町村長は、振動が規制基準《きせいきじゅん》に適合《てきごう》しないときは、振動防止の改善《かいぜん》、作業時間の変更を勧告《かんこく》、あるいは命令することができる。
ガガガ
敷地
境界線
特定建設作業に伴う振動規制に関する基準としては、まず、振動が作業場所の敷地境界線《しきちきょうかいせん》において、75デシベル（dB）以下であること。

第一号区域では、振動を午前7時から翌日の午前7時までに発生させないこと。
PM 7:00
AM 7:00
また第一号区域では、一日10時間以上、振動を発生させないこと。
振　動
1日10時間
以　内
振動を連続して6日以上、又日曜・休日に発生させないこと。であります。
6日
以内
日曜日・
休日は
振動を発生
させない。
ただし、これらの基準は災害その他、非常事態《ひじょうじたい》の発生、あるいは人の生命又は、身体に対する危険を防止するため行う場合は、騒音規制法《そうおんきせいほう》と同様にこの限りではありません。

振動障害（白ろう病）の予防

①１日の振動業務の作業時間は２時間以内とする。
②一連続作業時間は10分以内で５分以上は休止する。
③振動工具は軽量のものを使う。
④暖房の措置を講ずることのできる休憩の設備を設け，手洗等の温水の供給の措置をとる。

こうした振動を伴う作業では、作業者は振動障害《しんどうしょうがい》をおこすので、左のような措置が必要です。
ホレ、手洗って！

そ、そんなことで、おれの心の傷はいやせやしないんだァ！
ナンノコッチャ？

memo

※気になった箇所などを書き留めておきましょう

港則法

学習の要点

①雑種船、特定港とは何か
②港則法について理解しよう
③航法に関する注意事項を覚えよう

ヴァー
ウィ
ウィ
港則法《こうそくほう》は「港内における船舶《せんぱく》交通の安全及び、港内《こうない》の整頓《せいとん》を図《はか》る」ことを目的とし、

汽艇《きてい》等は汽艇《きてい》、はしけ及び、端舟《たんしゅう》その他、ろかいのみをもって運転、またはろかいをもって主としてろかいをもって運転する船舶《せんぱく》をいい、

特定港《とくていこう》は、きっ水の深い船舶が出入できる港又は、外国船舶が常時出入する港であって、政令《せいれい》で定められる。

港長
届け出
船舶の入出港
船舶は、特定港に入出港《にゅうしゅっこう》するときは、港長に届け出なければならない。ただし、
届け出
これらの船舶は、届け出る必要はない。
トン
●総トン数20t未満の船舶や，ろかいのみで運転する船舶，及び平水区域を航行区域とする船舶等。
トン
トン
汽艇等、いかだは港内において、みだりに係船浮標《けいせんふひょう》、また、他の船舶の交通の妨《さまた》げとなる場所に停泊《ていはく》、停留《ていりゅう》させてはいかん！
バチャ
バチャ
港長《こうちょう》は、特に必要があると認めるときは、特定港《とくていこう》内に停泊する船舶に対して、移動を命ずることができる。

……か。でも、勉強したって、夢も希望もなくなっちまった今となっちゃあ、むなしいだけだなあ。ああ、死にたい！
……ん？
ドドド
フ〜ム。憂《うれ》いを秘めた瞳、女がひとり、夜霧《よぎり》のふ頭でじっと海を見つめて……よくあるパターンだな。
ああ、お嬢さん、こんなところでこんな夜遅く女一人いるのは危いですよ。

あら、ご親切ね。でも、そういうあなたが一番危なかったりして。
し、失礼な、男、力は、そんな男ではありませぬ！
アタッテタリシテ……。
そうかしら？男ってみんな同じよ。
ウ、さめた女……。
おれはちがいます。だんじてちがう！
ムリシテタリシテ……。
おれは、港則法《こうそくほう》の勉強をするためにここに来ているだけです。
コウソクホウ？なんだか面白そうね。ちょっと、話してくださらない？

たとえば港則法の航法《こうほう》では、航路外《こうろがい》から航路にはいり、又は航路から航路外に出る船舶は、航路を航行《こうこう》する船舶の進路を避《さ》けねばなりません。
航路
航路って？
航路とは、一定幅の水深《すいしん》が確保された出入口《でいりぐち》を持った、船舶の通行水域《つうこうすいいき》のことです。
船舶は、航路内において他の船舶と行会う場合は、右側を航行します。
また、並列《へいれつ》航行《こうこう》や、他の船舶の追い越しは禁止されとります。

船舶は、港内、港の境界付近では、他の船舶に危険を及ぼさない速度で、航行しなけりゃなりません。
あと、船舶は港内において防波堤《ぼうはてい》、ふ頭《とう》に見て航行する時は、停泊船舶《ていはくせんぱく》を右げんに見て航行する時は、できるだけ近寄り、
左げんに見るときは、遠ざかりますです。はい！
……ふ〜ん。よくわからないけど、すごいのね。
それに、男が同じでないことはわかったわ。あんた、かわってるもの。
どう、家まで送ってくださらない？もっと港則法の話、聞きたいわ。

memo

※気になった箇所などを書き留めておきましょう

第4章

共通工学

測量

測量

学習の要点

①距離測定における誤差の原因について理解を深めよう
②水準測量における注意事項は何か
③水準測量の計算方法を覚えよう
④トランシットの機械誤差に関する知識を深めよう
⑤測量に関する留意点は何か

測量《そくりょう》とは、地上にある目標点の相互関係を明らかにし、
これを図上に表現したり、図上に表現された点を地上に再現したりする作業です。
NIKKEN

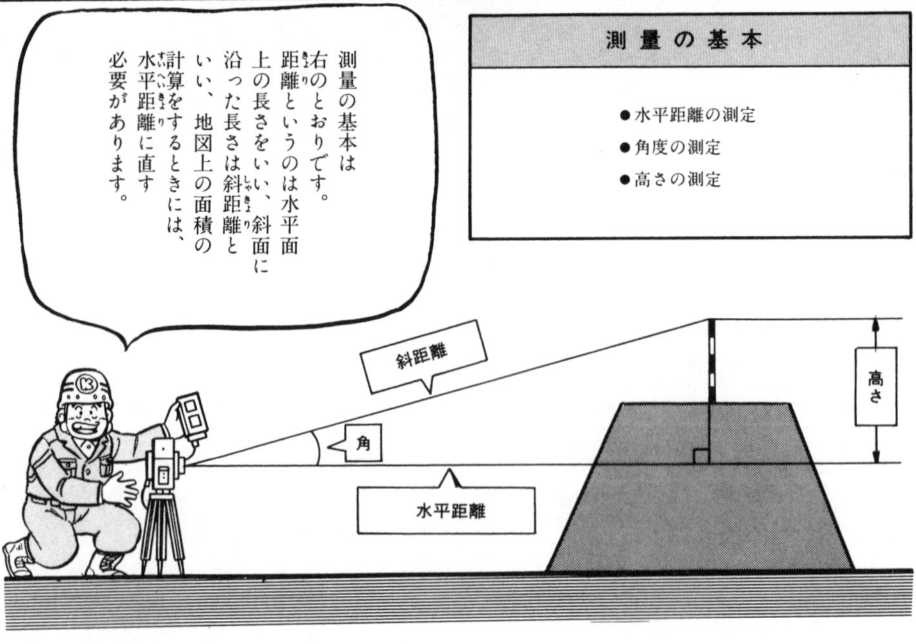

測量の基本は右のとおりです。距離《きょり》というのは水平面上の長さをいい、斜面に沿った長さは斜距離《しゃきょり》といい、地図上の面積の計算をするときには、水平距離《すいへいきょり》に直す必要があります。
斜距離
角
水平距離
高さ

測量の基本
●水平距離の測定 ●角度の測定 ●高さの測定

L：水平距離(求めたい距離)
L_o：傾斜距離
h：高低差

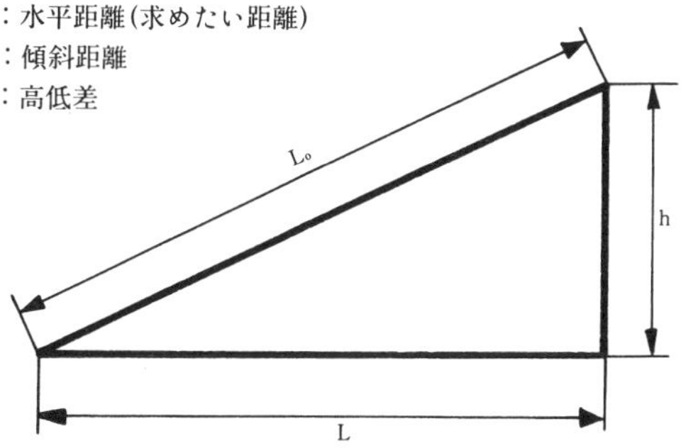

L_o
h
L

2点間に高低差がある場合、斜距離を**水平距離**に換算《かんさん》するための補正を**傾斜補正**《けいしゃほせい》といい、水平距離の求め方は左のとおりです。

傾斜補正　$Cg = -h^2/2L_o$　※1
水平距離　$L = L_o + Cg = L_o - h^2/2L_o$

〔計算例〕
傾斜距離L_oの測定値を10m，高低差hを2mとしたときの水平距離Lの長さを求める。

傾斜補正　$Cg = -h^2/2L^o = -2^2/2 \times 10 = -4/20 = -0.2$m
水平距離　$L = L^o + Cg = 10 + (-0.2) = 9.8$m

さて、正しい距離を求めるためには、これらの補正をおこなわねばなりません。
●傾斜補正
●尺定数《しゃくじょうすう》の補正
●温度の補正
●張力《ちょうりょく》の補正

※1．$L = L^o - h^2/2 \times L_o$は，下記より求まる。
$L = \sqrt{L_o^2 - h^2} \rightarrow L^2 = L_o^2 - h^2 \rightarrow L^2 - L_o^2 = -h^2 \rightarrow (L + L_o)(L - L_o) = -h^2$
ここでL，L_oに比べてhは小さいので$L + L_o = 2L_o$とする。
$L - L_o = -h^2/2 \times L_o \rightarrow L = L_o - h^2/2 \times L_o$

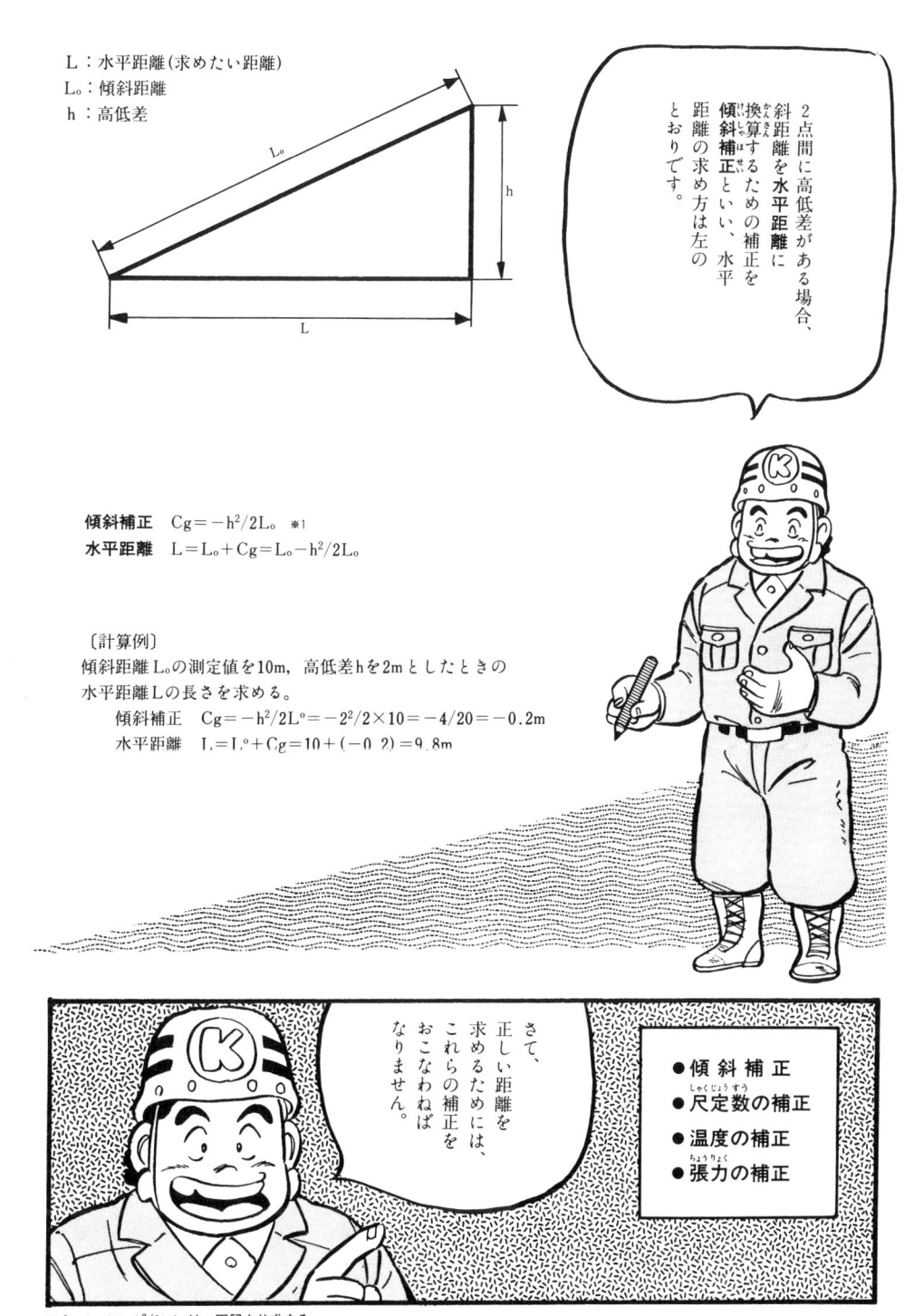

次に、**尺定数の補正**ですが、巻尺《まきじゃく》が正しい長さに対して長短《ちょうたん》があるときの補正で、巻尺が伸びているとき測定値は少さく表われ、縮んでいるときは大きく表われます。このときの標準尺《ひょうじゅんしゃく》Dと使用《しよう》巻尺《まきじゃく》*d* との差を尺定数といいます。

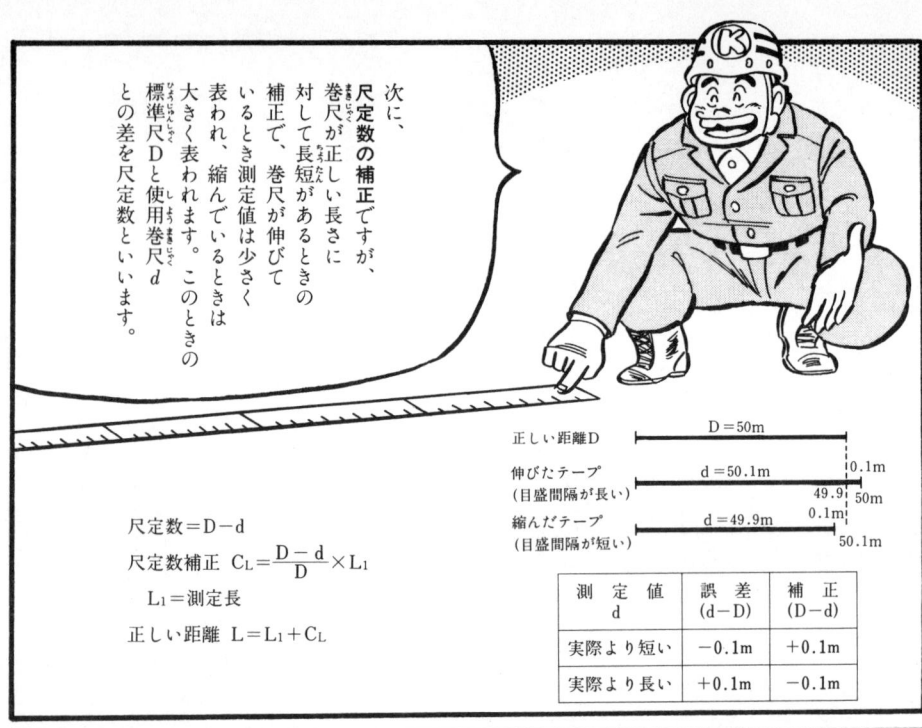

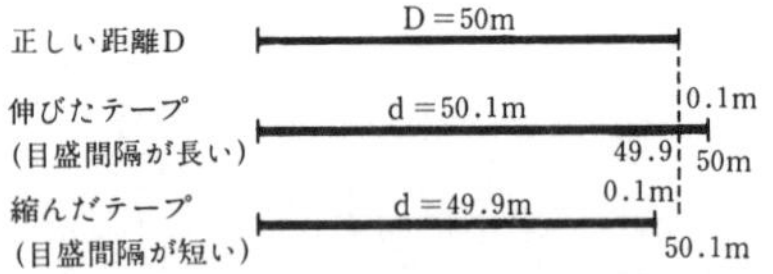

正しい距離D
D＝50m
伸びたテープ
(目盛間隔が長い)
d＝50.1m
0.1m
49.9
50m
縮んだテープ
(目盛間隔が短い)
d＝49.9m
0.1m
50.1m

尺定数＝D－d

尺定数補正 $C_L = \frac{D-d}{D} \times L_1$

L_1＝測定長

正しい距離 $L = L_1 + C_L$

測定値 d	誤差 (d－D)	補正 (D－d)
実際より短い	－0.1m	＋0.1m
実際より長い	＋0.1m	－0.1m

例えば、50mの鋼巻尺《こうまきじゃく》を用いてAB間の距離を測定し右の値を得、鋼巻尺は検定《けんてい》の結果右の値を得たときの正しい距離の求め方は、このとおりです。

A
B

$$正しい距離 = 157.143 + \frac{49.993-50}{50} \times 157.143$$
$$= 157.121$$

L_1＝157.143m

D＝49.993m

d＝50m

張力の補正は、検定時の張力以外で測定した場合の補正で、検定時より大きな張力で測定すると、巻尺は伸び測定値は小さくなります！

張力大 ➡ 測定値小
ビーッ

次に**温度の補正**は、測定値を標準温度15°Cで表示するための補正で、標準温度より高いとき巻尺は伸びているので、測定値は小さく表われ、低いときは縮んでいるので大きく表われます。
正しい距離の求め方は下のとおりです。

温度補正 $C_t = \alpha L_1(t - t_0)$

正しい距離 $L = L_1 + C_t$

$\alpha = 1.2 \times 10^{-6}$，$t_0 = 15°C$

t＝測定時の温度，L_1＝測定値

鋼巻尺（スチールテープ）で距離を測定するとき、正しい距離より測定距離が大きくなる場合にはこのようなものがあります。

正しい距離より測定距離が大きくなる場合

● 測定間の指標が直線上にないとき

$L' > L$

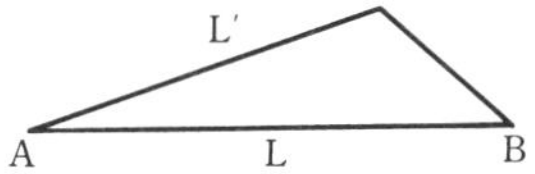
L′
A
L
B

● 傾斜補正で高低差が小さくはかられたとき

正しい距離 $L = L + \left(-\dfrac{h^2}{L}\right)$

測定距離 $L' = L + \left(-\dfrac{h'^2}{L}\right)$

$h' < h \rightarrow L < L'$

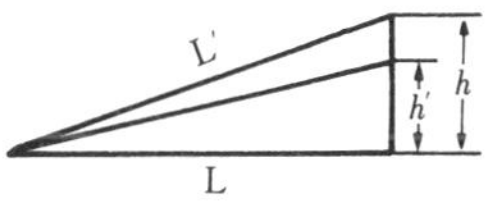
L′
h
h′
L

● 温度計の読みを実際より高く読んだとき（t：実際の温度，t'：測定温度，$t_0 = 15°C$）

正しい距離 $L = L_1 + \alpha L_1(t - t_0)$

測定距離 $L' = L_1 + \alpha L_1(t' - t_0)$

$t < t' \rightarrow L < L'$

さて、距離測定には巻尺のほかに、**光《こう》波《は》測《そく》距《きょ》儀《ぎ》**を用いて測定する方法があります。

光波測距儀
強度に変調した光波を測定器から発射し、目標点の反射鏡で反射させ、測定器に再びもどる反射波《はんしゃは》の位相《いそう》から距離を求めるものです。
温度
気圧
湿度
光波測距儀は、温度、気圧、湿度などの気象の変化により屈折率《くっせつりつ》が変るので、その補正の後、距離を求めます。
測定距離が長い場合、鋼巻尺より光波測距儀の方が測定精度《そくていせいど》がよいのです。
あの、お話し中すみません。
えっ、はい。
縮尺不明な地図があるんですが、地図上1/2.5万地形図と比較したところ、1/2.5万地形図ではAB間の長さ15cmに対して対応するab間が3cmなんです。この地図の縮尺はいくらでしょう?
A
B
15cm
a
b
3cm
1/2.5万
それはまず、1/2.5万地形図から実際のab間の距離を求めて、その数値でABの長さを割れば縮尺が求められますよ。今の場合こうですね。
ab＝0.03m×25000＝750m 縮尺＝0.15m÷750m＝1/5000

あ、よくわかりました。ありがとう。
どういたしまして。

さて、次は水準測量《すいじゅんそくりょう》に関してです。

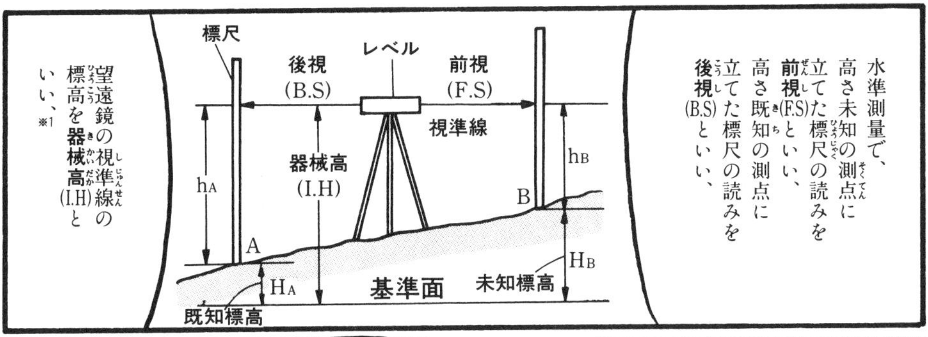

水準測量で、高さ未知の測点《そくてん》に立てた標尺《ひょうじゃく》の読みを前視《ぜんし》(F.S)といい、高さ既知《きち》の測点に立てた標尺の読みを後視《こうし》(B.S)といい、
標尺
後視
(B.S)
レベル
前視
(F.S)
視準線
器械高
(I.H)
h_A
h_B
A
B
H_B
H_A
基準面
未知標高
既知標高
望遠鏡の視準線《しじゅんせん》の標高《ひょうこう》を器械高《きかいだか》(I.H)といい、※1

レベル移動
B.S
F.S
No.1
No.2
No.3
もりかえ点
(T.P)
レベルをすえかえる時に、前視と後視をとって連絡をつける測点をもりかえ点(T.P)といい、これがあらたに既知《きち》標高点《ひょうこうてん》となり次の測量がスタートします。

2地点間の高低差及び、標高の求め方は下のとおりです。

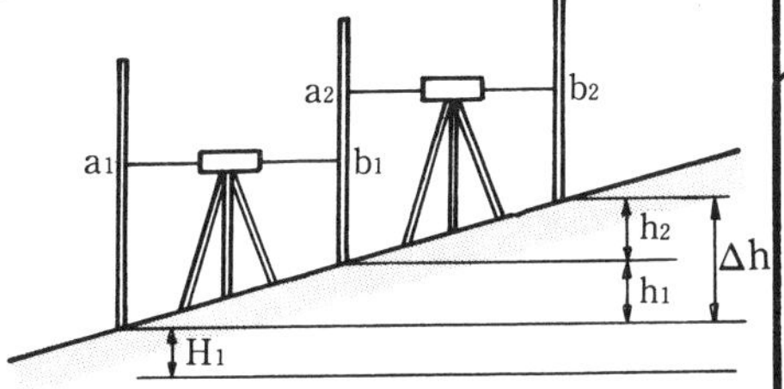

a_1
b_1
a_2
b_2
h_2
h_1
Δh
H_1

高低差　$\Delta h = h_1 + h_2 + \cdots = \Sigma h$

$= \Sigma a - \Sigma b = \Sigma(\mathrm{B.S}) - \Sigma(\mathrm{F.S})$

標高　$H = H_1 + \Delta h = H_1 + \{\Sigma(\mathrm{B.S}) - \Sigma(\mathrm{F.S})\}$

器械高$(\mathrm{I.H}) = H_A + h_A$

※１．高低差を求めようとする２点が離れている場合や，高低差が大きい場合に，もりかえ点を設ける。

区　分	誤　差　の　原　因	誤差の種類	誤　差　の　消　去　法
レベルの関係	●視差による誤差	不定誤差	○接眼レンズで十字線をはっきり映し出し，次に対物レンズで像を十字線上に結ぶ。
	●望遠鏡の視準軸と気ほう管軸が平行でないための誤差(視準軸誤差)	定誤差	○前視・後視の視準距離を等しくする。
	●レベルの三脚の沈下による誤差	定誤差	○堅固な地盤にすえる。
	●読み取り誤差	不定誤差	
標尺の関係	●目盛の不正による誤差(指標誤差)	定誤差	○基準尺と比較し，尺定数を求めて補正する。
	●標尺の零点誤差	定誤差	○出発点に立てた標尺を到着点に立てる。
	●標尺の傾きによる誤差	定誤差	○標尺を常に鉛直に立てる。
	●標尺の沈下による誤差	定誤差	○堅固な地盤にすえる。又は標尺台を用いる。
自然現象の関係	●球差・気差による誤差	定誤差	○前視・後視の視準距離を等しくする。
	●かげろうによる誤差	不定誤差	○地上・水面から視準線をはなす。

水準測量の誤差と、その消去法は上のとおりです。
また、水準測量で注意すべきことは、次のようなことです。
まず、レベルと標尺は地盤のよい所に据えます。
前視 ＝ 後視
前視と後視の距離をできるだけ等しくします。
誤差を小さくするために標尺を読みとる位置に気を付けます。
標尺の上部は標尺の傾きによる誤差が大きく、標尺のぶれのため目盛が読みにくい
標尺の下部は地表の障害物を除く手間がかかりかげろうなどのため目盛が読みにくい

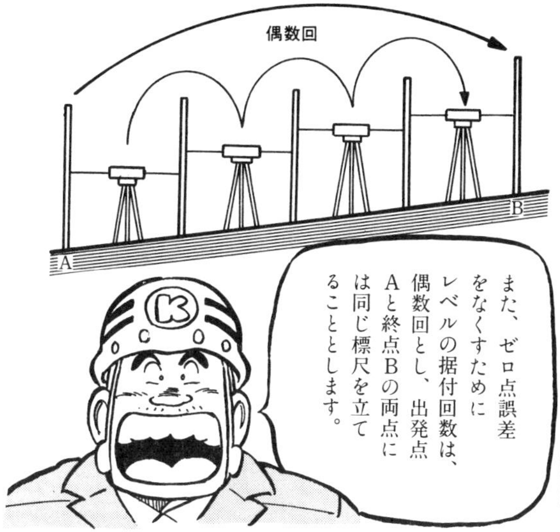
偶数回
A
B
また、ゼロ点誤差をなくすためにレベルの据付回数は、偶数回とし、出発点Aと終点Bの両点には同じ標尺を立てることとします。

観測直後には、気ほうが正しい位置にあるかを確認します。※1

さあ，実際にやってみましょう！
標高3.500mのB.MNo.1から
B.MNo.2間の水準測量の
観《かん》測《そく》野《や》帳《ちょう》が右のときの
B.MNo.2の標高の求め方は？

測　点	距離	後　視	前　視	備　考
B．M No.1	m	1.085m	m	標高 3.500
T．P	25	1.215	1.652	
B．M No.2	25		1.948	

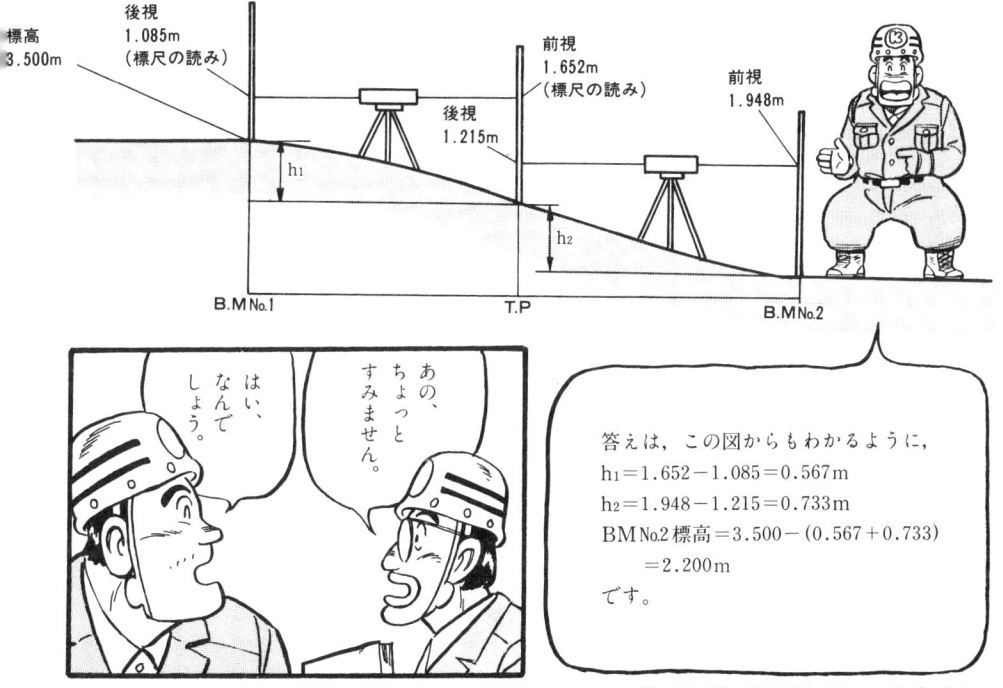

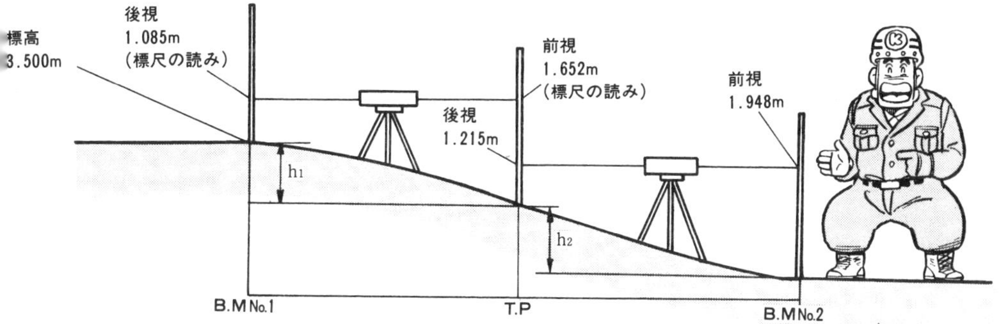
標高
3.500m
後視
1.085m
(標尺の読み)
前視
1.652m
(標尺の読み)
後視
1.215m
前視
1.948m
h1
h2
B.M No.1
T.P
B.M No.2

あの、ちょっとすみません。
はい、なんでしょう。

答えは，この図からもわかるように，
$h_1=1.652-1.085=0.567$m
$h_2=1.948-1.215=0.733$m
BMNo.2標高$=3.500-(0.567+0.733)$
$=2.200$m
です。

※1．レベルは，気ほう管軸Lと視準線Cが平行であることが条件である。レベルと標尺間の距離（視準距離）を等しくすれば，$L /\!/ C$の調整が不完全でも，誤差は消去される。又，望遠鏡の焦点を変える必要がないので便利である。

道路の中心線に沿《そ》って、20mピッチで縦断測量《じゅうだんそくりょう》を行い、No.1の計画高《けいかくだか》を標高《ひょうこう》55.50mとして、2%の上りこう配《ばい》とする場合、No.6の切取高《きりとりだか》はいくらでしょう?

測定番号	地盤高(標高)
No. 1	54.30m
No. 2	55.50m
No. 3	56.60m
No. 4	57.70m
No. 5	59.40m
No. 6	62.20m

それは、まずNo.6の計画高を求め、それをNo.6の地盤高《じばんこう》から引いたものが切取高です。

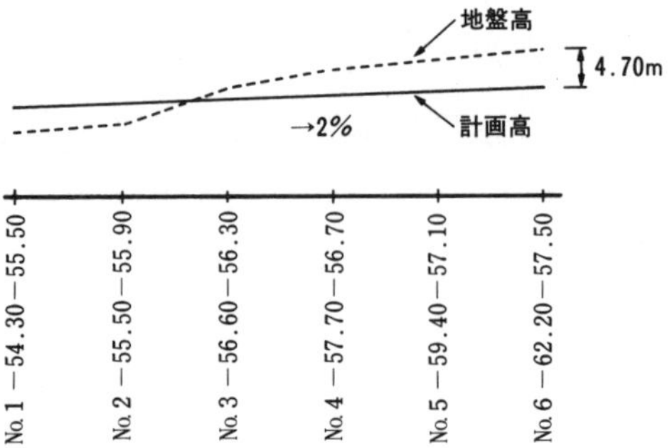
地盤高
4.70m
→2%
計画高
測点 地盤高 計画高
No.1 —54.30—55.50
No.2 —55.50—55.90
No.3 —56.60—56.30
No.4 —57.70—56.70
No.5 —59.40—57.10
No.6 —62.20—57.50

No.6の計画高＝55.50＋0.02×100＝57.50(m)
切取高＝62.20－57.50＝4.70(m)

どおも、ありがとうございました。
どういたしまして。

さて、角の測定にはトランシットが用いられますが、
トランシットの構造について少しふれておきましょう。

トランシットの鉛直軸と水平軸と視準線の三軸間には、この関係が成り立つことが必要です。
●水平軸と鉛直軸とは直交。
●視準線と水平軸とは直交。
●鉛直軸と視準線とは直交。

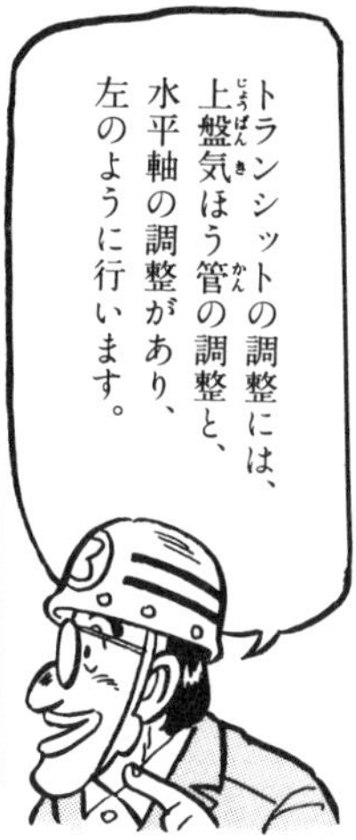
トランシットの調整には、上盤《じょうばん》気《き》ほう管《かん》の調整と、水平軸の調整があり、左のように行います。

水平軸の調整（水平軸と鉛直軸を直交にする調整）

①数十m離れた所にA点をとる。
②望遠鏡を反位にし，180°回転してB点をとる。
　このときA点とB点が一致すれば，水平軸は鉛直軸に直交している。

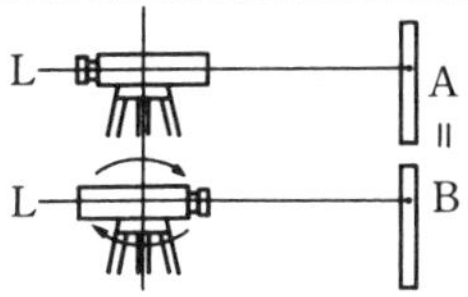
L
A
=
L
B

上盤気ほう管の調整（気ほう管軸と鉛直軸を直交にする調整）

①上盤気ほうを整準ねじで中央に導く。
②上盤を180°回転する。
　このとき気ほうが中央にあれば，気ほう管軸と鉛直軸は直交している。

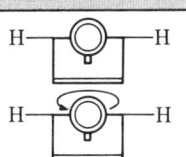

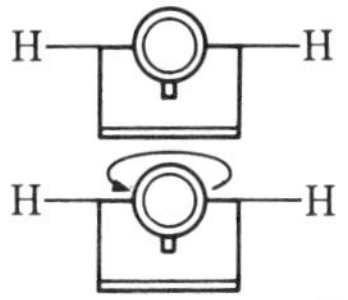
H
H
H
H

トランシットの器械誤差とその消去法《しょうきょほう》は、右のとおりです。

誤差の種類	誤差の原因	誤差の消去法
水平軸誤差	水平軸が鉛直軸に直交していないために生ずる誤差。	望遠鏡の正，反観測の平均をとる。
視準軸誤差	視準線が水平軸に直交していないために生ずる誤差。	望遠鏡の正，反観測の平均をとる。
鉛直軸誤差	上盤気ほう管が鉛直軸に直交していない，又は製作上の不備のため。	なし（誤差を小さくするには各規準ごとに整準する。）
目盛盤の偏心誤差	トランシットの鉛直軸の中心と目盛盤の中心が一致していないため。	A・Bバーニヤの読みの平均又は望遠鏡正反の平均をとる。
視準軸の偏心誤差	望遠鏡の視準線が回転軸の中心に一致していない。(外心誤差)	望遠鏡の正・反観測の平均をとる。
目盛誤差	目盛盤の刻みが正確でない。	なし(目盛盤の全周を使うことにより影響を小さくする。)

最後に、その他測量に関する知識について説明しよう。

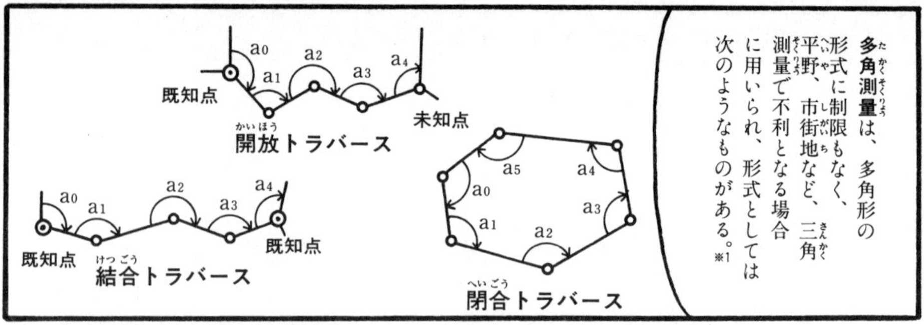
多角測量《たかくそくりょう》は、多角形の形式に制限もなく、平野《へいや》、市街地《しがいち》など、三角《さんかく》測量《そくりょう》で不利となる場合に用いられ、形式としては次のようなものがある。※1
a_0 a_1 a_2 a_3 a_4
既知点
未知点
開放《かいほう》トラバース
a_0 a_1 a_2 a_3 a_4
既知点
既知点
結合《けつごう》トラバース
a_0 a_1 a_2 a_3 a_4 a_5
閉合《へいごう》トラバース

多角測量の作業計画で注意すべきことは、右のとおりじゃよ。
多角測量の作業計画の注意事項
●各測点間の距離をできるだけ等しくする。
●測距と測角の精度は，均衡がとれた方がよい。

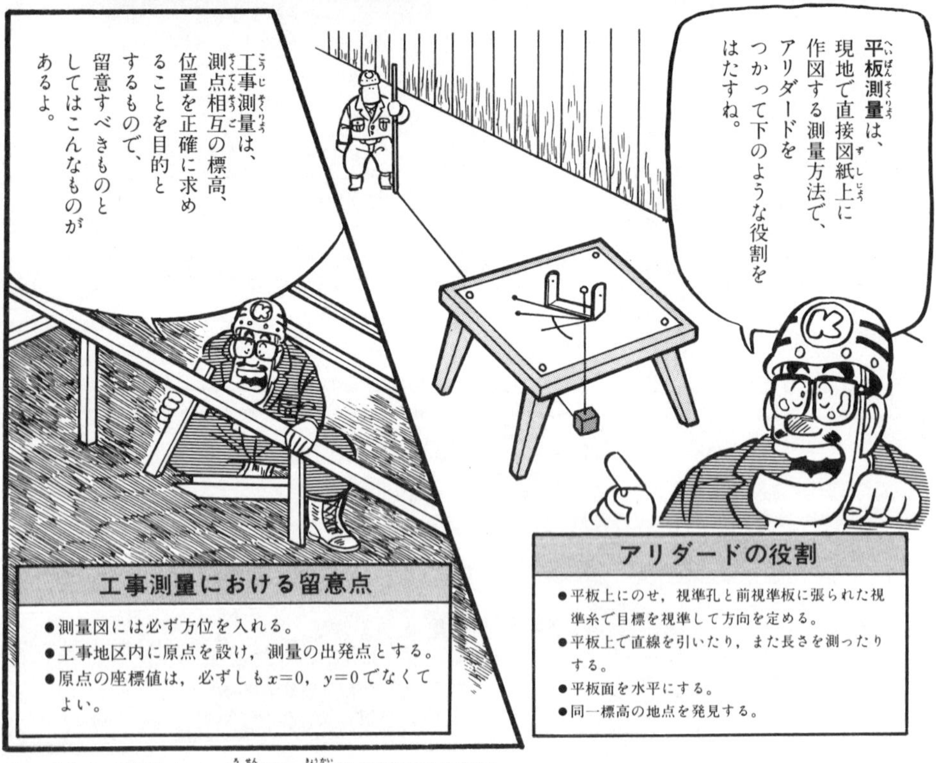
平板測量《へいばんそくりょう》は、現地で直接図紙上《ずしじょう》に作図する測量方法で、アリダードをつかって下のような役割をはたすね。
アリダードの役割
●平板上にのせ，視準孔と前視準板に張られた視準糸で目標を視準して方向を定める。
●平板上で直線を引いたり，また長さを測ったりする。
●平板面を水平にする。
●同一標高の地点を発見する。
工事測量《こうじそくりょう》は、測点相互《そくてんそうご》の標高、位置を正確に求めることを目的とするもので、留意すべきものとしてはこんなものがあるよ。
工事測量における留意点
●測量図には必ず方位を入れる。
●工事地区内に原点を設け，測量の出発点とする。
●原点の座標値は，必ずしも$x=0$，$y=0$でなくてよい。

※1．トラバース測量ともいい，路線《ろせん》測量，境界《きょうかい》測量などその応用は広い。

あの所長、すみませんちょっと。
ん、なんじゃね。
右図のように測量を実施し、斜距離ℓと鉛直角《えんちょくかく》αを得たとすると、器械高i_1と視準点《しじゅんてん》の高さi_2が等しいとき、A、B2点間の高低差はどうなりますか？
フム……。
A
i_2
l
Δh
α
i_1
B
Δhは図からも
$\Delta h = \ell_{\sin}\ \alpha$とわかる。
AとBの高低差は，
$\ell_{\sin}\alpha - i_2 + i_1$
じゃから，
$\ell_{\sin}\alpha$が
ABの高低差
じゃね。
ダーリン!!
お弁当もってきたわよォ！

ダーリンって？ぼくかな？
おれじゃないよね？
誰のことだ？
ま、さか……。
ボクちゃんよー。
はい、はいィ——。♡

memo

※気になった箇所などを書き留めておきましょう

設計図書・契約

学習の要点

①設計図書とは何か
②請負契約における重要な事項を覚えよう
③協議事項について理解を深めよう
④条件変更とは何か

さて、工事を行う前に取り決められる契約書類に関して、勉強していこう。
契約書類には、これらのものがあるな。
約款

契約書類

●**契約書**－工事名，工期，請負代金等の主な契約内容を示すものであり，発注者と受注者の契約上の権利・義務を明確に定めるものである。

- ●契約書に記載される事項：工事名，工事場所，工期，請負代金額，契約保証金，発注者住所氏名，請負人住所氏名，保証人住所氏名等。

●**約《やっ》款《かん》**－請負代金の変更，契約の解除理由等をはじめとする発注者と受注者の権利・義務の内容に関する契約条項で定型化し得るものである。

●**設計図書**－工事目的物の形状等を指示する技術的事項等，個別的に異なる詳細な事項を示すものである。

- ●**仕様書**※1――工事施工に際し，履《り》行《こう》すべき技術的要求を示すものであり，工事をするために必要な工事の基準を詳細に説明した文書である。
- ●**図面**――図面とは，設計者の意思を一定の規約に基づいて図示した書面をいい，通常設計図と呼び，基本設計図及び概略設計図等も含まれる。
- ●**現場説明書 質問回答書**――入札参加者に対してなされる現場説明及び図面及び仕様書に表示し難い見積条件の説明を書面に示したものであるので契約締結後も拘束力がある。

※1．共通事項を示した標準仕様書と当該工事に示した特記仕様書とが一致しないときは，特記仕様書に従う。

約款《やっかん》のうち主だったものを紹介すると、まず、工事用地の確保じゃが、発注者は設計図書に定められた工事施工上必要な工事用地を、受注者《じゅちゅうしゃ》が施工上必要とする日までに確保しなけりゃならん。
カクホ！
発注者
受注者は、工事契約により生ずる権利又は義務を第三者に譲渡し、又は承継させてはならない。
契約
受注者
第三者
工事
受注者
第三者
それから、受注者は、工事の全部又は主たる部分を一括して、第三者に委任し、又は請負わせてはならない。
工事材料に関しては、まず工事材料につき設計図書にその品質が明示されていないものは、中等の品質を有するものとし、
明示されていない場合
中等の品質
受注者は、工事現場内に搬入した工事材料を、監督員《かんとくいん》の承認を受けないで工事現場外に搬出してはならん。

設計図書に特別の定めがある場合を除き、仮設、工法等工事目的物を完成するために必要な一切の手段については、受注者が定めることができるんですね。

条件変更の場合

- 図面、仕様書、現場説明書、質問回答書が一致しない。
- 設計図書に誤謬・脱漏があること。
- 設計図書の表示が明確でないこと。
- 設計図書に示された、人為的な施工条件と実際の工事現場が一致しないこと。
- 予期できない特別な状態が生じたこと。

監督員
そう、また受注者は工事の施工に当り、上の項目に該当《がいとう》する事実を発見したときは、直ちに書面で監督員に通知し確認すること。
通知
受注者

発注者と受注者との協議事項

- 工期内にインフレーション等のため著しく請負代金額が不適当となったときの請負代金額の変更について。
- 受注者の請求による工期の延長日数について。
- 受注者は，災害防止等の必要が生じた時は，臨機の措置をとらなければならないが，この場合に要した費用の負担について。
- 発注者は，必要があると認めたときは工事の中止等を受注者に申し出ることができるが，この場合の工期または請負代金額の変更あるいは賠償額等について。
- 天災その他の不可抗力等，発注者・受注者両者の責任にすることができないものにより，工事の出来形部分等に損害が生じた場合には発注者が負担するが，その損害額について。※1

発注者と受注者との協議事項《きょうぎじこう》としては、これらがあります。

※1．天災その他の不可抗力による損害とは，暴風，暴雨，洪水，高潮，地震，地すべり，落盤，火災，騒乱，暴動等の自然的又は人為的な事象をいう。

次に、工事の施工にあたってじゃが、受注者は、設計図書において監督員の立会《たちあい》のうえ、施工するものと指定された工事については立会《たちあい》を受けて施工するんじゃやね。
設計図書
監督員
立会
発注者が設計図書において、見本、又は工事写真等の記録を、整備すべきものと、指定したものについては整備し、要求のあるときは提出せにゃならん。
また、監督員は受注者から立会、又は見本検査を求められたときは、遅滞《ちたい》なくこれに応じなければならんね。
受注者は、天候の不良等、その責《せき》に帰《き》することができない理由により工期内に工事を完成することができないときは、発注者に書面をもって工期の延長をもとめることができます。
受注者
発注者
工期延長

工事目的物《こうじもくてきぶつ》に契約不適合があるときは発注者は、受注者に対して目的物の修補、又は代替物の引渡しによる履行の追完を請求することができるな。
契約不適合
責任の修補
ただし、工事目的物の契約不適合が支給材料《しきゅうざいりょう》の性質、又は発注者、若しくは監督員の指図により生じたものであるときはこの限りではないな。
また、発注者が必要であると認め、工事を一時中止させるときは書面で受注者に通知しなければならんな。
書面で通知
中止
やめええ

最後に現場代理人ですが、現場代理人は契約履行に関し工事現場に常駐し、運営、取締り等請負者の一切の権限を有します。
現場代理人の主な職務及び権限
●工事現場の風紀を維持すること。
●工事を施工する上で必要とされる安全管理を行う。
●工事を施工する上で必要とされる労務管理を行う。
おわった、おわった、と。順ちゃん誘って映画見にいこ。
はは、若いもんはいいな。
ん！

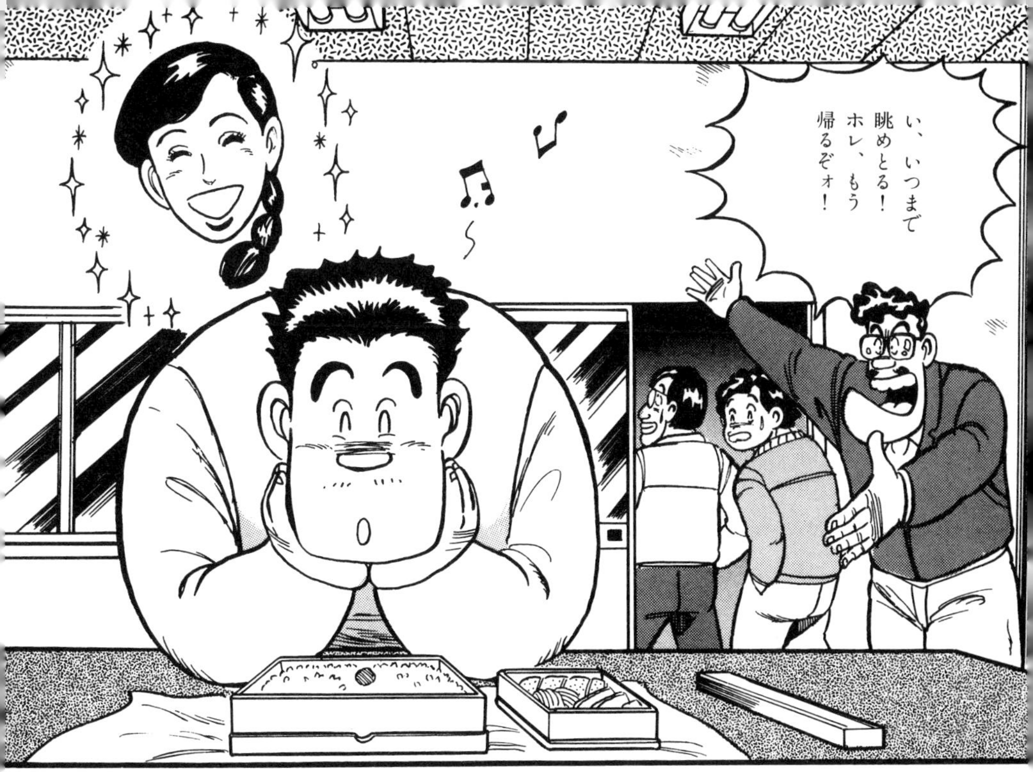
い、いつまで眺めとる！ホレ、もう帰るぞォ！

memo

※気になった箇所などを書き留めておきましょう

電気・機械関係

電気・機械関係

学習の要点

①走行形式の特徴を覚えよう
②原動機について理解しよう
③ディーゼルエンジンとガソリンエンジンについて理解しよう
④4サイクル機関と2サイクル機関の違いを学習しよう

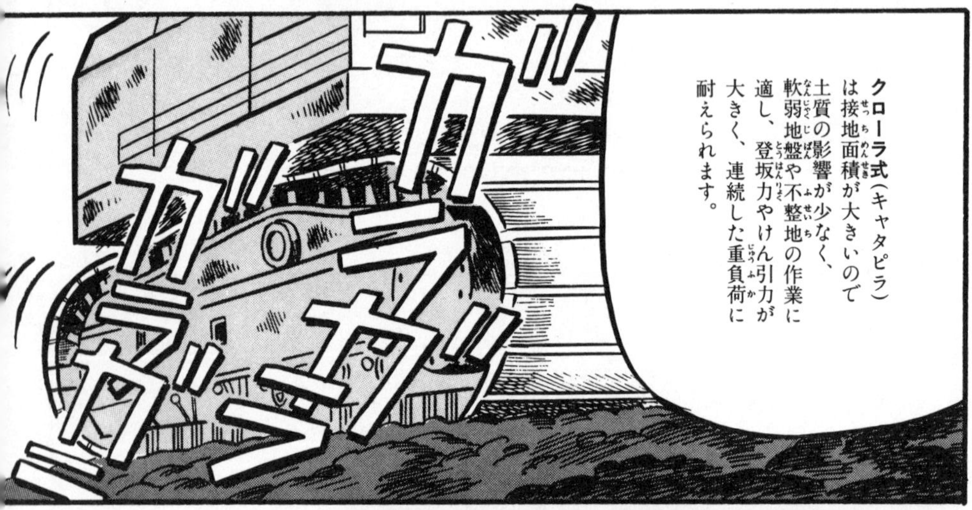
クローラ式（キャタピラ）は接《せっ》地《ち》面《めん》積《せき》が大きいので土質の影響が少なく、軟《なん》弱《じゃく》地《じ》盤《ばん》や不《ふ》整《せい》地《ち》の作業に適し、登《とう》坂《はん》力《りょく》やけん引力が大きく、連続した重《じゅう》負《ふ》荷《か》に耐えられます。
ガラガラ
ガラガラ

また、**ホイール式**（タイヤ）は機《き》動《どう》性《せい》がよく、足まわりの保守が楽で、作業速度が早く、作業距離も長くとることができます。

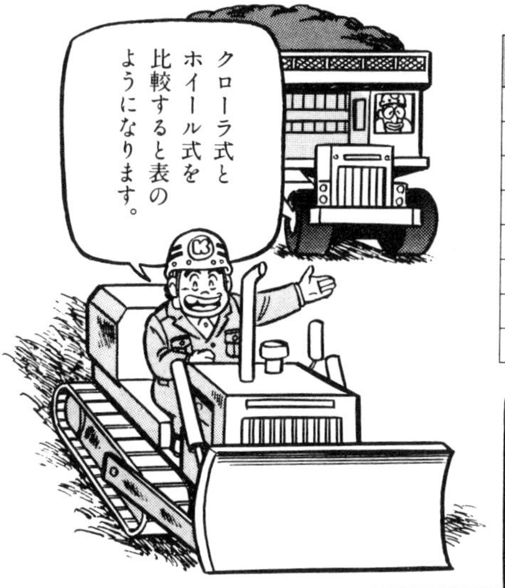
クローラ式とホイール式を比較すると表のようになります。

	クローラ式（キャタピラ）	ホイール式（タイヤ）
土質の影響	小さい	大きい
不整地軟弱地盤の作業	易しい	難しい
登坂力とけん引力	大きい	小さい
機動性	小さい	大きい
足まわりの保守	難しい	易しい
作業距離	小さい	大きい
作業速度	小さい	大きい
連続重負荷	易しい	難しい

さて、**原動機**《げんどうき》とは、自然界のさまざまな形態のエネルギーを機械エネルギーに変換《へんかん》する装置のことで、これらのものがあります。※1
三相誘導電動機《さんそうゆうどうでんどうき》※2のうち、**巻線形誘導電動機**《まきせんがた》は、始動時《しどうじ》に大きな力のいる機械類に用いられます。
かご形誘導電動機は、小さな力でも用をたす機械類に用いられます。

原動機
- 電動機
  - 直流電動機
  - 交流電動機－三相誘導電動機
    - 巻線形
    - かご形
- 内燃機関
  - ガソリンエンジン
  - ディーゼルエンジン

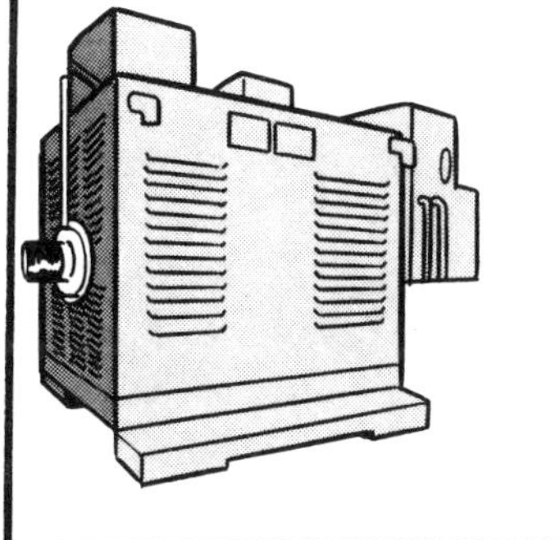

■巻線形誘導電動機

ショベル系掘削機《くっさくき》，空気圧縮機《くうきあっしゅくき》

エレベーター，クレーン等に使用

■かご形誘導電動機

ベルトコンベヤ，ポンプ等に

使用

※１．電動機は電気エネルギーを，ディーゼル機関・ガソリン機関は熱エネルギーを機械エネルギーに変換する原動機である。

※２．誘導電動機の回転方向を逆にするには，任意の２線の順序を入れかえる。（抵抗が一定の場合）電圧を上げると電流は大きくなる。

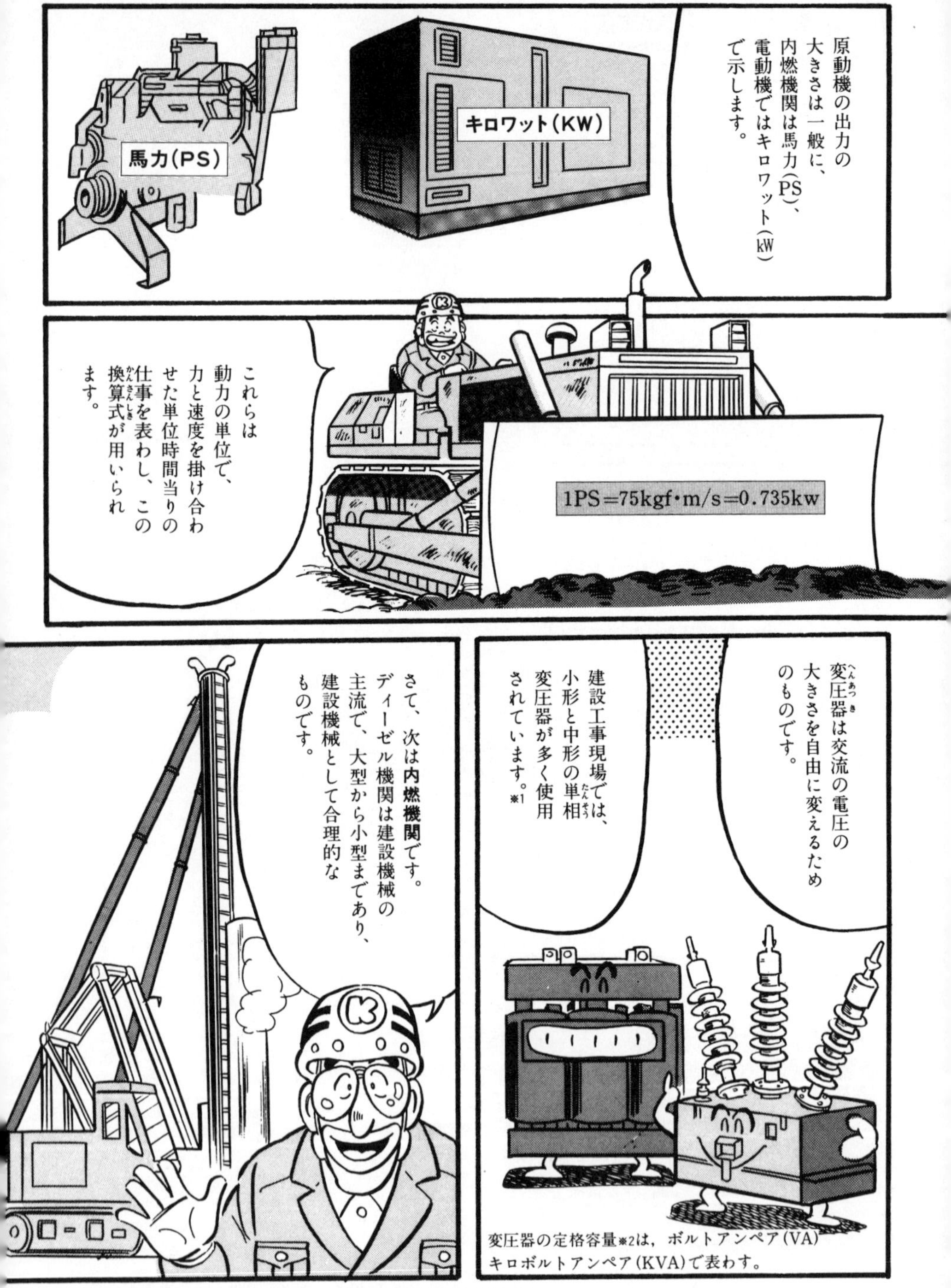
原動機の出力の大きさは一般に、内燃機関は馬力(PS)、電動機ではキロワット(kW)で示します。
キロワット(KW)
馬力(PS)
これらは動力の単位で、力と速度を掛け合わせた単位時間当りの仕事を表わし、この換算式《かんさんしき》が用いられます。
1PS=75kgf・m/s=0.735kw
変圧器《へんあつき》は交流の電圧の大きさを自由に変えるためのものです。
建設工事現場では、小形と中形の単相《たんそう》変圧器が多く使用されています。※1
変圧器の定格容量※2は，ボルトアンペア(VA)キロボルトアンペア(KVA)で表わす。
さて、次は内燃機関です。ディーゼル機関は建設機械の主流で、大型から小型まであり、建設機械として合理的なものです。

※1．単相変圧器を組み合わせる場合には，その極性に注意しなければならない。

※2．定格とは，指定された条件のもとにおいての使用限度をいう。

	ガソリンエンジン	ディーゼルエンジン
点火方式	電気火花点火	圧縮による自己着火
燃料	ガソリン	軽油
熱効率※1	25～30%	30～40%
燃料消費率	200～280g/PS・h	160～225g/PS・h
馬力あたりエンジン重量	小さい	大きい
馬力あたりの価格	安い	高い
運転経費	高い	安い
故障の度合い	多い	少ない
危険性	多い	少ない

この表は、ディーゼルエンジンとガソリンエンジンとを比較したものです。

注意したいのはガソリン機関が、小型建設機械向きで燃料費が高いのが欠点ということです。

ここで、内燃機関の**4サイクル機関**と**2サイクル機関**について説明しておきましょう。

■ 4サイクル機関

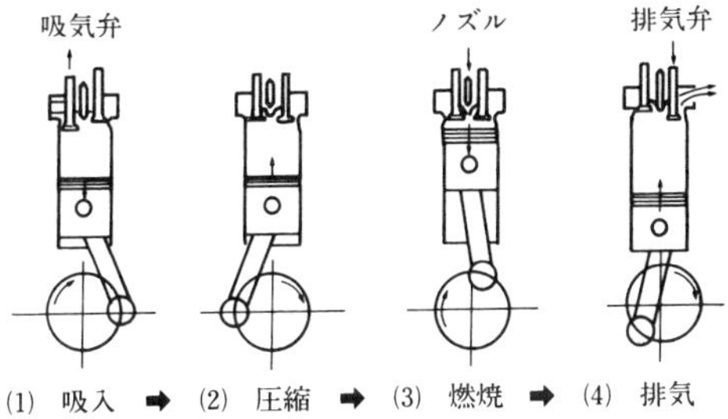
吸気弁
ノズル
排気弁
(1) 吸入 ➡ (2) 圧縮 ➡ (3) 燃焼 ➡ (4) 排気

■ 2サイクル機関

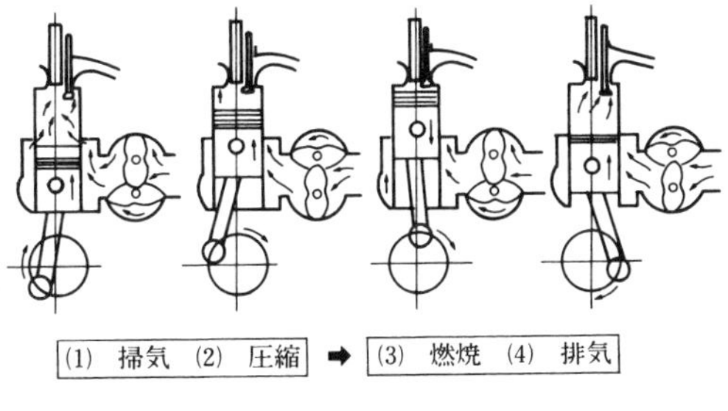
(1) 掃気 (2) 圧縮 ➡ (3) 燃焼 (4) 排気

■ 4サイクル機関

①吸入　②圧縮　③燃焼　④排気
の4サイクルで1回の爆発が起る

■ 2サイクル機関

①掃気，圧縮　②燃焼，排気
の2サイクルで1回の爆発が起る

下の表は4サイクルと2サイクルを比較したものです

条件	2サイクル	4サイクル
熱効率	低い	高い
燃料消費量	多い	少ない
同一シリンダーの出力	大きい	小さい
シリンダーの寿命	短い	長い
回転力の均一性	大きい	小さい
フライホイールの大小	小さい	大きい
馬力当たり重量	軽い	重い
騒音	高い	低い
高速機関としての性能	低い	高い

※1．熱効率＝有効熱量/全熱量×100　(%)

このほか、2サイクルは4サイクルに比べ、逆転《ぎゃくてん》や起動《きどう》が容易《ようい》で、構造も簡単で取扱いが容易であるという、特徴があります。
2サイクル
4サイクル
次に伝達機構《でんたつきこう》ですが、これには変速装置《へんそくそうち》※1とクラッチ※2があります。
また、流体継手とは、液体によって回転を伝えるもので、クラッチと同じ働きをします。
サブマージアーク溶接法
さて、その次は**アーク溶接《ようせつ》**です。アーク溶接は金属と金属、又は金属と炭素《たんそ》電極《でんきょく》との間にアークを発生させ、その熱を利用して溶接するものです。アークは強い紫外線《しがいせん》を出し、人体に有害ですから、保護用のめがね、マスク、手袋などの防具を使用します。
溶接の導線《どうせん》には、太い電線を用い接続は完全にします。

※1．原動機の回転力を，所要の回転数と回転力に変換する装置。
※2．原動機の回転を，空転させたり，伝達したりする切換え用の装置。

アーク溶接機《ようせつき》には、直流用《ちょくりゅうよう》と交流用《こうりゅうよう》の2種類があり、電圧と電流はこのとおりです。※1
直流　交流
電圧
●アーク電圧 20～30V
●電源電圧
直流　60～70V
交流　80V
電流
150A～500A
←溶接方向
溶接棒
被覆剤
ガスシールド
心線
スラグ
アーク
余盛
溶込み
母材
溶融金属
被覆アーク溶接
アーク溶接の種類としては、被覆《ひふく》アーク溶接法《ようせつほう》※2とサブマージアーク溶接法があります。
ここで、オームの法則についで一言、オ、オームの法則により、電流は電圧の大きさに比例し、回路などの抵抗《ていこう》が一定だと、電圧を上げるほど電流もお、お、大きくなりま～す!
オームの法則
I＝$\frac{V}{R}$, V＝I・R
V：電圧(V《ボルト》)
I：電流(A《アンペア》)
R：導体の抵抗(Ω《オーム》)
●電力 P＝V・I＝I^2・R,単位時間当りの仕事
電圧大
電流大
また、建設機械のバッテリーの取扱いで注意すべきことは右のとおりです。
バッテリーの取扱いの注意
●電解液の液面から極板が，空気中に出ないよう注意する。
●過充電はバッテリー容量を減少させ寿命を短くし，また爆発の危険もあるので避ける。
●充電の程度をみるために金属で端子間を短絡させてはならない。
●長期間使用しない時は蒸留水を上限まで補給する。

※1．直流用は電動機駆動，内燃機駆動，内燃機関駆動で溶接効果が大きいが高価である。
※2．溶接棒に溶融金属の酸化・窒化を防ぐためフラックスを被覆したものが被覆アーク溶接である。

建設工事用の照明器具の種類と特性と用途

種	類	特性	用途
白熱電燈	一般電球	効率はあまりよくないが，保守は容易。	一般採光と屋外採光に用いる。
	反射形電球	効率はあまりよくないが，保守は容易。	屋外と屋外投光に用いる。
放電燈	けい光燈	効率は白熱電燈の約3倍。安定器必要，寿命が長い。	事務所・道路・トンネルに用いる。
	水銀燈	効率は白熱電燈の約3倍。安定器必要，寿命長く，保守は容易，電圧は100Vと200V。	一般道路・高速道路に用いる。
	ナトリウム燈	効率は管内温度250℃で最高になる。霧中透過率が大きい。	高速道路内トンネル、横断歩道に用いる。

パチン
さて、最後は照明じゃ。照明は大きくわけて白熱《はくねつ》電燈※1と放電燈《ほうでんとう》とがあり、それらの特性と用途は上のとおりじゃよ。
パチン
パチン
パチン

※1. 一般の電球はフィラメントに電流を通じて白熱発光させる白熱電燈である。

memo

※気になった箇所などを書き留めておきましょう

第5章

施工管理

施工計画

施工計画

学習の要点

①施工計画とは何か
②事前調査において検討すべき事項は何か
③施工基本計画における留意点は何か
④調達計画、現場運営計画における留意点は何か
⑤日程計画を立案するための項目は何か
⑥仮設計画における留意点は何か

施工計画とは、契約条件に基づき、設計図どおりの構造物を工期内に、経済的にかつ安全に作るため、施工の各段階ごとに最善の方法を計画することをいい、その手順は右のとおりじゃよ。
施《せ》工《こう》事《じ》前《ぜん》調査
●設計図書，仕様書その他の契約条件を検討する。
●現場の自然条件，経済条件，環境条件を検討する。
施《せ》工《こう》基《き》本《ほん》計画
●工事の施工順序と施工法を選択及び決定する。
●作業量の検討と工期の見通しを検討する。
●主要施工機械を選定及びバランスの取れた組合せを検討する。
●仮設計画を検討する。
諸《しょ》調《ちょう》達《たつ》計画
●下請使用計画と労務計画を検討する。
●材料購入計画及び保管方法を検討する。
●機械調達と使用計画及び輸送計画を検討する。
現《げん》場《ば》運《うん》営《えい》計画
●現場管理組織と運営手続を決定する
●実行予算を決定及び収支計画を立案する。
●安全管理計画及び品質管理計画を立案する。

施工計画の決定には、契約条件と現場条件を十分理解し、独善的《どくぜんてき》なものでなく、全社的な高度なレベルで、
これまでの経験と、新工法や新技術の検討をし、全体的にバランスの取れたものとし、無理のないものにするんじゃね。
施工計画は、経済性と安全性を考えた工法とします。
設計図書
●設計図　●設計書　●共通仕様《しよう》書
●予定工程表　●現場説明書
●支給品《しきゅうひん》又は貸与《たいよ》品調書《ひんちょうしょ》及び質問回答書など
工期
また、発注者より指示された工期は、施工者にとって最適工期であるとは限らないので、指示された工期で、施工者にとって最も適した工程を探し出すことが必要です。
工程
工程
工程
工程
工程
工程
工程
事前調査についてもう少し詳しく見ていくと、まず、上のような設計図書の内容について検討し、工事内容を十分理解するとともに確認を行い、発注者との間に誤解を生じないようにします。
発注者

契約図書を検討するとき、留意《りゅうい》しなければならないことは左のとおりです。
契約図書を検討する際の留意事項
●天候など不可抗力による損害の取扱い。
●用地未解決等による，工事の中断，中止のときの損害の取扱い。
●物価変動による，材料費や労務費の増減の取扱い。
●かし(欠陥)担保の条件について。
●数量の計算違いや図面と現場の食い違いがないか。
●監督員の指示，承認，協議事項は何か。
●仮設について，規定や規格が示されているかどうか。
現場条件の調査としては、大別して、右の3つに分けられます。
自然条件
場所，地形，地質，地下水の状況あるいは天候気象水文の状況等について調査する。それを施工法，工程計画等の資料とする。
環境条件
工事現場の周辺地域の環境を調査するとともに，工事に伴う周辺の騒音，振動の影響，また関連工事，付帯工事等の調査を行い，施工資料として使用する。
経済条件
工事に伴う動力源と給水源等の確保や，材料の供給及び輸送条件，労働者の確保及び仮設備，それに使用機械，施工法の適合性等について十分に検討する。
施工計画の検討に際しては、発注者側の監督者と打合せを十分に行う必要があるな。
発注者側監督者

請負者は、工事実施に必要な事項を記載した施工計画書を、監督員に提出しなければならんのじゃよ。
施工計画書に記載すべき事項
●工事概要
●実施工程表
●現場組織表
●主要機械資材
●施工方法
●施工管理
●緊急時の体制
●交通管理
●安全管理
●仮設備計画
等
次に仮《か》設《せつ》計《けい》画《かく》です。仮設物とは、目的とする構造物を建設するために必要な工事用の施設で、原則として工事完成後は取除かれます。※1
直《ちょく》接《せつ》仮《か》設《せつ》
運搬関係→工事用道路や橋梁，トンネル等の仮設物。
材料関係→材料置場や砕石プラント等の仮設物。
動力・用水関係→受電・配電設備や給水設備等の仮設物。
作業上の必要施設→支保工や足場，土止め工等の仮設物。
間《かん》接《せつ》仮《か》設《せつ》
管理用建物→事務所や見張り所，試験室等の仮設物。
保管用建物→倉庫や車庫，作業場，機械室等の仮設物。
宿舎，厚生関係建物→宿舎や休憩所，医療所等の仮設物。
仮設計画の留意点
●工事規模に合ったムダのない計画を立てるようにする。
●構造的，強度的に十分目的を達するものであるようにする。
●作業の流れを考えて，効率的な仮設物の配置を行うようにする。
●設計図書に施工法，配置，数量が規定されていない仮設備でも，必要に応じて構造計算を行い，安全かつ経済的なものとする。
仮設計画の留意点としては、このようなものがあります。

※1．仮設備は一般に契約設計図書で明示されない場合が多い。

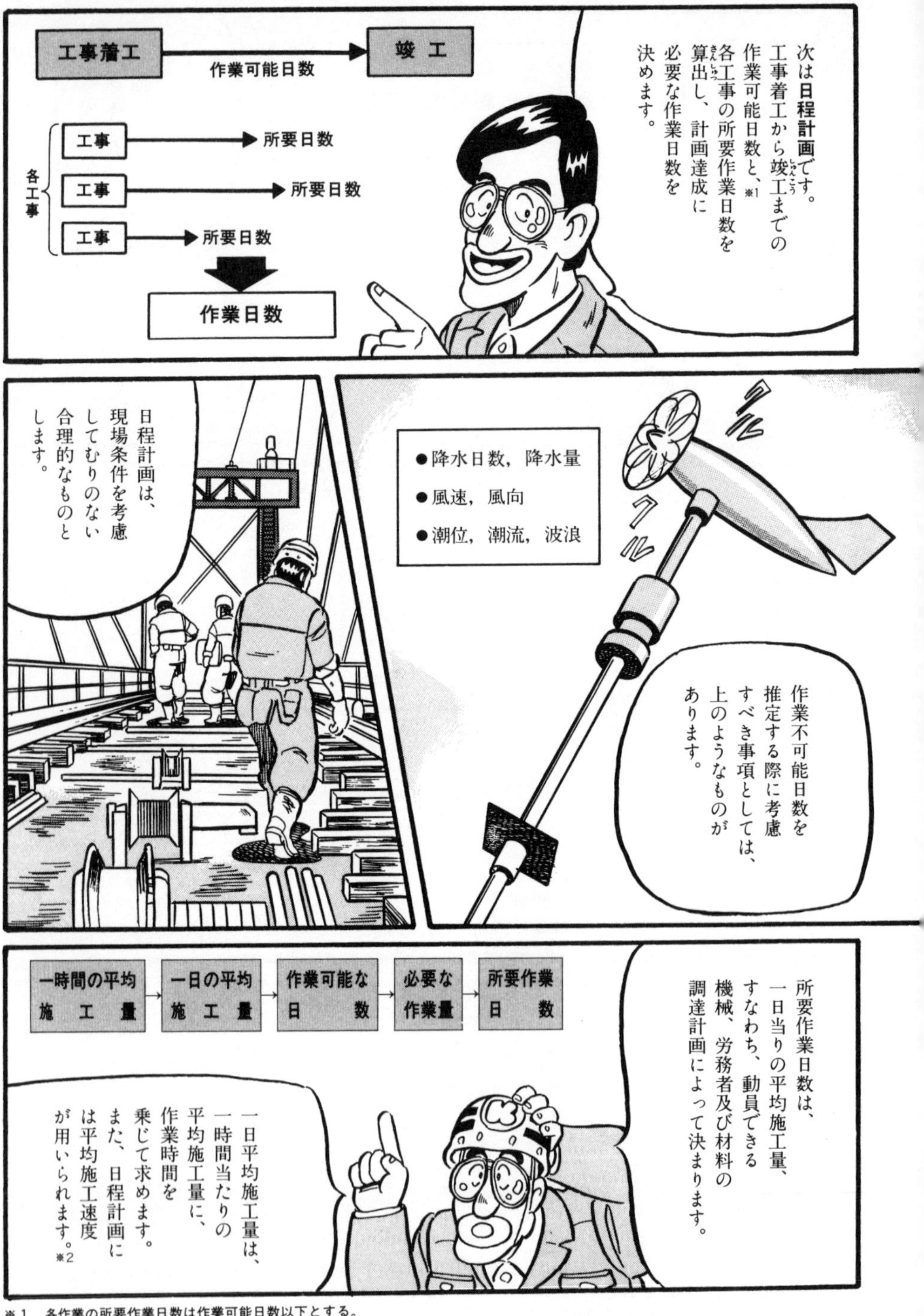
次は日程計画です。工事着工から竣工《しゅんこう》までの作業可能日数と、※1各工事の所要作業日数を算出《きんしゅつ》し、計画達成に必要な作業日数を決めます。
工事着工
作業可能日数
竣 工
各工事
工事
所要日数
工事
所要日数
工事
所要日数
作業日数
●降水日数，降水量
●風速，風向
●潮位，潮流，波浪
クル
クル
作業不可能日数を推定する際に考慮すべき事項としては、上のようなものがあります。
日程計画は、現場条件を考慮してむりのない合理的なものとします。
所要作業日数は、一日当りの平均施工量、すなわち、動員できる機械、労務者及び材料の調達計画によって決まります。
一時間の平均施工量
一日の平均施工量
作業可能な日数
必要な作業量
所要作業日数
一日平均施工量は、一時間当たりの平均施工量に、作業時間を乗じて求めます。また、日程計画には平均施工速度が用いられます。※2

※1．各作業の所要作業日数は作業可能日数以下とする。
※2．平均施工速度は工事の全期間にわたって継続できる速度で故障や手待ち，天候条件等の偶発的な損失時間を考えた施工速度である。

例えば地山の土量6000m^{3}を、ダンプトラック（6m^{3}積）10台で運搬するとして、土量変化率L＝1.2とし、1台1日当りの運搬回数を10回とした場合、運搬所要日数は？
はい！ まずほぐした土量が，6000×1.2＝7200（m^3） で，すべてのダンプトラックが1日に運搬できる量が，6（m^3）×10（台）×10（回）＝600（m^3/日） ですから，7200÷600＝12（日） です！
ブルルルォ

memo

※気になった箇所などを書き留めておきましょう

施工計画

土工計画

学習の要点

①土工機械の作業能力について理解しよう
②土積曲線とは何か
③土工作業と建設機械の種類を覚えよう

勉強すすんでる？
えっ？ああ、うーん、まあね。
ソウ……。
ウン……。
順子ちゃん！
なに？

土木機械の作業能力の算定には、左の公式が使われるんだよ！
作業能力 $Q=\dfrac{60\times q\times f\times E}{C_m}(m^3/h)$
E：作業効率を表わす。
q：1サイクル当りの作業量(m^3)を表わす。
C_m：1作業の所要時間を表わし，サイクルタイム(分)という。
f：土量換算係数
Qをほぐした土量で求めるときは f=1
Qを地山土量で求めるときは f=1/L
Qを締固め土量で求めるときは f=C/L
例えば 1サイクル当たり作業量（ほぐした土量）3.0m^3、作業効率を0.5、土量変化率Lを1.25、サイクルタイムを2分とした場合の、ブルドーザの運転時間当り作業量は？
その場合，土量換算係数 f=1/L=1÷1.25=0.8 だから，作業能力$=\dfrac{60\times 3.0\times 0.8\times 0.5}{2}=36(m^3)$ でしょ！
さすがァ天才！

土捨場へ移動
移動
移動
m
4
2
0
−2
V1
V2
盛土
切土
施工基面
地盤高
縦断図
土積図
(土量〔m³〕)
Ⓐ
4000
3000
2000
1000
0
−1000
−2000
−3000
−4000
平衡線
基線
平衡点
平均運搬距離
Ⓑ
測点 1 2 3 4 5 6 7 8 9 10
→距離
・V1＝V2
・Ⓐ… 変移点
・Ⓑ… 変移点
さて、次は土積図《どせきず》（マスカーブ）だ。これは各断面ごとの土量を始点《してん》から順次累積《じゅんじるいせき》したものなんだ。※1
切土区間ではカーブは上り、盛土区間では下りとなり、切土、盛土の境目では頂点、底点となり、変移点《へんいてん》というんだ。平衡線《へいこうせん》は、全体として切盛が平衡するように引き、土積曲線と平衡線との交点（平衡点）間は、切盛土量が等しいんだよ。
土積図って、なんの役に立つの？
いい質問だ、実にいい質問だよ、順子ちゃん！土積図はなんの役に立つか？
ガァー
まず、土積図を作ることにより土運搬計画が立てられ、土積図を利用すると切土、盛土の平衡を計るのに便利なんだ。※2

※1．土積図を作るには，まず各測点間の土量計算をする。
※2．土工の施工基面の高さは，切取り土量と盛土量が等しくなるように定めることが望ましい。

切土は通常、盛土に流用
されるけど、その土質が
盛土に適さない場合や
切土地点から盛土地点まで
の運搬距離が長く工事費
が高くなる場合は、他に利用
するか捨土するんだ。

作業の種類と使用される建設機械

作業名	建設機械の種類
伐開除根	ブルドーザ，レーキドーザ
掘削	パワーショベル，バックホウ，ドラグライン，クラムシエル，トラクタショベル，ブルドーザ，リッパ，ブレーカ
積込み	パワーショベル，バックホウ，ドラグライン，クラムシエル，トラクタショベル
掘削および積込み	パワーショベル，バックホウ，ドラグライン，クラムシエル，トラクタショベル
掘削および運搬	ブルドーザ，スクレープドーザ，スクレーパ
運搬	ブルドーザ，ダンプトラック，ベルトコンベア
敷均し	ブルドーザ，モータグレーダ
締固め	タイヤローラ，タンピングローラ，振動ローラ，ロードローラ，振動コンパクタ，ランマ，タンパ，ブルドーザ
整地	ブルドーザ，モータグレーダ
溝掘り	トレンチャ，バックホウ

土工作業と、
それらの作業に
よく使用される建設
機械を分類して示す
と、上の表のとおり
なんだ。

ズボボボ
建設機械が軟弱な土の上を走行するとき、土の種類や含水比によって作業能率が著しく変化するので、それぞれ機械の走行性を表わすトラフィカビリティによって選定するんだ。※1
掘削
作業能力決定
最小能力の機械
締固め
また、土工計画においては、掘削から締固めまで数種の機械を組合せて使用することになるけれど、これらの機械の作業能力は、組み合せ機械の中で最小の能力の機械によって決定されるよ。※2
あと、土工計画作成においては、安全性、能率、経済性を考慮するんだ！
安全性，能率
経済性
そう、すごいのね。それから……

※1．機械の走行性を表わすトラフィカビリティはコーン指数(qu)で示され，コーン指数は作業現場でコーンペネトロメータを用いて測定する。

※2．各機械の容量と台数をできるだけバランスよく組み合せ，全体としての作業能力を高め，ロスを少なくして，施工単価が安くなるよう考慮する必要がある。

愛してる、二級土木の試験に受かったら、結婚してくれないか？
してくれるね!?
……うん。

memo

※気になった箇所などを書き留めておきましょう

施工計画

施工管理

学習の要点

①施工管理とは何か
②品質と原価と工程の関係を理解しよう

別れましょう、あたしたち。
な、な、なんでェ〜〜〜!
あたしがいると、あなたの勉強のじゃまになるわ。
んなことない、ぜんぜんない!
ほんと? じゃ、施工管理について説明してみて。

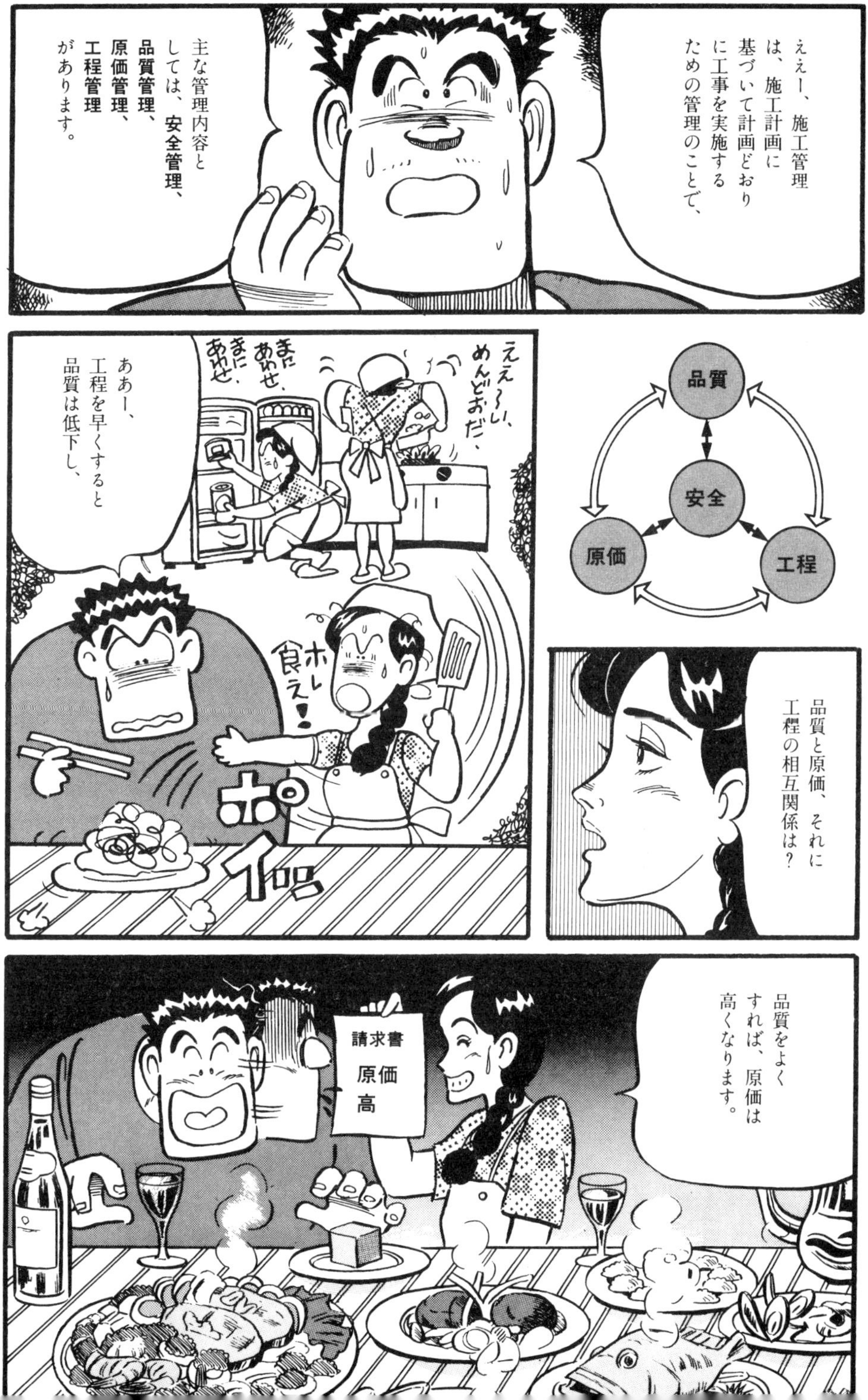
ええー、施工管理は、施工計画に基づいて計画どおりに工事を実施するための管理のことで、
主な管理内容としては、安全管理、品質管理、原価管理、工程管理があります。
品質
安全
原価
工程
品質と原価、それに工程の相互関係は？
ええ～い、めんどおだ、
まにあわせ、
まにあわせ、
ああー、工程を早くすると品質は低下し、
ホレ食え！
ポイ
品質をよくすれば、原価は高くなります。
請求書
原価
高

そして最適工期のとき、最も原価は安くなり、それ以上早くても遅くても原価は高くなるのね。
そう、これらの関係を表にするとこうなるよ。
(高い)↑原価
工程(→速い)
(よい←)品質
施工管理は、よい物を早く、安く、かつ安全に施工するため、各単位作業を単純化、標準化、専門化してムリ、ムダ、ムラの排除を図ることが大切だよ。
なるほどね。じゃあ、原価管理についてもう少し詳しく説明して。
はい、まず、工事価額ですが、これは工事総原価と利益をたしたもので、工事総原価とはこのようなものをいいます。
工事価額＝工事総原価＋利益
工事総原価＝材料費＋労務費＋外注費＋経費
＝固定原価＋変動原価

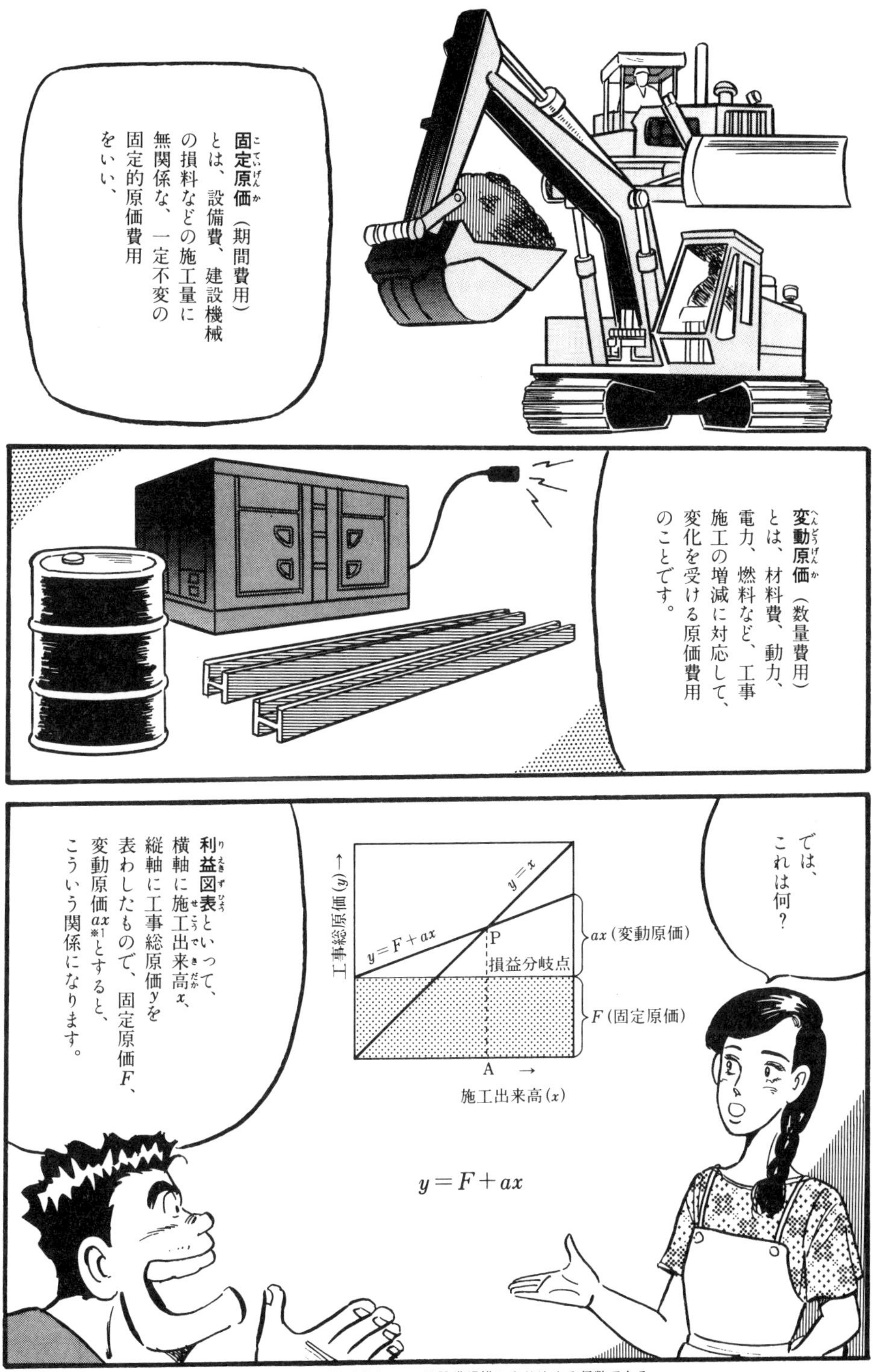
固定原価《こていげんか》（期間費用）とは、設備費、建設機械の損料などの施工量に無関係な、一定不変の固定的原価費用をいい、
変動原価《へんどうげんか》（数量費用）とは、材料費、動力、電力、燃料など、工事施工の増減に対応して、変化を受ける原価費用のことです。
では、これは何？
利益図表《りえきずひょう》といって、横軸に施工《せこう》出来高《できだか》x、縦軸に工事総原価yを表わしたもので、固定原価F、変動原価ax※1とすると、こういう関係になります。
工事総原価(y)→
y＝x
y＝F＋ax
P
損益分岐点
ax（変動原価）
F（固定原価）
A →
施工出来高(x)
y＝F＋ax

※1．設備規模(固定原価)により，損益分岐点の位置が決まる。aは設備規模により決まる係数である。

すてきよ、ダーリン。
よかった、わたしがいても勉強の邪魔にはならないのね。うれしい！
ぼくもうれしい♡

memo

※気になった箇所などを書き留めておきましょう

工程管理

学習の要点

①工程管理とは何か
②各工程表の特徴を覚えよう
③曲線式工程表について理解を深めよう
④工程表作成における留意事項は何か

工程管理の目的としては、契約条件に基づき、能率的、経済的かつ安全に工事施工の工程の各段階を計画管理し、
適当な利潤を得て最大の生産を上げるよう時間の面から工事を総合的に管理することじゃな。※1

工程管理の手順
計画
工程表の作成など
実施
工事の指示
監督，作業員の教育
検討
手配，作業量
進度のチェック
処置
施工法の改善
計画の修正
工程管理は右のようなサイクルを操り返し、目標期日までに工事を完成させるものでなければならん。※2

※1．工程管理にとって重要な問題の一つは，施工速度であり，適切な管理がなされている場合を経済速度という。

※2．当初定めた計画に変化が生じた場合，途中で変更することも考慮しなければならない。

① 横線式工程表
② 曲線式工程表
③ ネットワーク工程表
工事を工期内に完成させるために、それぞれの作業工程の施工順序や施工速度を決めるのが工程計画じゃが、これを図表化したものが工程表で、この3つの手法があるね。

まず、横線式工程表じゃが、これにはガントチャート※1とバーチャート※2の2種類があり、このようなもので、その特徴と用途としては下のとおりじゃよ。

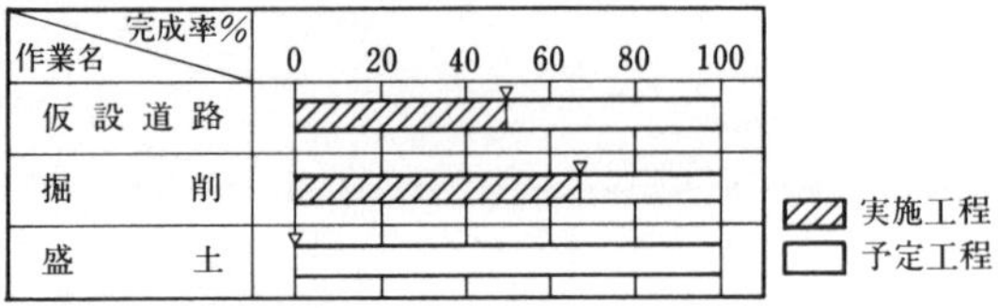

完成率%
作業名
0 20 40 60 80 100
仮設道路
掘 削
盛 土
実施工程
予定工程

ガントチャート

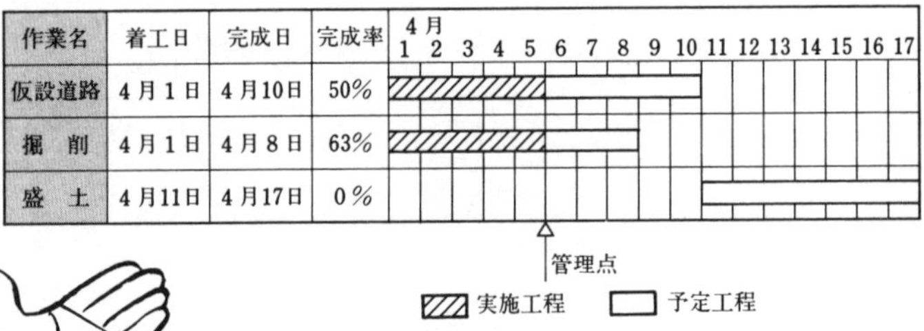

作業名 着工日 完成日 完成率
4月
1 2 3 4 5 6 7 8 9 10 11 12 13 14 15 16 17
仮設道路 4月1日 4月10日 50%
掘 削 4月1日 4月8日 63%
盛 土 4月11日 4月17日 0%
管理点
実施工程
予定工程

バーチャート

		長　　所	短　　所	用　　途
横線式工程表	バーチャート	●工期明確 ●表の作成容易 ●所要日数明確	●重点管理作業不明 ●作業の相互関係不明確	施工一般の管理
横線式工程表	ガントチャート	●進行状態明確 ●表の作成容易	●工期不明 ●重点管理作業不明 ●作業の相互関係不明	施工一般の管理

※1．ガントチャートは，各作業の完了時点を100%として横軸にその達成度をとる。
※2．バーチャートは，工程図表の中では一般に最も広く用いられている工程表であり，横軸に日数をとる。

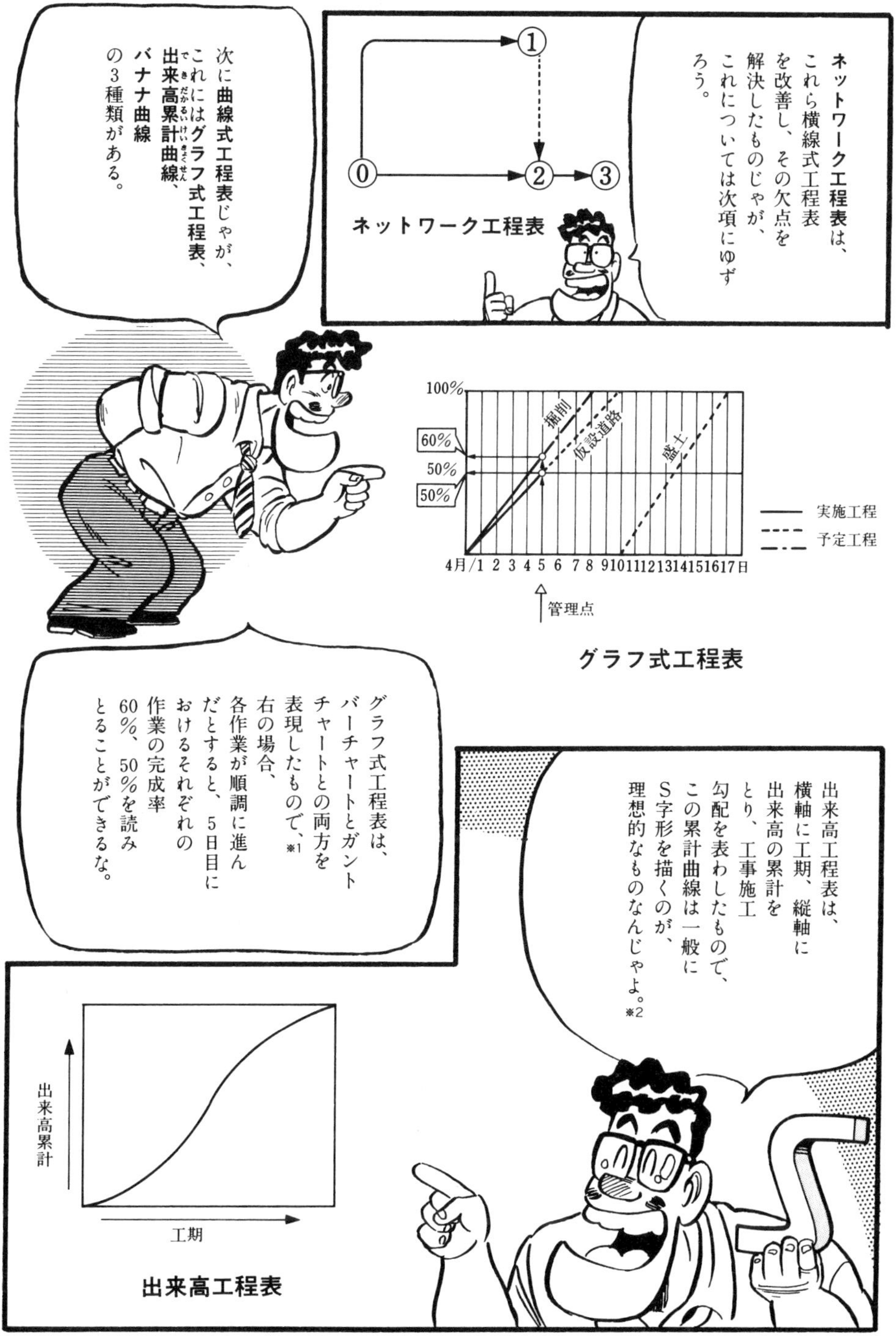
ネットワーク工程表は、これら横線式工程表を改善し、その欠点を解決したものじゃが、これについては次項にゆずろう。
⓪ ① ② ③
ネットワーク工程表
次に曲線式工程表じゃが、これにはグラフ式工程表、出来高累計曲線《できだかるいけいきょくせん》、バナナ曲線の3種類がある。
100%
60%
50%
50%
掘削
仮設道路
盛土
4月/1 2 3 4 5 6 7 8 9 10 11 12 13 14 15 16 17 日
管理点
実施工程
予定工程
グラフ式工程表
グラフ式工程表は、バーチャートとガントチャートとの両方を表現したもので、※1右の場合、各作業が順調に進んだとすると、5日目におけるそれぞれの作業の完成率60%、50%を読みとることができるな。
出来高工程表は、横軸に工期、縦軸に出来高の累計をとり、工事施工勾配を表わしたもので、この累計曲線は一般にS字形を描くのが、理想的なものなんじゃよ。※2
出来高累計
工期
出来高工程表

※1．グラフ式は横軸に工期をとり，縦軸に作業の完成率を％で表示する。
※2．出来高は，工事初期は準備のため伸びず，工期半ばの最盛期で最も多く，終末期は工事量の減少に伴い伸びないのでＳ字形となる。

工事が非採算的な突貫工事とならないように、出来高累計曲線から実施曲線が離れうる限度を考慮した一定幅をもつ、予定工事施工勾配曲線を定める。この曲線をその形から一般にバナナ曲線と呼ぶんじゃな。
100(%)
出来高累計
50
(上方許容限界)
上限
予定工事施工勾配曲線
A
B
D
予定工程曲線
(S字曲線)
(下方許容限界)
下限
C
50 工期 ──→ 100%
バナナ曲線
では、上の点A、B、C、Dについて説明してみたまえ、力君！
パク
モグ、エ、A点は、予定より進んでいますが、許容限界外にあり、不経済な施工をしているか、工事内容にミスがあり、
ゴク
B点は、予定に近いので、今の速度で工事を進めればよく、
C点は、遅れているので、工程を促進しなければならず、
D点は、許容限界線《きょようげんかいせん》上にありますが、工期の終りに近いので、工程を促進しなければならないことを示します。

曲線式工程表		長所	短所	用途
	グラフ式	●工期明確 ●表の作成容易 ●進度が明確	●重点管理作業不明 ●作業の相互関係不明確	施工一般の管理
	出来高累計曲線	●工程の速度の良否の判断ができる	●出来高の良否以外不明	出来高専用管理
	バナナ曲線	●管理の限界明確	●出来高の管理以外不明	出来高管理

よろしい。曲線式工程表の特徴と用途はこのとおりじゃな。

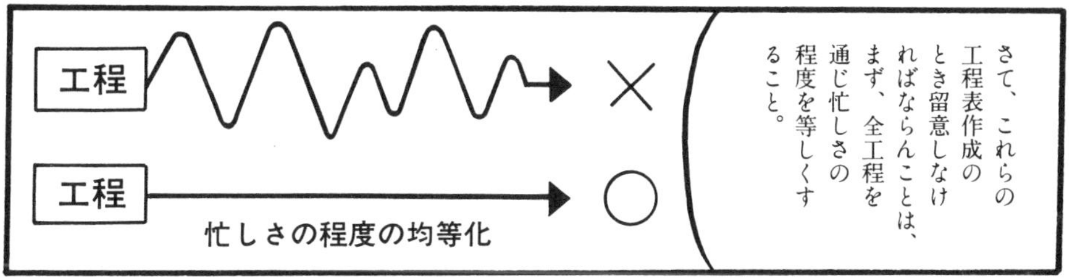
さて、これらの工程表作成のとき留意しなければならんことは、まず、全工程を通じ忙しさの程度を等しくすること。
工程
×
工程
○
忙しさの程度の均等化

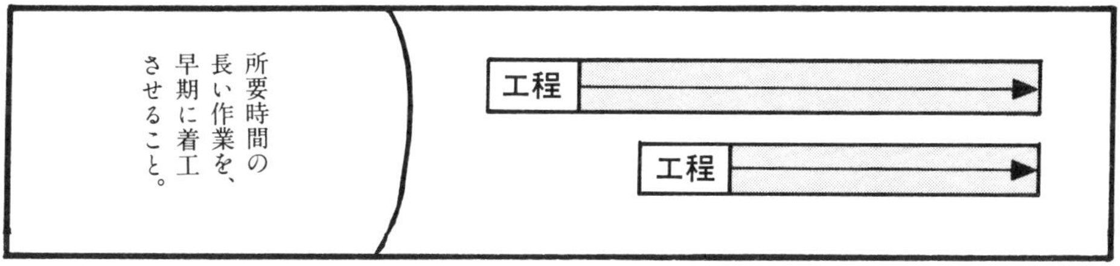
工程
工程
所要時間の長い作業を、早期に着工させること。

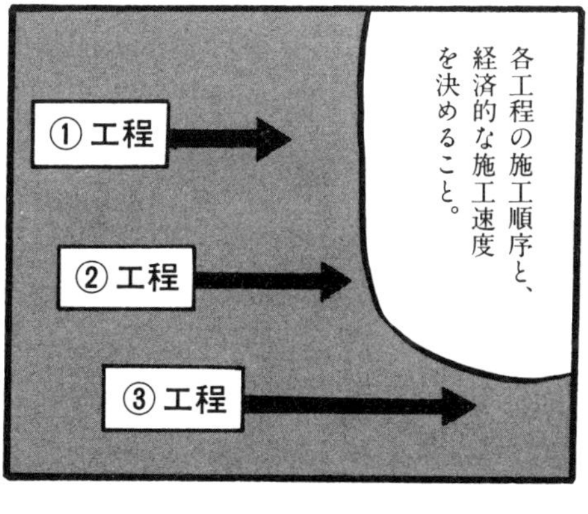
各工程の施工順序と、経済的な施工速度を決めること。
①工程
②工程
③工程

ゴー
工程
タン
タン
工程
工事種類、工事規模に応じた施工法と、機械の組合せを行なうことじゃな。

アララ
ラ
さ、最後に
工程管理のうち
作業管理で、
作業能率低下《のうりつていか》の
要因とされる事項
をあげて、
オワリィ〜〜！
① 労務者の未熟練
② 地形，地質などの機械適合性の不利
③ 機械の配置，組合せの拙劣
④ 機械の維持，修理の不良と老朽
⑤ 季節及び天候の不良
⑥ 高い標高
⑦ 照明，足場など環境の不良，不整頓
⑧ 作業不満，作業過重，夜業の連続，
不規律などによる労働意欲の減退
⑨ 施工段取りの不適当
⑩ その他

memo

※気になった箇所などを書き留めておきましょう

工程管理

ネットワーク手法

学習の要点

①ネットワーク工程表の作り方を理解しよう
②クリティカルパスとは何か
③日程計算の方法を理解しよう

前項で紹介した横線式工程表、およびグラフ式工程表では、ネックとなる作業、工期に影響する作業が不明確で、
その欠点を解決するために考えられたのが、**ネットワーク工程表**です。※1

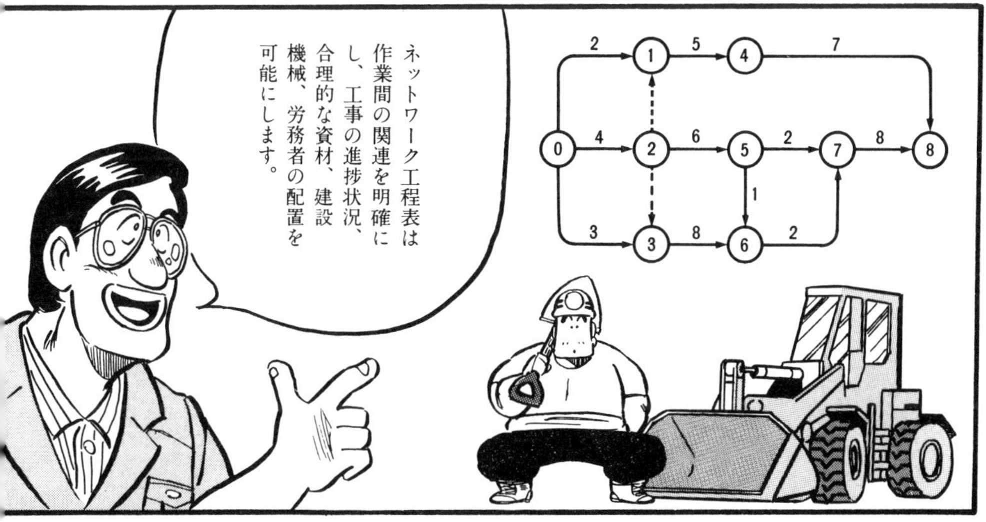

ネットワーク工程表は作業間の関連を明確にし、工事の進捗状況、合理的な資材、機械、労務者の配置を可能にします。

※１．ネットワーク工程表の短所は，作成が難しく，ひと目で全体の出来高が不明であることがあげられる。

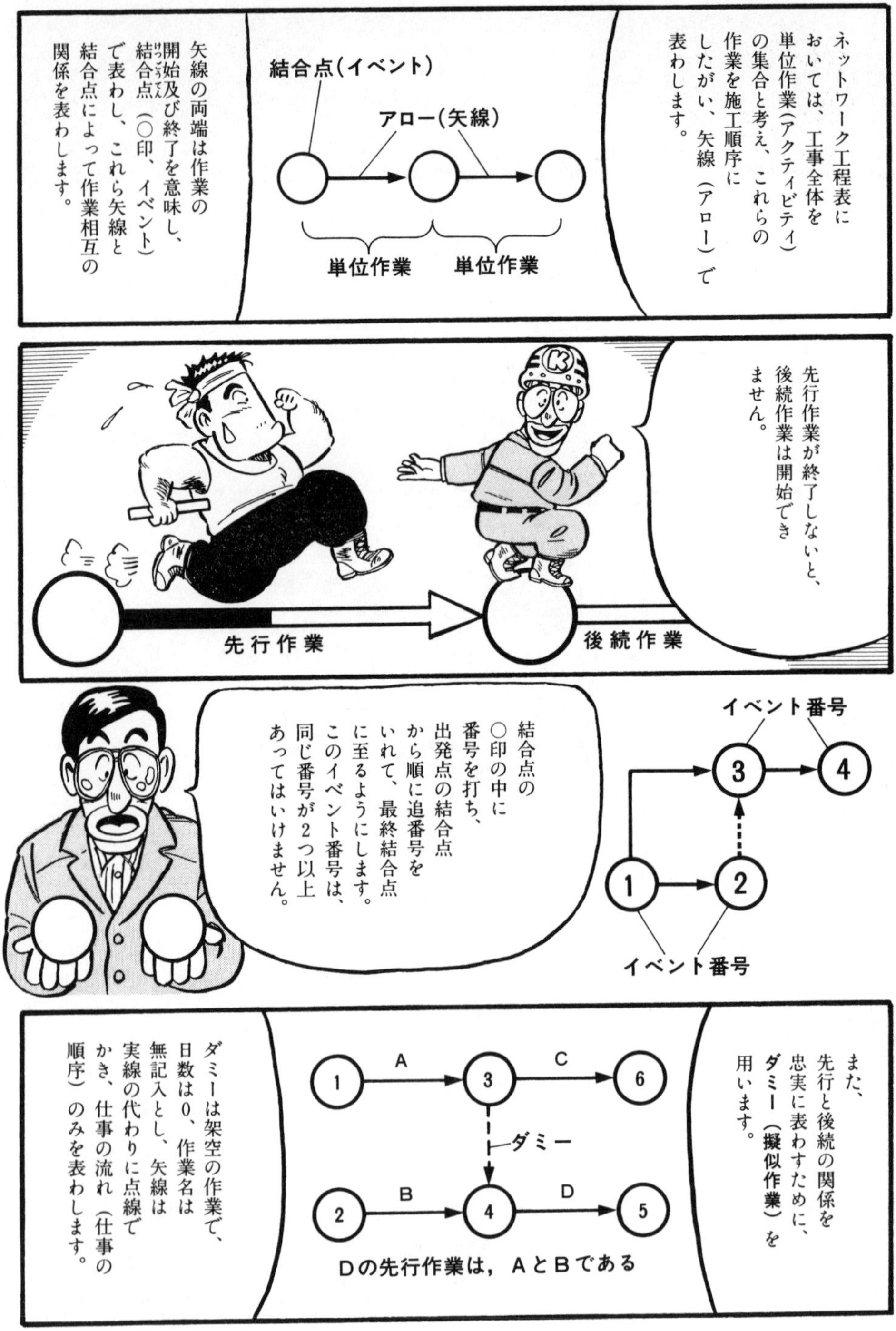
ネットワーク工程表においては、工事全体を単位作業（アクティビティ）の集合と考え、これらの作業を施工順序にしたがい、矢線（アロー）で表わします。
結合点（イベント）
アロー（矢線）
単位作業
単位作業
矢線の両端は作業の開始及び終了を意味し、結合点《けっごうてん》（○印、イベント）で表わし、これら矢線と結合点によって作業相互の関係を表わします。
先行作業が終了しないと、後続作業は開始できません。
K
先行作業
後続作業
イベント番号
3
4
1
2
イベント番号
結合点の○印の中に番号を打ち、出発点の結合点から順に追番号をいれて、最終結合点に至るようにします。このイベント番号は、同じ番号が2つ以上あってはいけません。
また、先行と後続の関係を忠実に表わすために、ダミー（擬似作業）を用います。
1
A
3
C
6
ダミー
2
B
4
D
5
Dの先行作業は，AとBである
ダミーは架空の作業で、日数は0、作業名は無記入とし、矢線は実線の代わりに点線でかき、仕事の流れ（仕事の順序）のみを表わします。

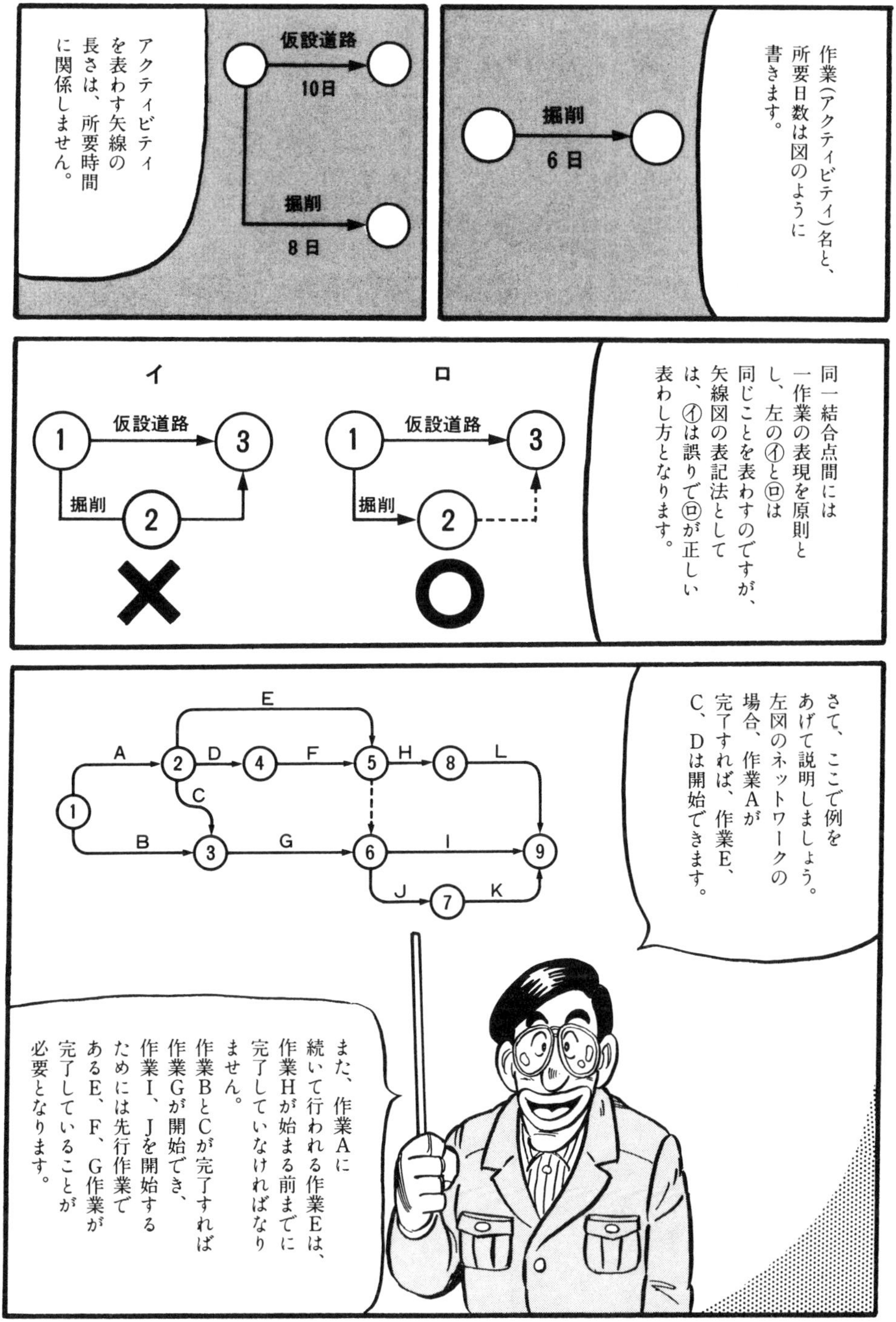
作業（アクティビティ）名と、所要日数は図のように書きます。
掘削
6日
アクティビティを表わす矢線の長さは、所要時間に関係しません。
仮設道路
10日
掘削
8日
同一結合点間には一作業の表現を原則とし、左の㋑と㋺は同じことを表わすのですが、矢線図の表記法としては、㋑は誤りで㋺が正しい表わし方となります。
イ
ロ
1 仮設道路 3
掘削 2
1 仮設道路 3
掘削 2
さて、ここで例をあげて説明しましょう。左図のネットワークの場合、作業Ａが完了すれば、作業Ｅ、Ｃ、Ｄは開始できます。
A B C D E F G H I J K L
1 2 3 4 5 6 7 8 9
また、作業Ａに続いて行われる作業Ｅは、作業Ｈが始まる前までに完了していなければなりません。作業ＢとＣが完了すれば作業Ｇが開始でき、作業Ｉ、Ｊを開始するためには先行作業であるＥ、Ｆ、Ｇ作業が完了していることが必要となります。

モゴ
わかりましたか、力さん？
モゴ
ん？
モグ、
なんとなく、モグモグ。

なんとなくね。
ふーん、
ま、いいでしょ。
先に進みましょう。
クリティカルパスって知ってますか？
さあ、ローカルパスなら知ってますけど……。

図１

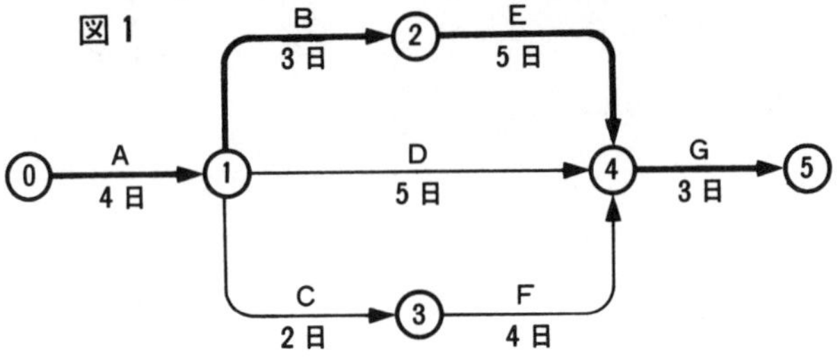
A
4日
B
3日
C
2日
D
5日
E
5日
F
4日
G
3日
0
1
2
3
4
5
→ クリティカルパス（⓪①②④⑤）

クリティカルパスは、必ずしも一つとは限りません。※1

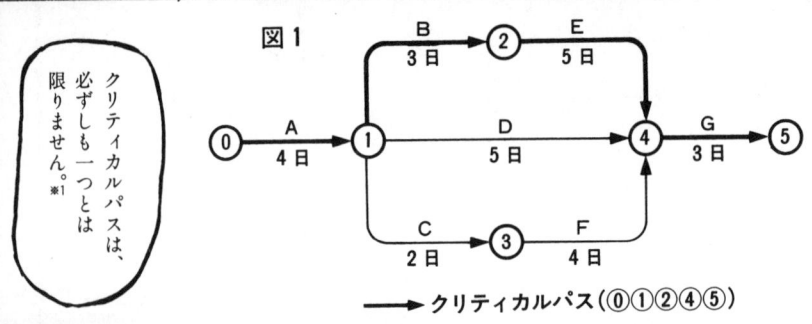

クリティカルパスは、ネットワークを作成したとき、作業開始から完了にいたるいろんな経路のうち、一番時間のかかる経路（**最長経路**）のことで、※2 この経路の日数が工期に当たり、この経路上の作業が重点管理の対象となります。上の場合、太線がクリティカルパスです。※3

さて、次は**日程計算**について説明しましょう。

※1．クリティカルパス以外のアクティビティでも，フロートが消化されてしまうとクリティカルパスになってしまう。

※2．クリティカルパスの求め方は，作業開始から完了までのすべての経路を拾い出し，その経路上の作業日数の合計を求め，そのうち最大のものが，クリティカルパスである。

※3．クリティカルパス上の各作業の全余裕，自由余裕は０である。

最早開始時刻 (EST, t_i^{E})	作業(i, j)が最も早く開始することのできる時刻。
最早完了時刻 (EFT, $t_i^{\mathrm{E}}+T_{ij}$)	最も早く作業(i, j)を始めた場合の，その作業の完了時刻。

t_i^{E}
$t_i^{\mathrm{E}}+T_{ij}$
i
j
T_{ij}（所要日数）
日程計算のうち、前向き計算で求める最早開始時刻《さいそうかいしじこく》と、最早完了時刻《さいそうかんりょうじこく》とは、このようなものをいいます。

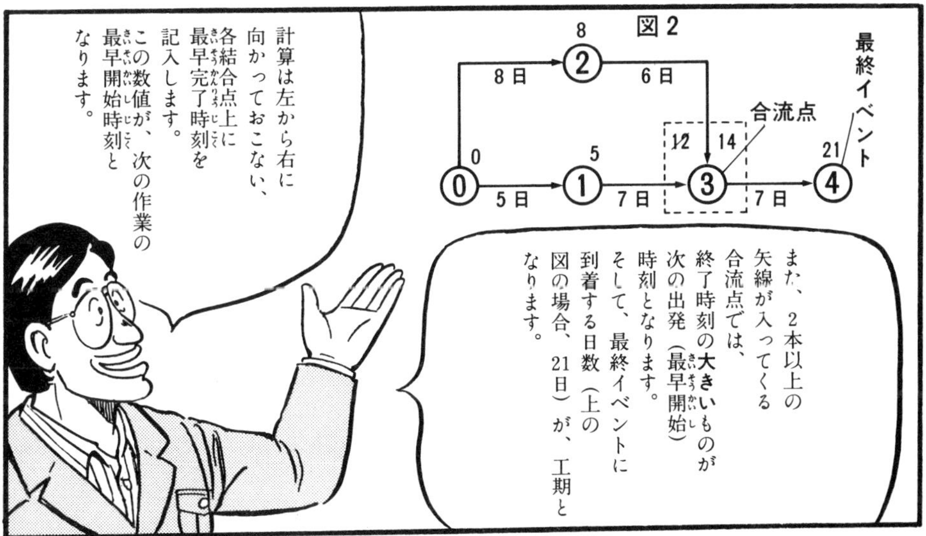
図2
8
8日
6日
合流点
最終イベント
0
5
12
14
21
0
1
2
3
4
5日
7日
7日
計算は左から右に向かっておこない、各結合点上に最早完了時刻《さいそうかんりょうじこく》を記入します。この数値が、次の作業の最早開始時刻《さいそうかいしじこく》となります。
また、2本以上の矢線が入ってくる合流点では、終了時刻の大きいものが次の出発（最早開始《さいそうかいし》）時刻となります。そして、最終イベントに到着する日数（上の図の場合、21日）が、工期となります。

わかります？
ウン、だいたい。
ニュ
ジュ

最遅完了時刻（LFT, t_j^L）	所定の工期で作業を完了させるためには，遅くとも各作業(i, j)が完了していなければならない時刻。
最遅開始時刻（LST, $t_j^L - T_{ij}$）	工期を延ばすことなく，その作業(i, j)を完了させるため，少なくとも始めなければならない最終の時刻。

次は、逆《ぎゃく》向《む》き計算の場合の日程計算です。最遅完了時刻《さいちかんりょうじこく》と、最遅開始時刻《さいちかいしじこく》とは上のようなものです。
$t_j^L - T_{ij}$
t_j^L
i
j
T_{ij}（所要日数）

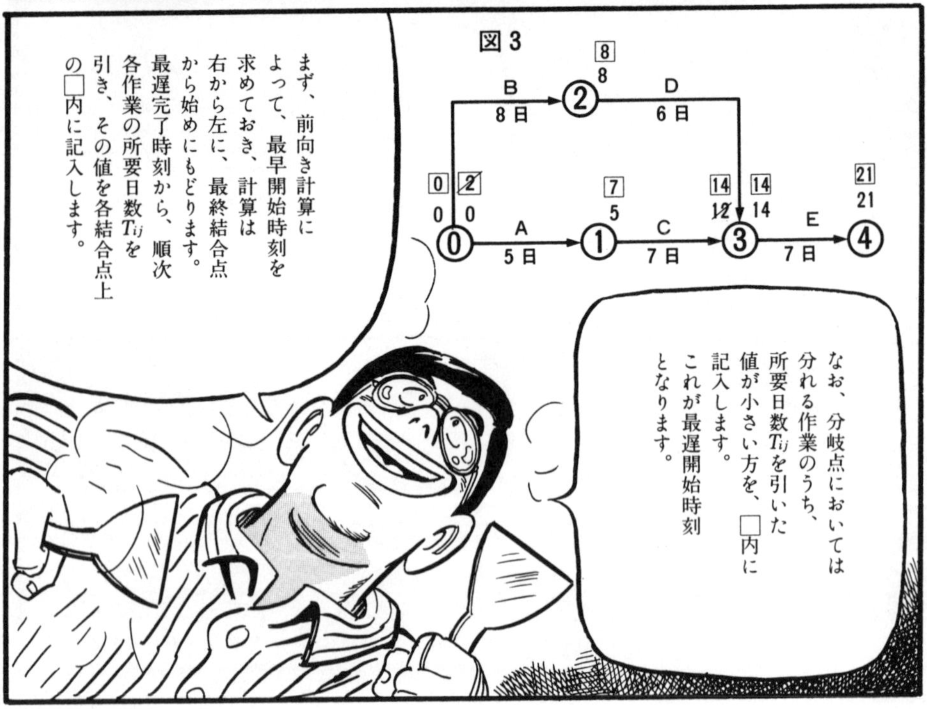
まず、前向き計算によって、最早開始時刻を求めておき、計算は右から左に、最終結合点から始めにもどります。最遅完了時刻から、順次各作業の所要日数T_{ij}を引き、その値を各結合点上の□内に記入します。
図3
B
8日
D
6日
A
5日
C
7日
E
7日
0
1
2
3
4
8
8
0
2
0
0
7
5
14
12
14
14
21
21
なお、分岐点においては分れる作業のうち、所要日数T_{ij}を引いた値が小さい方を、□内に記入します。これが最遅開始時刻となります。

次に、余裕《よゆう》（フロート）です。
余裕は、最遅結合点時刻と最早結合点時刻との差をいいます。※1
余裕には、全余裕と自由余裕とがあり、
全余裕（トータルフロート）とは、一つの経路全体が持つ余裕で、先行作業で使用すると後続作業は、最早開始時刻で開始できません。※2

図４

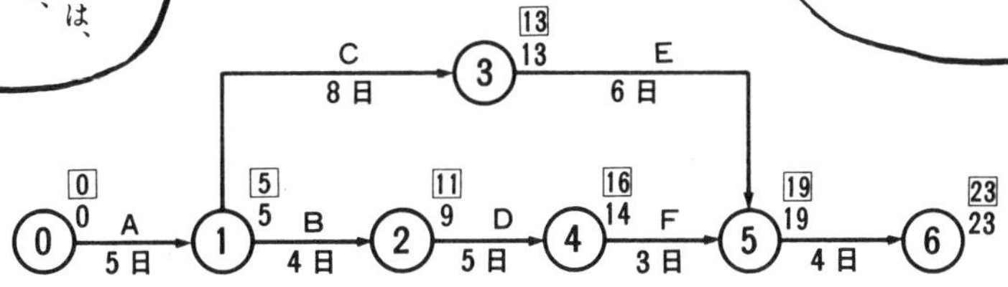
0
0
A
5日
5
5
B
4日
11
9
D
5日
16
14
F
3日
19
19
4日
23
23
C
8日
13
13
E
6日
0 1 2 3 4 5 6

図４の場合，⓪①②④⑤⑥の経路は，２日の全余裕を持つが，仮に作業Ｂが６日かかったとすると，作業Ｄ，作業Ｆは最早開始時刻（作業Ｄ：９日，作業Ｆ：14日）に開始することができなくなる。

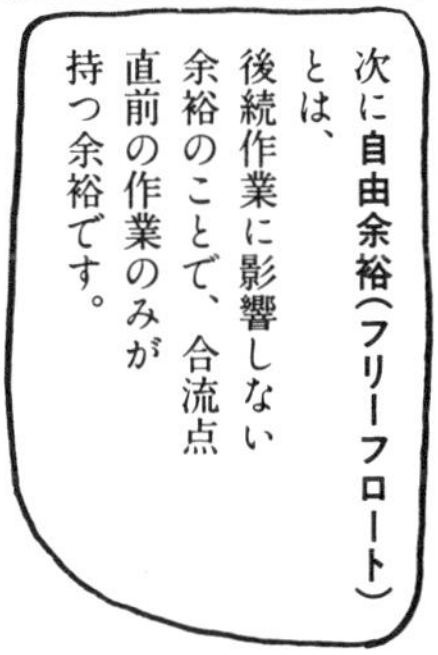
次に自由余裕（フリーフロート）とは、後続作業に影響しない余裕のことで、合流点直前の作業のみが持つ余裕です。

自由余裕は、全余裕より小さいか、同じとなります。

図４の場合

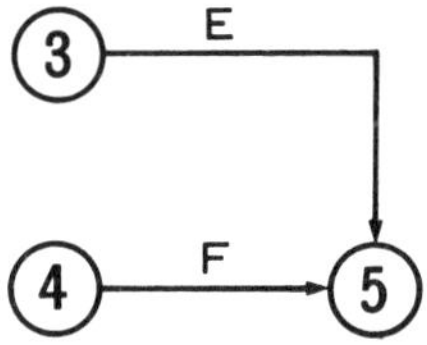
3
E
4
F
5

Ｆの
自由余裕＝２日

全余裕≧自由余裕

例１

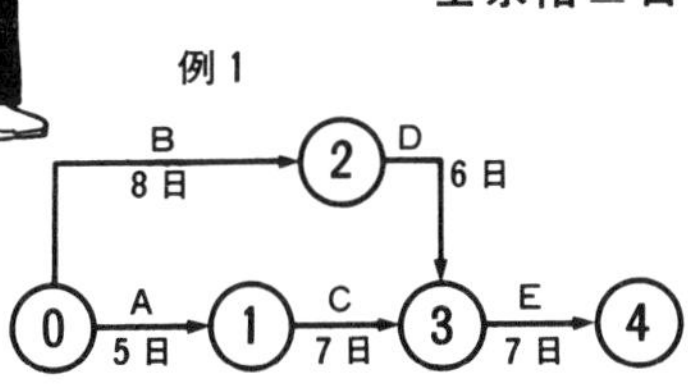
B
8日
2
D
6日
0
A
5日
1
C
7日
3
E
7日
4

全余裕＝自由余裕

例２

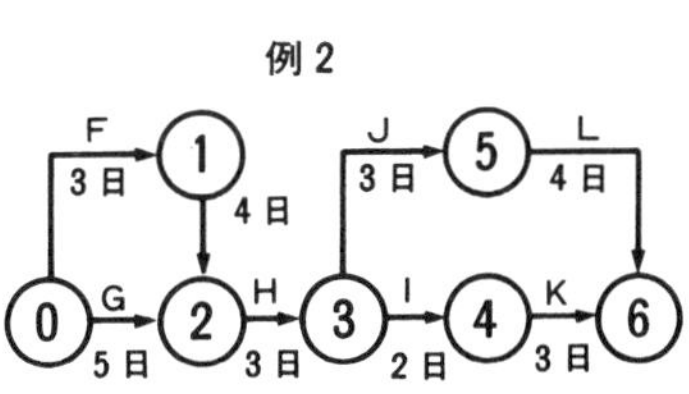
F
3日
1
4日
J
3日
5
L
4日
0
G
5日
2
H
3日
3
I
2日
4
K
3日
6

全余裕＞自由余裕

例１の場合，⓪①③④経路の全余裕は２日で，作業Ｃの自由余裕は２日。
（全余裕＝自由余裕）

例２の場合，⓪②③④⑥の経路の全余裕は４日，作業Ｇの自由余裕は２日。

※１．クリティカルパス以外の経路は，すべて余裕を持つ。
※２．全余裕が０の作業を，余裕のない作業（クリティカルアクティビティ）という。

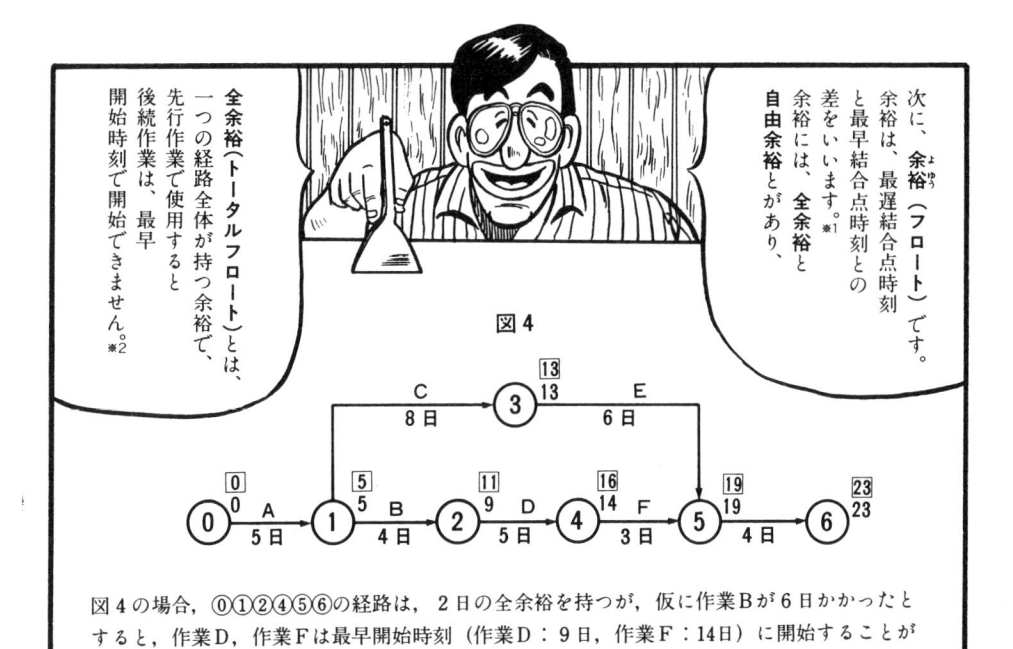

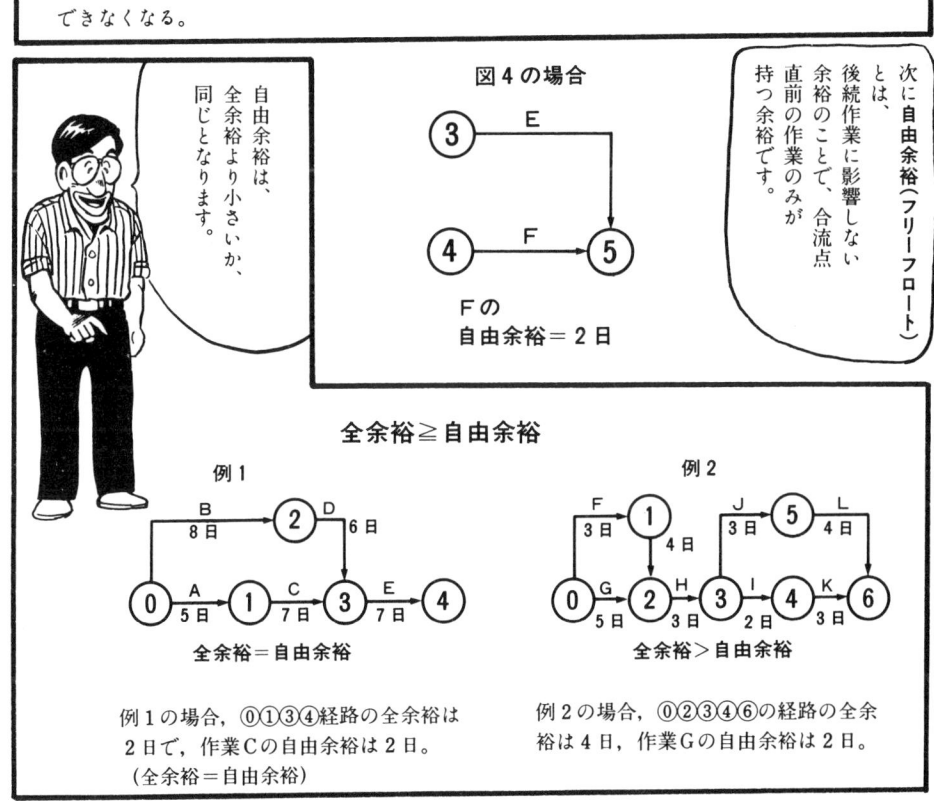

さあ、復習してみましょう。このネットワークで準備開始を6月10日とすると、工事が完了するのは何月何日ですか?
①準備 11日 ②
② 15日 ④
② 7日 ③
③ 5日 ⑤
④ ⑤
⑤ 4日 ⑥
③ 8日 ⑥
⑥ 5日 ⑦
⑦跡片付け 3日 ⑧
準備開始6月10日
あー、んー……。
まず工事の工期、つまりクリティカルパスの所要日数を求めるんじゃないの?
上の場合、経路としては次の3通りで、最も長い経路は㋑だから、工事を全部完成させるためには38日間かかるわけね。6月10日からはじめると6月は30日までだから、完了月日はえーっと……、7月17日だわ!
㋑ ①11日→②15日→④----→⑤4日→⑥5日→⑦3日→⑧ =38日
㋺ ①11日→②7日→③5日→⑤4日→⑥5日→⑦3日→⑧ =35日
㋩ ①11日→②7日→③8日→⑥5日→⑦3日→⑧ =34日
正解。じゃあ、図1の各作業の最早開始時刻と最遅完了時刻を表わすと?
0 ⓪ ※1
0 4日 1
4 ④
1 3日 2
7 ⑦
2 5日 4
1 5日 4
7 (訂正)
1 2日 3
6 (訂正)
8 ⑥
3 4日 4
12 9 (訂正)
12 ⑫
12 10 (訂正)
4 3日 5
15 ⑮
はい、こうなります!

※1．この○は最早完了時刻，□は最遅開始時刻。

正解。じゃあ、力さん、最遅開始時刻と、最早開始時刻とがみな等しい経路は？
へっ？ え、えーっと、……
ほら、各作業に余裕がないんだから……。
ワカラン……
パス。
正解。クリティカルパス！
ヤッター！
ん？……あれ？……

memo

※気になった箇所などを書き留めておきましょう

工程管理

フォローアップと配員計画

学習の要点

①フォローアップ（進度管理）とは何か
②山積み、山崩しについて理解しよう
③CPM手法を学習しよう

先輩、山積《やまづ》み、山崩《やまくず》しってなんですかあー。
ガガ
ガガガ

ええっ、なにィ？れんげ摘み？
ガガ
ガガ
山積み、山崩し知ってます？
ああ、そりゃネットワークで使われる用語だよ。

山積み
1
2
3

山積みとは，ネットワークに示された，各作業に従事する労働者，資材などを各工程に積みたし，必要量を求めることをいう。

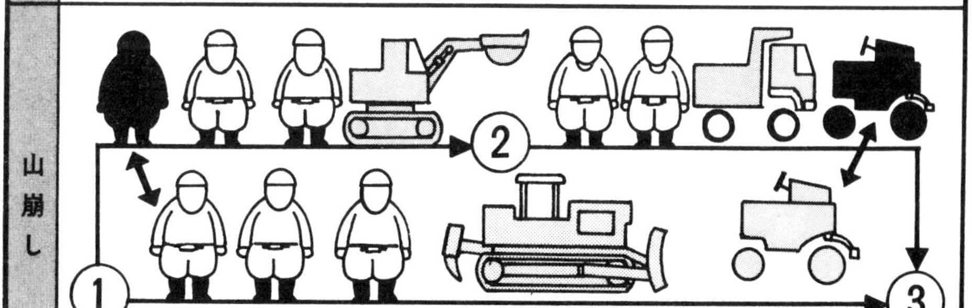
山崩し
1
2
3

山崩しとは，山積みされた投入資源[※1]を各作業の余裕日程を考えて，工期を変えることなく平滑化し，作業量を均等に近づけることをいう。

※1．投入資源とは，労働者，機材，資材などの総称。

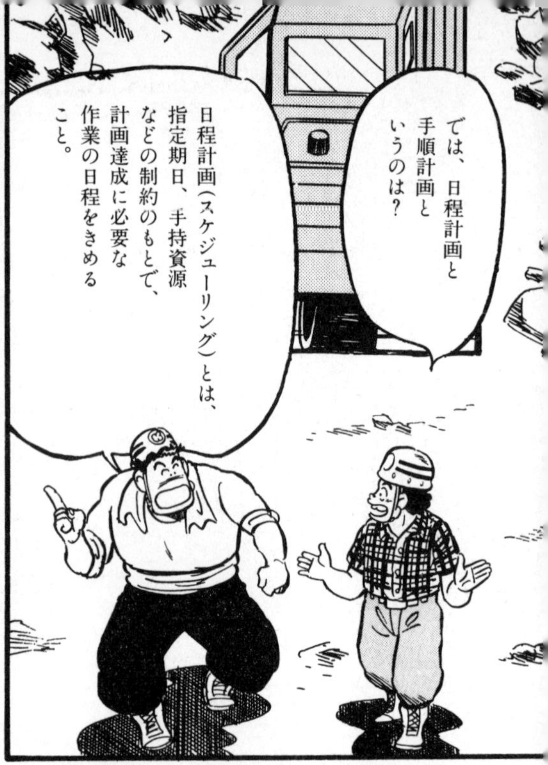

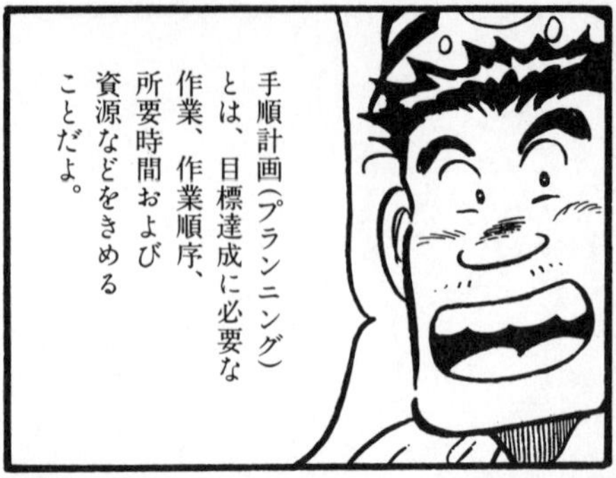

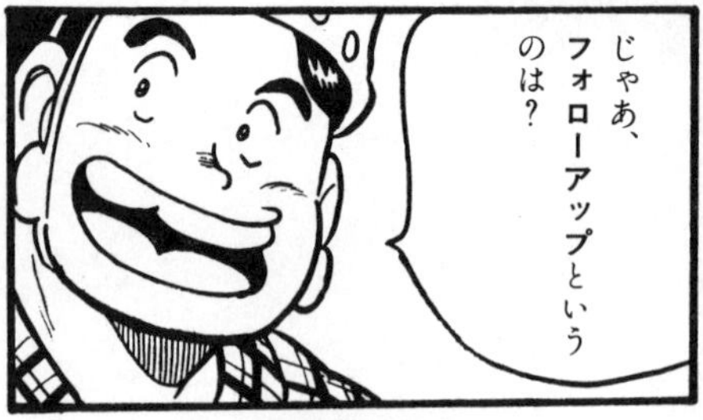

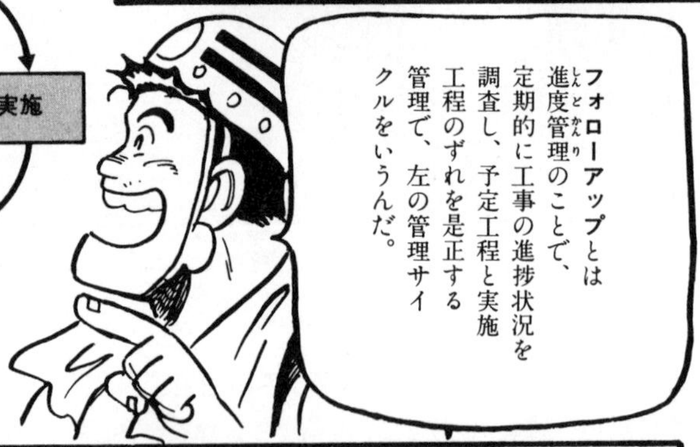

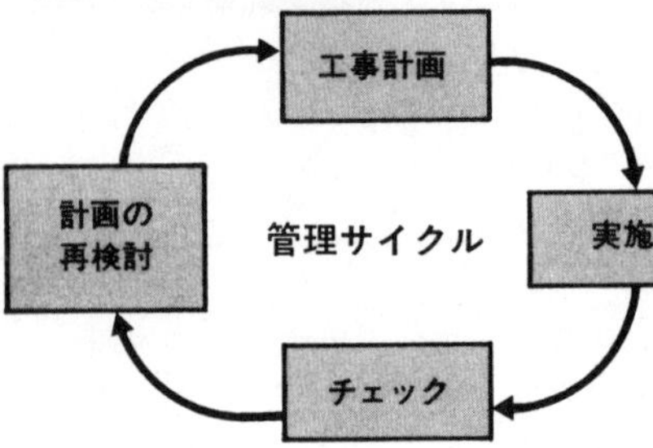

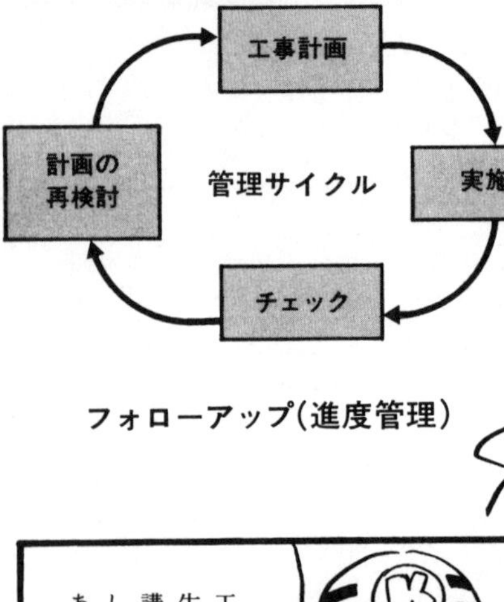

フォローアップ(進度管理)

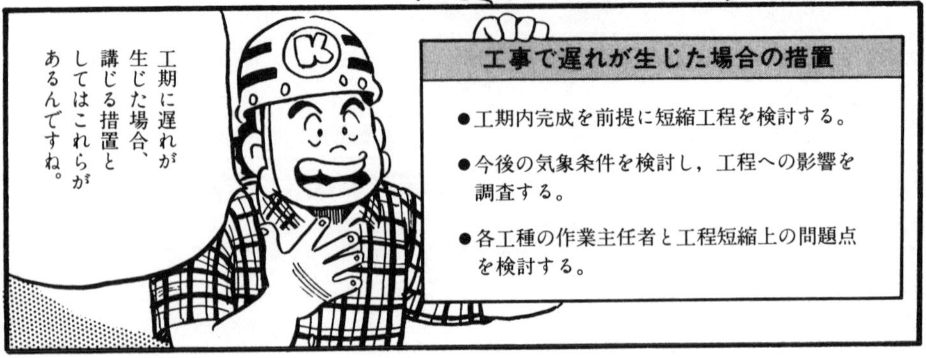

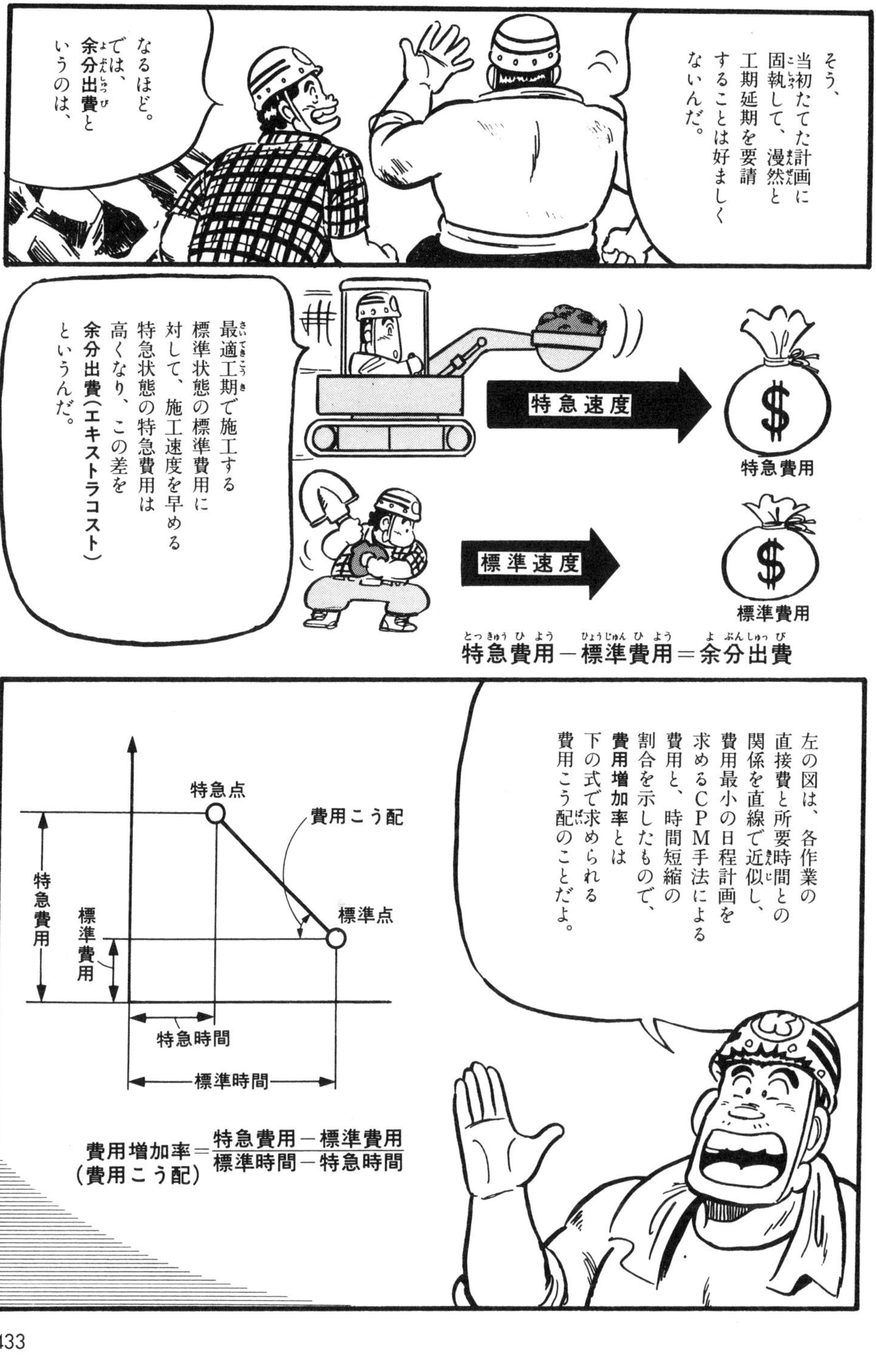
そう、当初たてた計画に固執《こしゅう》して、漫然《まんぜん》と工期延期を要請することは好ましくないんだ。
なるほど。では、**余分出費《よぶんしゅっぴ》**というのは、
最適工期《さいてきこうき》で施工する標準状態の標準費用に対して、施工速度を早める特急状態の特急費用は高くなり、この差を**余分出費（エキストラコスト）**というんだ。
特急速度
特急費用
標準速度
標準費用
特急費用《とっきゅうひよう》－標準費用《ひょうじゅんひよう》＝余分出費《よぶんしゅっぴ》
左の図は、各作業の直接費と所要時間との関係を直線で近似《きんじ》し、費用最小の日程計画を求めるＣＰＭ手法による費用と、時間短縮の割合を示したもので、**費用増加率**とは下の式で求められる費用こう配《ばい》のことだよ。
特急点
費用こう配
標準点
特急費用
標準費用
特急時間
標準時間
費用増加率（費用こう配）＝特急費用－標準費用／標準時間－特急時間

突《とっ》貫《かん》工《こう》事《じ》で原価が急増する原因

- 施工量に比例していない賃金方式（例えば歩増，残業手当等の支給）を採用すること。
- 材料の手配が施工量の急増に間に合わず，高価な材料を購入すること。
- 1交代から2交代，3交代へと1日の作業の交代数が増加すること。

突貫工事で原価が急増する原因は？※1
パクパク
上のとおり！
モリモリ
……

※1．施工用機械設備、消耗役務材料、工具等の反復使用回数が増加すると原価は低減する。

memo

※気になった箇所などを書き留めておきましょう

安全管理

掘削作業・土止め支保工

学習の要点

①掘削面の高さと勾配の限度を覚えよう
②土止め支保工の組立における注意事項は何か
③土止め支保工はどのような場合に点検しなければならないか

掘削箇所《くっさくかしょ》は、作業の安全のため、あらかじめ次のような調査をおこなっておきます。
掘削箇所の調査
●形状，地質，地層の状態
●き裂，含水，湧水等の有無
●埋設物等の有無※1

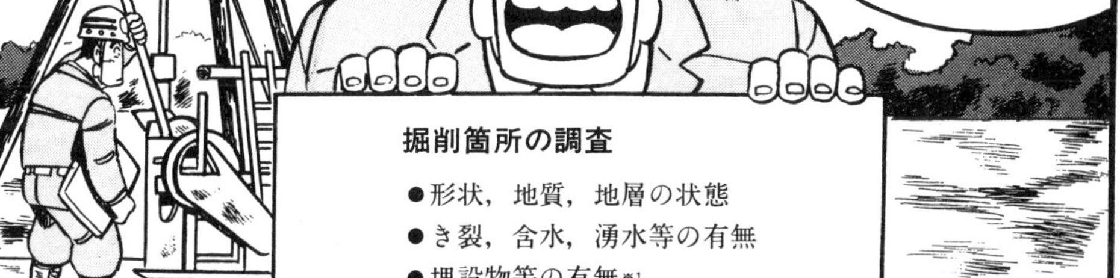
また、掘削箇所の点検を、左のような場合おこないます。
掘削箇所の点検
●作業開始前，大雨，地震の後に，浮石，き裂，湧水の状態
●発破の後，浮石，き裂の有無の点検を行う

※1．ガス導管が埋設されている箇所では，掘削機械の使用は禁止する。

支保工の安全施工に関しては、軟弱な粘性土地盤《ねんせいどじばん》では床付面《とこつけめん》近くを一度に掘削せず、部分掘削をおこないながら捨コンクリート、および基礎コンクリートの一部を打設《だせつ》します。
仮置場
掘削土《くっさくど》の仮置き場所は、埋めもどし場所も考慮して、土止め壁に盛土荷重《もりどかじゅう》の影響がおよばない範囲に設けます。
掘削土
また、土止め支保工の点検は、次のような場合には必ず点検し、異常を認めたときには直ちに修補《しゅうほ》します。
土止め支保工の点検
●土止め支保工を設けた後7日をこえない期間ごとに行う。
●中震以上の地震の後に行う。
●大雨などにより地山が急激に軟弱化するおそれのある事態が生じた後に行う。

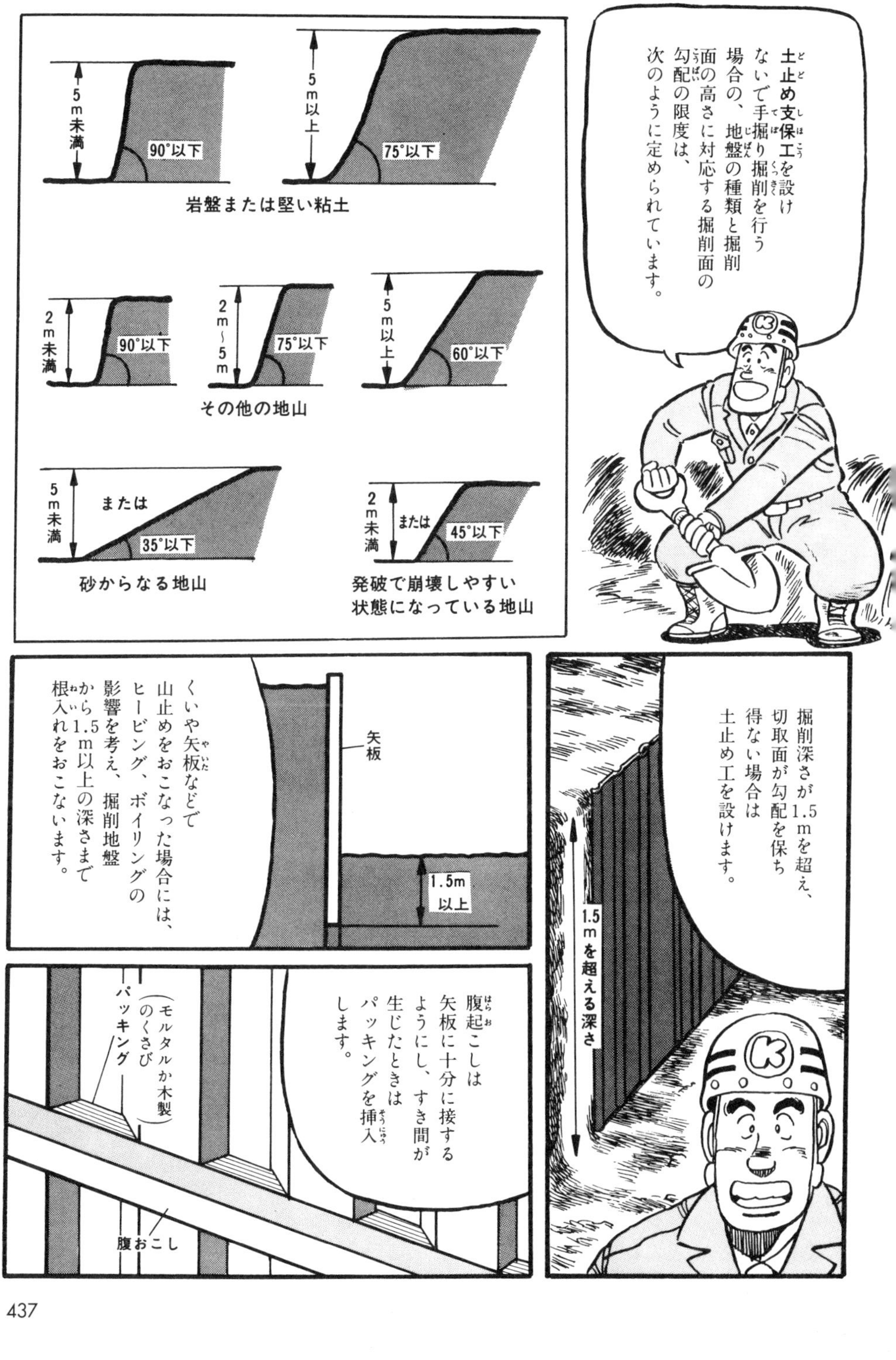
土止《どど》め支保工《しほこう》を設けないで手掘《てぼ》り掘削《くっさく》を行う場合の、地盤《じばん》の種類と掘削面の高さに対応する掘削面の勾配《こうばい》の限度は、次のように定められています。
5m未満
90°以下
5m以上
75°以下
岩盤または堅い粘土
2m未満
90°以下
2m～5m
75°以下
5m以上
60°以下
その他の地山
5m未満
または
35°以下
砂からなる地山
2m未満
または
45°以下
発破で崩壊しやすい状態になっている地山
掘削深さが1.5mを超え、切取面が勾配を保ち得ない場合は土止め工を設けます。
1.5mを超える深さ
くいや矢板《やいた》などで山止めをおこなった場合には、ヒービング、ボイリングの影響を考え、掘削地盤から1.5m以上の深さまで根入《ねい》れをおこないます。
矢板
1.5m以上
腹起《はらお》こしは矢板に十分に接するようにし、すき間が生じたときはパッキングを挿入《そうにゅう》します。
パッキング（モルタルか木製のくさび）
腹おこし

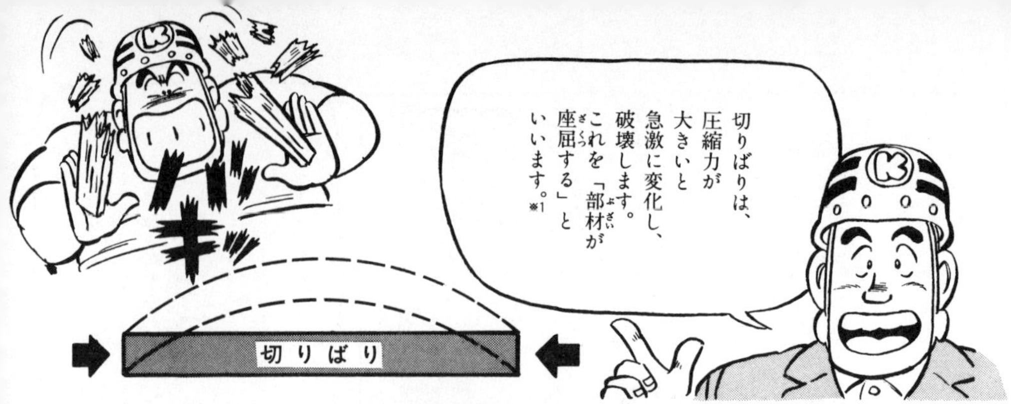
切りばりは、圧縮力が大きいと急激に変化し、破壊します。これを「部材《ぶざい》が座屈《ざくつ》する」といいます。※1
切りばり

切りばりは、座屈のおそれのない断面と剛性《ごうせい》を有するものとし、掘削の進行とともに腹起こしを設置すると同時に設置します。また、切りばりの継手《つぎて》は突合《つきあわ》せ継手《つぎて》とします。※2

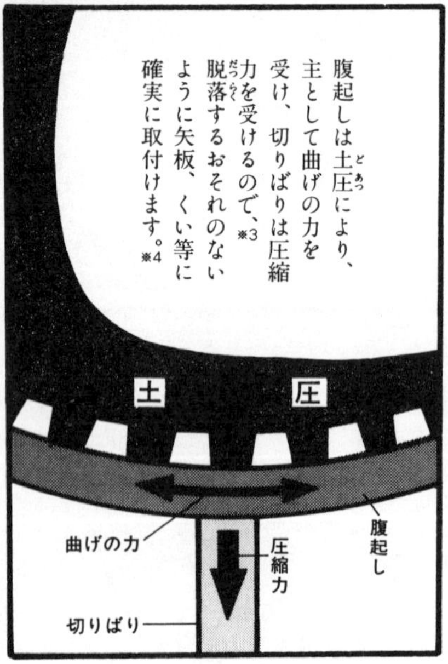
腹起しは土圧《どあつ》により、主として曲げの力を受け、切りばりは圧縮力を受けるので、※3 脱落《だつらく》するおそれのないように矢板、くい等に確実に取付けます。※4
土
圧
曲げの力
腹起し
圧縮力
切りばり

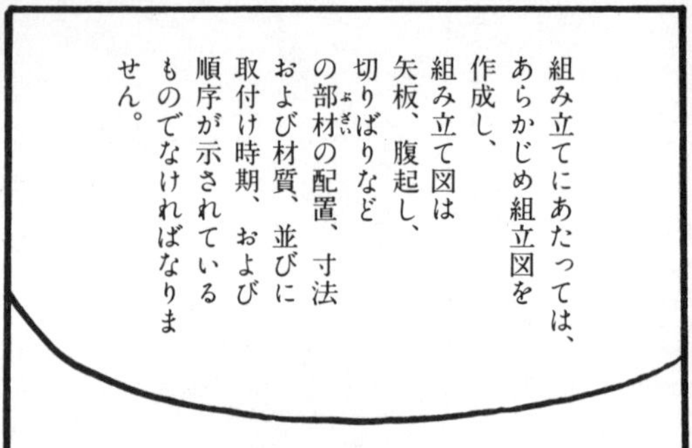
組み立てにあたっては、あらかじめ組立図を作成し、組み立て図は矢板、腹起し、切りばりなどの部材《ぶざい》の配置、寸法および材質、並びに取付け時期、および順序が示されているものでなければなりません。
部材の組立図
1,100
25,780
1,100
2,140
3,480
6,720
6,720
6,720
1,500
3,500
8,500
3,500
2,500
腹起しH-350×350×12×19
425
切梁 H-350×350×12×19
ブラケットL-75×75×9
腹起しH-350×350×12×19
425
ブラケットL-75×75×9
切梁ブラケット L-75×75×9
切梁H-350×350×12×19
山留杭H-300×300×10×15
(a 1,000 ℓ=11,000
支持杭H-300×300×10×15
ℓ=12,000

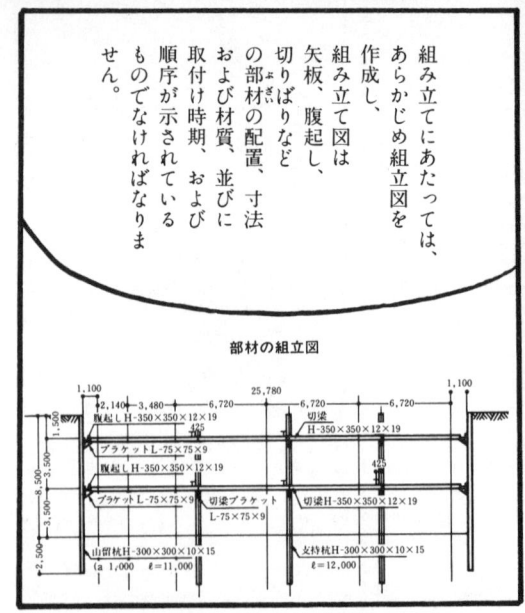

※1．切りばりは長さが長ければ長いほど，座屈をおこしやすい。

※2．切りばりの接続部及び切りばりと切りばりの交さ部は当て板をあててボルトにより緊結し，溶接により接合する等の方法により堅固なものとする。

※3．腹起しは連続して設置し，山止め壁に加わる土圧を十分に切ばりにつたえるように施工する。

※4．切りばりの直線性を高め切りばりの交差部の締付け，および中間ぐいがある場合は中間ぐいのブラケットに切りばりの締付けを十分にする必要がある。

工具類をおろすときは、つり綱、つり袋等を使用します。
また、作業を行う箇所《かしょ》は、関係者以外の立ち入りを禁止します。
2m以上
作業主任者
●技能講習を終了した者
そして、掘削高2m以上の地山《じやま》掘削《くっさく》作業《さぎょう》と、土止め支保工の取付けなどの作業には、技能講習を終了した者を作業主任者とします。
最後に土止め支保工の強度計算をおこなうとき、考慮しなければならないものをあげておきましょう。
●土の単位体積質量
●部材の断面係数《だんめんけいすう》
●掘削《くっさく》の深さ

では問題。土止め支保工の強度計算に必要な項目は？
ダーリン

memo

※気になった箇所などを書き留めておきましょう

安全管理

建設機械の安全

学習の要点

①車両系建設機械において禁止されている行為を覚えよう
②車両系建設機械の点検についての知識を深めよう
③ワイヤーロープの基準について理解しよう

車両系建設機械の転落による労働者の危険を防止するため、運転経路《けいろ》の路《ろ》肩《かた》の崩壊、不等《ふとう》沈下《ちんか》の防止、必要な幅員《ふくいん》の保持等の措置《そち》をとります。
また、地形、地質に応じた制限速度を定め※1必要に応じて誘導員《ゆうどういん》を配置し誘導させます。※2

※1．車両系建設機械の転落，地山の崩壊等を防止するため，あらかじめ地形，地質の状態を調査し，記録しておくようにする。
※2．誘導員を置く時は，一定の合図を定め，誘導員に合図を行わせる。

車両系建設機械を用いて作業を行う時は、乗車席以外の箇所に労働者を乗せてはならず、
また、誘導員を搭乗《とうじょう》させ、その者に誘導させてもいけません。

車両系建設機械の運転者が運転位置から離れるときは、バケット、ジッパーなどの作業装置をおろし、
原動機を止め、走行ブレーキをかけるなど、車両系建設機械の逸走《いっそう》を防止するんだな。

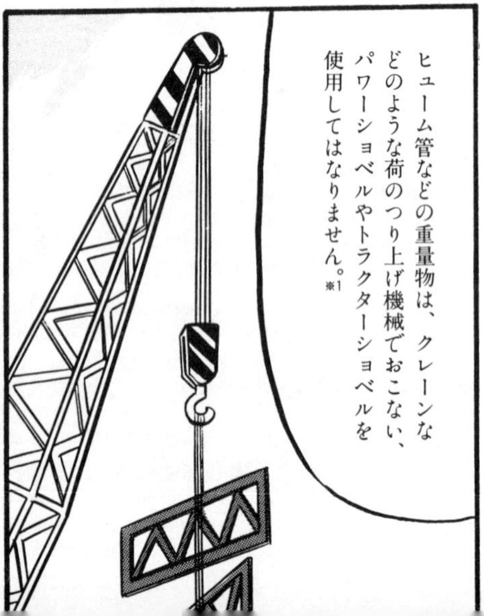
ヒューム管などの重量物は、クレーンなどのような荷のつり上げ機械でおこない、パワーショベルやトラクターショベルを使用してはなりません。※1

リース業者から借りた機械は、その機械の能力、特性、その他使用上注意すべき事項を記した書面の交付を受けます。
使用上注意すべき事項

※1．このほか，クラムシェルによる労働者の昇降など，車両系建設機械の主たる用途以外の用途に使用してはならない。

その日の作業を開始する前に、ブレーキとクラッチの機能について点検を行います。
運転中の車両系建設機械に接触する危険な箇所に、労働者を立ち入らせてはなりません。
立入禁止
車両系建設機械を自走《じそう》、又は牽引《けんいん》により、貨物自動車に積卸《つみおろ》しする場合には、転倒、転落などの危険を防止するため次の措置を行います。
ガタガタ
●積卸しは平坦で堅固な場所で行うこと。
●道板を使用する時は，十分な長さ，幅，強度及び勾配を確保すること。
車両系建設機械は、1年以内、1ケ月ごとに1回、定期的に自主検査《じしゅけんさ》を行い、その記録を3年間保存しておきます。
自主検査
3年保存

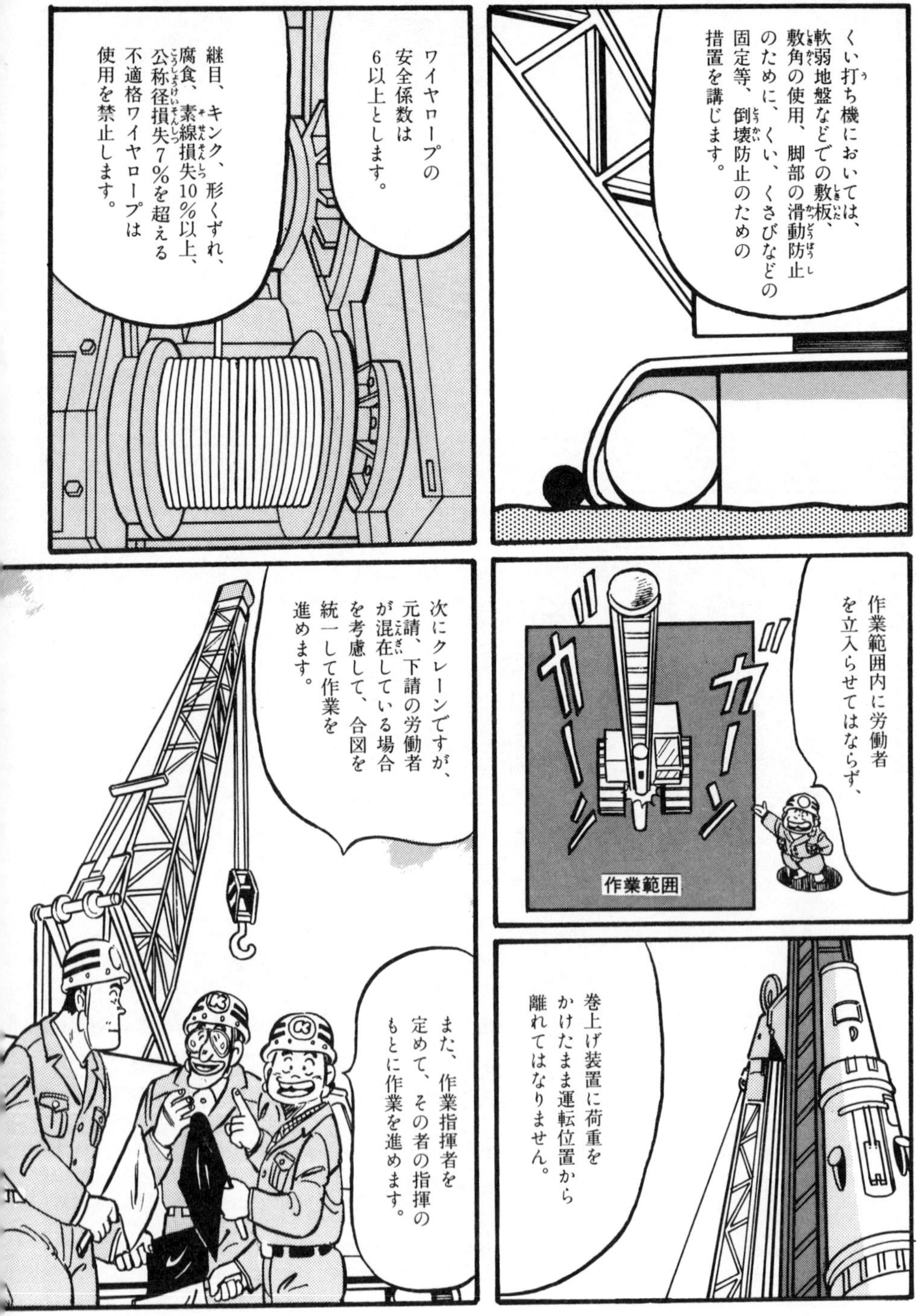
くい打《う》ち機においては、軟弱地盤などでの敷板《しきいた》、敷角《しきかく》の使用、脚部の滑動防止《かつどうぼうし》のために、くい、くさびなどの固定等、倒壊《とうかい》防止のための措置を講じます。
ワイヤロープの安全係数は6以上とします。
継目、キンク、形くずれ、腐食、素線損失《そせんそんしつ》10%以上、公称径損失《こうしょうけいそんしつ》7%を超える不適格ワイヤロープは使用を禁止します。
作業範囲内に労働者を立入らせてはならず、
ガーン
ガーン
作業範囲
巻上げ装置に荷重をかけたまま運転位置から離れてはなりません。
次にクレーンですが、元請、下請の労働者が混在《こんざい》している場合を考慮して、合図を統一して作業を進めます。
また、作業指揮者を定めて、その者の指揮のもとに作業を進めます。

作業開始前に
巻《まき》過《すぎ》防止装置、
過《か》負《ふ》荷《か》警《けい》報《ほう》装《そう》置《ち》、
ブレーキ、クラッチ、コントローラーの機能の点検を行います。
1年以内ごと、1ヵ月以内ごとに定期自主検査を行います。
ワイヤロープは、不適格のものを使用してはならず、安全係数は6以上のものを使用します。
つり上げ荷重1t以上の玉《たま》掛《か》け作業は、技能講習修了者、免許所有者がおこなうことができ、玉掛け用具は作業開始前に点検しておきます。
つり上げ荷重3t以上の移動式クレーンは、労働安全衛生法による検査証が必要です。
荷重が大きいほど、その作業の危険性も高いですからね。

また、つり上げ荷重には、フックなどのつり具の荷重が含まれます。※1
一般に移動式クレーンは、巻過《まきすぎ》防《ぼう》止《し》装置《そうち》など各種安全装置が備えられていまーす！

※1. 従って、つり上げ荷重 15 t の移動式クレーンの場合、重さ 15 t 以上のものはつり上げてはいけない。

memo

※気になった箇所などを書き留めておきましょう

安全管理

足場・型枠支保工

学習の要点

①足場の種類を覚えよう
②足場の組立てにおける注意事項は何か
③各種足場の規制を覚えよう
④型枠支保工の組立てにおける注意事項は何か

さて、この項では足場《あしば》についてみていきましょう。

垂直に建て込む丸太、あるいは鋼管《こうかん》を建地《たてち》、水平方向を布、斜めに建地と布とを結ぶものを筋《すじ》かいといい、建地の移動を防ぐため脚部で建地を水平方向に固定するものを、根《ね》がらみといいます。

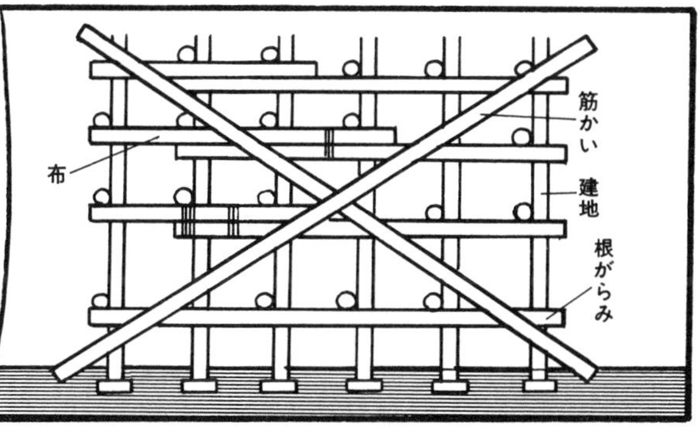

筋かい
建地
根がらみ
布

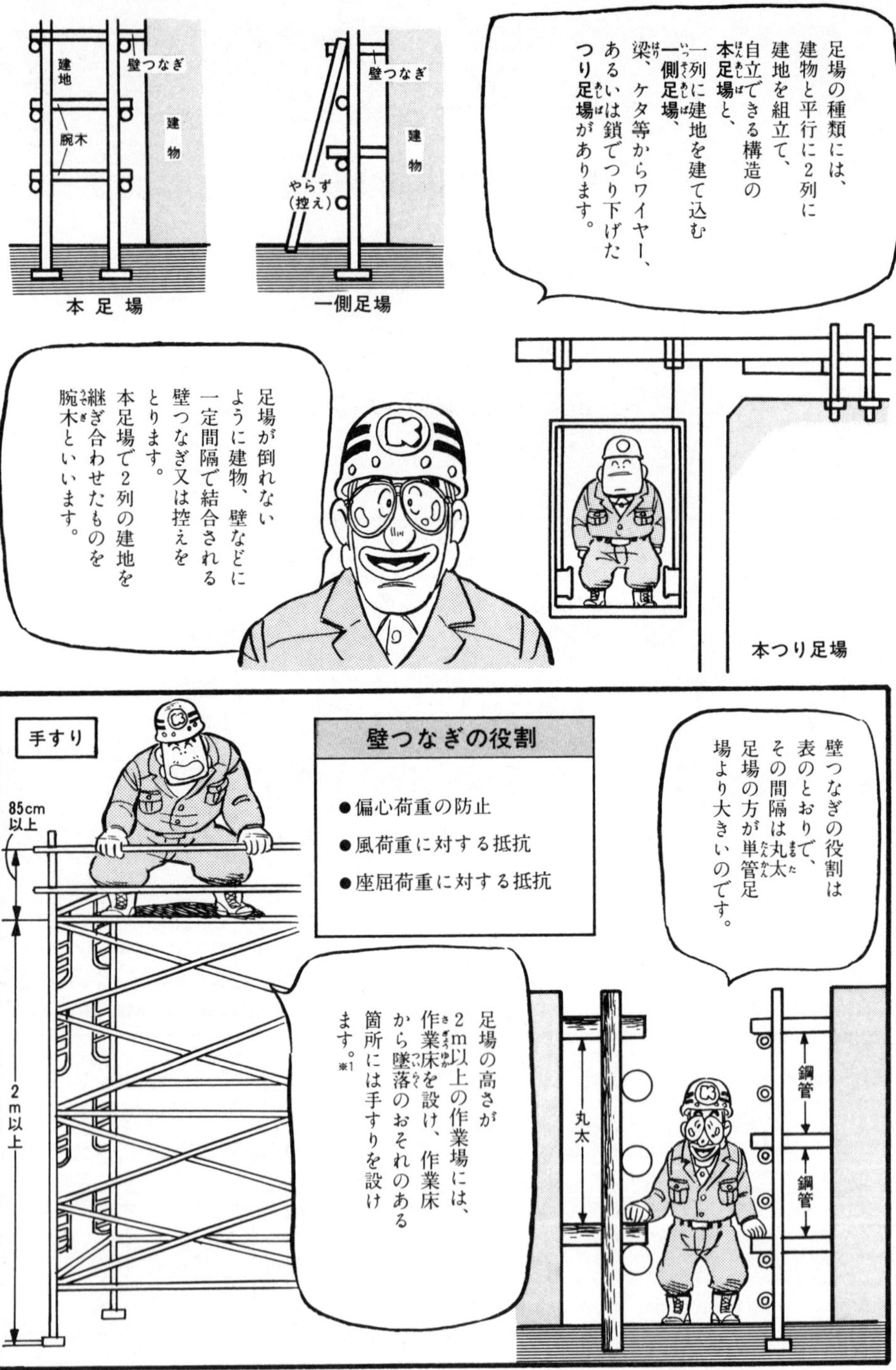
足場の種類には、建物と平行に2列に建地を組立て、自立できる構造の本足場《ほんあしば》と、一列に建地を建て込む一側足場《いっそくあしば》、梁《はり》、ケタ等からワイヤー、あるいは鎖でつり下げたつり足場《あしば》があります。
壁つなぎ
建地
腕木
建物
本足場
壁つなぎ
やらず
(控え)
建物
一側足場
足場が倒れないように建物、壁などに一定間隔で結合される壁つなぎ又は控えをとります。本足場で2列の建地を継ぎ合わせたものを腕木《うでぎ》といいます。
本つり足場
手すり
85cm
以上
2m以上
壁つなぎの役割
●偏心荷重の防止
●風荷重に対する抵抗
●座屈荷重に対する抵抗
壁つなぎの役割は表のとおりで、その間隔は丸太《まるた》足場の方が単管《たんかん》足場より大きいのです。
足場の高さが2m以上の作業場には、作業床《さぎょうゆか》を設け、作業床から墜落《ついらく》のおそれのある箇所には手すりを設けます。※1
丸太
鋼管
鋼管

※1．つり足場，張出し足場または高さが５ｍ以上の構造の足場の組立作業については，作業主任者の選任が必要である。

単管足場の安全基準

- 脚部にはベース金具を使用し，敷板，敷角，根がらみ等を設けること。
- 壁つなぎは垂直方向５m以下，水平方向5.5m以下。
- 建地間隔はけた方向1.85m以下，はり方向1.5m以下。
- 建地間の積載荷重は400kgを限度とする。

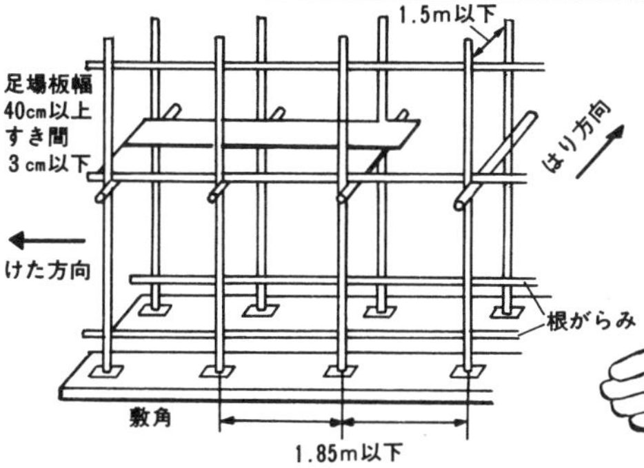
1.5m以下
足場板幅
40cm以上
すき間
3cm以下
はり方向
けた方向
根がらみ
敷角
1.85m以下

さて、次に主な足場における安全基準をあげておきましょう。

つり足場の安全基準

- ワイヤの素線損失10%以上，公称径損失７%超えるものは使用禁止。キンク・腐食のないこと。安全係数は10以上。
- 足場板幅40cm以上ですき間のないこと。つり足場の上で脚立《きゃたつ》，はしご等を用いて作業をしてはならない。

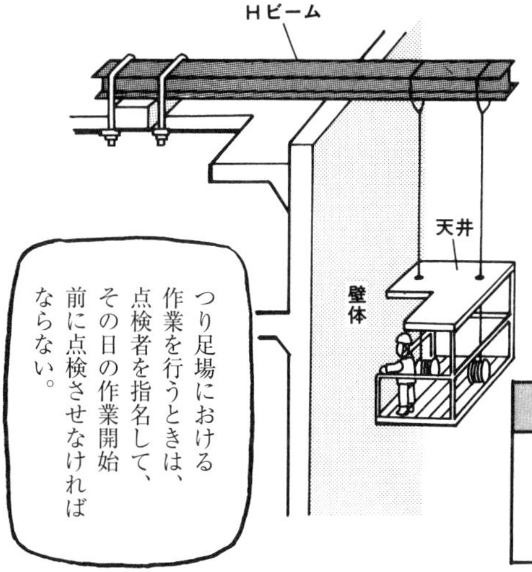
Hビーム
天井
壁体
つり足場における作業を行うときは、点検者を指名して、その日の作業開始前に点検させなければならない。

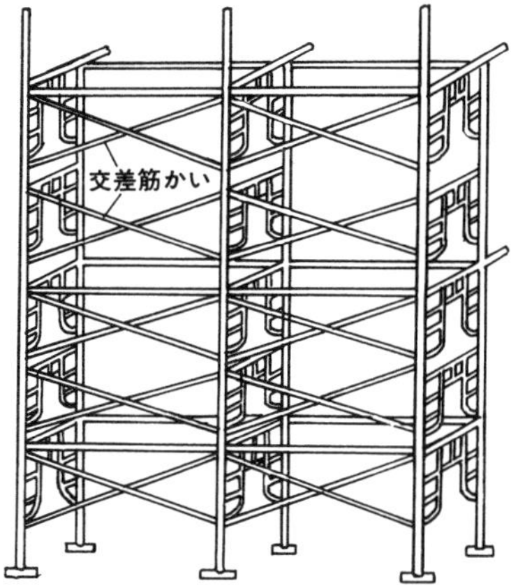
交差筋かい

わく組足場の安全基準

- 最上層及び５層以内ごとに水平材を設ける。
- 壁つなぎは，垂直方向９m，水平方向８m以下。

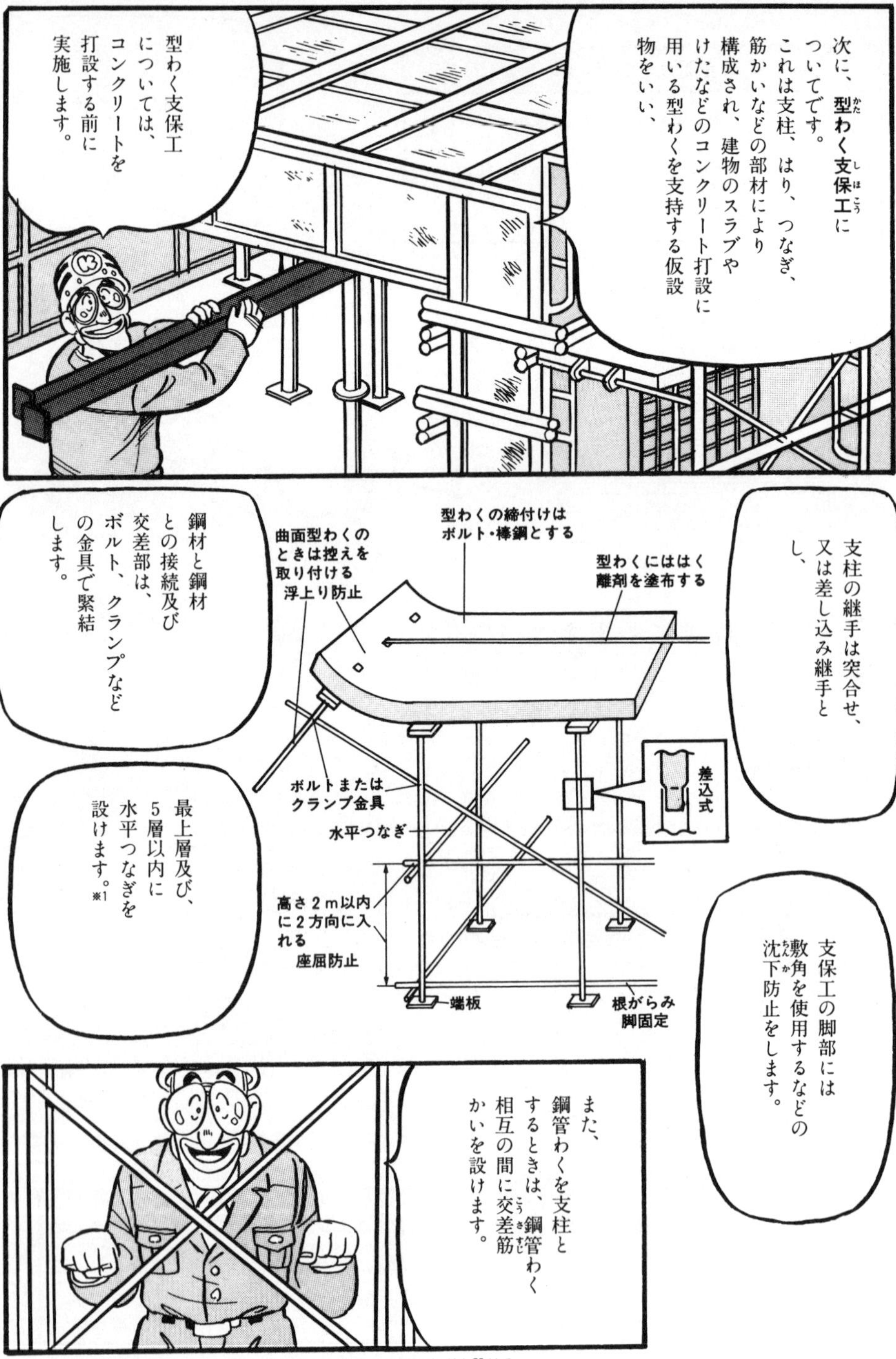
次に、型《かた》わく支保工《しほこう》についてです。これは支柱、はり、つなぎ、筋かいなどの部材により構成され、建物のスラブやけたなどのコンクリート打設に用いる型わくを支持する仮設物をいい、、
型わく支保工については、コンクリートを打設する前に実施します。
支柱の継手は突合せ、又は差し込み継手とし、
鋼材と鋼材との接続及び交差部は、ボルト、クランプなどの金具で緊結します。
支保工の脚部には敷角《ちんかく》を使用するなどの沈下防止をします。
最上層及び、5層以内に水平つなぎを設けます。※1
型わくの締付けはボルト・棒鋼とする
曲面型わくのときは控えを取り付ける
浮上り防止
型わくにははく離剤を塗布する
差込式
ボルトまたはクランプ金具
水平つなぎ
高さ２ｍ以内に２方向に入れる
座屈防止
端板
根がらみ
脚固定
また、鋼管わくを支柱とするときは、鋼管わく相互の間に交差筋《こうきすじ》かいを設けます。

※１．鋼管を支柱として用いるときは，高さ 2.0 m以内に水平つなぎを設ける。

パイプサポート※1を支柱とする時は3本以上継がないこと、またボルトを用いて継ぐこととします。
パイプサポート
ボルト
型わく支保工の設計にあたっては、許容曲げ応力と許容圧縮応力の値を使用する鋼材の、引張強さの値の$\frac{1}{2}$の値とします。
許容曲げ応力
許容圧縮応力
鋼材の引張強さの$\frac{1}{2}$
敷板をはさんで段状に組立てる型わく支保工は、やむを得ない場合を除き、敷板を2段以上はさまないようにします。
材料や工具などを上げるときは、つり綱、つり袋などを使用します。
敷板、敷角を継いで用いるときは、敷板、敷角を緊結し、また支柱は敷角などに固定します。
敷角
敷板

※1．パイプサポートは，厚生労働大臣が定める構造規格を具備するものでなければ使用してはならない。

強風、大雨など悪天候のため、作業の危険が予想される場合は、型わく支保工の組立を行ってはなりません。
あと、つり足場、張出し本足場、又は5m以上の本足場、それに型わく支保工の組立、解体作業は、技能講習修了者から作業主任者を選任します。

memo

※気になった箇所などを書き留めておきましょう

安全管理

トンネル・圧気作業及び酸欠防止

学習の要点

①支保工に関する注意事項は何か
②人車についての規定を覚えよう
③圧気作業における注意事項は何か
④酸素欠乏危険場所についての知識を深めよう

ズズズズ
さて、トンネル工事においては、
掘削の方法、支保工の施工、覆工の施工、湧水の処理、換気、照明の方法などは施工計画に明示しておくこと。

次に軌道《きどう》装置《そうち》について説明しよう。
坑内《こうない》車両と側壁《そくへき》の間隔は、0.6m以上とすること。
0.6m
以上
レールを敷設するときは、道床をよく突き固めるとともに、排水を確実に行うこと。
軌道《きどう》装置《そうち》に関して考慮すべきこと
●動力車を使用する区間の軌道のこう配を50/1,000以下とする。
●車両が逸走するおそれがある場合，逸走防止装置を設ける。
●まくら木の大きさ及び配置の間隔については，軌条を安定させるため車両重量，道床の状態等に応じたものとする。
●軌道の曲線部の曲線半径は10m以上とする。
また、労働者の輸送に用いる人車《じんしゃ》には、次のような規定があるぞ。
人車《じんしゃ》の規定
●座席，握り棒等の設備を設けること。
●囲い及び乗降口を設けること。
●斜道で巻上げ装置を用いるときは，巻上げ機の運転者と人車の搭乗者とが連絡できる設備を設けること。
●30°を超える斜道には脱線予防装置を設けること。

ずい道《どう》などの建設作業での安全対策に関しては、まず掘削作業を行うときは、落盤、出水などによる労働者の危険を防止するため、あらかじめ地山の形状、地質、地層の状態を調査しておきます。
毎日掘削箇所、およびその周辺の地山について地層、地質の状態、含水、湧水の有無と状態、高温ガス、蒸気の有無と状態を観察し、落盤、出水等による危険を防止します。
ずい道《どう》支《し》保《ほ》工《こう》は、部材の状況についての点検を毎日おこない、中震以上の地震の後にもおこないます。
1.2m以下
(最大でも1.5m以下)
H鋼
SS
400
鋼《こう》アーチ支《し》保《ほ》工《こう》は、SS400程度のH鋼を用い、建込み間隔は1.2m以下を標準とし、最大でも1.5m以下とします。

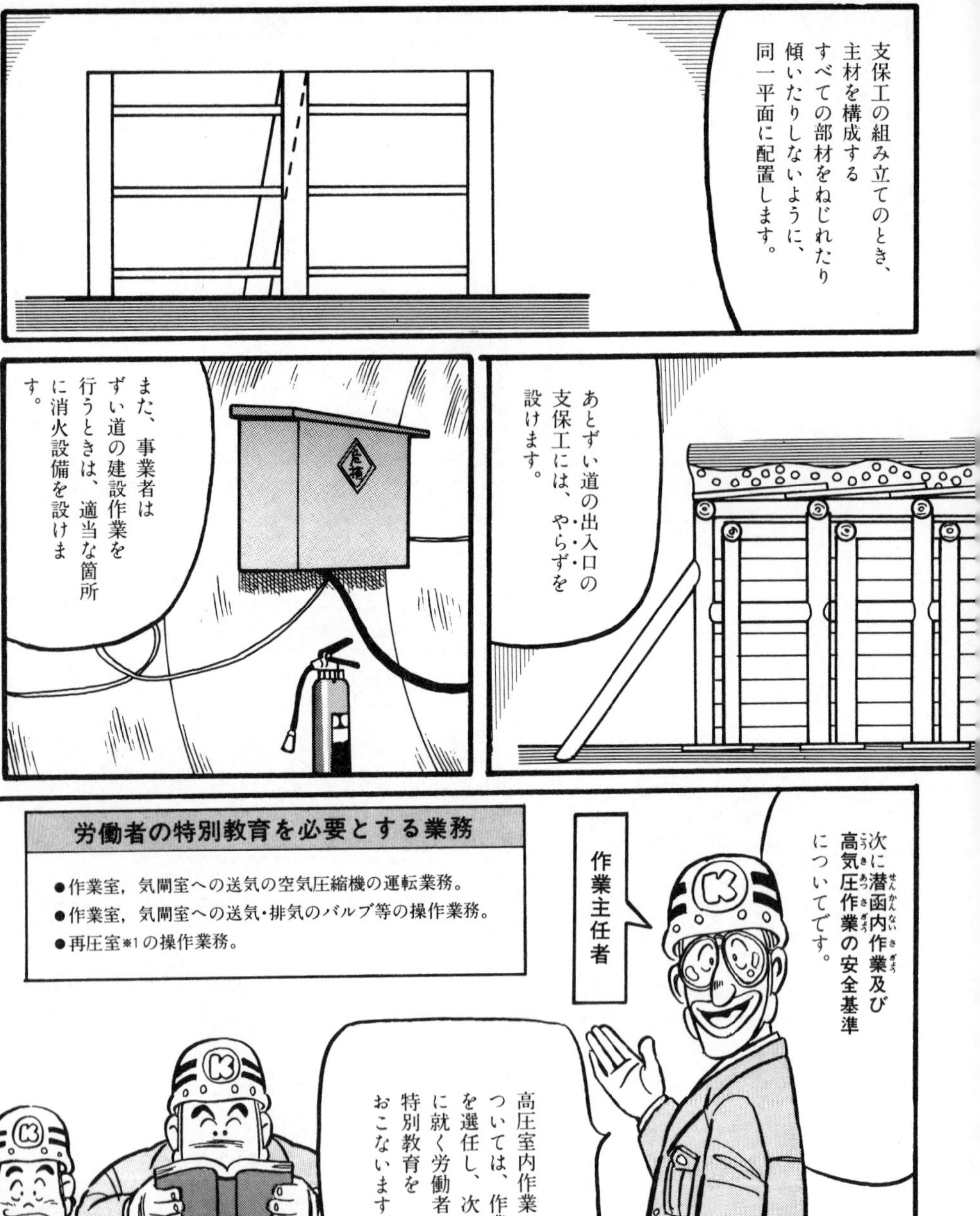
支保工の組み立てのとき、主材を構成するすべての部材をねじれたり傾いたりしないように、同一平面に配置します。
あとずい道の出入口の支保工には、やらずを設けます。
また、事業者はずい道の建設作業を行うときは、適当な箇所に消火設備を設けます。
次に潜函内《せんかんない》作業《さぎょう》及び高気圧《こうきあつ》作業《さぎょう》の安全基準についてです。
作業主任者
労働者の特別教育を必要とする業務
●作業室，気閘室への送気の空気圧縮機の運転業務。
●作業室，気閘室への送気・排気のバルブ等の操作業務。
●再圧室※1の操作業務。
高圧室内作業については、作業主任者を選任し、次の業務に就く労働者には特別教育をおこないます。

※1．再圧室とは，減圧症にかかった患者を中に入れ，大気圧以上に加圧して治療を行うタンクのこと。

潜函《せんかん》作業では、沈下図《ちんかず》に基づいて、掘削方法や載荷量《さいかりょう》を決めます。
沈下図
掘削方法
載荷量
刃口《はぐち》の下方50cm以上の掘削は禁止で、刃口から天井までの高さは1.8m以上とします。
1.8m
以上
50cm以上
圧気下においては、照明設備として、ガード付電球を取りつけます。
また、溶接《ようせつ》、溶断《ようだん》などのアーク作業を禁止します。
大気圧をこえる気圧下における、可燃物《かねんぶつ》の燃焼の危険性を労働者に周知させます。※1
ピカァッ

※1．高気圧下では，物質の発火点が下降し発火しやすい。事業者は，高圧室内業務を行うときは，火気又はマッチ，ライターその他発火のおそれのあるものを潜函，潜鐘《せんしょう》，圧気シールド等の内部に持ち込むことを禁止し，その旨を気閘室の外部の見やすい場所に掲示しなければならない。

あと、
高圧室内
作業主任者は、
これらを携帯《けいたい》
しなければなり
ません。

- 携帯式の圧力計
- 懐中電灯
- 炭酸ガス及び有害ガスの濃度を測定するための測定器具
- 非常の場合の信号用具

潜函作業では、炭酸《たんさん》ガスや有害《ゆうがい》ガスによる危険や、健康障害を防止するため換気《かんき》を行い、
また、事前調査、濃度測定を行わなければなりません。このような措置は、次の酸素欠乏《さんそけつぼう》場所においても同様に行います。

酸素欠乏場所	酸欠防止対策
●第1鉄塩類メタン・エタン等を含有する地層 ●炭酸水を湧水する地層，腐食層。 ●長期間使用されていない井戸。 ●暗きょ，マンホール，浄化槽，汚水桝等。	●換気を十分にする。 ●事前調査，濃度測定を行う。

酸欠《さんけつ》場所の作業は、特別教育修了者の労働者をつかせ、技能講習者から作業主任者を選任します。
特別教育修了者
作業主任者
（技能講習者から選任）

高気圧内の作業にともなう障害としては、関節の痛みや、手足がきかなくなるなどの症状を呈する減圧症《げんあつしょう》などがあります。

また、建設作業全般における振動障害防止対策《しんどうしょうがいぼうしたいさく》としては、次のようなものがあるな。
振動障害防止対策
●1日の振動業務の総作業時間を制限し，2時間以内にする。
●1連続作業時間を制限し，間に休止時間をとる。
●振動工具の重量をできるだけ軽いものにする。
●振動業務従事者の保温について配慮する。
以上で、安全管理関係はおわりじゃ。皆、くれぐれも事故のないように、気をつけて作業をおこなうように注意してくれたまえ!
はいいーっ!

memo

※気になった箇所などを書き留めておきましょう

品質管理

品質管理

学習の要点

①品質管理の目的は何か
②品質管理には、どのような統計量が用いられるか
③平均値、中央値の求め方を覚えよう

品質管理《ひんしつかんり》というのは、管理しようとする品質特性《ひんしつとくせい》※1について測定を行ない、
ヒストグラムによって、規格値《きかくち》とのチェックを行ない、
管理図において、工程の安定状態を知って、異常があれば処理をとることにより、
品質を確保するための管理のことをいうんですね。
そうだけど、なんだい順ちゃん、試験でも受けようっていうのかい？

※1．その品質についての知識・情報を適確に与える要因。

う〜うん、ちがうのよ、山口さんがホラ、例の調子でね……。
つまりだね、品質管理の目的は、規格を満足する範囲内で最も経済的に製品を作ることが第一なんだ。

- 品質管理
  - 規格の管理（← 品質規格値） →
    - ヒストグラム → 分布の状態とゆとりの関係
    - 工程能力図 → 時間的な品質変動の関係
  - 工程の管理（← 管理限界線） →
    - 管理図 → 工程の安定状態の推定及び管理
    - $\overline{x}-R$管理図 → 平均値とバラツキの範囲で管理
    - p 管理図 → 不良率によって管理
    - np 管理図 → 不良個数によって管理
    - c 管理図 → 欠点数によって管理
    - u 管理図 → 単位大きさ当りの欠点数による管理

だから、規格に対してあまり特《とく》性《せい》値《ち》を高くすることは不経済だ。また、品質管理はバラツキの小さいものを作ることを目的にしてるんじゃない。
規格を満足する範囲内の、偶然原因によるバラツキ※1は当然生じる。要は、不注意、事故などの異常原因※2によるバラツキを取り除くことが大切で、手法としては管理図を用いるわけなんだ！

※1．標準化された作業を正しく行っても避けることのできないもので正規分布曲線となる。統計的に取り扱う。
※2．不注意，事故によって生じるもので，取り除くことができるものである。

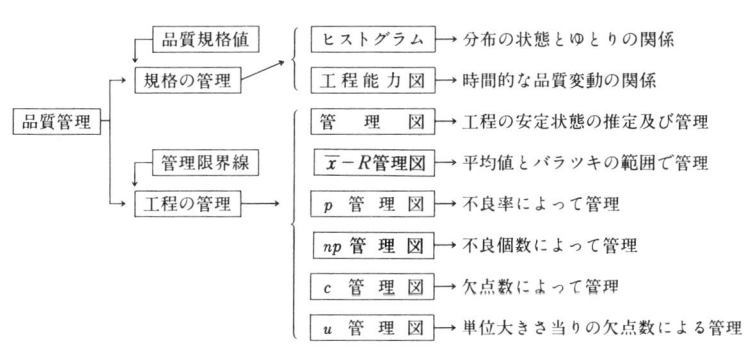

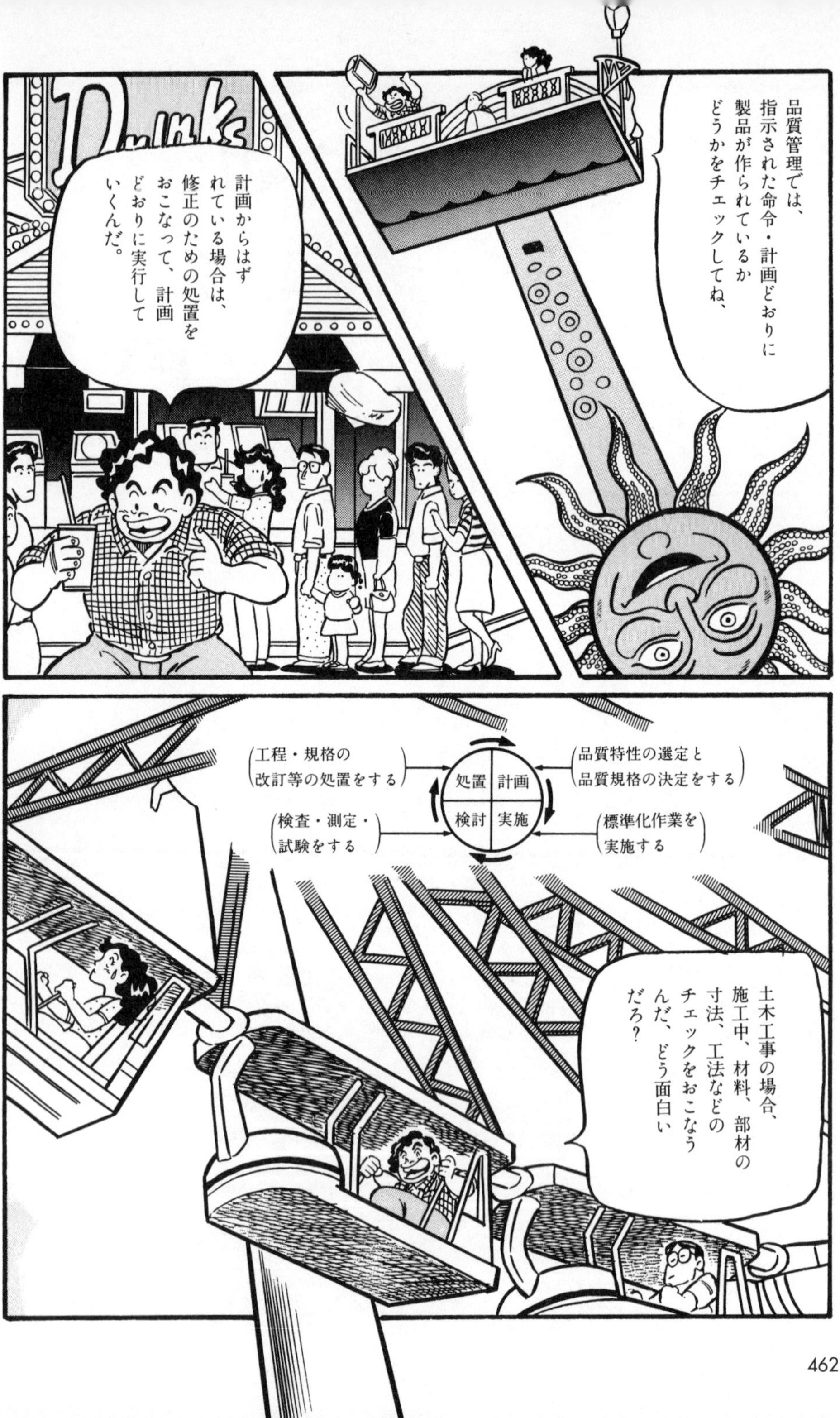

品質管理では、指示された命令・計画どおりに製品が作られているかどうかをチェックしてね、
計画からはずれている場合は、修正のための処置をおこなって、計画どおりに実行していくんだ。
(品質特性の選定と品質規格の決定をする)
(工程・規格の改訂等の処置をする)
処置
計画
検討
実施
(標準化作業を実施する)
(検査・測定・試験をする)
土木工事の場合、施工中、材料、部材の寸法、工法などのチェックをおこなうんだ、どう面白いだろ?

というわけで、なんとか話題についていけるようにと思って、
フーム、順ちゃんもたいへんだなあ……。よろしい、お教えしましょ。
まず、調査対象となる管理特性を持つ集団を母集団《ぼしゅうだん》といい、母集団をある単位量のグループにわける。これをロットというんだ。
母集団
ロット
ロット
ロット
そして、ロットから無作為に取り出したサンプルについて、測定を行い、データを取る。
ロット
サンプル
工程
母集団
ロット
サンプリング
サンプル
測定
データ
処置行動

品質管理に使われるデータは、必ず目的をもって取り、
データからできるだけ多くの情報を取り出し、統計的にその品質特性を正しく測れる方法で取ること。

データで、行動の伴わないデータは意味がなく、実際にサンプルを測定し、チェックをしたものがデータとして役だつんだね。

これらのデータの分布の数理的な表わし方には、このようなものがあるんだ。

平均値 $\bar{x}$	データの算術平均，ロットの度数分布の集中点を示すデータx_1，x_2……x_nの時，$\bar{x}=\frac{x_1+x_2+\cdots+x_n}{n}=\frac{\Sigma x}{n}$
中央値（メジアン）	データの値の大きい順に並べた時，中央に位置する値（偶数個の場合は中央２つの値の平均）
範囲 R（レンジ）	データの最大値$x_{\max}$と最小値$x_{\min}$の差 $R=x_{\max}-x_{\min}$
偏差二乗和 S	各データと平均値との差の二乗の和 $S=(x_1-\bar{x})^2+\cdots\cdots+(x_n-\bar{x})^2=\Sigma(x_i-\bar{x})^2$

さて、例えば次のようなデータが得られたとする。

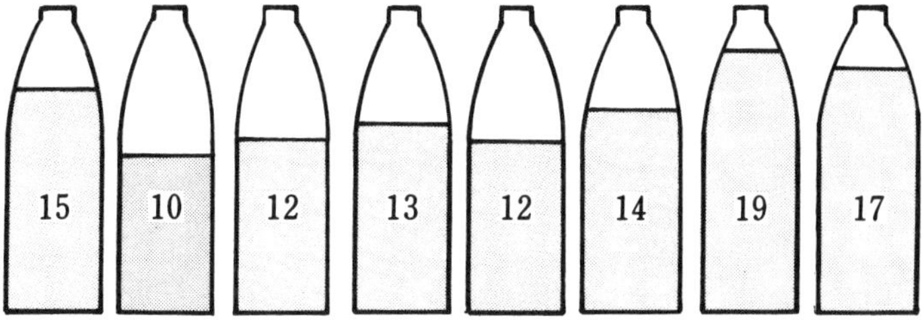
15
10
12
13
12
14
19
17

この場合の平均値《へいきんち》$\bar{x}$の求め方は、右のとおり。

$$\text{平均値}\ \bar{x} = \frac{15+10+12+13+12+14+19+17}{8}$$

$$= 14.0$$

また、中央値《ちゅうおうち》は左のとおり。

19　17　15　14 ◯ 13　12　12　10

$$\text{中央値} = \frac{14+13}{2} = 13.5$$

では、次のデータの場合、平均値$\bar{x}$と中央値、それに範囲はどうなる？
7
4
5
8
6

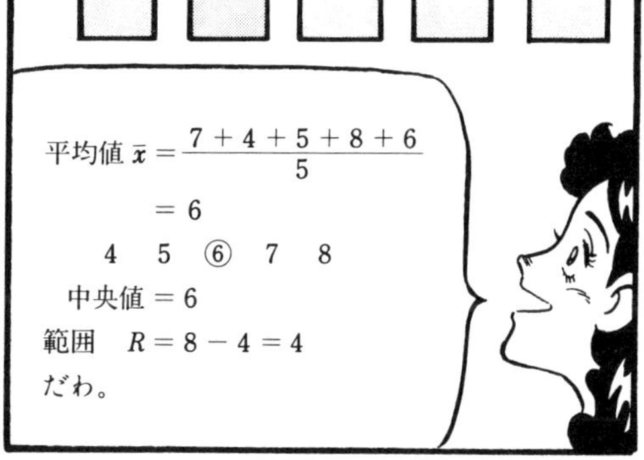
平均値 $\bar{x} = \frac{7+4+5+8+6}{5}$
$= 6$
4　5　⑥　7　8
中央値 = 6
範囲　$R = 8 - 4 = 4$
だわ。

よろしい。さて、計量抜取検査《けいりょうぬきとりけんさ》を行う場合の条件として、ロットとして処理できること、試料《しりょう》が無作為《むさくい》にとれること、
合格ロットの中にも、ある程度の不良品が入ることが許されること、などを覚えておくといい。

抜取方式《ぬきとりほうしき》には、標準偏差《ひょうじゅんへんさ》既知《きち》と標準偏差《ひょうじゅんへんさ》未知《みち》とがあって、未知の場合、試料が多くなるんだ。
既知
未知
こ、これ、ちょっと君、お、お客さん！
あとォ、ヒストグラムについてだけど……。

memo

※気になった箇所などを書き留めておきましょう

品質管理

規格値と管理図

学習の要点

①ヒストグラムとは何か
②ヒストグラムによってわかることは何か
③工程能力図の見方を覚えよう
④管理図と管理限界線について理解しよう

品質特性値《ひんしつとくせいち》のバラツキを一定幅のクラスに分け、これを横軸にとり、縦軸に各クラスの度数《どすう》を柱状図に表わしたものを**ヒストグラム**というんだ。

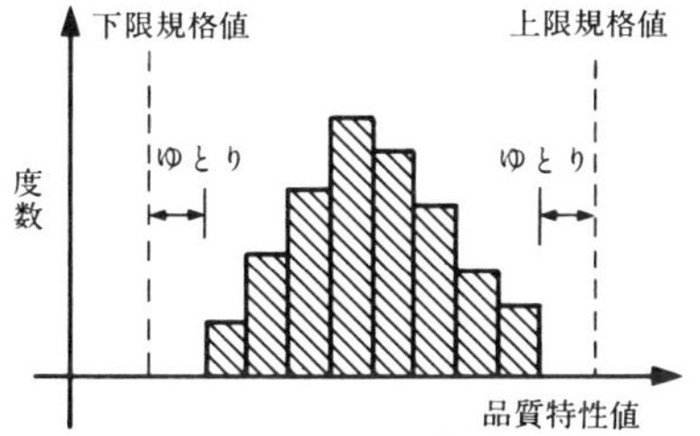

下限規格値
上限規格値
ゆとり
ゆとり
度数
品質特性値

ヒストグラム

品質の規格値《きかくち》を記入することにより、規格値とゆとりの関係も明確になるんだよ。

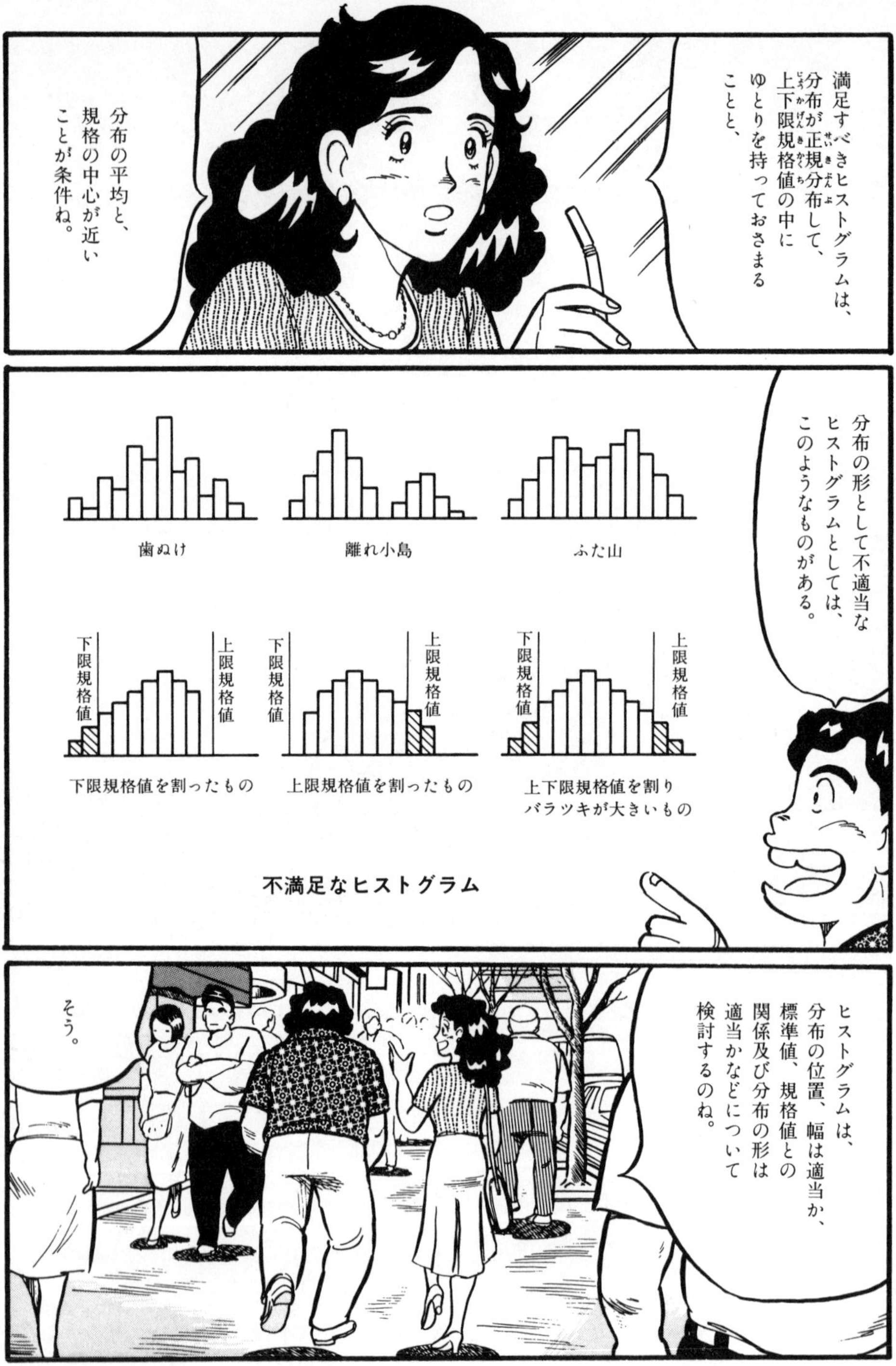
満足すべきヒストグラムは、分布が正規分布《せいきぶんぷ》して、上下限規格値《じょうかげんきかくち》の中にゆとりを持っておさまることと、
分布の平均と、規格の中心が近いことが条件ね。
分布の形として不適当なヒストグラムとしては、このようなものがある。
歯ぬけ
離れ小島
ふた山
下限規格値
上限規格値
下限規格値を割ったもの
下限規格値
上限規格値
上限規格値を割ったもの
下限規格値
上限規格値
上下限規格値を割りバラツキが大きいもの
不満足なヒストグラム
ヒストグラムは、分布の位置、幅は適当か、標準値、規格値との関係及び分布の形は適当かなどについて検討するのね。
そう。

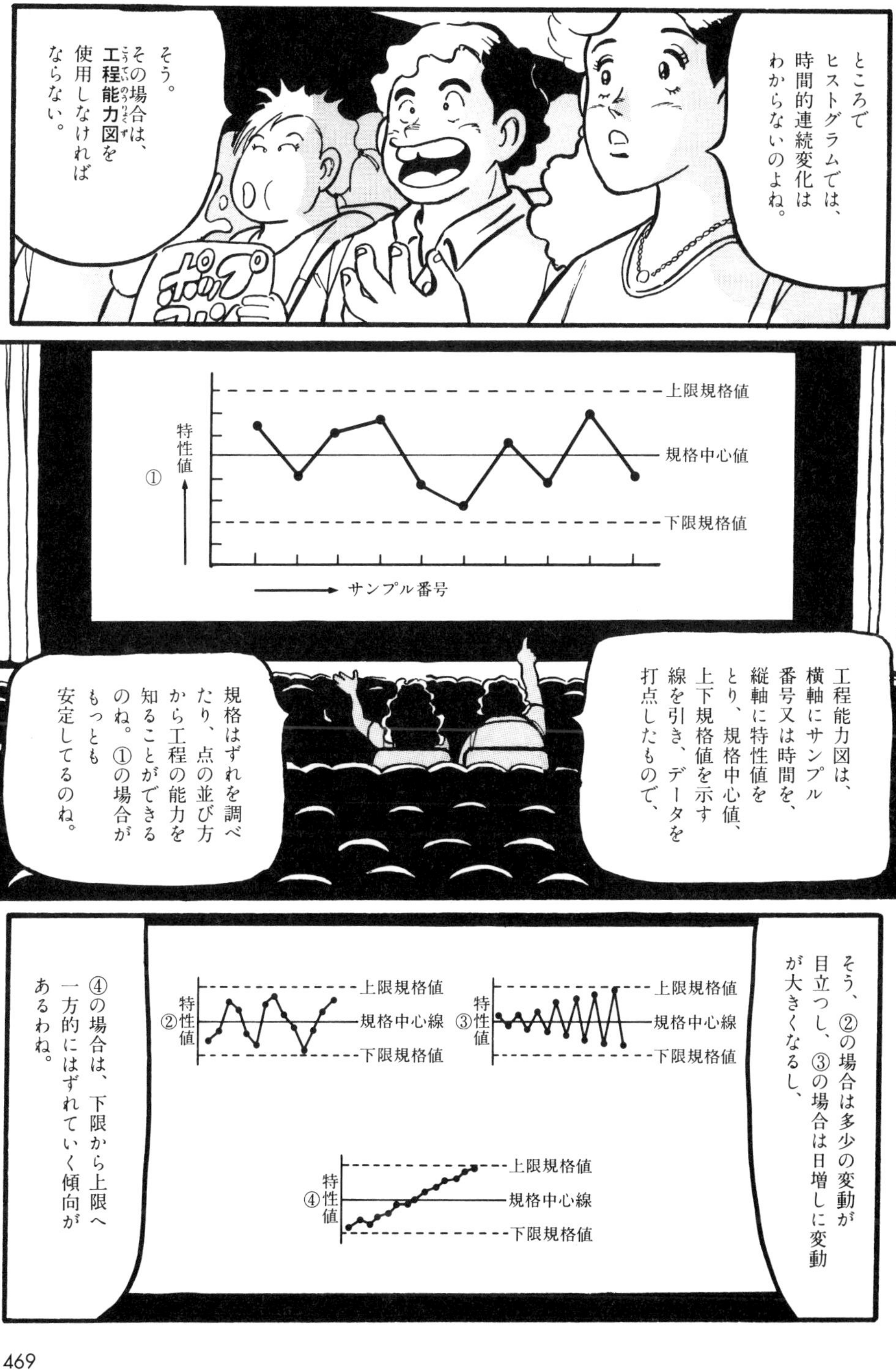
ところでヒストグラムでは、時間的連続変化はわからないのよね。
そう。その場合は、工《こう》程《てい》能《のう》力《りょく》図《ず》を使用しなければならない。
上限規格値
規格中心値
下限規格値
特性値
①
サンプル番号
工程能力図は、横軸にサンプル番号又は時間を、縦軸に特性値をとり、規格中心値、上下規格値を示す線を引き、データを打点したもので、
規格はずれを調べたり、点の並び方から工程の能力を知ることができるのね。①の場合がもっとも安定してるのね。
そう、②の場合は多少の変動が目立つし、③の場合は日増しに変動が大きくなるし、
上限規格値
規格中心線
下限規格値
特性値
③
上限規格値
規格中心線
下限規格値
特性値
②
上限規格値
規格中心線
下限規格値
特性値
④
④の場合は、下限から上限へ一方的にはずれていく傾向があるわね。

工程能力図は、次項の管理図とよく似ているけど、全く別なもので、統計的手法は用いられていないから、工程に異常があるかどうかは判断できないんだ。
ドキメント映画
ただし点の並び方から、ある程度工程の状態を推定することができるのね。
そう、工程の状態を知り、管理をするために使用されるものに**管理図**があるよ。
上方管理限界線
UCL
破線
中心線
CL
下方管理限界線
LCL
$\bar{x}$, $\bar{R}$, $\bar{p}$, $\bar{p}_n$, $\bar{c}$, $\bar{u}$
などの値を示す（実線）
管理図は、偶然《ぐうぜん》原因による変動と、異常《いじょう》原因による変動を分離《ぶんり》し、必要な処置をとるためのものね。
そう、**管理限界線**《かんりげんかいせん》（上方、下方管理限界線）を示す一対の線を引き、これに品質を表わす点を打ち、打点が管理限界の内側あるいは外側にあるかによって、工程がよい状態にあるかどうかを知るんだ。

管理限界線は、工程の能力、工程の実力、工程の技術水準を表わすもので、工程能力図の規格値の限界線とは異なるのね。
そう、安定状態の管理図とは次のようなものをいうんだ。※1

安 定 状 態 の 管 理 図

- ●連続 25 点全部
- ●連続 100 点中98点以上
- ●連続 35 点中34点以上

が管理限界内にあり，点の並びにくせのないもの。

異常がある場合の管理図

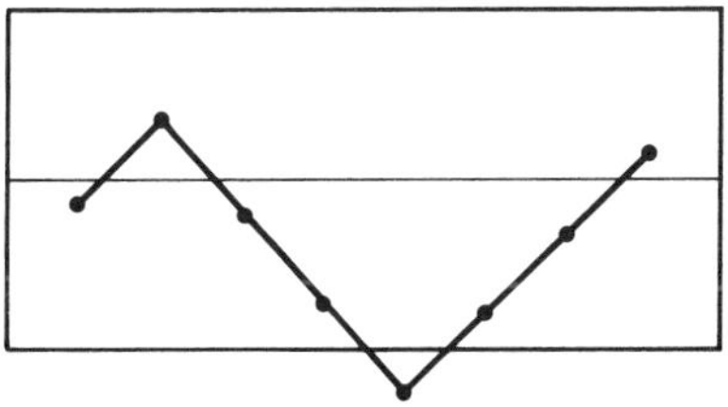

●点が管理限界線をとび出すとき。
（管理限界線上も含む）

逆に工程に異常がある場合の管理図としては、このようなものがあるね。

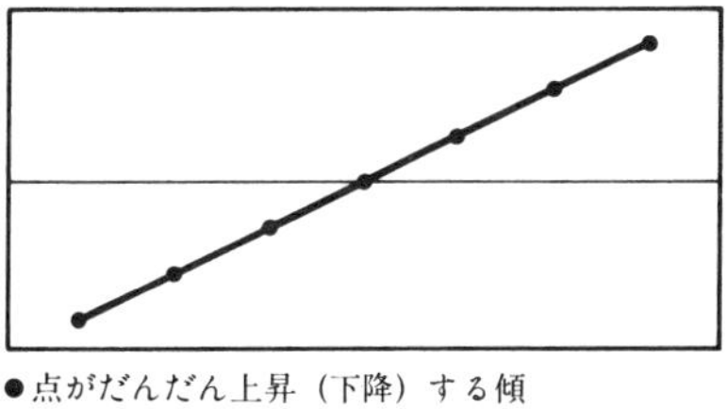

●点がだんだん上昇（下降）する傾向を示すとき。
（管理限界内であっても注意）

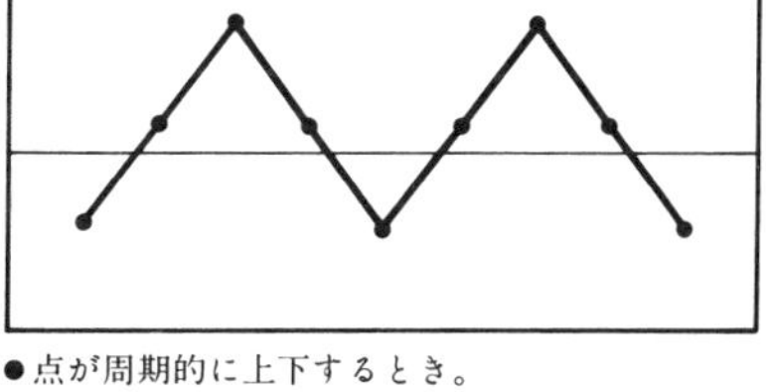

●点が周期的に上下するとき。

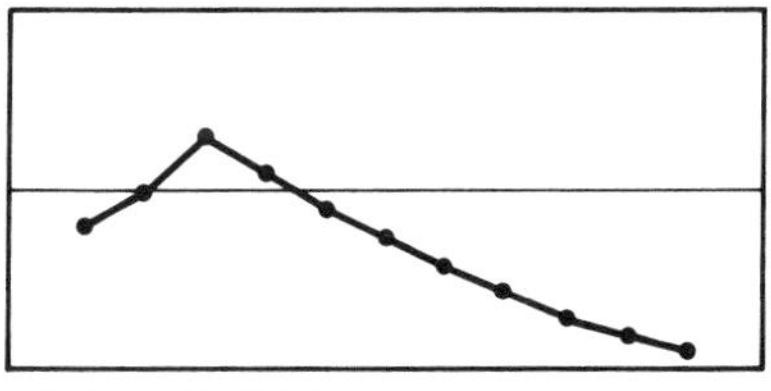

●点が一方の側に

- ・連続 7 点以上
- ・連続11点中10点以上
- ・連続14点中12点以上
- ・連続17点中14点以上
- ・連続20点中16点以上

現われるとき。

※1．管理図で工程が安定状態になっても，その後も管理図を用いる。

管理限界線は、
統計上3σ（3σの原則）とし※1、この範囲をとび出す場合、原因を調べ、処置をし、
こっちのにかえて
処置ができたら、その点の試料を除き、管理線をひきなおすのだ。
あと、次のようなとき、管理線をひきなおすのね。
ソウ……。
材料が変った場合
施工法が変った場合
データが蓄積した場合

※1. 3σを行動の基準とする。3σをとび出す確率は3/1000あり、必ずしも100%異常ありとはいえず、この誤りを危険率という。

memo

※気になった箇所などを書き留めておきましょう

品質管理

品質特性

学習の要点

①品質特性を決める場合の留意点は何か
②材料の品質特性と試験の組合せを覚えよう

工種		品質特性	試験方法
土工	材料	**最大乾燥密度・最適含水比** 粒度 **自然含水比** **液性限界** **塑性限界** 透水係数 圧密係数	突固めによる土の締固め試験 粒度試験 含水比試験 液性限界試験 塑性限界試験 透水試験 圧密試験
	施工	施工含水比 **締固め度** CBR たわみ量 **支持力値(地盤係数K値)** **N値** **コーン指数**	含水比試験 土の密度試験 現場CBR試験 たわみ量測定 平板載荷試験 標準貫入試験 コーン貫入試験
路盤工	材料	**粒度** **含水比** 塑性指数 **最大乾燥密度・最適含水比** CBR	ふるい分け試験 含水比試験 液性限界・塑性限界試験 突固めによる土の締固め試験 CBR試験
	施工	締固め度 支持力	土の密度試験 平板載荷試験・CBR試験
コンクリート工	骨材	密度及び吸水率 **粒度**(細骨材，粗骨材) **単位容積質量** すり減り減量(粗骨材) 表面水量(細骨材) 安定性	密度及び吸水率試験 ふるい分け試験 単位容積質量試験 すり減り試験 表面水率試験 安定性試験
	施工	単位容積質量 混合割合 **スランプ** **空気量** **圧縮強度** **曲げ強度**	単位容積質量試験 洗い分析試験 スランプ試験 空気量試験 圧縮強度試験 曲げ強度試験
アスファルト舗装工	材料	骨材の比重及び吸水率 **粒度** **単位容積質量** **すり減り減量** 軟石量 **針入度** 伸度	比重及び吸水率試験 ふるい分け試験 単位容積質量試験 すり減り試験 軟石量試験 針入度試験 伸度試験
	プラント	混合物温度 **アスファルト量・粒度**	温度測定 アスファルト抽出試験
	舗装現場	敷均し温度 **安定度** **厚さ** **平坦性** **締固め度**	温度測定 マーシャル安定度試験 コア採取による測定 平坦性試験 コア採取による混合割合試験

さて、工《こう》種《しゅ》別《べつ》品《ひん》質《しつ》特《とく》性《せい》(管理項目)と、適用試験にはこれらのものがあるな。

では、ひとつ、覚えているかどうかためしてみよう、いいかね？
あ、の……
はい！
では山口君、次の問題であいている部分をうめてみたまえ。
工　種――品質特性《ひんしつとくせい》――試　験
路盤工――①――ふるい分け試験
土　工――透水係数――②
コンクリート工――③――洗い分析試験
アスファルト舗装工――針入度――④
路盤工――支持力――⑤
アスファルト舗装工――⑥――マーシャル安定度試験
土　工――自然含水比――⑦
コンクリート――圧縮強度――⑧
はい，
①は 粒度《りゅうど》
②は 透水試験
③は 混合割合
④は 針入度試験
⑤は 平板載荷《へいばんさいか》試験
⑥は 安定度
⑦は 含水比試験
⑧は 圧縮強度試験
です！
よろしい。工種対象《こうしゅたいしょう》と試験項目、及びその品質特性値の関係はよく覚えておくことじゃ。
じゃあ力《りき》、次の問題を答えてみたまえ。

ドン
こ、こらぁ 力《りき》、どこへいく!?
あは、ちょ、ちょっとトイレに……。
だめ！勉強がおわるまでがまんしなさい。下の品質特性と組合わされる材料は？
(品質特性)
①針入度《しんにゅうど》
②すりへり減量
③混合《こんごう》温度
④スランプ
⑤衝撃《しょうげき》強さ
ああ〜っと，①がアスファルト
②が骨材《こつざい》
③がええ〜，
その，ええ〜っと，
③はアスファルト合材
④がコンクリート
⑤が鋼材じゃ。
鋼材の品質特性には，次のようなものがあるな。※1

材料	品質特性
鋼材	引張強さ 圧縮強さ せん断強さ 硬さ 衝撃強さ 疲れ強さ

※１．鋼材の品質特性を求める試験として，曲げ試験や引張試験が用いられる。

材料	品質特性
セメント	比重 粉《ふん》末《まつ》度《ど》 凝《ぎょう》結《けつ》 安定性 強さ

セメント
セメントには、次の品質特性がありますね。
品質特性を決定するに当って注意すべきことは？力《りき》！
ええ〜、●工程の状態を総合的に表わすもの、●設計品質に重要な影響を及ぼすもの、●代用特性《だいようとくせい》が明確なもので、
●測定し易く、●工程に対して処置のとり易いものです。
セメント
さあ、そのへんで一服なさってくださいな。

お手洗いじゃなかったの?
シャリ
シャリ
さあ、品質管理はこれでおわり。もう少しだぞー。
ブッ
ブッ
チリーン

memo

※気になった箇所などを書き留めておきましょう

建設機械

土工作業と建設機械

学習の要点

①ブルドーザについて理解を深めよう
②ショベル系掘削機の特徴を覚えよう
③運搬距離と運搬用機械の組合せを覚えよう
④締固め機械に関する知識を深めよう

土工作業別にみた適正《てきせい》機械《きかい》の一覧表を、まずあげておきましょう。

作業種別にみた適正機械

作業の種類	建設機械の種類
伐開	ブルドーザ，レーキドーザ
掘削	ショベル系掘削機（パワーショベル，バックホウ，ドラグライン，クラムシェル），トラクタショベル，ブルドーザ，リッパ，ブレーカ
積込み	ショベル系掘削機（パワーショベル，バックホウ，ドラグライン，クラムシェル），トラクタショベル，連続式積込機
掘削，積込み	ショベル系掘削機（パワーショベル，バックホウ，ドラグライン，クラムシェル），トラクタショベル，しゅんせつ船，バケットホイル，エキスカベータ
掘削，運搬	ブルドーザ，スクレープドーザ，スクレーパ，トラクタショベル，しゅんせつ船
運搬	ブルドーザ，ダンプトラック，ベルトコンベヤ，機関車と土運車，架空索道
敷ならし	ブルドーザ，モータグレーダ，スプレッダ
締固め	ロードローラ，タイヤローラ，タンピングローラ，振動ローラ，振動コンパクタ，ランマ，タンパ，ブルドーザ
整地	ブルドーザ，モータグレーダ
溝掘り	トレンチャ，バックホウ
岩石掘削	さく岩機，リッパ，クローラドリル

排《はい》土《ど》機《き》械《かい》(ブルドーザ類)は、土《ど》工《こう》板《ばん》(ブレード形式)によって、次のように区分されます。

■レーキドーザ

土工板がくま手(ルートレーキ)になっており，伐開除根《ばっかいじょこん》に用いられる。

■リッパードーザ

爪(リッパ)をつけて打撃により，硬質の地山を破砕《はさい》する。

■ストレートドーザ

土工板を進行方向に直角に取り付けて，土を前へ送るもの。土工板は上下動のみ可，重掘削に適する。

■アングルドーザ

進行方向に対し土工板を左右とも25°前後の角度をもたせたもので，敷きならし，埋戻し作業に適する。

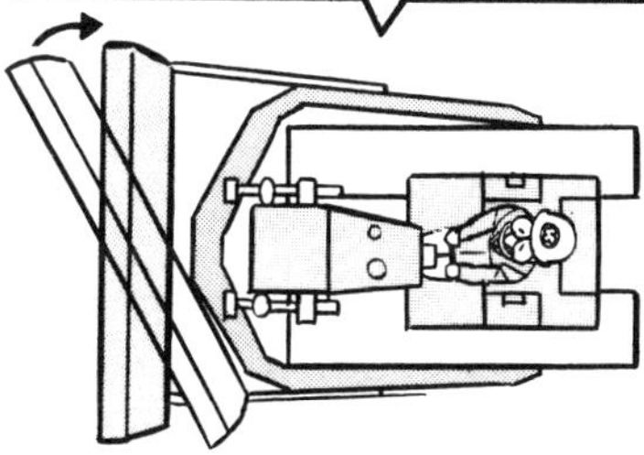

■チルトドーザ

土工板を右下り，又は左下りに傾けることが可能。かたい土砂の掘りおこし，みぞ掘削に適する。

$$\text{接地圧}=\frac{\text{運転質量}}{2\times\text{履帯接地長}\times\text{履帯幅}}$$

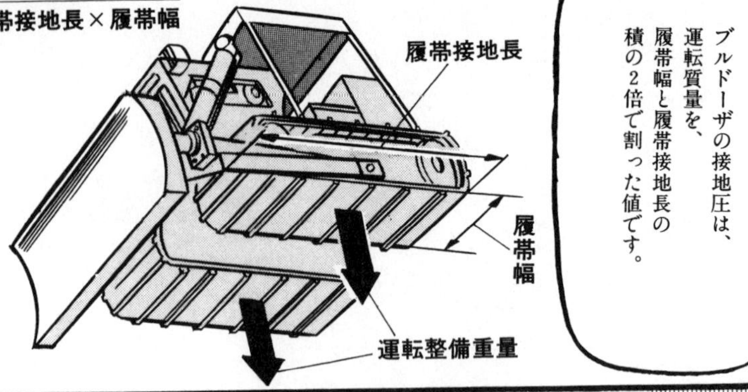
履帯接地長
履帯幅
運転整備重量
ブルドーザの接地圧は、運転質量を、履帯幅と履帯接地長の積の2倍で割った値です。

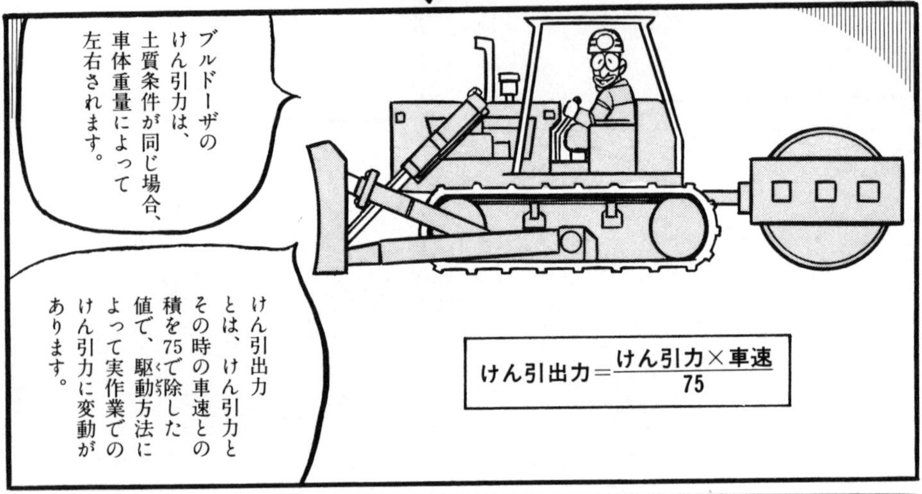
ブルドーザのけん引力は、土質条件が同じ場合、車体重量によって左右されます。
けん引出力とは、けん引力とその時の車速との積を75で除した値で、駆動《くどう》方法によって実作業でのけん引力に変動があります。

$$\text{けん引出力}=\frac{\text{けん引力}\times\text{車速}}{75}$$

ブルドーザ作業で考慮すること

- 押土作業は自重を利用して下りこう配で行う。
- 削土作業では自然排水こう配を考えて作業を行う。
- ブルドーザは掘削機械であり，60m以下ならば運搬にも使用可能。

土工板《どこうばん》容量《ようりょう》は作業能力を決める重要な要素で、その土工板の幅と高さによって決定されます。
土工板容量→作業能力
ブルドーザ作業は、このようなことを考慮して行います。

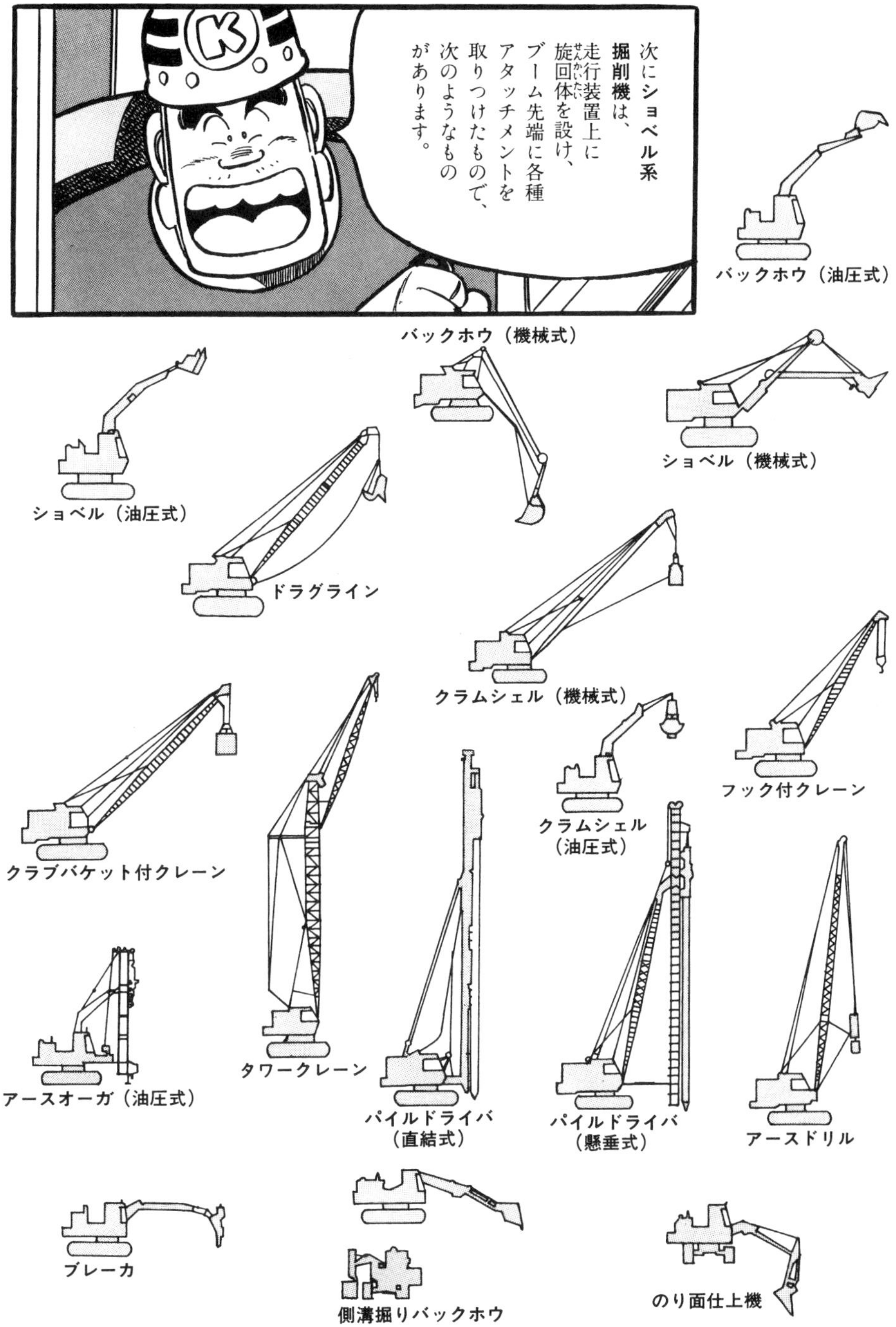
次に**ショベル系**
掘削機は、
走行装置上に
旋回体《せんかいたい》を設け、
ブーム先端に各種
アタッチメントを
取りつけたもので、
次のようなもの
があります。
バックホウ（油圧式）
バックホウ（機械式）
ショベル（機械式）
ショベル（油圧式）
ドラグライン
クラムシェル（機械式）
フック付クレーン
クラムシェル
（油圧式）
クラブバケット付クレーン
タワークレーン
アースオーガ（油圧式）
パイルドライバ
（直結式）
パイルドライバ
（懸垂式）
アースドリル
ブレーカ
側溝掘りバックホウ
のり面仕上機

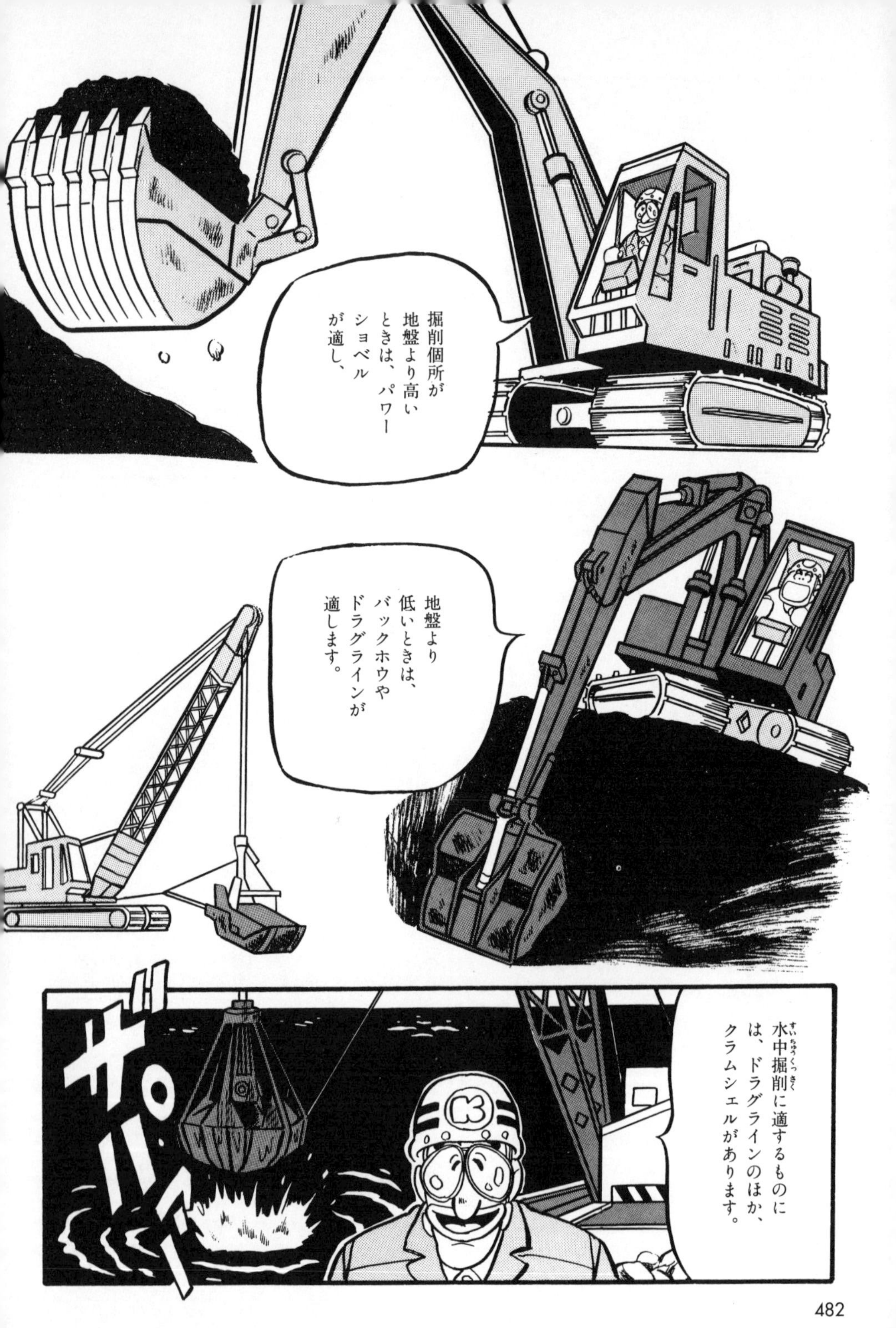
掘削個所が地盤より高いときは、パワーショベルが適し、
地盤より低いときは、バックホウやドラグラインが適します。
水中掘削《すいちゅうくっさく》に適するものには、ドラグラインのほか、クラムシェルがあります。

ショベル系掘削機と掘削材料、掘削位置との適否は次の表のようになります。

ショベル系掘削機の適否

		パワーショベル	バックホウ	クラムシェル	ドラグライン
掘削力		◎	◎	△	○
掘削材料	硬い土や軟岩	◎	◎	×	×
	中程度の硬さの土	◎	◎	○	○
	軟らかい土	◎	◎	○	○
	水中掘削	△	○	◎	◎
掘削位置	地面より上の高い所	◎	△	○	△
	地上	○	○	○	△
	地面より下の低い所	△	◎	○	◎
	広い範囲	△	△	○	◎
	正確な掘削	◎	◎	◎	△

◎：最も適した機能をもち，最も能力が大きいもの。
○：一般的に使用されるもの。
△：どうにか使用されるが，他の機種より能力が劣るもの。
×：適当でないもの。

次に締固め機械についてです。
これは、静的《せいてき》圧力のものと、振動によるものと、衝撃によるものとがあります。

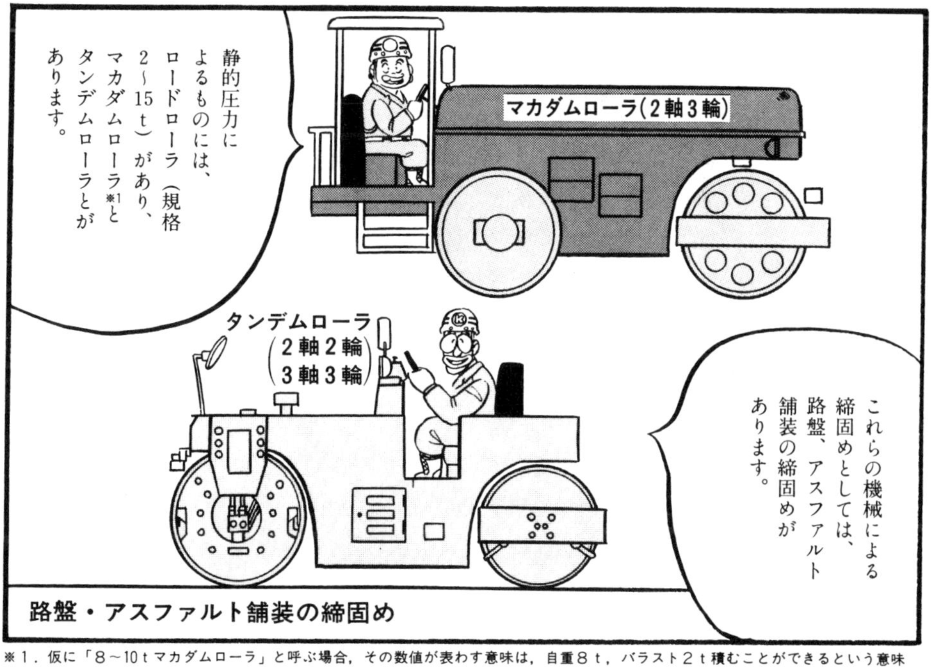
静的圧力によるものには、ロードローラ（規格2～15ｔ）があり、マカダムローラ※1とタンデムローラとがあります。
マカダムローラ(2軸3輪)
タンデムローラ
(2軸2輪 3軸3輪)
これらの機械による締固めとしては、路盤、アスファルト舗装の締固めがあります。
路盤・アスファルト舗装の締固め

※1．仮に「8～10ｔマカダムローラ」と呼ぶ場合，その数値が表わす意味は，自重8ｔ，バラスト2ｔ積むことができるという意味である。

静的圧力によるものとしては、このほかタイヤローラがあり、※1これは下のような機能があります。※2
タイヤローラ

タイヤの空気圧によって，締固め効果を高めることができる。
空気圧を小さくすれば，接地圧が減り，粘質土の締固めが可能。※3
タイヤ内圧やバラスト量の調整により，広範囲の土質の締固めに適する。

そして、タンピングローラは、次のような特長があります。

車輪に突起を付け，地層に食い込ませることにより，締固め厚を大きくすることができる。

次に振動による締固め機械には、振動ローラと、振動コンパクタがあり、下のような特長があります。
振動ローラ
振動コンパクタ

強制的に振動を与えて，締固め効果を高める。
れき質土，砂質土に適する。

※1．規格5～28ｔ。
※2．タイヤローラは，タイヤの空気圧及び，砂，水等で転圧エネルギーを調整する。
※3．ただしタイヤローラは，やわらかい粘質土には適さない。

衝撃による締固め機械としては、タンパ(ランマ)があり、下のようなところで使用されます。
タンタン

構造物の裏込めなどの，狭い場所の締固めに適する。

このほか高含水比《こうがんすいひ》で、鋭敏比《えいびんひ》の高い粘性土、関東ロームなどに適しているものとして、湿地《しっち》ブルドーザがあります。

土質と締固め機械の組合せ

機械＼土質	岩塊・れき	れき質土	砂	砂質土	粘土 粘質土	れきまじり粘質土	やわらかい粘質土	かたい粘質土
ロードローラ	○	○	○	○	△	△	×	×
タイヤローラ	△	○	○	○	○	○	×	△
タンピングローラ	×	×	△	△	△	△	×	○
振動ローラ	○	○	○	○	×	△	×	×
振動コンパクタ	△	○	○	○	×	△	×	×
ランマ	△	○	○	○	△	△	×	△
ブルドーザ	○	○	○	○	△	△	×	△

(○ 適当，△ やむをえない場合，× 不適当)

上の表は、土質と締固め機械との適否《てきひ》を表わしたものですが、締固め機械の選定に当っては、土質、地形、作業条件によって、適切なものを用います。

区分	距　離（m）	建設機械の種類
短距離	60 m 以下	ブルドーザ
中距離	40 m ～250 m	スクレープドーザ
	60 m ～400 m	被けん引式スクレーパ
長距離	200 m ～1,200 m	モータスクレーパ
	100 m 以上	ショベル系掘削機 トラクタショベル　＋　ダンプトラック

最後に、運搬距離からみた掘削運搬用機械《くっさくうんぱんようきかい》の種類をあげて、この項目はおわりにしましょう。
ブォオオオー
モータスクレーパ

memo

※気になった箇所などを書き留めておきましょう

建設機械

建設機械の規格

学習の要点

①建設機械の規格を覚えよう
②コーン指数とは何か

いよ～し、いくぞォ！
ええ～っと、復習しておこう！

土工機械は土質の状態によって、作業能率が大きく変わるから、

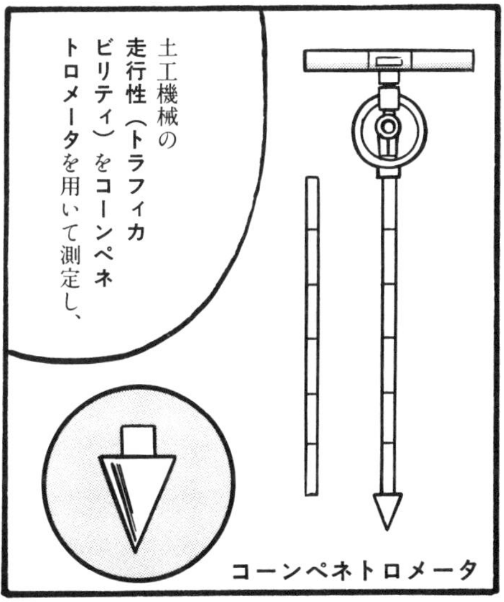

土工機械の**走行性（トラフィカビリティ）**を**コーンペネトロメータ**を用いて測定し、
コーンペネトロメータ

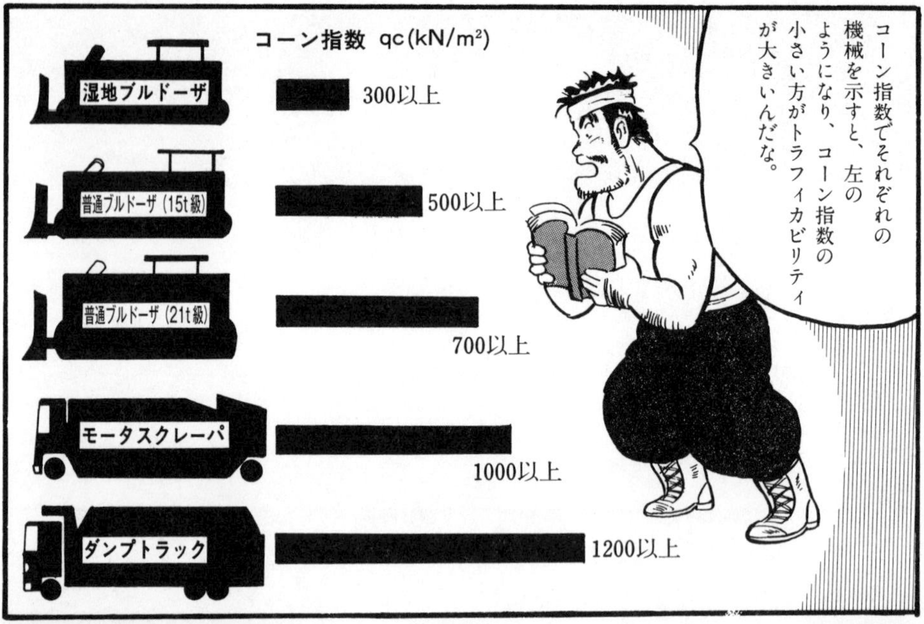
コーン指数 qc(kN/m²)
湿地ブルドーザ
300以上
普通ブルドーザ（15t級）
500以上
普通ブルドーザ（21t級）
700以上
モータスクレーパ
1000以上
ダンプトラック
1200以上
コーン指数でそれぞれの機械を示すと、左のようになり、コーン指数の小さい方がトラフィカビリティが大きいんだな。

建設機械の規格については、まず、基礎工事用機械ではこのとおりで、

基礎工事用機械の規格と特徴

名　　称	規格又は能力	用　　途	特　　徴	備　　考
ディーゼルパイルハンマ	1.3～8t	くい打ち	打ち込み能率よい，くいの損傷が少ない，故障が少ない，機動性がよい	形式名は，ラム重量を100kg単位で表わした数値で表示
振動パイルドライバ	11～150kW	くい打ち，くい抜き，矢板打ち，矢板抜き	軟弱地盤に不適当，振動による摩擦抵抗の減少を利用	規格は電気容量
ベ　ノ　ト　機	（径）1.2～2.0m	大口径場所打ちぐい	無振動，無騒音，ケーシングにより不安定地層にも適用	
アースドリル	（径）0.5～2.0m	大口径場所打ちぐい	無振動，無騒音，泥水により孔壁を維持	
リバースサーキュレーションドリル	（径）1.0～1.3m	大口径場所打ちぐい	静水圧による孔壁の維持，大量の水を要す	

コンクリート機械の規格と特徴

名　称	規格又は能力	用　途	特　徴
コンクリートプラント	(ミキサ容量) 0.3〜0.8m^3	山間地などで大量のコンクリートを使用する場合	手動式，半自動式，自動式，全自動式
コンクリートミキサ	0.8〜3m^3	生コンを使用できない場合	重力式，強制練り式
トラックミキサ	0.8〜3m^3	生コンの運搬	上部開放形，傾斜胴形，水平胴形
コンクリートポンプ	12〜30m^3/h	コンクリートの押し上げ圧送	ブランジャ，ポンプ式とゴムチューブ圧送式，車両搭載形が多い
コンクリートスプレッダ	(施工幅) 3〜7.5m	舗装用コンクリートの敷き広げ用	ボックス形，ブレード形，スクリュ形
コンクリートフィニッシャ	(施工幅) 3〜7.5m	舗装用コンクリートの締固め仕上げ	一車線用，二車線用

コンクリート機械の規格等については、上の表のとおり。

よし、完璧だ!
ダーリン、ほらいそいで遅れちゃうわよ!

受験票ちゃんといれた?
入れた、入れた!
カン
カン

おう、山口!
あっ、せんぱい!
ブルドーザ、トラクタショベル、モータグレーダ、モータスクレーパの規格の一般的な表わし方はなんでしたっけ?
ああ～っと、それはこうだな。
●ブルドーザ — 運転質量〔自重〕(t)
●トラクタショベル — バケット山積容量(m³)
●モータグレーダ — ブレードの長さ(m)
●スクレーパ — ボウル容量(m³)
じゃあ、運転《うんてん》整《せい》備《び》重量《じゅうりょう》22t、履帯幅《りたいはば》55cm、接地長《せっちちょう》2.7mのブルドーザの接地圧《せっちあつ》は?
ん‥
接地面積が
2.7×0.55×2＝2.97m²
だから,
22÷2.97≒74(t/m²)
≒0.74(kg/cm²)
でしょ!
さあさ, 2人とももうあきらめて!
ア、ソウカア

ムチュッ
はい、がんばってきてね！
ボッ
ボッ
ーオアアアウ
あら、ちょっと薬が強すぎたかしら……。
いっ、いってきま——す。

memo

※気になった箇所などを書き留めておきましょう

合
格
2級土木工事技術者試験
合格通知書
受験番号 34049
氏名 宮 力
本籍 東京都
生年月日 昭和63年 2月10日
あなたは、(財)全国建設研修センターが実施した平成○年度2級土木工事技術者試験に合格されましたので通知します。
平成○年10月○日
財団法人 全国建設研修センター
長い間、ご愛読ありがとうございました。また、試験がまだこれからの方は、何度でも繰り返し読んで勉強してください。
きっと、運命の女神があなたにもほほえむことうけあいますわ、頑張ってね！♡
合格証
合格証

本書は過去出題された問題を分析し、その出題傾向に基づいて、「土木一般」、「専門土木」、「法規」、「共通工学」、「施工管理」の５項目に分類して構成しています。
本書を活用することで、専門的な内容を十分理解していただけると同時に、土木の施工実務にも利用していただけると自負しております。
本書を十分に活用し、２級土木施工管理技術検定に合格されることを祈願いたします。

画／石部けん吉

■ 正誤などに関するお問合せについて

本書の記載内容に万一、誤り等が疑われる箇所がございましたら、**郵送・ＦＡＸ・メール等の書面**にて以下の連絡先までお問合せください。その際には、お問合せされる方のお名前・連絡先等を必ず明記してください。また、お問合せの受付後、回答には時間を要しますので、あらかじめご了承いただきますよう、お願い申し上げます。

なお、正誤等に関するお問合せ以外のご質問、受験指導および相談等はお受けできません。そのようなお問合せにはご回答いたしかねますので、あらかじめご了承ください。

お電話によるお問合せは、お受けできません。

【郵送先】

〒 171-014
東京都豊島区池袋 2-38-1　日建学院ビル　3F
建築資料研究社 出版部
「２級土木施工管理技士 楽しく学べるマンガ基本テキスト」正誤問合せ係

【ＦＡＸ】

03-3987-3256

【メールアドレス】

seigo@mx1.ksknet.co.jp

■ 正誤情報について

本書の記載内容について発生しました正誤情報につきましては、下記ホームページ内の「正誤・追録」で公開いたしますのでご確認ください。

https://www.kskpub.com

２級土木施工管理技士 楽しく学べる マンガ基本テキスト

発　行　2015 年 10 月 10 日　初版第 1 刷
　　　　2023 年 6 月 30 日　第 6 刷
編　著　日建学院教材研究会
発行人　馬場 栄一
発行所　株式会社建築資料研究社
　　　　〒 171-0014
　　　　東京都豊島区池袋 2-38-1　日建学院ビル　3F
　　　　TEL.03-3986-3239　FAX.03-3987-3256
表　紙　宮寺岳仁（MUSEE）
印刷所　シナノ印刷株式会社

ISBN978-4-86358-350-4 C3052